中国轻工业“十四五”规划教材

高等学校食品营养与健康专业系列教材

WHOLE GRAINS MATERIAL

全谷物原料学

仇　菊　李再贵◎主编

中国轻工业出版社

图书在版编目（CIP）数据

全谷物原料学 / 仇菊，李再贵主编. -- 北京：中国轻工业出版社，2024. 9. -- ISBN 978-7-5184-4717-6

Ⅰ. S37

中国国家版本馆 CIP 数据核字第 2024QN1452 号

责任编辑：马　妍　武艺雪
策划编辑：马　妍　　责任终审：唐是雯　　封面设计：锋尚设计
版式设计：砚祥志远　　责任校对：朱燕春　　责任监印：张京华

出版发行：中国轻工业出版社（北京鲁谷东街 5 号，邮编：100040）
印　　刷：北京君升印刷有限公司
经　　销：各地新华书店
版　　次：2024 年 9 月第 1 版第 1 次印刷
开　　本：787×1092　1/16　印张：20. 5
字　　数：551 千字
书　　号：ISBN 978-7-5184-4717-6　定价：52. 00 元
邮购电话：010-85119873
发行电话：010-85119832　010-85119912
网　　址：http://www. chlip. com. cn
Email：club@ chlip. com. cn

220430J1X101ZBW

本书编写人员

主　编　仇　菊　中国农业大学
李再贵　中国农业大学

副主编　王晓龙　陕西师范大学
曹汝鸽　天津科技大学
佟立涛　中国农业科学院农产品加工研究所
方　冰　中国农业大学
王鹏杰　中国农业大学
王丽娟　中国农业大学

编　者（按姓氏笔画排序）
丁方莉　中国食品发酵工业研究院有限公司
王立博　河南科技大学
朱　宏　农业农村部食物与营养发展研究所
任贵兴　山西大学
刘　锐　农业农村部食物与营养发展研究所
刘思源　中国农业大学
刘敬科　河北省农林科学院生物技术与食品科学研究所
孙丽娟　中国农业科学院作物科学研究所
杨希娟　青海大学
张　昊　中国农业大学
罗永挺　中国农业大学
周帮伟　东北师范大学
赵　巍　河北省农林科学院生物技术与食品科学研究所
柳　嘉　中国食品发酵工业研究院有限公司
段盛林　中国食品发酵工业研究院有限公司
秦培友　中国农业科学院作物科学研究所
党　斌　青海大学

顾　问　任长忠　吉林省白城市农业科学院

前　言

随着人们健康意识的逐渐增强，对营养膳食的需求越来越旺盛，增加全谷物食品在膳食结构中的占比已经成为普遍认可的健康膳食理念。党的二十大报告提出："树立大食物观，发展设施农业，构建多元化食物供给体系。"推动我国全谷物产业发展正是落实党的二十大精神的具体举措。然而，全谷物食品面临原料品质参差不齐、缺乏原料及制品标准化规范、全谷物食品风味及口感欠佳等问题，增加优质全谷物原料的供给已成为推动全谷物产业发展的首要任务。针对目前缺乏全谷物原料相关专用教材的问题，本书以"健康中国战略"为指引，系统全面地梳理与概括了我国全谷物原料区域优势、品质特征及加工属性，剖析了全谷物原料供给的问题及制约全谷物食品品质提升的因素。

本书共十五章。第一章介绍了全谷物原料的概念，第二章梳理了全谷物食品的定义、加工及原料需求。第三至十三章介绍了大宗谷物与杂粮原料的栽培史与分类，生产、消费、贸易，作物性状，营养成分与品质特性，品质规格与标准，储藏、加工及利用，健康作用等，原料涉及稻谷、小麦、玉米、燕麦、青稞、大麦、荞麦、谷子、高粱、藜麦等。第十四章重点介绍了全谷物作为低血糖生成指数（GI）食品基料的应用现状、瓶颈及发展潜力，第十五章综述了国内外全谷物原料相关的政策法规及质量标准，并提出了构建我国全谷物原料质量标准体系的迫切需求及实施路径。本书旨在引领我国特色谷物原料研制的科技创新，充分发挥全谷物改善人们生命健康的价值，推动我国全谷物产业发展并提升其在国际大健康产业中的竞争力。

作为教学用书，本书从全谷物健康时代新视角出发，提供了更专业、更全面的全谷物原料信息，启发读者思考如何更好地利用全谷物的营养健康属性，通过适度加工，提升居民健康状况。教材内容涉及作物学、食品科学、营养学、农业经济学等多个学科，利于拓展思维，从多角度思考全谷物原料应用在大健康产业中的特色价值。本教材既具有理工知识到政策法规的广度，又具有针对不同作物营养特征与加工技术的深度，能够使读者扩大知识面、提升专业素养，适合高等学校食品营养与健康、食品科学与工程等相关专业本科生及研究生使用。

在我国迎来大健康产业发展，全谷物概念规范性标准即将正式发布之际，《全谷物原料学》不仅为相关专业人才培养提供了前瞻性、系统性、专业性的有效指导；也可作为工具书，为研究者总结科学问题与科学证据，为产品研发人员解决技术瓶颈、提供研发思路，为生产者梳理详细的原料信息、技术装备及相关法律法规。

本书由仇菊、李再贵担任主编，第一章全谷物原料概念由仇菊编写，第二章全谷物食品由曹汝鸽编写，第三章稻谷由佟立涛、王丽娟编写，第四章小麦由刘锐编写，第五章玉米由孙丽娟、刘思源编写，第六章燕麦由王晓龙编写，第七章青稞由杨希娟编写，第八章大麦由党斌编写，第九章荞麦由仇菊编写，第十章谷子由刘敬科、赵巍编写，第十一章高粱由方冰、罗永挺编写，第十二章藜麦由任贵兴、秦培友、周帮伟编写，第十三章其他杂粮由王鹏杰、张昊、王立博编写，第十四章全谷物作为低 GI 食品基料的应用由段盛林、柳嘉、丁方莉编写，第十五章全谷物原料的政策法规及质量标准由朱宏编写，仇菊、李再贵负责全书统稿。

大健康产业发展迅速，编者水平有限，书中疏漏及不妥之处，殷请读者惠正。

编　者
2024 年 1 月

目 录

第一章

全谷物原料概念

学习目标

1. 掌握全谷物原料学的基本概念；
2. 了解全谷物原料学的发展趋势；
3. 学习全谷物原料学研究对象、目的和内容。

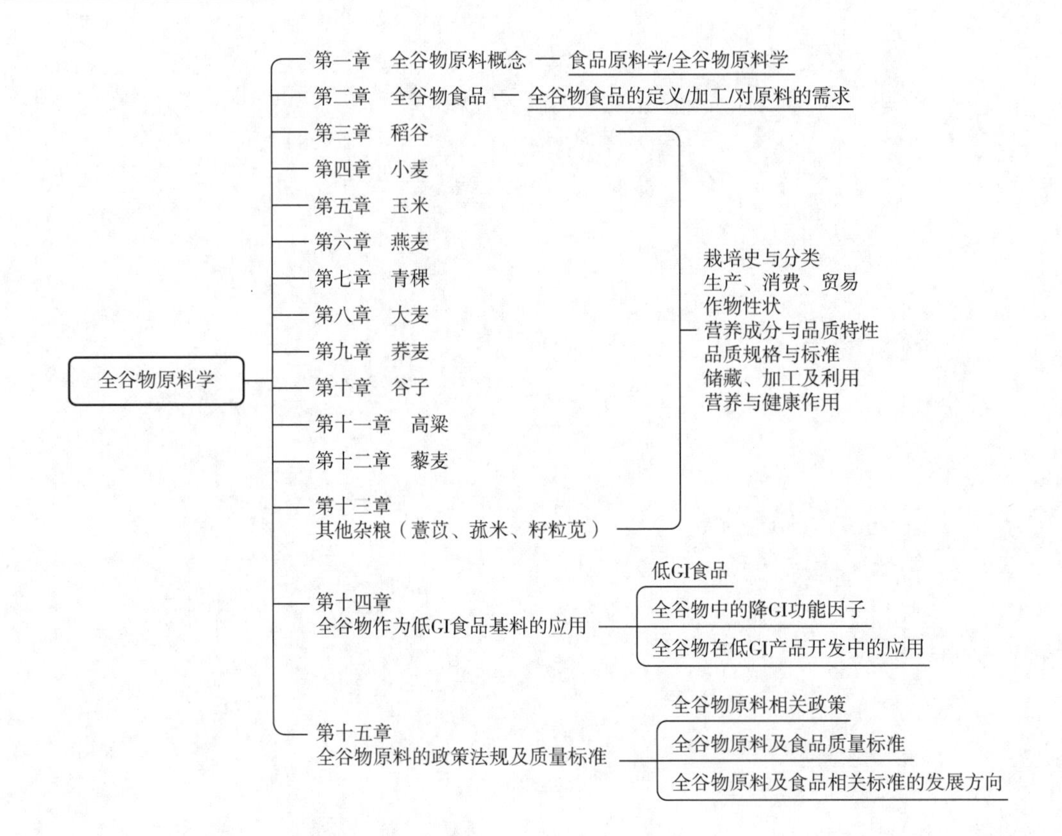

第一节　食品原料学

食品原料学，是研究食品原料的种类、生产流通、理化性质、营养特征、安全卫生、品质检验、储藏保鲜，以及加工利用方法的一门学科。对食品原料学知识的正确理解和掌握，能够保障食品保鲜、流通、烹调、加工等操作更加科学合理，最大限度地利用食物资源，满足人们对饮食生活的需求。

一、食品原料学发展史

在漫长的人类文明进化史中，食品原料在人类的生存和繁衍中起着决定性的作用，从原始采集、捕猎到烹饪的出现，食品原料一直主导着人们饮食的内容、方式和营养结构。人类在几十万年的进化过程中，牙齿形状、肠胃结构的形成都源于以谷物蔬果为主的食品原料。食品加工起源于原始社会的明火加热，熟制肉类、谷物、果实等。当时的食物没有剩余，因而不需要任何形式的储藏。随着人类进入农耕社会，食物出现了剩余，有了储存和保藏的需求。公元前3000年—公元前1500年，人类开始用干制的方法保藏鱼类和禽类。随着食品保藏技术的发展、食品加工技术的出现，人类才算进入食品的加工时代，对食品原料也渐渐有了科学的认识。

从“神农尝百草”的远古时期，人类对食品原料学知识就开始了勇敢的探索。最早的人类只是运用五感来判断食物原料的好坏，随着语言和文字的出现和发展，信息流通起来，人类开始把食物与身体健康联系起来，成为早期关于食品原料的研究。数千年来，人类根据自身经验记录和总结着对食品原料的认识。

人类文明初期，工具和食具开始多样化，早在7000年前，河姆渡人已可以制作石锛、骨凿、骨耜和陶器等，用来耕种、煮熟食物和储存饮用水，在河姆渡遗址中还发现了大量栽培水稻的遗迹。6000多年前，黄河中上游的半坡人不但会使用磨制工具，还能够将石器与木柄做成复合工具，并且开始种植粟、白菜等农作物并饲养猪、犬等家畜。公元前2000年左右的夏朝，人们已经掌握了酿酒技术，相传贵族都有自己的酿酒工坊。我国古书《礼记》中，有“燔黍捭豚”的记载；《尸子》说：“燧人之世，天下多水，故教民以渔”；《韩非子》中推断：“上古之世，民食果蓏蚌蛤”。人类早期的食物，基本上包括了现在的农、林、牧、渔等各种食品原料。

春秋时期，随着铁制农具的出现，牛耕技术渐渐普遍，铁犁铧、铁锄、石磨等新农具的发明也推动了传统农业的发展，人们开始以腌制咸菜、制作咸鱼腊肉的方式保藏多余的食物。《论语》中有“食不厌精，脍不厌细。食饐而餲，鱼馁而肉败，不食。色恶，不食。臭恶，不食。失饪，不食。不时，不食。割不正，不食。不得其酱，不食”的论述，说明此时人们对食品原料的要求就不仅是充饥了，还追求味道鲜美。

随着汉朝张骞出使西域和“丝绸之路”开辟，很多新的食品原料，如蔬菜中的菠菜、大蒜、胡萝卜、黄瓜等，水果中的葡萄、石榴、无花果、西瓜等，还有芝麻、胡椒、核桃等食物都由西域传到了中原。秦汉时期，食品原料种类已大为丰富，黍、稷、稻、粱、大豆、小豆、麦等都是常见的食物。西汉时期，我国老百姓的餐桌上已经出现了10多种比较复杂的食品原料烹调技术和方法。魏晋南北朝时期的著作也有了大量关于食品原料的记载。

我国最早的医学典籍《黄帝内经》中对各种食品原料与人体营养关系做了精辟总结，至今仍被广泛参考，药食同源的理念也随之诞生，人们开始探索食品原料与身体健康的关系。唐代孙思邈的《千金食话》，孟诜的《食疗本草》与《茶经》，元代忽思慧的《饮膳正要》，明代李时珍的《本草纲目》等都针对食品原料与疾病疗效的关系做了大量论述。

19世纪初，人类在化学领域揭示了有机物与无机物两大形态物质的特征，其中有机化学得到快速发展，伴随其发展的分析化学为分析食品原料成分提供了有效手段。此后，人们逐渐了解了构成食品的碳水化合物、蛋白质、脂质等主要成分，之后研究食品原料的组成和成分成为食品科学的主要领域之一。同一时期，生物学也得到飞速发展，尤其是达尔文的进化论使人们对动植物的种群分类有了明确认识，由此对食品原料的分类、化学成分的研究有了新的飞跃。

进入20世纪，美国制定了《卫生食品药品法》和《食品成分分析法》，确立了食品分析的很多重要方法。同时，对动植物代谢研究的进展，进一步推动了食品原料学的发展。20世纪以来，全球食品加工由家庭作坊式生产向工业化生产大步迈进。联合国成立了联合国粮农组织（Food and Agriculture Organization of the United Nations，FAO）、世界卫生组织（World Health Organization，WHO）等机构负责制定食品国际标准，以保证食品原料进行商品化加工并保障生产过程中的质量和安全，而这些标准的确立也需要继续对食品原料的成分和分析方法进行深入研究。

二、食品原料学的基础

食品原料学的基础涉及食品组分分析、食品营养与感官品质、食品化学、食品微生物、食品安全与卫生标准等多学科的基础知识储备。

1. 食品组分分析

食品原料组分中的营养素维持人体的正常生长和新陈代谢，通常是指蛋白质、脂质、碳水化合物、矿物质、维生素和水这六大类。对这些不同食品组分的分析可分为有机成分的分析和无机成分及无机元素分析。食品原料中有机成分的分析包括糖类的测定、蛋白质和氨基酸类的分析测定、脂质和有机酸类的分析测定、核酸和核苷酸类的分析测定、维生素类的分析测定、激素类的分析测定、食品毒素类的分析测定、食品添加剂类的分析测定等。食品原料中无机成分及无机元素分析测定包括水、二氧化碳及常量元素、微量与痕量元素的测定等。

2. 食品营养与感官品质

人类从吃饱到吃好，食品的营养和感官品质越来越受到重视。食物呈现的颜色、香气和味道，是食品原料本身含有的各营养成分所决定的，不但有助于人们享受视觉上的满足而促进食欲，还影响到食品的消化和营养成分的吸收利用。当食品原料有宜人的颜色、诱人的香气，以及可口的滋味时，那么只要见到、嗅到或想到这种食品，就会引起人的条件反射，消化器官分泌出大量的消化液，帮助人体对食物的消化吸收，摄取食物中的丰富营养。此外，还可以通过食品色、香、味的反应和变化，用感官来鉴定食品的成熟度、新鲜度、营养特征、加工精度及其发生变化的情况。

3. 食品化学

食品化学以应用化学原理为基础，主要研究食品原料化学成分的组成、结构和性质，食品原料各成分在食品加工与储藏过程中发生的物理变化、化学变化，食品成分的结构、性质和变化对食品原料质量和加工性能的影响等。运用食品化学基础理论知识，可以改善食品原料品质、开发食品新原料、改进食品原料加工工艺和储运技术、加强食品原料质量控制及提高食品原料加工和综合利用水平。例如，可以有效地抑制食品原料中可能发生的不良风味或颜色的变化、减少食品原料中营养成分的流失和降解、控制果蔬采摘后的变化，以及更深入地研究食品原料中脂类水解和氧化、蛋白质变性和交联、酶促和非酶促褐变、蛋白质水解、低聚糖和多糖水解等一系列变化。

4. 食品微生物

食品原料与食品微生物有着密切的关系，在食品的生产中，致病菌的滋生导致原料的腐败问题很常见，食品原料的安全代表着食品的安全，食品原料的源头安全，就可以减少食品质量问题的发生率，因此，对食品原料进行微生物的检测是必不可少的一个环节，微生物污染对食品的影响也不容小觑。微生物与食品原料的关系主要分为三种情况：利用微生物可以制造食品、防止食品变质；一些微生物本身属于是致病菌或者是病原菌，可以导致食品污染，有些微生物本身没有危害性，但产生的代谢产物会对危害人体健康；有的微生物本身不属于致病菌，产生的代谢产物也不会危害人体健康，但是在大量繁殖后会给食品以及人体带来不利的影响。目前，国内外食品相关标准对食品中的微生物均有限量的规定，包括菌落总数、大肠杆菌、金黄色葡萄球菌等的检测，以保证食品原料的卫生状况与质量安全。

5. 食品安全与卫生标准

食品原料生产要向产业化、现代化迈进，就必须符合标准化生产，要有衡量和保证食品安全和卫生的措施。无论是生鲜食品还是加工食品，所用原料的安全卫生状态都关系到消费者的身体健康，甚至是生命安全。食品加工工厂采购的所有食品原料都须符合相关的安全卫生标准，如禽肉类原料需有检验合格证，果蔬原料需符合无腐烂、无虫害，外观良好等相应的规定，对于储藏食品原料的车间仓库环境也应符合安全卫生标准，要保持通风、清洁干燥。随着我国经济的快速发展和社会的进步，食品加工逐渐从小作坊生产转向工业化生产，对于标准化生产的要求也越来越严格，与此同时，食品工业的发展也带来了水污染、化学污染、农药污染等环境问题。因此，防止对食品原料的污染以及有害有毒物质误入，食品原料的标准化是需要重点保障的。

三、食品原料的分类

我国食品原料物产丰富，品种多样，在食品原料的加工与流通中，通常会将食品原料进行分类，以便于食品原料的有效应用与管理，但由于分类的参考依据不同，分类方法会有所不同，以下为常见的几种分类方式。

（一）按原料的自然属性分类

按原料的自然属性，食品原料可分为：植物性原料，如水果、蔬菜、粮食作物等；动物性原料，如鱼类、禽肉类等；矿物性原料，如盐等；人工合成原料，如香精、色素等。

（二）按原料加工过程分类

按照原料是否进行二次加工，可分为：鲜活原料，如活鱼、鲜肉等；干货原料，如坚果、调味料等；复制品原料，如豆腐、粉条等。

（三）按原料用途分类

按原料在菜肴中的用途，可分为主料、配料以及调味料；但在不同菜肴中同一种原料可能是主料也可能为配料，划定的界限应视情况而定。

（四）按原料商品学种类分类

按原料的商品学种类可分为粮食、油脂、果蔬、水产品以及畜产品等，这种分类方式反映了食品原料的基本特点，是目前对食品原料分类较系统完整的方法，在食品原料中被广泛应用。此外，随着国内外科学技术在食品加工领域的广泛应用，出现了许多新的食品原料种类，比如转基因食品、微生物发酵食品等。

1. 粮食食品原料

粮食以淀粉为主要营养成分，是人们赖以生存的主要食物来源，同时是我国重要的农产品，主要包括谷物类、豆类以及薯类。

谷物在我国的种植面积较大，约占总耕地面积的70%，常见的种类一般有水稻、小麦、玉米以及高粱等。其中，水稻是人们生活的必需品，水稻全籽粒营养价值较高、氨基酸组成均衡，蛋白质易于消化吸收，加工成的精米是人体维持大脑活动主要的能量来源之一；小麦也是人体补充热量的主要来源；玉米可被加工成淀粉用于多种用途；高粱中的营养成分，人体可以较好地吸收，据调查常以高粱为主食的地区，癞皮病的发生率较小。

豆类的种类繁多、营养丰富，常见的种类如黄豆、绿豆、黑豆、红豆以及芸豆等，其中黄豆富含蛋白质、脂肪以及多种维生素，蛋白质含量一般是鸡蛋的3倍、牛乳的2倍，且黄豆中含有的皂苷具有抗衰老的功效；绿豆含有丰富的维生素，在酷夏可以清热解暑；黑豆营养丰富；红豆具有有助于利尿消肿；芸豆比较温和，还含有皂苷与球蛋白等多种独特成分，可以有效地抑制癌细胞，但食用时需注意彻底煮熟，以防其中的毒素蛋白引起人体中毒。

薯类的血糖生成指数（glycemic index，GI）较低，且被证实是有效的抗癌食品，主要包括红薯、马铃薯等根茎类作物，其中红薯中的胡萝卜素、维生素C以及叶酸的含量较高，这些营养成分对抗癌有辅助作用；马铃薯俗称土豆，是富含优质蛋白质且低脂肪含量的食物，我国总产量较高。

随着粮食加工技术的不断进步，我国粮食加工行业已经达到全新的发展阶段，部分粮食加工厂逐步实现生产自动化和规模化，消费者可获得的由粮食食品原料加工制成的食品种类越来越多。同时，粮食副产物中也含有丰富的营养成分，具有多种生理保健功效，对人体健康保健起到了重要的作用。目前，通过不同的技术手段，已经可以将粮食副产物中的活性物质提取分离、加工成新型产品，广泛应用于食品、医药、化工等领域。

2. 油脂食品原料

油脂是油与脂的总称，主要为人体提供热量，是人类主要的营养物质之一，可将其分为植物或是动物来源。

植物来源的油脂，是将油脂丰富的植物种子进行物理压榨或化学浸提而得，因其饱和脂肪酸含量较低，多为不饱和脂肪酸，通常呈液态，常见的植物油料有大豆、花生、芝麻、菜籽、玉米胚芽、蓖麻籽和核桃等。其中，大豆油是世界上产量最大的；玉米胚芽油有助于降低血液中胆固醇含量、预防心血管等疾病，但长时间高温条件下易产生对人体有害的反式脂肪酸；芝麻油是我国最古老的食用油之一，常用于凉拌，因其挥发性强通常不在加热时使用。植物油在人体内消化吸收率高，但长时间保存容易被氧化。

动物来源的油脂一般是从动物体内获得的，常见的如猪油、牛油、鱼油等。其中，猪油含较高的饱和脂肪酸，食用过多容易引起肥胖症以及高血压等症状，但是猪油在高温下比较稳定，适用于油炸食品用油。牛油常用于火锅底料等烹饪用油。深海鱼油富含长链多不饱和脂肪酸，常被用作保健食品，能够预防心脑血管疾病。烹饪用动物油脂具有浓郁的香气，容易促进食欲，不仅用于食品烹饪，而且还能够用于制造甘油、肥皂、药品等。

我国是一个油料生产大国，在全球油脂产业结构调整以及消费升级的背景下，油脂加工行业逐步走向了国际化与自动化，同时油脂品种实现了多元化，工厂的加工设备也在不断地升级转型。

3. 果蔬食品原料

果蔬食品具有鲜艳美丽的色泽，宜人的风味和芳香，清爽的质地和口感，这些良好的感官性状能够极大地引起人们的食欲，受到人们的喜爱。果蔬主要分为水果与蔬菜两大类。

人们熟知的水果种类主要有：仁果类，如苹果、梨、山楂等；核果类，如桃子、李子等；浆果类，如葡萄、草莓、猕猴桃等；柑橘类，如橘子、柚子、柠檬等；瓠果类，如香瓜、西瓜、哈密瓜等。水果水分和维生素含量丰富，人体对其吸收率也高，此外，还含有可溶性多糖、矿物质、有机酸、色素、水溶性膳食纤维以及蛋白质等营养物质，有利于维持人体肠道的正常功能、丰富膳食结构的多样性，是人类膳食必不可少的一部分。

蔬菜根据食用器官可大致分为五类：叶菜类，如生菜、菠菜、油菜等；茎菜类，如芹菜、空心菜、莴苣等；根菜类，如萝卜、胡萝卜等；果菜类，如番茄、黄瓜、辣椒等；花菜类，如西蓝花、黄花菜、洋蓟等。蔬菜是人体维生素、膳食纤维、无机盐的主要来源，尤其是钾、钠、钙以及镁等。

我国是世界上最大的水果以及蔬菜生产国，拥有规模较大的水果、蔬菜产品加工基地，果蔬制品在农产品出口贸易中占了较大比重，已成为农业的重要组成部分之一，目前，我国的果蔬加工业已经具备了一定的技术水平和较大的生产规模，外向型的果蔬加工业布局已基本形成。

4. 水产食品原料

水产食品是指海洋或内陆水域中大量的鱼类、海带、浮游生物、海藻等可供利用的生物。以生物学特性为依据可将水产食品分为动物性水产食品和植物性水产食品。

动物性水产食品主要包括鱼类、贝类以及虾蟹类等，均含有较多容易被人体所吸收的蛋白质，丰富的脂溶性维生素 A、维生素 D，以及钙等无机盐。深海鱼类中含有丰富的 DHA 和 EPA，这些物质能够促进大脑发育，而且有降低血脂，预防冠心病、动脉粥样硬化等慢性疾病的作用。

植物性水产食品主要是藻类，常见的主要有海带、裙带菜等藻类，藻类几乎不含有脂肪，但富含蛋白质、膳食纤维、褐藻酸等营养成分和功能活性成分，这些成分可用来预防因食用过多动物性食品而引起的慢性疾病。

在我国，自古以来鱼虾贝藻等天然水产物都作为食物原料被利用，作为水产大国，近年来我国水产品销量逐年上升，水产品加工行业呈现多样化的发展态势，对于水产食品的深加工也处于迅速发展阶段，不断有新产品出现，如美容水产食品、保健水产食品等，目前都已经形成了工业化的生产模式，具有广阔的市场前景。

5. 畜产食品原料

畜产食品主要包括畜牧业所提供的可食用的肉类、蛋品、乳品等，蛋白质含量较高，碳水化合物含量较低，还含有维生素与矿物质等其他营养成分，各成分因动物品种的不同会存在一定的差异。

肉类主要为肉用畜禽的可食用部位，包括猪、牛、羊、兔、鸡、鸭以及鹅肉等，畜禽肉类中优质蛋白质的含量较高，且含有较多的赖氨酸，一般与谷物类搭配食用，可以平衡氨基酸的摄入配比。在动物肝脏中，维生素 B_2 与维生素 A 的含量极其丰富。

蛋品常见的有鸡蛋、鸭蛋、鹅蛋以及鹌鹑蛋等，蛋品的蛋白质含量一般在 10%以上，鸡蛋蛋白是全蛋白，含人体必需氨基酸且配比合理，蛋黄中还富含磷脂酰胆碱、脂溶性维生素和叶黄素等功能活性成分，是一种质优价廉的高营养食品。

乳品主要来源于乳用牛、羊以及骆驼中，钙元素含量丰富且容易被人体吸收，牛乳是市场中最常见的乳制品，羊乳因其营养成分更接近母乳也备受喜爱，骆驼乳由于产量较低、价格较贵，目前在我国市场不大，主要产于沙特阿拉伯王国、马里共和国等国。

我国畜产品资源丰富，以往以屠宰生产鲜肉为主，关于畜产品深加工的规模型企业较少，近年来，我国畜产品的加工取得了很大进展，畜牧业产品的精深加工技术也在不断进步，在政府出台的系列政策管理与监督下，生产日渐规范化、规模化和多样化，卫生条件得到极大的改善，同时扩增了海外出口的渠道。

6. 转基因食品原料

转基因食品又称基因工程食品，或基因修饰食品，转基因技术是一种可以使食品原料具有更好的感官、营养及健康功效的技术手段，目前，转基因食品主要分为三类，植物类、动物类以及微生物类。谷物类转基因原料主要涉及抗虫玉米，用于工业化酒精、纸浆、医药包材等领域。我国将现代生物技术纳入科技发展计划，引导转基因农产品的开发与应用，统一规范与安全标识，以确保转基因食品与生态环境安全。

7. 微生物发酵食品

微生物发酵食品是向食品原料中加入适量的微生物，通过发酵过程制得的食品。一般具有特殊的风味与口感，营养价值更高。由于食品原料对发酵工艺要求不同，根据微生物种类的选择，发酵制品主要有以下几种：用酵母菌发酵的制品，如馒头、面包、葡萄酒等；用霉菌的发酵制品，如豆腐乳、米酒等；用细菌发酵的制品，包括发酵乳制品，如酸乳；酶制剂如淀粉酶；氨基酸制品如谷氨酸；酵母菌与霉菌混合发酵的制品，如黄酒；酵母菌与细菌混合发酵的制品，如腌菜；酵母、霉菌以及细菌混合发酵的制品，如酱油。微生物发酵食品能够增加肠道中有益菌群含量，有助于增强人体免疫力。

四、食品原料学与其他食品学科的关系

食品原料学是高等院校的食品科学相关食品专业学生重要的专业课程之一，是食品学的基础和重要组成部分。食品原料学与众多食品学科交织成食品科学专业体系知识，与农学、食品安全、食品营养学、食品工艺学、食品化学、食品保藏学等多学科密不可分。

1. 食品原料学与农学

食品原料的品质、基本性状是食品原料的主要研究内容。以从生物中获得的大多数食品原料为例，其品质与性状主要来源于生物本身的品种、生长环境以及培育方式，与农学有直接关系。农学包括普通农作物的栽培科学、育种科学以及广义上的生物生产科学，这些学科是影响食品原料的环境因素，同时原料学的研究也能够为农作物的育种，栽培措施改善，生产环境管理等提出指导意见。例如，在从生物资源中获取食品原料的时候，要考虑生物资源利用的可持续性，在利用现有资源和开发新食品资源的过程中，必须以保护生物多样性为前提。同时，应将现有食品原料学的研究基础和成果充分利用，发挥其价值，做好生物资源的遗传和育种工作，开发出快速、抗病、无毒、适合现代工业产品生产的优质食品原料。

2. 食品原料学与食品安全

从食品原料安全的角度来看，食品安全以食品的原料为起点，确保食品原料的安全对于食品的后续加工、流通环节的安全至关重要，也是“从农田到餐桌”安全的起点，食品安全问题关乎着全人类的生计。食品原料是食品安全问题的源头，将食品原料进行深入研究，能更好

地满足对食品安全源头和过程的加强监控，降低食品安全问题的发生率。特别是谷物原料都需要经过加工烹饪才能食用，因此，采收、储运、加工等全链条质量监管对保障食品安全必不可少。

3. 食品原料学与食品营养学

就使用目的而言，食品原料学与食品营养学的共性是为了帮助人们在日常饮食中选择优质食物原料，进行合理搭配，保持健康的饮食习惯。人类身体需要的营养素来自食品原料，食品原料的营养分析和评价是食品原料学的关键内容。中国自古就流传着“医食同源”“药补不如食补”的说法，例如，在古籍记载中苦荞属于药食同源的作物。对于食品各营养特性及生理功效的研究，需要从营养组分的分子结构及其相互作用入手，从食品原料中分离提取活性成分，开发保健食品、功能性食品，已发展成为大健康产业最热门的研究方向之一。

4. 食品原料学与食品工艺学

食品原料学为食品加工工艺提供原料的物理、化学、生化特性等基础知识，以此为理论依据，优化加工工艺以提高产品的食用品质和营养品质。食品品质首先取决于原料特性，原料的加工适用性一方面是由品种决定，另一方面与采摘时刻、成熟程度和采后处理方式有关。工业化加工不同谷物制品采用特定品种，标准化栽培及采收后原料的储藏管理均对原料的加工产品品质稳定至关重要。食品原料学中所涉及的品种性状、营养组分及加工适用性，不仅为设计食品加工工艺提供科学依据，也对充分发挥原料的特长、最大限度地利用原料各组分、提高加工产品品质、降低成本有十分重要的意义。

5. 食品原料学与食品化学

食品化学是研究食品原料的组成、结构、功能及其变化规律的一门综合性学科，应用化学原理及方法研究食品原料在体内的生化过程与在加工储藏中营养物质的变化，对食品的品质及安全性进行评定。食品化学知识有利于开发食品新资源，科学地提高食品原料加工水平，减少加工过程中营养物质的损失，对食品原料的运输及储藏技术进行革新，避免营养物质发生不良反应与降解。食品化学知识可以加强对食品原料理化特性的充分认识，筛选最适加工方式，并根据营养物质发生化学变化的本质将其更好的应用于新型食品的开发中，提高原料的经济价值与营养价值。食品化学是保障食品原料发挥最大价值的一门支柱学科。

6. 食品原料学与食品保藏学

食品保藏学是依据保藏原理对食品进行保藏，并对保藏期间食品产生的化学变化与品质影响进行分析的学科。根据食品保藏学的研究内容，可以对食品原料的储藏方式进行改良，针对不同原料的特性制定与之相对应的保藏管理制度，有利于延长食品原料的保藏时间与营养价值，避免食品腐败以及产生的不良反应。可以说，食品保藏学是食品原料安全特性及营养价值的基础保障，也是促进食品原料发挥健康作用的技术保障。

近年来，食品产业越来越重视市场和分销，因此，食品原料学已经不局限于食品专业基础课程，还涉及植物学、动物学、农作物栽培学、养殖学、市场商品流通学、生理学、心理学、社会学等多门学科，是一门将理论与实践、研究与应用相结合的综合性课程。

第二节　全谷物原料学

全谷物原料学是全谷物加工利用的重要基础，包括了全谷物的各种原料基本特征，如品质、产地、产季、组织结构和营养成分等，以及全谷物原料的加工技术创新，全谷物原料的开发等内容。近年来，随着谷物产业的迅速发展和谷物食品的不断推出，以全谷物为原料的食品越来越受欢迎。我国也开始加速研究确立合适的全谷物原料标准以及相关的政策规范，以促进全谷物原料的发展。对全谷物原料学内容的正确理解和掌握，能够科学合理地保障和提高全谷物食品的感官品质、加工品质和营养价值，有助于最大限度地开发全谷物资源，发挥全谷物在居民膳食中的重要作用。

一、全谷物的定义

关于全谷物，目前在国际上还没有统一的定义。1999 年，美国谷物化学家协会（American Association of Cereal Chemists，AACC）提出了有关全谷物（whole-grains）的定义，主要针对全谷物的成分和结构（表 1-1）。该全谷物的定义也适用于谷物的出芽形式和传统加工形式。出芽形式的全谷物须满足：①食物中的全谷物量以干基计算；②任何芽的生长不超过种子长度，如果太长则会影响营养价值；③营养价值没有降低。定义规定以传统加工形式最小化处理的全谷物包括轻磨的大麦、小麦、布格麦和玉米，还细化了全谷物可被允许的最大损失量，指出如果单一谷物经碾磨和重组后的成分与完整颖果的相对比例相同，也可被称为全谷物。美国全谷物委员会（Whole Grains Council，WGC）、美国食品药物监督管理局（Food and Drug Administration，FDA）分别在 2004 年和 2006 年对全谷物提出了定义。2008 年，AACC 又对全谷物定义进行了补充修改，规定在最佳现代碾磨技术可行的范围内，全谷物颗粒组分可与完整颖果以相同的相对比例呈现，并表示通过适度的控制最低限度的加工，可以略微改善全谷物的成分，有效控制真菌毒素和重金属水平以保障食品安全。这是目前人们普遍接受的对于全谷物的定义。

2008 年，丹麦提出的全谷物的定义与美国 AACC 基本相同，不同之处是规定全谷物不包括野生稻米及假谷物类。随后，欧盟对全谷物的定义更加具体，侧重全谷物食品生产的可操作性及规范性，强调全麦粉生产应按照良好规范操作（Good Manufacturing Practice，GMP）的要求来进行。欧洲健康谷物论坛（Health Grain Forum）对全谷物的定义比大多数欧盟国家当时使用的定义更为全面，并且与欧洲以外国家的全谷物定义相一致，不同的地方是欧盟在定义中规定了谷物加工过程中要求将麸皮、胚芽和胚乳的损失降至最低。

澳大利亚和新西兰食品标准委员会根据《1991 年澳大利亚新西兰食品标准法典》规定了全谷物的定义。新加坡对全谷物的要求基本相同，规定了任何食品要标记为“全麦”或带有传达该含义的词语，必须满足“全谷物”定义的成分或由全谷物制成；“全麦”一词（或其他表达该含义的词）由表示所用全麦成分百分比的词直接限定。

我国在《中国居民膳食指南（2016）》中首次使用了 AACC 的定义，总结了全谷物的定义应包括以下要素：①全谷物是指去掉谷壳等不可食用部分后的完整、粉碎、破碎或压片的颖果，基本的结构学组成中淀粉质胚乳、胚芽与麸皮的相对比例与天然完整颖果相同；②在加工过程中允许少量损失，以去除细菌、霉菌、农药残留和重金属等杂质，但该损失量的合理范围需要通过进一步的研究来确定，以实现营养和安全双重要求；③全谷物的种类包括：大宗谷物，如稻谷、小麦、玉米；禾谷类杂粮，如燕麦、青稞、大麦、谷子、高粱、薏苡、菰米；假谷类杂粮，如荞麦、藜麦、籽粒苋。直至 2021 年，中国营养学会颁布了团体标准 T/CNSS 008—2021《全谷物及全谷物食品判定及标识通则》，发布了全谷物及全谷物食品的定义。《中国居民膳食指南（2022）》中强调了多吃全谷物，并明确指出全谷物或杂豆每日摄入量应为50~150g。

表1-1　各组织机构对全谷物的定义

年份	机构	全谷物定义
1999	美国谷物化学家协会	完整、碾碎、破碎或压片的颖果，基本的组成包括淀粉质胚乳、胚芽与麸皮，各组成部分的相对比例与完整颖果相同
2004	美国全谷物委员会	包括所有禾本科谷物，同时也包括籽粒苋、荞麦、藜麦等假谷物，表述上的不同在于全谷物营养素的平衡与天然谷物相近，而不是完全一致，强调全谷物或从全谷物生产的食品应含有谷物种子中所具有的全部组分与天然营养成分
2006	美国食品药品监督管理局	明确了全谷物的种类范围，提出全谷物包括籽粒苋、大麦、荞麦、碾碎的小麦、玉米、小米、藜麦、稻米、黑麦、燕麦、高粱、埃塞俄比亚画眉草、黑小麦、小麦与野生稻米，豆类、油料与薯类不属于全谷物
2008	丹麦技术大学/丹麦国家食品研究所	与美国AACC定义的基本相同，不同之处是不包括野生稻米及假谷物类
2010	欧盟健康谷物协会	①全谷物是指去除谷物的外壳等不可食部分后的完整、碾碎、破碎或压片的颖果，基本的结构学组成包括淀粉质胚乳、胚芽与麸皮的相对比例与天然完整颖果一样； ②允许在加工过程中的少量损失，以去除细菌、霉菌、农药残留及重金属等杂质，但损失量不能超过谷物的2%，麸皮损失量不能超过麸皮总量的10%； ③全谷物的各解剖学部分的相对组成比例应考虑不同年份、不同品种、不同批次等合理正常的变化幅度； ④全麦粉生产应按照GMP的要求来进行
2014	欧洲健康谷物论坛	谷物在除去不可食用的部分（如外壳和无价值之物）后的完整的、磨碎的、破裂的或片状的谷粒，其主要组成成分的比例（淀粉胚乳，胚芽和麸皮）应与全颗粒谷物完全相同
2014	澳大利亚和新西兰食品标准委员会	指完整谷物或去壳、磨碎、碾碎、破碎或压片的谷物，其中胚乳、胚芽和麸皮的成分要以代表全谷物中这些成分的典型比例出现，包括全麦
2010	新加坡健康促进委员会	强调“全麦”一词在食品标识中的使用
2016	中国粮油标准化技术委员会	以整粒小麦为原料，经制粉工艺制成的，且小麦胚乳、胚芽与麸皮的相对比例与天然完整颖果基本一致的小麦全粉
2021	中国营养学会	经过清理但未经过进一步加工，保留了完整颖果结构的谷物籽粒；或虽经碾磨、粉碎、挤压等加工方式，但表层、胚乳、胚芽的相对比例仍与完整颖果保持一致的谷物制品。基于食品安全和质量控制的考虑，加工过程中允许有少量组分的损失，表层损失不超过3%

二、全谷物概念的发展史

自古《黄帝内经·素问》有“五谷为养，五果为助，五畜为益，五菜为充”的记载，体现了我国“五谷为主、果蔬为辅”的居民膳食结构。我国居民早期直到近代很长时间都采用这种饮食结构。但由于食品加工技术的进步和人们对饮食口感的追求，精制白米白面逐渐成为千家万户餐桌上最受欢迎的主食。相比之下，全谷物及其制品因其粗糙的口感和欠佳的风味而被冷落。

近年来，长期只食用精制谷物的弊端逐渐凸显。精制谷物在提升口感的同时损失了谷物中的大部分营养成分，如膳食纤维、维生素、矿物元素、多酚类物质等。与精制谷物不同，全谷物的天然营养成分能够在适度加工过程中保留。因此，作为膳食纤维等营养物质重要来源的全谷物在主食中的缺失，与全球肥胖症、高血糖、心血管疾病等慢性疾病的患病率上升密切相关。也有大量研究证明了食用适量全谷物对这些慢性疾病起到有效的干预作用。

1. 世界谷物发展进程中的全谷物

从世界谷物发展史来看，各国都对全谷物的发展付出了很多努力。1993 年第一次以全谷物为主题的国际会议在华盛顿举行，由美国农业部和美国膳食协会等机构联合发起，从此以全谷物为主题的年度会议每年都会举行。依据美国膳食指南与食物金字塔，明确每天食用的谷物食品的一半应该是全谷物，每人每天应至少食用 85g 以上的全谷物食品，以降低心脑血管疾病、2 型糖尿病的患病概率及帮助体重控制。美国心脏协会、美国糖尿病协会及美国癌症协会也特别推荐增加全谷物的消费。美国的“健康人 2010 报告”中提出：到 2010 年实现至少 50% 的 2 岁及以上的人每天至少食用 6 份谷物制品，而且至少 3 份为全谷物。

2. 国际共推全谷物研究进程

各国对全谷物的关注度越来越高，相关国际会议的广泛交流也推动了全谷物的研究进程。欧洲第一届全谷物会议于 1997 年在巴黎召开；2001 年在芬兰召开了全谷物与健康国际会议，全面探讨了全谷类消费与保健的科技进展；2005—2010 年，欧洲启动了“健康谷物”综合研发项目，目的是提高欧盟全谷物的健康消费，减少罹患糖尿病等慢性病的风险，并改善市民生活水平。该项目还成立了技术与营养专家团队，研究确定了健康谷物食品的质量标准，开发了含有膳食纤维、低聚糖和植物化学物质等健康促进作用的谷物成分的相关技术，目前成立了拥有来自全球 15 个国家的 43 家研究协作单位，以及 40 多家公司所构成的谷物产业平台。澳大利亚的健康食品联合研发中心也同样重视全谷物发展，把科学界、政府研究部门与工业界结合为协同平台，共同研究健康谷物食品。

3. 全谷物健康作用得到公认

现在越来越多的消费者开始重视全谷物的保健作用，带动着全球全谷物食物消费的热情和兴趣快速增长。目前，美国、英国和瑞典 3 个国家都有了专门的全谷物健康声称。美国 FDA 在 1999 年批准了第一个关于全谷物的健康声称：富含全谷物与其他植物性食物及低总脂肪、饱和脂肪与胆固醇的膳食可以减少心脏病与一些癌症的危险，要求全谷物食品中至少 51% 是全谷物，并且这些食品还必须符合特定膳食纤维标准要求。2002 年，英国的全谷物健康声称计划强调“一个拥有健康心脏的人趋向于把食用更多的全谷物食品作为健康生活方式的一部分”。2003 年，瑞典关于全谷物的健康声称计划强调，健康的生活方式与富含全谷物食品的平衡膳食可以减少冠心病的危险，并规定全谷物食品中含有的全谷物占比至少为 50%。目前国际范围内还没有一个统一的全谷物健康声明，有必要通过国际合作制定一个全球性的全谷物食品标签标准体系。

4. 我国农业高质量发展需求下的全谷物新征程

随着我国农业的发展，人们生活水平的提高和对健康饮食的追求，人们不再单纯只关注谷物的口感，而是逐渐将重心转移到了谷物的营养健康功能上。我国高度重视全谷物营养与保健、加工技术、宣传教育、市场研究和消费习惯等领域的工作，开展了大量全谷物生理活性物质及其生物利用度、对慢性病保健干预机制的研究，关注全谷物相关标准法规的制定和全谷物健康效应科普宣传，同时致力于全谷物食品风味、质地、色泽等特性的改善。全谷物将在全球范围内受到更广泛的关注，其市场也将迅速发展，这无疑将对居民膳食结构和食品消费观念以及人类健康产生深远的影响。

三、全谷物原料的供需、利用与开发

（一）全谷物原料的国内外供需现状

从全球全谷物食品市场发展情况看，全谷物消费正处于快速发展阶段，特别是自 2000 年以来，全谷物新产品的开发上市非常迅速。资料显示，2007 年全球全谷物新产品的数量是 2000 年的 16 倍。在 2007 年全世界大概有 2368 种全谷物产品进入市场，而在 2000 年仅仅只有 164 种，增长速度十分迅猛。2021 年，全球全谷物食品市场总规模达到 3347. 82 亿元，中国全谷物食品市场规模达到 1130. 89 亿元，并占全球全谷物食品市场总份额的 33. 78%。预计在 2021—2027 年，全谷物食品市场将以 5. 62%的复合年增长率稳步增长，在 2027 年全球全谷物食品市场总规模将会达到 4647. 76 亿元。这些市场数据表明，全谷物凭借着其营养健康的优势正在逐渐进入每一个家庭，潜移默化地改变着人们的饮食习惯与结构。

1. 美国

近年来，各国中对全谷物的需求增长较快的是美国，很大程度上要归因于美国全谷物委员会的教育计划举措。美国有适宜的气候和广阔的土地资源，现有可耕地约 1. 52 亿 hm^2，牧场 5. 6 亿 hm^2。美国农场主、装卸运输者、加工业逐渐显示出一体化趋势，是世界上最大的谷物交易市场。美国农作物以玉米、小麦、大豆为主，其次为燕麦、稻子等。粮食总产量约占世界总产量的 1/5，玉米、大豆、小麦产量分别位居世界第一、第一和第三位（仅次于中国和印度）。美国是世界上最大的农产品出口国，2011 年美国农产品进出口贸易总额高达 1700 亿美元，其中进口额 734 亿美元，出口额 966 亿美元。2011 年美国小麦和粗粮出口量分别占世界同类产品出口总额的 20. 8%和 45. 7%。美国 2020—2021 年度的谷物产量中玉米为 3. 78 亿 t，大豆为 1. 17 亿 t。美国政府通过实施多项农业政策来管理谷物的供应，带动谷物种植发展。

2. 加拿大

农业是加拿大的五大产业之一，全国粮食产量仅次于美国、中国和印度，人均粮食产量居世界第一。加拿大主要农作物有大麦、小麦、大豆、燕麦、玉米和黑麦，是世界第二大小麦和大麦出口国。加拿大的小麦和大麦出口至 70 多个国家，小麦贸易额约占世界的 20%，杜仑麦占 65%，饲料大麦占 15%，酿造大麦占 30%。加拿大 2018—2019 年度小麦实际产量为 3220 万 t，大麦产量为 838 万 t；2019—2020 年度小麦产量为 3235 万 t，大麦产量为 1038. 3 万 t，大麦出口量为 300 万 t。2022—2023 年度加拿大大麦产量 1059 万 t，其中出口量 335 万 t，高于 2021—2022 年度的 255 万 t；国内大麦的用量达到 660 万 t，高于 2021—2022 年度的 495. 9 万 t。2019 年加拿大作为谷物收获的玉米产量为 1340. 4 万 t，2018 年为 1388. 5 万 t。

3. 日本

日本的主要粮食作物是稻米，基本自给自足，除此之外还有一些小麦、大麦和玉米的双季作物，但每年需要进口。日本稻米平均年产量约有 800 万 t，在贸易协议下进口 70 万 t。2018 年日本主食用米收获量为 732.7 万 t，与 2018 年供求预测（生产量 735 万 t）大体处于同一水平。近 30 年来，日本小麦消费量基本保持稳定，小麦面粉人均年消费量约 32kg。日本小麦产量较低，平均年产量约 82.5 万 t，只能满足国内需求的 10%，另外的 90%需要依靠进口，所以日本是世界上 5 个主要小麦进口国之一，每年约进口 560 万 t 小麦。日本大麦在粮食生产中占有重要地位，主要用于生产各种食品和饮料，年平均进口约 150 万 t，每年用于酿造啤酒的大麦消费量超过 100 万 t，用于生产饲料的大麦约为 130 万 t。日本还是世界上最大的玉米进口国，每年进口约 1680 万 t。

4. 澳大利亚

澳大利亚的主要作物以小麦和大麦为主，玉米、大豆和稻谷种植面积较小。澳大利亚的谷物分冬季作物和夏季作物两类，冬季作物包括小麦、大麦、燕麦、黑麦等，夏季作物包括水稻、玉米和高粱等。澳大利亚是全球十大小麦出口国之一，小麦通常占到澳大利亚国内生产总值的 2%，主要出口到亚洲和中东国家。2020—2021 年度澳大利亚小麦产量为 3100 万 t，同年小麦出口量达到 2100 万 t。2016—2017 年度大麦产量约为 850 万 t，大麦出口量约为 600 万 t，占到全球啤酒大麦出口的 30%，占到全球饲料大麦出口的 20%。2020—2021 年度澳大利亚稻米产量约为 84 万 t。2018—2019 年度澳大利亚高粱产量约为 200 万 t，2020 年仅为 120 万 t。

5. 俄罗斯

俄罗斯的主要作物有小麦、大麦、玉米、燕麦、水稻和豆类。俄罗斯是世界第三大小麦出口国，冬小麦是主要小麦品种。2017 年俄罗斯冬小麦和春小麦总产量为 8810 万 t，全国谷物总产量达到 1.405 亿 t。2019—2020 年度，俄罗斯谷物出口达 4170 万 t，其中小麦 3320 万 t。2020 年，俄罗斯小麦产量约 8587.3 万 t，小麦出口量最终达到约 3750 万 t。2021—2022 年度俄罗斯冬小麦和春小麦产量预计为 8230 万 t。俄罗斯是世界大麦主产国，也是大麦净出口国。2018 年俄罗斯大麦总产量为 1698.09 万 t，出口 550.65 万 t，比 2017 年同比增长 18.3%，大麦进口量大幅下降，仅为 3.01 万 t，同比下降 82.9%。2020 年，俄罗斯大麦产量增长 2.2%，达 2093.6 万 t。2019—2020 年度俄罗斯玉米产量约为 1450 万 t。2020 年，俄罗斯稻米总产量约为 114.1 万 t，黑麦产量约 230 万 t，黑麦产量高于上一年的 140 万 t。

6. 英国

英国盛产的农作物有小麦、大麦和燕麦。英国作为欧盟第三大的小麦种植国，2013—2017 年的小麦平均产量为 1480 万 t，2018 年英国小麦产量为 1410 万 t，2019 年英国小麦产量增加 19.7%，达到 1622 万 t。在过去的 20 年中，每年小麦净出口量约为 100 万 t。2019—2020 年度英国进口了 105 万 t 小麦，主要来源国为加拿大，其次是德国。2018 年英国大麦产量约为 660 万 t，2019 年达到 805 万 t。

7. 中国

我国稻米和小麦产量居世界首位，玉米产量仅次于美国，为世界第二。根据国家统计局数据，2020 年产量为 2729 万 t，进口量为 294 万 t，年度消费量超过 22000 万 t。水稻消费以口粮为主，口粮消费量占总消费量的 84.28%。2020 年，我国小麦产量为 13425 万 t，进口量为 838 万 t，年度消费量超过 12000 万 t。我国玉米产量 2020 年达到了 26077 万 t，进口量 400 万 t，年度消费量超过 28000 万 t。但以糙米、全小麦粉、带皮玉米粉等全谷物形式消费的量相对有限，仍有待提高。燕麦作为主粮以外最具代表性的杂粮，2020 年总产量 75.6 万 t，较 2019 年略有下降。2021 年后，燕麦、青稞、荞麦、谷子等杂粮全谷物的需求与产量逐渐恢复，逐年递增。

随着我国人民生活水平的不断提高和对膳食合理搭配的需求不断提升，对于粮食谷物的种类需求开始逐步扩大，但是受限于地理环境和气候等多方面不可抗力因素的影响，很多谷物种类尤其是杂粮产量有限。但同时中国居民对于粮食谷物的需求结构也出现了很大改变，除了大宗谷物外，对于各类全谷物的需求都在不断提升。为了满足消费者的需求和不断增长的工业需求，需要通过结合育种等研究提高各类全谷物的产量。

（二）全谷物原料的利用与开发

综合运用不同的科学生产技术，可以充分开发全谷物食品原料，加工成各种适合消费者需求的全谷物产品，如全谷物原料可被加工成全谷物粉、谷物早餐、蒸煮焙烤食品、代餐食品、鲜食谷物、高纤维减肥食品等。

1. 碾磨与制粉

全谷物原料用于制粉，不同于精白面粉，全谷物磨粉的过程中需保留谷物麸皮、胚芽等部位。由于谷物胚乳、胚芽和麸皮部位的组成和结构存在较大差异，需要应用现代食品加工技术来克服当前加工方法的缺陷，最大限度地降低加工过程对谷物营养成分的破坏程度。目前主要有两种全谷物制粉方式：一种是全谷物整体一起进行研磨；另一种是先将麸皮和胚芽从全谷物中分离出来，与胚乳分别研磨，再进行混合。农田施用农药后可能会在谷物籽粒表面有残留，重金属污染物如砷、镉和铅的浓度在谷物的外层结构也较高，由于保留了外层的麸皮，全谷物粉含有污染物的风险更高，如真菌毒素、重金属、抗营养物质、有毒物质和致癌物等。为保障全谷物原料的安全性，正式制粉前需去除外层污染物，这也会导致制粉一定的损失率。

2. 鲜食

一部分全谷物原料被用于鲜食全谷物食品，如鲜食玉米，简单蒸煮即可食用，能很好地保留乳熟后期至蜡熟初期玉米特殊的风味和甜、糯、嫩、香等品质，富含蛋白质、氨基酸、维生素及矿质元素等，有助于预防肥胖和高血压。再比如青麦仁，采用高压喷淋、气流滚动、二级过滤等技术对全谷物原料进行杀青、脱水、护色、灭菌，产品保留了丰富的蛋白质、叶绿素、膳食纤维和淀粉酶类，可以帮助人体消化、控制血糖。鲜食全谷物还可进一步加工成全谷物饮料，充分利用鲜食全谷物中的水溶性多糖成分。然而，针对全谷物采收时成熟度低、水分高、酶活力高的特点，以及由此引起的脱壳率低、破损率高、储藏过程中呼吸作用强等问题，鲜食全谷物食品的保鲜技术还有待进一步提高。

3. 方便主食

在现代快节奏生活下，不同全谷物原料被大量开发成方便、美味又营养的全谷物早餐、全谷物蒸煮焙烤制品，如面包、发糕、糕点等，以及全谷物代餐食品，受到了越来越多人的青睐。如玉米片、燕麦片、全谷物通心面类食品、全谷物速溶粉末食品、全谷物面包片、全谷物能量棒等全谷物食品，可通过挤压膨化等高新技术制得，原料利用率高、糊化程度高、营养损失小，还能大幅改善全谷物的外观、口感和消化率。

在全谷物原料的开发利用过程中，虽然各项技术和设备已有了较大的进步，但目前市场上依然缺乏针对不同人群的全谷物深加工食品选择，尤其是高附加值全谷物保健食品。而要大幅度提升全谷物食品的营养和功能特性，从原料品种的选择、育种，到谷物的收获、储藏、制粉、加工等环节，从全谷物结构对加工性质的影响，到全谷物营养成分与人体健康的作用机制研究，都需要有目的性、有导向性地引起重视和加强。需充分利用食品工艺技术，结合生物、物理和化学等原理，改变全谷物原料结构组成和比例，进行全谷物中生物活性成分的鉴定、特性与生物有效性研究，加速科研成果的产业化应用，使全谷物食品种类向着多样化和品质化发展，研发适合不同人群需求的高端全谷物食品。

四、全谷物原料学研究对象、目的和内容

全谷物原料学研究对象为全谷物的形态结构、理化性质、加工特性、品质检验和储藏保鲜等。全谷物原料学系统全面地介绍全谷物原料和全谷物食品的基本概念、种类和发展状况，以及大宗谷物稻谷、小麦和玉米，禾谷类杂粮燕麦、青稞、大麦、谷子、高粱、薏苡和菰米，假谷类杂粮荞麦、藜麦、籽粒苋的栽培史与分类，结构，化学成分，生产、消费、流通，作物性状，营养成分与品质特性，品质规格与标准，加工与利用，以及健康作用。旨在使读者能够正确地掌握全谷物原料知识，为全谷物原料深加工和安全质量控制打下坚实的科学理论基础。

全谷物原料学研究以食品原料学为基础，与农学、食品安全、食品化学、营养学、工艺学、保藏学等学科密切相关。对全谷物原料基础知识的深刻理解有助于全谷物食品配方设计、工艺设计、质量控制和新产品研发，指导膳食中全谷物原料的正确选用，对合理利用全谷物营养、保持健康水平具有重要的指导意义。

思考题

1. 什么是全谷物原料学？
2. 浅谈各国对全谷物原料的供需现状。
3. 全谷物原料开发利用的共性技术有哪些？这些技术能解决什么问题？应用于什么产品？

第二章

全谷物食品

学习目标

1. 掌握世界各国全谷物食品的定义；
2. 掌握常见的全谷物食品种类；
3. 了解全球全谷物食品的发展方向。

第一节 全谷物食品定义

全谷物食品由全谷物原料加工而来，当全谷物是食品唯一的原料时，全谷物食品的辨别相对简单，但当一种食品将全谷物作为其中一种配料与其他配料（包括精制谷物）进行混合时，全谷物食品的判定并不容易。有关食品中全谷物含量的实验室测试方法不配套，也为以食品中全谷物成分的比例来作为评判全谷物食品的标准增加了难度。因此，各国的判定准则和操作规范存在很大差异。

一、世界各国的全谷物食品定义

全谷物的定义关注的是全谷物组分的比例，而全谷物食品的定义着重于食品中全谷物配料的含量是否能达到能被称为全谷物食品的水平。目前，国际上没有统一的定义，不同国家和地区对全谷物食品中全谷物含量的规定也各不相同，见表 2-1。

表 2-1 各国家和地区全谷物食品的标准

地区/国家	机构/来源	全谷物合格标准
北美洲		
美国	FDA 全谷物健康声称	每 RACC 中必须≥51%全谷物（以质量计）； 膳食纤维被用作符合性的标志参数（≥11g×51%×RACC/100），但单一成分的全谷物食品可不考虑（如糙米）
	全谷物委员会全谷物标识	≥8g 全谷物/份（“基本标识”）； ≥8g 全谷物/份且至少 50%谷物原料是全谷物（“50%+标识”）； ≥16g 全谷物/份且全部谷物原料是全谷物（“100%标识”）
	美国谷物化学家协会	每 30g 产品中必须含有≥8g 全谷物
	美国农业部/食品安全和检验服务局（FSIS）临时政策	含全谷物的肉禽制品专用； 每份和每 RACC 中含有≥8g 全谷物（以干基计），且必须符合全谷物产品的合格标准：如果不符合合格标准则食品中必须含有至少 51%全谷物
加拿大	全谷物委员会全谷物标识	≥8g 全谷物/份（“基本标识”）； ≥8g 全谷物/份且至少 50%原料是全谷物（“50%+标识”）； ≥16g 全谷物/份且全部原料是全谷物（“100%标识”）

续表

地区/国家	机构/来源	全谷物合格标准
欧洲		
德国	联邦食品农业部	全谷物面包≥90%最终原料（除水外）必须是全谷物； 全谷物意大利面的谷物原料必须100%是全谷物
荷兰	卫生、福利及体育部	全谷物面包中的面粉必须100%是全谷物（法律规定）
瑞典、挪威、丹麦	瑞典国家食品局，挪威食品安全局，丹麦兽医和食品管理局：Keyhole标识，瑞典食品行业实施指南全谷物健康声称*	≥50%原料必须是全谷物：薄脆饼干、意大利面、早餐谷物和粥（以干基计）； ≥25%原料必须是全谷物：软面包； ≥50%原料必须是全谷物（以总质量计），总膳食纤维必须≥4.5g/1000kJ，且需满足Keyhole标识对脂肪、糖、盐的标准
法国	法国饼干和蛋糕制造商道德宪章	全谷物占产品总质量15%~39%的食品可以声称“全谷物来源”； 产品含有>39%全谷物可以声称“全谷物丰富来源”； 全谷物声称必须含有至少3g/100g总膳食纤维
英国	英国联合健康声称倡议	≥51%原料必须是全谷物（以质量计）
欧盟	健康谷物论坛	整个产品（或混合产品的原料总和）中必须≥30%原料为全谷物（以干基计），同时全谷物原料比例高于精制谷物原料
大洋洲		
澳大利亚	谷物和豆类营养委员会实施指南	每份食品中≥8g全谷物则可以声称“含有全谷物”； 每份食品中≥16g全谷物可以声称“全谷物含量高”； 每份食品中≥24g全谷物可以声称“全谷物含量很高”
亚洲		
印度尼西亚	国家药品和食品管理局	≥25%原料必须是全谷物才可以对完整的、破碎的或片状的谷物使用全谷物声称，包括稻米和燕麦片
马来西亚	卫生部草案	100%原料必须是全谷物：小麦粉、米粉、稻米和谷物； 60%原料必须是全谷物：面包； 25%原料必须是或每份8g全谷物：其他食品

注：*早于2007年欧盟健康声明条例通过；RACC，单次食用参考值；TDF，总膳食纤维；WG，全谷物。

1. 美国

2005年，美国全谷物委员会发布的《美国全谷物食品标签》和《国际全谷物食品标签》中定义了两种全谷物食品标签：基本标签和100%标签。基本标签规定，每份食品中至少含有8g全谷物原料；100%标签则将全谷物原料的份量规定为16g/份，而且食品中所有谷物原料必须都是全谷物。2006年，针对含有肉制品的谷物食品，美国全谷物委员会发布的《全谷物食品标签》在基本标签中增加了“至少51%的谷物原料是全谷物”。2013年，美国谷物化学家协会将全谷物食品定义为每30g产品（相当于标准份量）中至少包含8g全谷物原料。美国FDA在《美国居民膳食指南（2020—2025）》中规定了谷物产品总质量的51%及以上为全谷物原料的产品才可以标注为全谷物食品。

2. 欧洲

荷兰要求全谷物面包必须使用100%的全谷物面粉。挪威、丹麦、瑞典要求全谷物面粉必须是100%全谷物，而含有非全谷物配料的全谷物食品必须含有50%以上的全谷物原料。德国要求全谷物食品中全谷物含量至少为90%以上。法国对全谷物食品的成分未作强制要求，对食物中全谷物含量在15%~39%的食品标为“全谷物来源”，对全谷物含量大于39%的食品标为“全谷物丰富来源”。欧洲健康谷物论坛规定全谷物食品中全谷物原料应大于30%，同时保证全谷物成分要多于精制谷物，设定了一个对各类产品都有意义的阈值作为全谷物含量标识。

英国联合健康声称计划（JHCI）在2002年发布了一个关于全谷物食品较为全面的健康声称，指出每份全谷物食品中有51%以上全谷物原料。瑞典在2003年批准了一项关于全谷物的健康声称，规定了全谷物食品中全谷物的含量百分比必须至少占食品干基总量的50%以上，同时对脂肪、糖与食盐含量也有严格的限制。

3. 澳大利亚

澳大利亚谷物和豆类营养协会在2014年实施了一项关于食品中全谷物成分含量自愿声称的标准，首次明确了全谷物食品的标签声明要求，主要包括：全谷物含量<8g，不允许进行全谷物成分内容声称；全谷物含量≥8g，可标注含有全谷物；全谷物含量≥16g，可标注全谷物含量高；全谷物含量≥24g，可标注全谷物含量很高。这种定量声称有助于消费者直观获取真实的全谷物食品信息，实现每日全谷物推荐摄取量。

4. 亚洲

马来西亚健康相关部门规定，针对全谷物小麦粉、米粉中的全谷物含量必须是100%；对于全谷物面包类食品，产品中须包含60%及以上的全谷物；对于其他全谷物食品，须含有25%及以上的全谷物原料或每份食品中至少含有8g全谷物原料。

在2021年，中国营养学会颁布了团体标准T/CNSS 008—2021《全谷物及全谷物食品判定及标识通则》，发布全谷物食品的定义。要求配方中含有全谷物原料，且其质量占成品质量的比例不少于51%的食品（以干基计）。

二、常见的全谷物食品种类

（一）预包装食品

按照全谷物食品配料种类分为单品种全谷物食品、复配全谷物食品。

1. 单品种全谷物食品

由稻米、小麦、玉米、小米、黑米、高粱、荞麦、燕麦、大麦等单一品种谷物完整的颖果直接加工而成，或者进行碾碎、破碎和压片等一系列加工工艺制成，产品的基本组成包括淀粉质胚乳、胚芽与麸皮，加工后的产品各组成部分的相对比例与完整颖果一样。通过加工制成的单品种全谷物食品营养丰富，含B族维生素、维生素E、膳食纤维、多酚类物质和矿物质等营养成分。目前，市场上单品种全谷物食品种类繁多，如糙米、全麦面条、全麦面粉、全麦片、全麦馒头、全麦饼干、玉米发糕、全玉米饼干、发芽糙米、高粱煎饼、燕麦片、燕麦米、荞麦面条、荞麦脆等。

2. 复配全谷物食品

通过混合几种全谷物加工而成的。复配全谷物制品一般需要先对全谷物原料进行粉碎加工，以小麦粉、玉米粉、青稞粉、藜麦粉、燕麦粉、薏米粉等为原料进行混合复配，然后经过醒发、蒸煮、焙烤、挤压膨化、冷冻干燥等加工制成，如杂粮馒头、面包、饼干、面条、谷物早餐、冲调饮料、休闲零食、挤压重组营养米、杂粮休闲膨化食品和其他产品。复配全谷物食品由于融合了几种不同的全谷物原料，营养成分如蛋白质中的氨基酸组成、碳水化合物中的抗性淀粉和膳食纤维含量、脂肪中的不同脂肪酸配比、维生素种类和含量等的结构更加合理，比单品种全谷物食品营养更加均衡全面。

（二）初加工农产品

由未成熟或成熟的青麦仁、玉米粒、藜麦等谷物经过简单的清洗除杂、杀菌灭酶、调节水分、蒸煮等预处理，全籽粒速冻而成，既属于菜肴系列，也满足全谷物食品的定义，已成为日常餐桌上重要的一部分。鲜食全谷物速冻技术、灭酶技术、灭菌技术为该食品的发展奠定了良好的基础。

（三）深加工食品

全谷物焙烤食品、面制品、冲调制品等是市面上主要的全谷物食品，均可以由单一谷物的全粉制成，或者由几种不同的谷物全粉复配而成，也有的采用向普通面粉中按比例调配谷物麸皮的方式制成。

1. 全谷物焙烤食品

以全谷物面包为例，制作时通常需要对全谷物原料或麸皮进行预处理，以除去外层的污染物，灭活脂肪酶、氧化酶和水解酶类，调节水分使原料适于磨粉，提高全谷物粉和面团的稳定性，也为全谷物面包的储藏稳定性打下第一步基础。然后通过面团调制、醒面、分割成型、摆盘发酵、表面刷蛋液、烘烤、冷却、包装等工艺制成。近年来，冷冻烘焙技术的应用，可以大幅提高全谷物烘焙食品的品质，包括未发酵冷冻烘焙、预发酵冷冻烘焙、预烘焙冷冻等。

2. 全谷物面条

面条已成为世界上仅次于面包的第二大主食产品，亚洲是面条最为主要的生产和消费地区。各种杂粮营养鲜面、挂面依消费需求应运而生。目前，全谷物原料如燕麦、荞麦等制作面条存在黏弹性低、适口性差的问题，由于缺乏面筋蛋白，难以形成面团、采用传统工艺制成面条较为困难，全谷物添加量大多只有5%～15%。有限的添加量限制了全谷物，特别是功能因子特征突出的杂粮的健康作用，因此，采用挤压技术制备荞麦面条、燕麦面条成为等全谷物面条加工的有效措施。

3. 冲调粉（固体饮料）

全谷物冲调粉，也称冲调制品，属于固体饮料类，由于食用方便，常作为全营养素供给的代餐粉。常以小麦麸皮、糙米、燕麦、荞麦和薏米等全谷物为原料，经清理、粉碎、调配、采用挤压膨化技术制备，再经过压片、切片或造粒等工艺制成。

4. 全谷物麦片

燕麦片作为全谷物食品，由于口感爽滑、食用方便，深受消费者喜爱，已成为全谷物早餐中最常见的产品之一。传统燕麦片是燕麦粒轧制而成，经清理、灭酶、切粒、汽蒸压片等工序制成，能够最大限度地保留燕麦中的营养成分。一般产品分为煮制和冲泡即食两种。新型即食燕麦片的产品形式日渐丰富，可采用挤压膨化或烘焙等技术制成，产品也仍然富含水溶性膳食纤维β-葡聚糖，具有良好的健康功效。

三、全球全谷物食品的发展方向

目前，全球大部分地区的食物总量供需实现了基本平衡，但由于缺乏有效引导，营养过剩、营养不足及营养不平衡状况并存，营养相关慢性疾病高发，人们也逐渐意识到不科学的饮食产生的问题，开始重视全谷物食品在健康饮食中的重要作用。

对于全谷物食品的发展，要克服目前加工方式的种种缺陷，充分发挥现代食品加工新技术，一方面减少谷物原料的浪费，另一方面研究开发出更多既具有优良感官品质，又具有较高营养品质的全谷物食品。

1. 强化全谷物食品的营养功能特性

在一个完整的全谷物食品工业链条中，从原料品种选择、育种，到谷物的收获、储藏、制粉、加工等环节，在保证食品安全的基础上，应该努力提升全谷物的营养功能。与目前市场上大量的全谷物初加工食品相比，未来全谷物食品需朝着安全化、功能化的方向创新发展，必须有更多的全谷物主食化深加工产品走向市场，为人们的餐桌提供更加丰富多彩、益于健康的食品，满足人们对食品安全、营养、美味的需求。

2. 利用多样化的现代食品加工技术

全谷物加工技术的不断创新是提升全谷物食品的感官品质和储藏稳定性的必要武器。全谷物食品虽弥补了传统精加工米、面等谷物食品的营养不足，但与精白米面及其制品相比，全谷物食品的口感和质构仍不够均匀细腻，暗淡的色泽也成为众多消费者选择全谷物食品的障碍，货架期较短，加工中也存在不易成型等问题，消费者需要经常在全谷物食品的营养和感官方面权衡。解决全谷物食品口感、质构和加工品质问题，需要不断更新的现代食品加工工艺。例如，利用挤压膨化技术有效促进全谷物淀粉的糊化程度，延缓淀粉老化，降低脂肪酶的活性从而有效地延长全谷物食品的货架期。运用蒸汽爆破技术极大程度破坏全谷物麸皮的纤维结构，将不可溶性膳食纤维转变为可溶性膳食纤维，改善全谷物食品的口感。过热蒸汽技术由于瞬时水蒸气高温的作用，不仅能有效灭酶，还能够很好地改善全谷物食品的色泽。以全谷物为基质进行发酵，能降低全谷物中的抗营养因子，提高机体对全谷物食品的消化吸收率。

3. 验证全谷物食品营养与健康功效

我国拥有近4亿的心脑血管疾病、糖尿病、肥胖等慢性代谢性疾病群体，而且仍在快速攀升。谷物作为碳水化合物、膳食纤维与蛋白质的主要来源，对人体健康影响极大。目前，关于全谷物食品中的生物活性组分和人体代谢之间的关系及其背后的机制还不明晰，需要深入研究建立全谷物食品成分与人体健康或疾病预防的生理学机制。比如，采用体外模型实验，模拟人体消化道的消化情况，模拟口腔咀嚼及各种酶的作用，从感官、消化率，以及功能作用等几个角度揭示全谷物食品的营养价值；也可以应用动物模型评价全谷物食品成分的摄入对代谢疾病干预效果的生理学机制；还可以开展健康人群或危险人群试验，探究全谷物膳食对慢性疾病危害因子的长效干预机制。利用各项研究成果进一步挖掘全谷物食品中的营养因子，根据不同目标人群开发个性化的精准营养方案，保障国民营养健康的需求。

4. 完善全谷物食品的法律法规

国家、地方、行业标准与法规为全谷物食品可持续发展保驾护航。全谷物食品的良好发展离不开标准体系的导向，一个完善的标准体系是全谷物市场规范的基础。目前，我国已有《健康谷物及其产品术语》《荞麦挂面》《全麦挂面》《易煮全谷物》《糙米米粉》《燕麦片》《发芽糙米》等多项全谷物行业标准或国家标准得到立项批准。还有T/CABCI 04—2018《全谷物冲调谷物制品》、T/CABCI 02—2018《全谷物焙烤食品》、T/CABCI 03—2018《全谷物膨化食品》等团体标准，为我国全谷物标准体系的建设做出了初步的探索。但我国全谷物标准数量很少，缺乏完整的全谷物标准体系，标准的建立还跟不上产品发展的步伐，导致市场上的全谷物食品质量参差不齐，制约我国全谷物的发展。未来，需要进一步围绕全谷物术语定义、原料、加工新产品、检测方法、加工技术规程等开展更深入的研究，加强与相关国际组织的交流，逐步建立起适应我国实际的全谷物标准体系，以规范行业的发展，让广大消费者能够不断真正受益于全谷物食品的健康促进作用。

《国民营养计划（2017—2030年）》开启了“健康中国、营养先行”的全民营养时代，为了达到全民增加全谷物摄入的发展目标，建议加强全谷物食品的科学研究，实施配套的科普宣传，推动传统主食加工向健康谷物与健康主食的创新升级。要加强全谷物食品健康作用的宣传推广，促进全谷物食品认知与消费的提升。政府和相关科研部门应积极搭建全谷物食品推广平台，构建全谷物食品发展和推广长效机制。还应充分利用当前互联网等多媒体线上线下平台，通过科普宣传和消费引领等多种方式，全方位加强全谷物营养健康知识、食用方法和全谷物食品选择等知识普及，引导消费者科学选择全谷物食品。

随着社会和经济的进步，人们生活水平的提高，科学技术的发展，人类疾病模式的改变以及对健康长寿的追求，发展安全健康全谷物食品受到全球各国的重视。我国应继续全面、系统、科学地推进全谷物食品的发展，用科学技术指导全谷物食品的开发和改进，包括工艺装备研究、加工关键技术研究、标准研究、营养健康研究、产品开发研究、全谷物科普等，使全谷物食品为我国大健康产业作出积极贡献。

第二节　全谷物食品的加工

以小麦、稻米、玉米和杂粮等谷物及其加工副产品为基本原料的谷物加工业是农产品加工业和食品工业的基础产业。在全谷物加工成食品的过程中，从营养成分和食品结构角度分析，全谷物食品与谷物初始状态最为接近，能够最大限度地保留谷物中的营养成分，全谷物食品的营养价值较之传统精加工谷物食品更加全面和丰富。我国目前已经围绕各类谷物开展了全谷物加工技术研究，初步形成了一些成熟技术，但并没有形成国家统一的标准和评价体系以及相关标识。市场上全谷物食品加工业正在逐步发展壮大，推动着全谷物食品行业的发展，开展全谷物食品加工技术的研究和推广，建立全谷物食品加工体系，对全谷物食品行业的发展具有重要的意义。

一、谷物加工方式的发展历程

谷物加工是世界上最古老的行业之一，中国最早的谷物加工工具出现在旧石器时代晚期。长期以来，石磨盘和磨棒作为加工谷物的主要工具，一直被认为是原始社会农业生产活动的重要标志。郭沫若在《中国史稿》中写道："自从我们的祖先经营农业之后，他们就能够用自己生产的食物来满足基本的生活需要。那时已经发明了一些简单的谷物加工工具。如把谷物放在一种石制的研磨盘上，手执石棒或石饼反复碾磨，既可脱壳，又可磨碎。"原始社会磨谷用的磨盘和磨棒，是原始氏族社会农业经济的重要标志。

新石器时代中期以后，石磨盘和石磨棒逐渐被石臼和石杵所取代。臼是在地面上挖的槽，夯实槽的内壁，把要加工的谷粒放入，用具有一定重量、下端椭圆形的木棒，连续舂击，把谷粒上的谷壳和糠皮舂落，最后经过吹簸，得到干净的粮食。后来的臼改用了陶制的，以及凿在较大石块上的石臼。

秦汉时期，随着谷物加工的不断发展，碓、木扇车、磨、碾等逐渐出现。杵臼演变成了简单的机械装置碓，借全身之力用脚踏杵，不仅可以减轻劳动强度，还大大提高了加工效率。随着我国民用科学技术的不断发展，在魏晋南北朝时期出现了利用水力驱动石磨进行粮食加工的水磨坊，到宋元时期水磨坊得到较大发展，到明清时期，水磨便较为普遍了。

石碾是古代人们用来脱皮、碾粉等的谷物加工工具，石碾和石磨一样，从远古的石磨盘和石磨棒演变而来，正式创始于北魏，当时，完整的一套石碾，主要是由碾盘、碾合、碾槽、碾磙、碾架几部分组成，其中最为重要的是碾盘、碾槽和碾磙。碾槽是在碾盘上凿挖而成，槽、盘为一体，故碾盘须有一定的厚度。晋代时期出现了水力驱动的卧式水轮石磨磨粉机，大约12世纪时人们开始利用风力磨粉。我国传统的谷物加工工具经历了由少到多，由粗到精、由单一到系统的发展过程，先后由石磨盘、石磨棒、杵臼、碓机以及磨、碾等组成的配套器械，成为历代粮食生产、加工之间的一段链条。

18世纪蒸汽机及之后发明的电动机、辊式磨带来了小麦加工业的大发展，现代制粉业随之诞生。发展到19世纪末、20世纪初，小麦制粉业已成为最先达到高度机械化和连续化生产的谷物加工业之一。20世纪初开始采用砻谷机、碾米机、钢辊磨和多道碾米、制粉工序。1949年以后为了提高单机谷物出粉产量，发展出了流程很短的"前路出粉法"和一机碾白工艺。后来，为了提高成品粮精度，又适当延长了加工工艺流程。

近代很长一段时期，谷物加工主要是用于制粉和碾米。首先是根据谷物及其所含杂质在大小、密度、形状和摩擦冲击方面的特性差异、采用不同的工艺和设备去除杂质。如果是小麦制粉，要根据最佳加工效果所需的条件进行水分调节，还需把不同品种的小麦按照成品粮的要求进行搭配后加工。制粉多数是干法机械加工，把原粮颖果破碎，从皮层上剥刮胚乳粗粒，再逐道研磨成粉，如小麦粉、黑麦粉、玉米粉；有的把粒状成品粮直接粉碎、筛理成粉，如米粉、高粱米粉。湿法加工制粉是把原粮或粒状成品粮浸泡吸水软化后，再磨碎提取浆状胚乳，经提纯、干燥成粉，如水磨米粉、玉米淀粉、小麦淀粉。如果是碾米，先把原粮脱去稃壳，除去颖果的皮层和胚，得到较纯的整粒或粗粒胚乳，即粒状成品粮，如白米、高粱米、粟米和玉米糁。碾米一般都采用干法机械加工，但有的需在碾米过程中采用水热处理和溶剂浸提工序。

随着谷物加工技术的发展，除了制粉和碾米外，谷物被加工成更为多样化的产品，拥有较大市场份额的谷物加工食品，如饼干、面包、糕点的加工也逐步实现了自动化生产。在我国，2000多年前就有将谷物加工成糕点的记载，唐宋时期发展成为商品，元、明、清得到继承和发展，但真正使用机械批量生产谷物焙烤制品的时间并不长。我国自1978年以来才逐步开始使用先进设备进行谷物饼干的生产，谷物加工技术也得到了进一步发展，从谷物原料预处理到机械设备、包装技术都大大改善，饼干、面包等产品的质量也不断提高。随着我国工业生产设备的不断更新换代，开始越来越多地使用现代化机械设备，如多功能变速搅拌机、连续分割滚圆机、控温控湿发酵箱、全自动冷藏发酵箱、控温控湿旋转炉等，谷物加工逐步实现连续自动化生产。同时，国外面包生产线、饼干辊切式生产线等设备和生产线的引进也极大地改变了谷物制品原来的生产方式，大大提高了生产效率，改善了谷物加工产品的质量。

传统的烘烤、蒸煮等加工方式，存在着传热效率低、能耗高、火力控制难、加热不均匀、产品质量不稳定等问题。食品产业迫切需要高效、节能、低碳环保、稳定可控的绿色热加工技术。新型加工技术，如生物技术、蒸汽爆破技术、过热蒸汽技术、高静压技术、低温等离子体技术等逐渐发展，不仅大大降低了谷物的加热时间，改善了谷物食品的口感，提升其营养品质，而且还能够起到杀菌、灭酶，和延长产品货架期的作用。目前，以美味、营养、健康、安全、绿色、低碳为特征的新型谷物食品已成为消费者追求的时尚。我国要抓住技术进步与经济全球化给谷物产业带来的技术发展后发优势及跨越式发展的历史机遇，提高谷物综合生产能力和谷物资源利用率，提高谷物科技创新能力。采用先进的加工技术，最大限度地保持谷物营养、强化良好的色香味与口感品质、减少有害化合物的产生和低碳加工，使谷物加工工艺更加环保、安全、节约、高效，不断带动谷物产业结构调整和产品优化升级，充分提高谷物产品附加值和延长产业链，加强谷物综合利用和增值转化。

二、全谷物食品加工技术

谷物作为人类最基本的膳食来源，对人类健康起着举足轻重的作用，人们为了追求谷物食品的口感，一直努力使面粉、大米变得更加精白，但在此过程中的谷物加工造成了大量营养元素的损失。有研究表明，食用足够量的全谷物食品有助于满足人体对各种营养素的需求，选择食用富含膳食纤维的全谷物食品还可以得到额外的健康益处。全谷物虽然具有较高的营养价值，但存在风味较差、口感粗糙、食用不方便、不易消化、货架期短、不易保藏等缺点，一直制约着全谷物食品的发展，因此采用科学合理的现代加工技术进行全谷物食品的开发尤为重要。随着谷物加工方式和生产设备的发展，全谷物食品加工技术研究发展迅速，根据加工方式和用途不同，通常会对全谷物进行前处理技术、热加工技术和非热加工技术等处理。

（一）全谷物食品前处理技术

全谷物食品加工时保留了谷物麸皮和胚芽结构，质地与胚乳存在着极大的差异，存在加工难、不易熟化、货架期短、相关产品口感质构差等一系列问题。针对谷物颗粒外层麸皮杂质较多的问题，全谷物加工要求做更多的清理工作；针对全谷物储藏期较短的问题，需对其进行脱水干燥处理；针对皮层容易黏附大量微生物的问题，特别是产毒霉菌等，需要对其进行灭菌处理；针对谷物中的油脂哈败会影响到谷物制品的品质和货架期的问题，对其进行蒸制、炒制等灭酶处理；针对全谷物原料中纤维素、半纤维素导致产品口感粗糙、适口性差等问题，可以对其进行超微粉碎处理。

全谷物的颗粒外层麸皮存在各种杂质，针对这一问题，可以利用全谷物与杂质在某种或几种物理特性上的差异，通过相应的物理措施和手段，清除混入全谷物中的各种杂质。对全谷物的清理能够确保加工后成品和副产品的质量，保护后续工艺设备安全，确保发挥正常的工艺效果，并且保护生产环境。

1. 干燥处理

全谷物中的水分含量有时并不能达到储藏要求，谷物的干燥根据平衡水分原理降低其含水量，实现谷物的干燥。目前，除了传统的晾晒，微波干燥、远红外干燥、对流热力干燥技术在全谷物中都有应用。对全谷物进行脱水干燥能够防止储藏中由于水分过多而导致的霉烂等一系列问题，延长储藏期，改善谷物性状，以利于后续的加工。

2. 灭菌处理

全谷物的皮层容易黏附大量微生物，产生霉菌毒素等危害人体健康，不利于全谷物的储藏以及保障产品的安全品质，因此需要对全谷物进行灭菌处理。目前主要的灭菌方法有物理法、化学法和生物法，随着全谷物加工技术的发展，高静压、高压脉冲电场、低温等离子体技术等也逐渐得到应用。全谷物的灭菌能够提高全谷物及产品的质量、延长产品货架期。

3. 灭酶处理

全谷物麸皮和胚芽中含有大量不饱和脂肪酸，谷物破碎后脂肪酸易被氧化产生哈败味，严重影响产品的货架期和品质。同样存在于全谷物麸皮和胚芽中的还有引起油脂水解和氧化的脂肪酶、脂肪氧化酶和过氧化物酶等，可以通过蒸制、炒制、膨化、预熟化、微波、远红外、过热蒸汽等技术对谷物进行灭酶处理，延长全谷物的货架期，改善全谷物食品的蒸煮品质、感官品质等。

4. 超微粉碎

全谷物麸皮中富含纤维素、半纤维素等，是影响全谷物产品口感的主要原因，可以通过超微粉碎，将麸皮转化成细微的粉末，既保留了营养又能够被人们很好地吸收利用。对全谷物进行超微粉碎不仅能够将谷物细化，而且细化后的全谷物颗粒非常均匀，在食用时不会出现黏结等情况，给人们带来了较好的口感和体验，同时增加了谷物食品中多种水溶性成分的释放。

5. 超声波技术

目前，超声波主要用于全麦、稻谷、玉米等全谷物产品原料的清洗、干燥、灭菌，以及全谷物食品加工中功能性成分如膳食纤维、多酚等的提取。超声波不仅具有高效、节能、成本低、得率高、自动化程度高等优势，还可以提高谷物中生物活性物质的提取率，延长货架期。

6. 低温等离子体技术

低温等离子体技术也可以用于全谷物食品的灭菌；降低全谷物食品的蒸煮时间；可提高改性淀粉的黏度；能够促进酚类等生物活性物质的释放。低温等离子技术消耗能量较少、安全、操作简便，是一种优于传统谷物加工处理的新技术，能够有效去除生物毒素，提高全谷物食品品质和活性功能，延长谷物的货架期。

（二）全谷物食品热加工技术

热加工是保障全谷物食品安全的重要手段之一，因其易控制、价格低廉、杀菌高效等特点，在食品加工业有着最广泛的应用。对全谷物食品进行热处理加工，目的是灭菌、灭酶、熟化、改善产品品质、延长货架期等。热处理方法包括传统的炒制、蒸煮、烘烤，和现代热加工技术如挤压膨化、蒸汽爆破、微波、过热蒸汽等。现代热加工技术甚至在新型热加工设备中引入 AI 技术，让设备能够更为有效地进行温度控制，在保证全谷物食品安全的前提下，在节能减排、减轻人员负担、科学制造等方面起到了重要作用，还能够减轻对全谷物食品营养成分的破坏。

1. 蒸煮预熟技术

全谷物外层组织在谷物蒸煮过程中对水分的转移具有抵抗作用，使全谷物不易被煮烂、口感差，蒸煮预煮技术可以有效改善这一问题，便于后续的加工。蒸煮预煮技术主要用于膳食纤维含量较高的糙米饭、速食产品和全麦食品，还可以改善小米、玉米等的膳食纤维性质。蒸煮预熟技术操作简便、成本低廉，能够很好地降低全谷物的硬度，保持良好的风味，但蒸煮时间过长容易造成全谷物活性成分的损失。

2. 挤压膨化技术

针对全谷物质地较硬、口感较差和不易储存等问题，挤压膨化技术可以提供有效的解决方案。挤压膨化技术主要用于以小麦、玉米、小米、燕麦等全谷物为主要原料的早餐谷物和面条等产品的加工。挤压膨化技术利用温度和压力的作用，能够极大地改善全谷物原料的加工品质，高效完成产品的熟化，缩短工艺流程，改善全谷物食品的口感和营养品质。

3. 蒸汽爆破技术

全谷物麸皮、米糠等皮层的颗粒度大小影响着全谷物食品的加工品质、外观品质和食用品质，常规的粉碎技术主要适用于以淀粉为主成分的原料，对膳食纤维含量丰富的皮层并不适用，这时可以采用蒸汽爆破技术。蒸汽爆破技术在全谷物食品领域中主要用于小麦麸皮、青稞麸皮、荞麦麸皮的改性，降低全谷物中酶的活性，处理后的原料经不同程度的粉碎可以制作全谷物冲调粉等产品。蒸汽爆破对环境影响较小且投资较低，能够有效改善全谷物膳食纤维的品质，将部分不可溶性膳食纤维转变为可溶性膳食纤维，还能促进生物活性物质的释放，使得全谷物质地变软，口感提升。

4. 微波技术

全谷物食品的灭菌、灭酶、干燥、熟化、解冻等都可以使用微波技术。目前，微波技术在全谷物食品中的应用主要包括新鲜面条的杀菌消毒，面条及休闲食品的干燥，面包与面团的发酵、焙烤以及全谷物食品中功能成分的提取等。微波技术具有加热均匀、速度快、效率高的特点，安全可靠，并且基本不破坏食品所含营养成分。但较高制作工艺和成本限制了微波技术在全谷物食品中的推广应用。

5. 过热蒸汽技术

过热蒸汽是一种新型的热加工技术，具有传热效率高、能耗低和低氧加工等优点，越来越多地应用于谷物干燥、灭酶、减菌等食品加工领域。过热蒸汽处理谷物可以有效地消除或减少表面的微生物，可以抑制脂质氧化和有害化合物的生成，以及能够改善蛋白质与其他分子的互作、促进淀粉糊化、减少营养损失、改善食品的理化性质。不仅解决了全谷物容易哈败变质的共性问题，而且能够有效改善食品食用品质、提升营养价值，是一种低碳环保的绿色加工技术。目前已广泛应用于全谷物原料储藏稳定化及全谷物面制品生产中。

（三）全谷物食品非热加工技术

食品非热加工是一种新兴的食品加工技术，指采用非加热的方式进行杀菌与钝酶操作，包括用超高压、高压脉冲电场、高压二氧化碳、电离辐射、脉冲磁场等技术进行食品加工。与传统的热加工技术相比，非热加工技术杀菌温度低，避免了全谷物食品中的热敏性成分引起产品颜色、风味、质构、营养等的变化，能更好地保持全谷物食品的营养成分、质构和新鲜度等，还具有对环境污染小、加工能耗低与排放少等优点，因此受到了广泛关注。随着研究的不断深入，非热加工技术除了应用于杀菌与钝酶，还正被尝试应用于食品功能成分的提取、食品大分子的改性等领域。

1. 超高压技术

超高压技术应用在全谷物食品中能够减少过敏原物质，得到蒸煮品质和口感较好的糙米制品，在小麦和大麦中能够增加面筋强度，使全麦产品具有独特的弹性，体积更大、更柔软，也能起到灭菌灭酶的作用。超高压技术具有工艺简单、操作安全、节约能源、绿色环保等特点，不仅能够提高全谷物食品的品质，且不会破坏全谷物中的维生素、色素以及风味物质，还能够保障食品安全、延长货架期。

2. 高压脉冲电场技术

为了获得新鲜的全谷物食品，对原料进行最低限度的破坏，高压脉冲电场在全谷物食品灭菌和钝酶工艺中得到了广泛应用，并且逐渐应用到全谷物食品的增鲜、解冻等方面。目前，高压脉冲电场技术主要应用在全谷物的干燥、灭菌、灭酶，冷冻面包、面条、饼干的解冻，具有处理时间短、温升小、能耗低等特点，在保证良好的灭菌效果的同时，还保留了食品中的营养物质和天然色、香、味等特征。

3. 高压二氧化碳技术

高压二氧化碳技术主要用于以全麦、糙米、燕麦等为原料的全谷物食品的灭菌，还可用于全谷物面团的急速冷冻、食品的膨化加工等。高压二氧化碳技术具有节约能源、安全无毒、环保友好的特点。

4. 电离辐射技术

电离辐射能够降低全谷物呼吸作用、抑制发芽、杀虫灭菌、控制寄生虫感染。电离辐射技术目前主要应用于小麦、玉米、稻谷等全谷物储藏、全谷物面粉、全谷物烘焙食品，在适宜辐照剂量范围内，经辐照的全谷物面粉有较好的吸水量、面团稳定性及粉质掺和值，还能改变淀粉糊化性质、改善稻米的蒸煮品质。电离辐射具有节约能源、方便快捷、效率高、卫生安全性高等特点。

5. 冷冻技术

冷冻技术是一种利用接近或低于冰点的温度处理食品，以达到改善其加工或保藏特性的食品加工方法，常用于防止食品腐败，从而更好地维持食品的功能性质。超声辅助浸渍冷冻、减压冷冻、高压食品冷冻、冰核细菌冷冻等新型冷冻技术也为满足不同适用范围的食品冷冻提供了更多方案。冷冻技术在全谷物原料储藏稳定性提升上已有应用，能够很好地保证鲜食全谷物食品的品质。

三、全谷物食品加工装备

全谷物食品生产的机械化使人们能够在统一和更高的水平上控制全谷物食品质量，降低劳动力成本和污染风险，并获得更高的加工效率。生产不同类型的全谷物食品，所用的装备各不相同。

1. 全谷物蒸煮食品加工设备

最为常用的食品加工设备有和面机、馒头机、全自动面条机、隧道式速冻装置等。

和面机一般是由机架、电动机、传动机构、搅拌机构和面缸及保护罩等组成。处理好的全谷物面粉在和面机中成团，面团在翻滚、摩擦作用下得到充分的混合、摔打，能够促进面团面筋的形成，提高面团的面筋力，可用于制备馒头、面条、面包等所需面团的调制。

馒头机是由面团喂食、上浆和成型组件、电机、控制和传动系统组成，该组件包括一个料斗、一个由从动轴组成的面团推送装置和两个螺旋叶片，用于将面团压入面团螺旋输送机的槽中。成型过程包括三个阶段：喂料、上浆和成圆。

全自动面条机是由和面体系、压面切条体系、自动上架尾端剪齐设备、烘干体系、下架切面制品体系组成。首先将全谷物面粉经过面辊相对转动搅拌，形成有韧度和湿度的面团，再挤压成所需形状的面条。

隧道式速冻装置主要是由传动结构、隔热围护结构、制冷结构、导风结构及电器五个部分组成。按照输送带的形式可分为板带单冻机和网带单冻机。隧道式速冻装置主要可用于冷冻面团、冷冻杂粮馒头、冷冻杂粮生鲜面条、冷冻包子等食品。

2. 全谷物焙烤食品加工设备

全谷物焙烤食品用到的设备有箱式炉、隧道式烤炉、旋转式热风烤箱、酥皮机、叠层机、包馅机等。

箱式炉外形如箱体，按食品在炉内的运动形式不同，分为烤盘固定式箱式炉、风车炉和旋转炉。烤盘固定式箱式炉膛内安装有若干层支架，用以支撑烤盘，每层烤炉的底火与面火分别自动控制。风车炉主要由炉体、转盘吊篮、燃烧室及传动系统等部分组成。

隧道式烤炉由炉体、传输机构、控温系统三部分组成，为自动化连续烘焙设备，全谷物食品由输送带载着从进炉口输入，在自动地向炉口输出的过程中被加热，完成烘焙工序。根据传动方式不同，隧道炉分为链条隧道炉、钢带隧道炉和网带隧道炉。食品在沿隧道做直线运动的过程中完成烘焙，产品质量好，色泽均匀。

旋转式热风烤箱由烤室、小车、加热装置、热风循环装置、风量调节器、喷水加湿装置、传动装置及电器控制箱等部分组成。旋转式热风烤箱系法式花色面包生产线配套系统，烘焙时，采用对流的热风循环和缓慢自转小车相结合，使食品各部分受热均匀，加上喷水加湿装置，可以有效地控制炉内的温度湿度，保证焙烤食品色泽和成熟度。

酥皮机主要是由轧辊、输送带、卷皮轴、传动装置、机架等部分组成，主要用于制作花色面包、糕点的面团起酥，能使面皮酥软均匀。

叠层机由压片机构、连杆往复叠层机构、运输装置等部分组成，该机可将面团压皮，经往复运行，小车往复叠层，并将叠好层的面皮，送交成形机轧辊上进入全谷物食品生产。该机叠层面皮层数不限，并配有撒酥结构，可获得更高层次的酥化与口感，是实现饼干生产自动化的关联设备。

包馅机主要由输向机构、输馅机构、成形机构和撒粉机构、操作控制系统组成，用于棒状、球状包馅糕点的成形，加上部分附件后，也可进行其他形状的包馅成形，可包各类馅料，且馅料比可调。

3. 全谷物冲调粉加工设备

湿法粉碎机主要由喂料装置、粉碎切割头、叶轮、电机、传动部件、电气控制、润滑装置等组成，湿法粉碎可以使物料被充分地粉碎和细化。

超微粉碎机是由粉碎室、研磨轮、研磨轨、风机、物料收集系统等组成，主要用于解决谷物皮渣纤维粉碎难题，是全谷物冲调粉生产过程中的核心装备之一，能够使荞麦、燕麦、薏仁以及麸皮等充分细化，改善冲调粉质地口感。

喷雾干燥机主要是由雾化器、干燥塔、旋风分离器、收料瓶、废料收集瓶、空压机、风机等组成，是一种可以同时完成干燥和造粒的装置，主要应用在食品工业中的乳浊液、悬浊液、糊状等液态物料的干燥制粉，可生产加工燕麦粉、黑芝麻糊、薏仁粉等全谷物冲调粉。

4. 全谷物食品灭酶设备

挤压膨化机主要是由挤压系统、传动系统、模头系统、加热系统组成，按螺杆的数量分为单、双螺杆两种；按加热形式分为自热式和外热式两种；按其功能可分为通心粉（面条）挤压机、高压成形挤压机、低剪切蒸煮挤压机、膨化型挤压机、高剪切蒸煮挤压机等。物料在高温、高压、高剪切力的作用下，性质发生变化，在强大压力差的作用下，水分急剧汽化，物料被膨化，形成结构疏松、多孔、酥脆的膨化产品，从而达到挤压、膨化的目的。挤压膨化机可用于以小麦、玉米、小米、燕麦、荞麦等为主要原料的早餐谷物以及各种杂粮面条的加工。

蒸汽爆破机主要由罐体、端盖、加料口、卸料口组成。全谷物物料在密闭容器中被过热饱和蒸汽渗透，然后瞬间解除高压，使得组织间隙中的过热蒸汽迅速汽化，体积急剧膨胀而发生爆破，从而完成纤维原料的组分分离和结构变化。蒸汽爆破机适用于小麦麸皮、青稞麸皮、荞麦麸皮等的加工，可以有效提升全谷物及其相关食品的口感及营养价值。

过热蒸汽机主要由蒸汽发生装置、过热蒸汽干燥室、循环风机、加热管、循环管道、控温仪以及重量传感器组成。物料内部水分在高温环境下受到压力形成饱和的水蒸气，持续受热使其内部温度过高，降低了因加工而产生的氧化降解反应。过热蒸汽机可用于小麦、大麦、青稞、燕麦、荞麦等各类全谷物的灭菌灭酶处理，处理后的原料质构、营养和储藏稳定性好，能够很好地保持全谷物食品松软的口感和湿度。

5. 全谷物食品杀菌设备

高压电场杀菌装置由螺杆泵、处理室、脉冲电源、冷却系统、物料罐等组成。当物料被送入装有平行的两个碳极的脉冲管时，电容器通过一对碳极放电，两个电极产生顺势高压脉冲电场在几秒内完成杀菌。高压电场杀菌装置主要用于全谷物食品的杀菌，避免由于加热法引起的蛋白质变性和维生素被破坏。微波杀菌装置主要是由微波发生电源、谐振腔、吸漏波装置、波导、传动装置及机架等组成。装置产生的微波经波导传入谐振腔中，并均匀地分布在谐振腔圆周内，物料进入谐振腔内被均匀加热，并杀死有害物质。微波杀菌装置主要用于全谷物面包切片、新鲜面条、膨化及固体食品的干燥和杀菌。

第三节　全谷物食品对原料的需求

作为世界农业大国，我国全谷物资源非常丰富，而对全谷物食品进行开发，需充分了解全谷物原料自身的理化性质和加工特点，研究适宜的加工工艺，以降低加工过程对全谷物营养成分的破坏和损失，最大限度地利用全谷物原料，为人们提供更多健康、营养、美味的全谷物食品选择。

一、全谷物原料特性

全谷物原料含有丰富的营养成分和生物活性物质，包括水分、碳水化合物、蛋白质、脂肪、维生素、矿物质，以及膳食纤维、酚类物质和抗营养因子等，这些成分赋予全谷物原料很多感官特性和物理化学特性，而各成分的物理化学特性又进一步影响全谷物的加工性能，如凝胶特性、乳化性、硬度、溶解性、分散性、黏性、起泡性、起酥性、融合性、氧化稳定性等，最终影响到全谷物食品的营养特性。对全谷物原料特性的充分认识有助于科学指导全谷物食品的配方、工艺等新产品开发过程。

全谷物中的水分广泛分布在颖果中，一般皮层的水分低于胚乳。水分直接影响着谷物的呼吸强度和生化代谢，及其制品的食用品质。全谷物不同部位水分活度的差异直接影响微生物的生长、酶促和非酶促反应的发生，进而影响全谷物及其制品的品质。因此，全谷物原料在采收后，一般要将全谷物干燥至临界水分含量（12%~14%）以下。

碳水化合物是全谷物中含量最多的成分，通常占谷物干基的50%~80%，包括淀粉和非淀粉多糖，淀粉含量最高，主要分布在胚乳中。谷物中的非淀粉多糖，包括纤维素、半纤维素和果胶三大类，是构成谷物细胞壁的主要成分，也是全谷物食品口感较差的主要原因之一。不同种类全谷物原料中淀粉颗粒的结构和晶形不同，会导致其在加工过程中的糊化难易程度不同。全谷物中膳食纤维含量占4%~10%，其中麸皮中膳食纤维的含量就达到了40%~50%，由于全谷物保留了麸皮部分，因此其膳食纤维含量远高于精米白面。膳食纤维分为可溶性膳食纤维和不可溶性膳食纤维，可溶性膳食纤维有降血糖、降胆固醇、调节免疫系统等功能，不可溶性膳食纤维可有效防控便秘、结肠炎和肥胖等疾病。此外，全谷物还含有少量的可溶性多糖和低聚糖。

全谷物中的蛋白质含量为5%~20%，主要有谷蛋白、清蛋白、胶蛋白、醇溶蛋白和球蛋白等，是人体生长发育、新陈代谢必不可少的基本营养成分之一，此外，还含有淀粉酶、蛋白酶、脂类转化酶、植酸酶、过氧化物酶、多酚氧化酶等一系列活性蛋白。全谷物原料中的蛋白质会影响全谷物的加工品质，如面团的弹性、韧性、持气性、延展性和可塑性等，在制作面包、蛋糕、饼干、面条、馒头等不同全谷物食品时，要根据需要选择或调配不同蛋白质含量和种类的全谷物原料。蛋白质在热加工和非热加工中都会不同程度的变性，大部分会使蛋白质的营养价值提升，过度加热也会导致蛋白质和必需氨基酸的营养损失。为保障全谷物食品的储藏品质，通常对原料中的活性蛋白进行灭酶处理。

全谷物中的脂肪含量在20%左右，主要集中在麸皮和胚芽部位，其中不饱和脂肪酸占80%以上，富含维生素E、胡萝卜素、植物甾醇、磷脂、糖脂和必需脂肪酸等多种天然活性成分，易被人体所吸收。但其稳定性较差，易氧化变质，影响全谷物食品的货架期。因此，在加工过程中，应及时脱水灭酶，尽量避免谷物中脂肪氧化，确保全谷物食品的风味和品质。

全谷物中的维生素以B族维生素为主，主要有维生素B_1、维生素B_2、泛酸、烟酸、维生素B_6等，其中又以维生素B_1和烟酸的含量为最多，主要存在于糊粉层中。全谷物食品是人体摄入B族维生素最为重要的来源之一，B族维生素是人体内碳水化合物、脂肪、蛋白质等代谢时不可缺少的物质，还可以起到抗疲劳、促消化、预防贫血、保护皮肤、预防口角炎、增强免疫力等作用。长时间加热会导致B族维生素的损失，同时会加快其氧化反应，因此在加工全谷物原料时应注意调控好温湿度等条件。

全谷物中所含的矿物质元素包括钾、钠、钙、锰、铁、锌和硒等，占1.5%~3%，在谷物籽粒的壳、皮层、糊粉层中含量较多，能够维持机体渗透压和酸碱平衡，是酶的活化剂，对食品的感官质量有重要作用。在蒸煮等湿热加工过程中，部分矿物质由于在水中溶解而损失，除此之外，研磨也会造成矿物质元素损失。

全谷物中常见的酚类化合物包括酚酸、香豆素、黄酮类化合物、单宁类、原花青素、花色苷等，分为游离酚和结合酚，主要分布在麸皮中，大部分以结合态形式存在。酚类化合物具有抗氧化、抗炎抑菌、维持糖脂稳态等多种生理活性。酚类化合物活性高但稳定性差，在加工过程中极易发生氧化、热分解、自聚合等反应，使含量和活性降低。如何增加全谷物原料中活性多酚的释放、稳定其活性是全谷物原料加工重点关注的研发方向。

此外，谷物麸皮中还含有抗营养因子，影响人体对营养成分的吸收，引起不良的生理反应，如植酸、单宁、酚酸、棉酚和芥子碱等，加工中还会造成全谷物食品色泽和营养的变化。通常采用碾磨、加热、膨化、酶制剂、发酵等方法可以不同程度降解和消除抗营养因子。

二、全谷物原料开发的难点与瓶颈

近年来，在消费需求拉动下，经过传统或改良加工工艺制造的全谷物食品不断进入市场。然而，我国全谷物加工业起步相对较晚，全谷物食品原料种类繁多，每种原料都有自己独特的加工和营养特性，给全谷物原料的开发和全谷物食品产业的发展都带来了极大的挑战。

1. 基础研究需要加强，多样化和营养化水平有待提升

目前，我国对于全谷物原料各成分的功能机制方面的基础研究较为缺乏，特别是全谷物中成分的定向提取、稳定性提升、活性机制等方面，都有极大的研究潜力。全谷物富含丰富的膳食纤维，提供的能量相对较低，但保留了更多的蛋白质、B族维生素、维生素E、膳食纤维、矿物质、不饱和脂肪酸，以及多酚等有益健康的营养成分。而在复杂全谷物籽粒结构中这些活性成分如何有效释放，通过何种途径干预人体新陈代谢，有着怎样的剂量效应，在人体发挥抗氧化、抗炎、降血糖、调节人体肠道菌群等功效的分子机制，都缺乏清晰的解析和定论，需要通过大量的动物实验和人群试验进行验证和分析。推动全谷物原料相关基础研究的发展，将为开发高附加值的健康全谷物产品、保健产品提供必需的基础理论依据，以满足不同人群多样化的营养需求，让全谷物原料充分发挥各方面的健康优势，为我国大健康产业作出应有的贡献。

2. 全谷物原料加工存在技术瓶颈，深加工水平有待提高

全谷物原料中不同营养成分有不同的加工特性和稳定性，对加工条件有着不同的要求，除了加工过程中的温度、压力、水分、pH等环境因素，各营养成分自身或相互之间的作用都会极大地影响全谷物食品的营养价值和感官品质。

淀粉在全谷物原料中以独立的淀粉颗粒存在，加工中淀粉通常会发生糊化，不同全谷物原料淀粉颗粒的结构不同，直链淀粉和支链淀粉的比例不同，发生糊化的条件也不同，淀粉糊化和凝胶性质不仅取决于加工技术，还取决于全谷物原料中共存的蛋白质、脂肪酸和水等其他丰富营养成分，这就使得控制全谷物原料在加工过程中的糊化问题较为困难。全谷物原料中同时存在丰富的不饱和脂肪酸和脂肪酶类，在加工中极易发生酶促氧化，进而加速自动氧化过程，即使前处理过程进行灭酶处理，也无法将酶完全灭活，即使含量很低，脂肪水解酶和氧化酶在后续的加工过程如辐照等过程促进脂质的水解和氧化，引起产品的哈败问题，造成全谷物产品货架期难以得到有效保障。全谷物原料中大量的膳食纤维，使得全谷物原料的膨胀性能较差。不同加工工艺对全谷物原料中的营养物质、稳定性，以及色泽风味等产生的不良影响，仍是当前全谷物原料加工过程普遍存在的问题，也导致当前市场上全谷物初加工产品居多，深加工食品种类不足。

3. 标准体系有待完善，产品质量有待提升

我国虽建立了一些全谷物相关标准，但标准数量很少，标准的建立还跟不上产品发展的步伐，导致市场上的全谷物食品质量参差不齐，普通消费者仅通过食品包装上是否有“全谷物”“全麦”和“膳食纤维”等字样或图标来判断是否为全谷物食品，容易被误导，制约了我国全谷物的发展。我国还缺乏一套完整的全谷物标准体系，以及统一的全谷物食品的定义和标识等，如何充分结合国际全谷物定义与我国实际，从全谷物原料、检测方法及全谷物食品标准等层面上抓紧制定标准，以指导生产者的生产活动，规范全谷物加工行业的发展，让广大消费者能够真正受益于全谷物的健康促进作用，是我国全谷物推广与发展的一个重要任务与难题。

4. 对全谷物营养健康与消费的认识误区有待破除

近年随着生活水平不断提高，居民食物多样化发展加快。全谷物消费出现了一些新的变化，在谷物消费及我国居民膳食营养结构正在发生改变的同时，所谓的“富贵病”“文明病”等慢性疾病逐渐成为严重的社会问题。而谷物消费还停留在过度追求良好口感、色泽的精白米面食品阶段。全谷物食品因富含膳食纤维等多种营养成分，制作不方便、色泽不好看、口感粗糙、适口性差，且不易储藏，导致人们对全谷物的接受度不高，这是全谷物食品在推广过程中的最大障碍。消费者尚未普遍关注到全谷物食品中丰富的营养价值及对健康的积极作用，因此改变消费者根深蒂固的“精米白面”消费习惯、对消费者进行科普宣传，使其充分了解全谷物的健康作用并形成消费欲望，这对全谷物食品的发展至关重要。

5. 全谷物原料产量低，价格贵

发展全谷物产业，保证优质原料是重要的基础。全谷物原料具有品种多、分布广的特点，对气候条件的要求有很大差异，许多谷物杂粮主要种植在偏远山区，产量低，成本高，难以大规模量产，一定程度上限制了全谷物食品的发展，急需通过育种技术培育适合全谷物发展的新型品种，培育出适合我国气候，产量较高的全谷物原料品种。

三、全谷物原料及加工的发展需求

《中国居民膳食指南（2022）》建议每日谷物的摄入量为200~300g，其中全谷物（包括杂豆类）推荐摄入量为50~150g，可见全谷物在膳食结构中重要的基础性地位。目前，我国消费者对全谷物食品的品质化、营养化和功能化都有了更高的追求，以全谷物为原料的食品加工行业发展潜力巨大。然而，要逐步实现全谷物食品的工业化和标准化生产，仍有很长的路要走。

1. 全谷物原料优质化的需求

人们对全谷物食品营养健康的消费意识越来越强烈，与人均消费量不足的矛盾，使得全谷物食品消费需求将持续增长。我国消费者对全谷物的消费尚未做到“知行合一”。数据显示，78%的消费者认为自己对全谷物有所了解，且认为健康成人也应该每天吃全谷物。但只有不到一成（9.15%）消费者能够做到每天都吃全谷物，而能吃到膳食指南推荐量的只有5.84%。这为全谷物产业发展提供了广阔的空间，也为全谷物原料优质化供给提出新的要求。

2. 全谷物原料品种专用化的需求

我国谷物资源丰富，选育适合我国气候、产量较高、安全性强的全谷物原料新品种，改变全谷物原料产量低的现状，满足全谷物食品对其原料的营养性、安全性和品质稳定性的需求。通过育种和生物强化技术，还可提高全谷物原料的特征营养成分，促进营养优质谷物的科学种植和生产，为全谷物食品加工产业提供优质的全谷物原料。

3. 全谷物原料加工技术智能化和绿色化的需求

全谷物食品的数量和品类较少、口感较差，难以满足消费者需求。这为丰富产品形式、提高原料利用效率的加工技术提出了新的要求。针对全谷物在原料加工技术上存在的瓶颈，加强全谷物制造关键技术研发及装备制造。融入全谷物芯片增材制造、智能醒发、自动化包装等高新智能技术，研制适合国情的工业化、规模化、连续化生产线，引入AI技术，加强全谷物食品加工技术智能化与加工设备研发，实现全谷物原料加工条件的自动化和精准化控制，在全谷物食品的营养品质和功能特性加强的同时，满足市场对不同全谷物食品的质构和风味等品质需求，推动全谷物食品产业突出智能化、绿色环保、节能减排、节粮减损的技术导向的发展。

4. 全谷物原料的精准营养化

面对膳食多样化和营养化的健康需求，开展全谷物原料营养与健康的基础理论研究显得尤为重要。深度挖掘全谷物的资源营养功能特征及优势，对全谷物原料生理活性物质及其生物有效性的作用机制进行深入研究，以明确其对慢性病疾病的预防、临床干预、代谢调控等方面的机制，满足特定人群、不同年龄段、不同地区人群对全谷物食品的需求，为科学开发全谷物食品提供基础理论依据。

5. 全谷物原料品质标准化的需求

国家相关部门和地方政府对全谷物食品的政策支持和消费引导，已经为全谷物食品的发展创造良好的宏观环境。进一步开展全谷物国内外相关数据调研与分析研究，加快制定符合我国国情的全谷物食品相关定义和标准，完善我国全谷物标准化体系，改善当前市场产品质量良莠不齐的局面，促进全谷物食品加工走向规范化和科学化，引领全谷物食品的健康发展。

思考题

1. 决定全谷物原料特性的本质是什么？
2. 全谷物食品对原料的需求是什么？
3. 全谷物食品加工技术与装备的特点有哪些？
4. 浅谈全谷物原料及加工的发展需求。

第三章

稻谷

学习目标

1. 了解稻谷生产、消费、流通、储藏、加工及利用基本情况；
2. 掌握糙米营养成分、品质特性与加工方式、健康作用的密切关系；
3. 熟悉决定稻谷作为全谷物的作物性状、品质规格与标准。

第一节 水稻栽培史与分类

一、水稻栽培历史

“民以食为天，食以稻为先”。水稻是目前仅次于小麦的世界第二大粮食作物。世界上近一半人口都以大米为食。大米的食用方法多种多样，有米饭、米粥、米饼、米糕，米酒等。我国水稻的种植历史十分悠久，最早可追溯到公元前10000多年前。1993年，我国考古学家，从湖南省道县寿雁镇白石寨村附近的玉蟾岩遗址里发现了黄色的稻谷，距今已有12000~14000年的历史，是目前发现的世界上最早的稻谷。我国开始大规模栽培水稻的时期距今已有大约6700多年的历史。史记中记载，在我国的黄河流域，大禹时期已经广泛种植水稻（公元前3000多年前）；汉代（公元前202—公元220年）时期已盛行用犊犁耕田，广泛种植水稻。综合近年考古发掘的结果，我国已发现40余处新石器时代遗址有炭化稻谷或茎叶的遗存，尤以太湖地区的江苏南部、浙江北部最为集中，长江中游的湖北次之，其余散处江西、福建、安徽、广东、云南、台湾等地。新石器时代晚期遗存在黄河流域的河南、山东也有发现。出土的炭化稻谷或米已有籼稻和粳稻的区别，表明籼、粳两个亚种的分化早在原始农业时期已经出现。上述稻谷遗存的测定年代多数较亚洲其他地区出土的稻谷更早，是我国水稻品种具有独立起源的有力证明。

水稻种植栽培技术在我国不断发展，北魏末期《齐民要术》中就有“三月种者为上时，四月上旬为中时，中旬为下时。先放水，十日后，曳辘轴十遍……”等关于水稻如何种植的详细记载。魏晋南北朝（220—589年）以后，中国经济重心逐渐南移，唐宋600多年间，江南成为全国水稻生产中心地区，太湖流域为稻米生产基地。当时由于重视水利兴建、江湖海涂围垦造田、农具改进、土壤培肥、稻麦两熟和品种更新等，江南稻区已初步形成了较为完整的耕作栽培体系。中国稻种资源丰富，到明末清初《直省志书》中所录16个省223个府州县的水稻品种数达3400多个。

1949年后，在继承和发展过去精耕细作的优良传统的基础上，运用现代农业科学技术，使稻作生产获得了很大的发展，现如今我国水稻主产区主要是东北地区、长江流域、珠江流域。

二、水稻分类

水稻在植物分类学上属于禾本科，稻属。我国种植的水稻分布区域辽阔，栽培历史悠久，生态环境多样，在长期自然选择和人工培育下，出现了繁多的适应各稻区和各栽培季节的品种。栽培稻有四种主要分类方式：一是籼稻和粳稻，二是早稻、中稻和晚稻，三是水稻和陆稻，四是黏稻和糯稻。

1. 籼稻和粳稻

籼稻和粳稻根据水稻在形态和生理上的明显差异来区分，如株叶形态特征、穗形、粒形、生理特征等属亲缘关系较远、在植物分类学上已成为相对独立的两个亚种。南方多籼稻，北方多粳稻。籼稻叶片较宽，色淡绿，剑叶夹角小，叶毛多，多数无芒，籽粒的形状细、长、略扁平，通常长度在宽度的2倍以上，颜色比粳稻白；耐热耐湿，耐强光，不耐旱，不耐寒；抗病能力较强；适宜生长于高温、强光和多湿的热带及亚热带地区；籼稻米粒黏性较弱（直链淀粉含量高，为20%~30%），溶胀率大。而粳稻叶片较窄，色浓绿，剑叶开角度大，叶毛少或无毛，多数有长芒或短芒，籽粒的形状为短、粗、厚，呈椭圆形或者卵圆形，横断面近圆形，颜色为半透明；耐寒耐旱，耐弱光，不耐热；抗病性较弱；比较适宜于气候温和的温带和热带高地；粳稻米米粒黏性较强（直链淀粉含量一般在20%以下）。

2. 早稻、中稻和晚稻

根据水稻生长期的不同来区分，一般早稻的生长期为90~120d，中稻的生长期为120~150d，晚稻为150d以上。早、中、晚稻的根本区别在于对光照的反应不同。早、中稻对光照反应不敏感，在全年各个季节种植都能正常成熟，晚稻对短日照很敏感，严格要求在短日照条件下才能抽穗结实。晚稻和野生稻很相似，是由野生稻直接演变形成的基本型，早、中稻是由晚稻在不同温光条件下分化形成的变异型。北方稻区的水稻属早稻或中稻，晚稻的分布区域以南方为主。

3. 水稻和陆稻

水稻和陆稻在植物学形态上差异不明显。区别在于两者的耐旱性不同，水稻与陆稻均有通气组织，但陆稻种子发芽时需水较少，吸水力强，发芽较快，抗热性强；根系发达，对水分减少的耐性较强，受旱一段时间后可快速恢复生长。特别是不能种植水稻的缺粮山区、缺水旱地、肥力不高的坡地均可种植。但陆稻产量一般较低，逐渐为水稻所代替，陆稻又称旱稻，是水稻的变异型。

4. 黏稻和糯稻

黏稻和糯稻在农艺形态性状上无明显差异。籼稻和粳稻、早稻、中稻和晚稻都有糯性的变异。黏稻是相对于糯稻而言的，它们米粒中的淀粉结构不同，黏稻米粒的胚乳中含有15%~30%的直链淀粉，其余为支链淀粉。糯稻米粒胚乳中几乎全部为支链淀粉。所以可食性、糊化温度及品质存在较大差异。黏稻米糊化温度高，胀性大，干燥的黏米呈半透明。糯稻米糊化温度低，胀性小，干燥的糯米呈蜡白色。煮熟后米饭的黏性以粳糯（俗称大糯）最强，其次是籼糯（俗称小糯），更次为粳黏，而籼稻的黏性最弱。

水稻品种的其他分类：

（1）按穗粒性状分类　大穗型和多穗型等。

（2）按株型分类　高秆、中秆、矮秆品种。

（3）按杂交稻和常规稻分类　杂交稻、常规稻。

（4）按高产和优质分类　高产、超高产、超级杂交稻等。

（5）按颜色分类　紫米、红米、黑米、黄米等。

第二节　水稻生产、消费和贸易

一、水稻生产

稻谷是世界上分布最广的作物之一，其加工后可制出食用的大米。2017/2018—2020/2021 年，全球大米产量水平总体表现较为稳定，在 5 亿 t 左右。2022/2023 年度全球大米产量 5.01 亿 t，与上一年度基本持平。水稻是我国第一大口粮作物，面积约 3000 万 hm^2，占全年粮食播种面积的 1/3。我国水稻种植主要有以下几大区域，一是华中稻作区。东起东海之滨，西至成都平原西缘，南接南岭，北毗秦岭、淮河，包括苏、沪、浙、皖、赣、湘、鄂、川八省（市）的全部或大部以及陕西省南部，占全国水稻面积的 67%。二是华南稻作区。位于南岭以南，中国最南部，包括闽、粤、桂、滇的南部以及台湾、海南和南海诸岛全部，水稻面积占全国的 17.6%。三是西南稻作区。地处云贵和青藏高原，水稻面积占全国的 8%。四是华北稻作区。位于秦岭、淮河以北，长城以南，关中平原以东，包括京、津、冀、鲁、豫和晋、陕、苏、皖的部分地区，水稻面积仅占全国 3%。五是东北单季稻区。位于辽东半岛和长城以北，大兴安岭以东及内蒙古东北部，水稻面积占全国的 3%。六是西北干燥区。位于大兴安岭以西，长城、祁连山与青藏高原以北，银川平原、河套平原、天山南北盆地的边缘地带是主要稻区，水稻面积仅占全国的 0.5%。

我国水稻产量在全球占比为 37%，位居全球第一。印度与印度尼西亚分别是全球第二与第三大水稻生产国，水稻产量在全球占比分别为 32% 与 16%。近几年由于稻谷价格持续走低，种植成本提高，农民种植积极性有所减弱，2017 年以来我国稻谷播种面积呈下降的态势。据国家统计局数据显示，2011—2015 年我国水稻种植面积从 3034 万 hm^2 增长至 3078 万 hm^2，2016—2019 年，我国水稻种植面积从 3075 万 hm^2 下降至 2969 万 hm^2，2006—2019 年我国水稻单产从 6276.3kg/hm^2 增加至 7056.2kg/hm^2。作为全球第一个成功研发和推广杂交水稻的国家，我国水稻种植逐步向高产型转变。2020 年我国稻谷种植面积为 3008 万 hm^2，同比增加 29%，但于长江中下游部分地区早稻生长期间遭遇严重洪涝灾害，我国水稻单产同比下降 0.21%，降至 7040.2kg/hm^2。2021 年，我国稻谷种植面积稳中略降，同比下降 0.51%，降至 2992 万 hm^2，但得益于生长期气候条件相对适宜，水稻单产达到 7114kg/hm^2，同比增长 0.4%，弥补了种植面积下降的损失，稻谷总产量达 2.128 亿 t，创下新高，早稻、中晚稻生长和收获期间天气总体好于上年，大米的品质整体优于 2020 年；2022 年我国稻谷播种面积 2945 万 hm^2，与 2021 年相比播种面积减少了 1.6%；单产 7079.6kg/hm^2，比上年下降 0.5%，但仍为历史第二高产年。从产量来看，虽然稻谷种植面积有所下降，但得益于栽培技术的不断提升，稻谷产量总体上仍保持相对稳定，基本没有太大幅度的下降，2022 年我国稻谷总产量 2.085 亿 t，其中，产量排名前三的省份分别为黑龙江、湖南和江西，产量分别为 2913.73 万 t、2683.1 万 t 和 2073.94 万 t。总产量比上年下降 2.0%，减产的原因与 2022 年夏季长江流域持续高温干旱有关。根据联合国粮农组织（FAO）最新数据显示，2022 年度全球大米产量 5.01 亿 t；消费量 5.35 亿 t；期末库存 1.96 亿 t。全球贸易量为 5299 万 t。我国稻谷产量虽出现了罕见的同比减少的现象，但总体还是呈现出丰收局面，全国稻谷产量仍略大于需求端。

2023 年我国稻米市场供大于求的矛盾得以缓和，稻谷市场小幅上移，水稻市场稳中向好，这是由于旅游餐饮行业快速恢复，显著增加了稻米的需求。根据 2024 年 4 月预测，2023/2024 年度全球大米产量 5.26 亿 t，比上年度增加 0.5%；消费量 5.24 亿 t，比上年度减少 0.2%；期末库存 1.99 亿 t。全球贸易量为 5130 万 t，比上年度减少 3.2%。

二、水稻消费

我国是全球最大的水稻消费国，随着我国人口数量的增长，我国水稻消费量稳步增加，整体供过于求趋势不变。2011—2021 年，我国人口从 13.47 亿人增加至 14.13 亿人，对应的我国稻谷消费量从 17810.00 万 t 增加至 22218.50 万 t，稻谷消费量的年均复合增速为 2.24%。稻谷经过清理、砻谷、碾米、成品整理等工序后，制成有较好食用品质的大米。大米中含有稻米中近 64%的营养物质和 90%以上的人体所需的营养元素，同时是中国大部分地区人民的主要食品。在食用消费中，2/3 以上作为米饭进行消费，1/3 作为米粉、米线及小部分米制食品消费。我国每年米粉产量超过 7000 万 t。在工业消费中，大米主要用于加工果葡糖浆、葡萄糖、儿童米粉等产品。碎米、米糠等作为饲料消费掉。还有一些稻壳、米糠等在酿酒、酿醋等发酵食品工业中消费掉。随着全谷物食品、无麸质食品的兴起，一些大米面包、大米蛋糕等新产品在市场上不断涌现。

作为世界上最大的稻谷消费国，目前稻谷消费量占到我国国民经济口粮消费的 60%，是我国重要的粮食产品之一，人口消费基数大，因此稻谷在我国粮食供求体系中具有先导性作用。近年来，国内大米的消费量基本稳定在 1.93 亿 t 左右，并呈逐年下降的趋势。食用消费是我国水稻的主要需求来源，即食用大米，其次为工业消费与饲用消费。根据国家粮油信息中心数据，稻谷消费量的年均复合增速为 2.2%。我国水稻库存充足，根据中国稻谷供需平衡表显示，2020—2021 年种植季末，稻谷库存消费比为 71%，能够满足 1 年的消费需求。2020—2021 年种植季国内稻谷总消费 22169.4 万 t，其中食用消费 17563 万 t，占比 79%；工业消费 1162 万 t，占比 5%；饲料消费为 1801 万 t，占比 8%。

随着中国经济的发展，中国稻谷需求量有所降低，进口量不断减少，出口量逐年增加，主食消费量呈逐年下降的趋势。2022 年中国稻谷的需求量有 20847.6 万 t，较 2021 年减少了 435.29 万 t，同比减少了 2.09%，未来随着中国种植技术的发展，中国稻谷的需求量将逐渐趋于稳定甚至缓慢降低。

2022 年国内稻谷市场呈现供需宽松状态，水稻的自给率约 98%左右，可以自给自足，进口依赖度低。我国稻谷与大米的进口市场主要集中在东南亚与南亚。根据海关总署数据显示，2021 年我国稻谷和大米的前三大主要进口国家分别为印度、越南、巴基斯坦。其中，印度是我国稻谷和大米的第一大进口国，进口量占进口总量的 23.90%。越南与巴基斯坦分别是我国稻谷和大米的第二与第三大进口国，进口量分别占进口总量的 22.90%与 18.10%。

三、水稻贸易

全球水稻贸易整体呈上升趋势，印度、泰国和越南的水稻出口量较为突出，一方面于泰国和印度等国家的水稻总产量逐年提高，在自给自足之余向国外出口；另一方面与这些国家的稻米品质较高，市场竞争力强有关。2005—2015 年我国的稻米出口减少，进口增加。这与我国国内农业生产成本的提高，价格高于国际价格有关，我国实行托市收购政策；另一方面与我国稻米的质量不如进口稻米的品质，不能满足因生活品质的提高导致人民对健康、营养和优质的稻米的需求。

我国是全球排名前三的粮食出口大国，也是世界上排名第一的粮食净进口国，随着中国经济的发展，中国稻谷需求量有所降低。如表 3-1、表 3-2 所示，从 2015—2019 年，进口量不断减少，出口量逐年增加，我国稻谷及大米出口数量逐年上升，2020 年受疫情影响导致出口量降至 230 万 t；2021 年出口量上升至 242 万 t，2022 年降至 219 万 t。2015—2020 年我国稻谷及大米进口量整体呈下降的趋势，从 338 万 t 减少至 294 万 t，2021 年上升至 496 万 t，2022 年持续上升至 619 万 t。但除了 2019 年以外其他年份进口量依旧大于出口量。中国、菲律宾是全球大米的主要进口国。据美国农业部数据显示，2022 年度，全球大米进口 5248 万 t。其中，中国大米进口 600 万 t，占全球大米进口的 11%。虽然中国大米进口量高，但消费的进口依赖度在 4%以下。2010—2017 年，中国大米进口依存度从 0.4%增加至 3.9%；2018—2019 年，中国大米进口依存度环比下降，2019 年下降至 1.8%；2020 年至今，中国大米进口依存度再次提升，2022 年增长至 3.8%。菲律宾是全球第二大的大米进口国，2022 年度，菲律宾大米进口 300 万 t，占全球大米进口的 6%。菲律宾大米的进口依赖度总体在 7.7%~21%波动。2022 年度，菲律宾大米的进口依赖度环比上一年度下降，为 19.54%。

表 3-1　2015—2022 年中国稻谷及大米进口量及进口额

年份	中国稻谷及大米进口量/万 t	同比/%	中国稻谷进口额/万美元	同比/%
2015	338	30.90	149776	19.4
2016	356	5.50	161408	7.7
2017	403	13.00	186000	15.2
2018	308	-23.60	163930	-11.9
2019	255	-17.30	129719	-20.9
2020	294	15.60	149544	15.3
2021	496	68.70	223451	49.5
2022	619	24.80	266302	19.2

表 3-2　2015—2022 年中国稻谷及大米出口量及出口额

年份	中国稻谷及大米出口量/万 t	同比/%	中国稻谷出口额/万美元	同比/%
2015	29	-31.50	26771	-29.30
2016	40	37.50	35107	31.10
2017	120	147.00	59685	57.50
2018	209	74.70	88750	48.80
2019	275	31.50	105903	119.30
2020	230	-16.10	91674	-13.40
2021	242	6.20	94070	12.80
2022	219	-9.50	94567	0.50

由于近年来我国米粉产业的快速发展，湖南、江西等产区早稻2021年收购价格从开秤初期的2500元/t左右，8月中旬上涨到2700~2780元/t，超过了2014年、2015年的创历史高点，也成为当年唯一没有启动最低收购价政策执行预案的品种。而进口大米完税成本普遍低于国内大米。泰国、越南5%破碎率大米进口完税成本比南方国产早籼米价格低600~800元/t，巴基斯坦、印度大米进口完税成本更是比国产早籼米低1100元/t以上，进口大米的价格优势十分明显。2021年我国进口大米496万t，同比增加202万t，增幅为69%；累计出口大米244万t，同比增加15万t，增幅为7%，大米净进口252万t，同比增加187万t，对国内稻谷替代作用略有增强。

第三节　作物性状

一、水稻生育期

从栽培学的角度来说，水稻的生长发育从种子萌动开始至稻谷完全成熟为止。主要分为2个时期：营养生长期和生殖生长期。

（一）营养生长期

1. 幼苗期

从水稻种子萌动到插秧之前的阶段，整个幼苗期一共35d左右，从稻种萌动开始至3叶期。

2. 插秧期

从开始插秧到定植后开始生长的这段时间，需要7~10d。

3. 分蘖期

从插秧开始生长拔节前这段时间，大约需要30d。

4. 返青期

秧苗移栽后，由于根系损伤，有一个地上部生长停滞和萌发新根的过程，需7d左右才恢复正常生长，这段时间称返青期，也称缓苗期。

5. 有效分蘖期

一般认为水稻进入拔节期具有4片叶的分蘖为有效分蘖。而有效分蘖临界期为品种主茎总叶片数减去地上总伸长节间数的叶龄期，即$N-n$，N为主茎主叶片数，n为伸长节间数。例如，杂交稻17片叶，伸长节间数为5个，$17-5=12$，即主茎第12片叶出生前后为有效分蘖期。

6. 无效分蘖期

水稻进入拔节期前后和以后所形成的分蘖，在分蘖后期只有1~2片叶的分蘖，没有独立根系，称为无效分蘖。

（二）生殖生长期

生殖生长期指的是结实器官的生长，包括稻穗的分化形成和开花结实，分为长穗期和结实期。实际上从稻穗分化到抽穗是营养生长和生殖生长并进时期，抽穗后基本上是生殖生长期。长穗期从穗分化开始到抽穗止，一般需要 30d 左右，即孕穗期、抽穗期、开花期和成熟期，生产上也常称拔节长穗期。

1. 长穗期

水稻生长发育到分蘖末期，便开始茎秆节间的伸长（拔节）和幼穗分化，直到节间伸长完毕，幼穗长至出穗为止，称为长穗期。水稻这一时期营养生长和生殖同时并进，一方面完成根、茎、叶等营养器官的生长发育，同时幼穗分化发育，形成生殖器官。

2. 结实期

（1）开花受精　水稻从出穗到成熟的过程称作结实期。这一过程 30~55d，不同品种天数不同。水稻幼穗自剑叶叶鞘中伸出，称作抽穗。一穗全部抽出需 3~5d。全田有 10%的稻株抽出叶鞘一半时，为始穗期。有 50%的植株出穗，为抽穗期。有 80%出穗时，为齐穗期。穗顶小穗露出剑叶叶鞘 1~2d 就开花。开花的顺序和小穗发育的顺序相同。就一穗而言自上而下。就一枝梗而言，先顶端然后自基部向顶端。每朵花自开颖、裂药、散粉、授粉后花药吐出颖外。

（2）籽粒成熟　一般分为乳熟、蜡熟、完熟几个时期。一般开花 3~5d 后进入乳熟期，这时籽粒中有淀粉沉积呈乳白色。在此基础上，白色乳液变浓，直至成硬块蜡状，谷壳变黄，称之为蜡熟期。在蜡熟后 7~8d 进入完熟期，这时米粒硬固，背部绿色退去呈白色，水稻一生至此结束。

二、水稻籽粒性状

稻谷籽粒的外形结构主要由稻壳和糙米两大部分组成：籽粒由外而内分别有稻壳、米糠层（果皮、种皮、糊粉层的总称）、胚及胚乳等部分。稻谷经砻谷机脱去稻壳后即可得到糙米。糙米属颖果，经加工碾去外表皮层部分为米糠（包括果皮、种皮、胚芽、糊粉层及少部分的胚乳），留下的胚乳，即为食用的大米。

1. 稻壳（颖）

稻壳由内颖、外颖、护颖和颖尖（颖尖伸长为芒）四部分组成。内外颖的两缘相互钩合包裹着糙米，构成完全封闭的谷壳。粳稻颖的质量占谷粒质量的 18%左右，籼稻颖的质量占谷粒质量的 20%左右。内颖、外颖基部的外侧各生有护颖 1 枚，托住稻谷籽粒，起保护内颖、外颖的作用。内颖、外颖都具有纵向脉纹，外颖有 5 条，内颖有 3 条。外颖的尖端生有芒，内颖一般不生芒。一般粳稻有芒者居多数，而籼稻大多无芒，即使有芒，也多是短芒。有芒稻谷容重小，流动性差，胀性比较小而黏性较大。

2. 糙米（颖果）

糙米是指稻谷经加工脱壳后的产品，是由皮层（果皮、种皮和糊粉层）、胚和胚乳三部分组成。果皮、种皮位于颖果的最外层，有的糙米种皮内含有色素而呈现颜色，如黄、紫、黑等。胚位于糙米的下腹部，包含胚芽、胚根、胚轴和盾片 4 个组成部分。胚乳在种皮内，是米粒的最大部分，包括糊粉层和淀粉细胞。糙米中，果皮和种皮约占 2%，糊粉层占 5%~6%，胚占 2.5%~3.5%，胚乳占 88%~93%。米糠主要是由果皮、种皮、外胚乳、糊粉层和部分胚组成，占糙米的 8%~11%。

第四节　水稻营养成分与品质特性

一、糙米的营养成分

在白米加工过程中，碾磨程度越高，营养损失越严重。这是诱发以白米为主食人群多种慢性疾病（维生素 B_1 缺乏症、心血管疾病等）的主要原因之一。这是因为糙米中60%~70%的营养物质集中在米糠中，尤其是脂肪、膳食纤维、维生素等营养素，还有生育三烯酚、多糖、肌醇、阿魏酸、谷维素、米糠多糖等生物活性物质。与白米和糙米相比，米糠的粗蛋白质、粗脂肪、氨基酸含量更高（表3-3）。

表3-3　糙米、白米和米糠营养成分含量比较　　单位:%

营养成分	糙米	白米	米糠
蛋白质	8.96	8.52	15.37
粗脂肪	2.86	1.65	14.50
碳水化合物	76.20	78.38	52.83
天冬氨酸	0.84	0.67	1.68
苏氨酸	0.26	0.22	0.60
丝氨酸	0.33	0.31	0.65
谷氨酸	1.46	1.24	2.17
甘氨酸	0.41	0.33	0.91
丙氨酸	0.60	0.49	1.37
半胱氨酸	0.05	0.04	0.18
缬氨酸	0.47	0.39	0.90
甲硫氨酸	0.17	0.14	0.20
异亮氨酸	0.34	0.28	0.65
亮氨酸	0.70	0.57	1.25
酪氨酸	0.40	0.31	0.65
苯丙氨酸	0.46	0.37	0.83
组氨酸	0.29	0.22	0.58
赖氨酸	0.35	0.26	0.80
精氨酸	0.65	0.47	1.13
脯氨酸	0.44	0.34	0.62

1. 膳食纤维

糙米中的膳食纤维含量约为3.76g/100g，是相应白米中含量的6倍多。在预防人体胃肠道疾病和维护胃肠道健康方面有作用。此外，高膳食纤维饮食在降低食物的血糖指数和2型糖尿病的发生方面也有一定的功效。

2. 维生素

稻米中B族维生素含量较高，除了B族维生素外，糙米中还含有少量的维生素A以及功能性成分维生素E。在维持心脏、神经系统功能，维持消化系统及皮肤的健康，促进细胞生长和分裂，参与能量代谢和增进免疫系统等方面有促进作用。糙米中维生素B_1含量约为4.12μg/g，维生素E含量约为4.57μg/g，均远高于白米。

3. 脂类

糙米中的脂肪含量为3.4g/100g，约为白米的2.55倍，主要包括米糠油和米胚油两种，这两种脂质中不饱和脂肪酸的含量均达到了75%以上，米糠油中脂肪酸构成比例完整，还含有谷维素、角鲨烯、磷脂、植物醇等多种生理活性物质，具有降低血脂、促进人体生长发育等有益作用，被营养学家誉为“营养保健油”。米胚油是具有丰富营养价值和生理功能的油脂，是一种理想的植物油料资源。

4. 蛋白质

稻米蛋白氨基酸组成相对平衡，且具有低过敏性特点，被认为是一种优质蛋白质，消化率和生物价高于其他谷物中的蛋白质。不同水稻品种间蛋白质含量也存在明显的差异。国际水稻研究所分析了全球17587个水稻栽培品种，蛋白质含量在4.3%~18.2%，平均为9.5%。我国5323份稻米（籼稻3805份，粳稻1518份）中的蛋白质含量在6.0%~15.7%。稻米蛋白包括糙米蛋白和白米蛋白，糙米的蛋白质含量要高于白米，因为精米加工的过程碾米去掉的米糠中含有较高的蛋白质，其含量要高于留下的胚乳。此外，作为稻米蛋白中第一限制氨基酸的赖氨酸，在米糠当中的含量也远高于白米蛋白。米糠蛋白的蛋白效率比、净蛋白保留率和净蛋白利用率也均高于白米蛋白，因此通常认为糙米蛋白（米糠+胚乳蛋白）的营养价值要高于精米蛋白（胚乳蛋白）。糙米、精米和米糠中的蛋白质含量见表3-4。

表3-4 糙米、精米和米糠中的蛋白质含量 单位:%

蛋白质种类	糙米蛋白	精米蛋白	米糠蛋白
清蛋白	5~10	4~6	24~43
球蛋白	7~17	6~13	13~36
醇溶蛋白	3~6	2~7	1~5
谷蛋白	75~81	79~83	22~45

5. 功能因子

糙米还含有许多白米所缺乏的诸如谷维素、γ-氨基丁酸、米糠多糖、肌醇等功能性成分。糙米中游离γ-氨基丁酸含量约为26mg/kg，是白米中的3倍多。γ-氨基丁酸对哺乳动物的脑组织起着重要的神经抑制作用，能够与其他受体结合，促进血管扩张，起到降血压的作用。谷维素是米糠油中重要的生理活性物质，被证实对于防治高血脂具有一定功效。谷维素不溶于水，热稳定性高，糙米的挤压膨化处理有利于其谷维素含量的增加。

二、糙米的品质特性

（一）糙米的籽粒品质

1. 颜色

稻米色泽是品质最直接外观表征之一，正常糙米的色泽应该是蜡白色或灰白色，表面富有光泽。

2. 气味

糙米气味不仅能在一定程度上表征糙米品质，也是糙米品种标识之一。目前利用近红外分析原理，可以无损检测大米和糙米的食味值，对其进行科学定价。

3. 千粒重、容重、比容

千粒重的大小决定于籽粒的粒度、饱满程度和胚乳结构。千粒重大，则粒形大，饱满而结构紧密，胚乳的含量相对较大，因而出米率高。容重（体积质量）在一定程度上能反映籽粒的粒形、大小和饱满程度。容重大，则籽粒饱满、坚实、整齐，这样的糙米出米率高。容重的大小取决于糙米的密度和谷堆的孔隙度。一般籽粒长宽比越大，籽粒越细长，则孔隙度越大，容重就越小。比容（质量体积）的大小，决定于籽粒的粒度、饱满度、成熟度和胚乳结构。

4. 不完善粒

GB/T 18810—2002《糙米》规定，不完善粒包括下列尚有食用价值的颗粒：未熟粒、虫蚀粒、病斑粒、生芽粒、霉变粒。

5. 黄粒米

黄粒米是指糙米或大米受本身内源酶或微生物酶的作用使胚乳呈黄色，与正常米色泽明显不同但不带毒性的颗粒，这些黄粒米香味和食味往往较差，在现代大米加工技术中，往往通过色选机出去黄粒米来提升大米品质。

6. 爆腰粒

糙米内部或表面出现裂纹的籽粒被称为裂纹粒，又称爆腰粒。爆腰是由于大米在干燥过程中发生急热后，米粒内外收缩失去平衡造成的。爆腰米蒸煮时容易出现外烂里生的现象，营养价值有所降低。爆腰米在加工时候碎米率高、出米率降低，导致大米的综合品质和价值降低。

7. 垩白

垩白是指大米胚乳细胞不透明发白的部分，包括腹白、心白、背白。它与透明度的相关性为极显著负相关。国内稻米垩白状况主要使用垩白粒率、垩白度、垩白的大小等概念来表述。对于同一品种稻米，无垩白粒的糙米率、精米率和整精米率都高于垩白米。

（二）加工品质

糙米加工品质主要指糙米加工完成后糙米整精米率和加工精度，其受到多方面的影响，通常用整精米率、碎米率和出米率 3 个指标来评价，但是加工精度（大米背沟和粒面留皮程度）的准确评价和判定对出米率和整精米率有很大影响。

1. 整精米率

整精米指的是糙米碾磨成精度为国家标准一等大米时，籽粒完整的大米及其长度仍达到完整精米粒平均长度的 4/5 以上（含 4/5）的米粒。整精米率指的是整精米占净糙米试样的百分比。糙米品种、爆腰率、体积质量、成熟度和含水率对其整精米率有一定的影响。整精米率与粒长、长宽比呈显著负相关，与垩白面积、白粒率呈显著负相关。

2. 碎米率

碎米率是衡量糙米加工品质的一个重要指标，可通过适当的方法控制碎米率，碎米产生的原因是多方面的，一是糙米本身的品质；二是糙米加工前的各种处理工艺，如干燥、运输、储藏；三是糙米加工过程，如碾米工艺、碾米机械的性能、操作管理水平等都会影响碎米率。碾米过程中产生的碎米率与糙米的含水率和爆腰率有重要的相关性。

3. 出米率

出米率是稻谷加工成大米，大米的质量除以稻谷的质量的比率。出米率是一项反映糙米加工品质优劣的指标，也是糙米贸易中商家最关注的内容，它与糙米的籽粒结构、理化特性及加工工艺有关。与出米率相关的糙米籽粒结构形态主要是指糙米籽粒的形状、皮层厚度和胚乳结构。

(三) 蒸煮和食用品质

糙米因其难蒸煮、适口性差和不易糊化等特点而不易被消费者所接受，这与其致密皮层结构有关。因此，改善糙米米饭蒸煮品质的关键在于适度破坏糙米的皮层，主要是通过破坏纤维素的结构以促进糙米米粒的吸水，进而改善糙米的蒸煮和食用品质。全谷物糙米的蒸煮及食用品质包括蒸煮和食用过程中所表现出的各种理化性质及感官特性，如吸水性、膨胀性、糊化特性及米饭的柔软性、硬度、弹性和色香味等。

第五节　水稻品质规格与标准

一、稻谷质量标准

水稻整精米率、垩白等品质指标受年度、地域环境等因素影响较大，表现出不同质量水平，因此需要制定等级指标来对其等级进行划分。我国现行有效的稻谷分级标准主要包括国家强制性标准 1 项，GB 1350—2009《稻谷》（表 3-5、表 3-6），国家推荐性标准 2 项，GB/T 17891—2017《优质稻谷》（表 3-7）和 GB/T 20569—2006《稻谷储存品质判定规则》。中国稻谷的质量，根据其出糙率、整精米率、杂质、水分、黄粒米、谷外糙米等分类定级。

表 3-5　早籼稻谷、晚籼稻谷、籼糯稻谷的质量指标

等级	出糙率/%	整精米率/%	杂质/%	水分/%	黄粒米/%	谷外糙米/%	互混率/%	色泽、气味
1	≥79.0	≥80.0	≤1.0	≤13.5	≤1.0	≤2.0	≤5.0	正常
2	≥77.0	≥77.0						
3	≥75.0	≥74.0						
4	≥73.0	≥71.0						
5	≥71.0	≥68.0						
等外	<71.0	—						

表 3-6　粳稻谷、粳糯稻谷的质量指标

等级	出糙率/%	整精米率/%	杂质/%	水分/%	黄粒米/%	谷外糙米/%	互混率/%	色泽、气味
1	≥81.0	≥61.0	≤1.0	≤14.5	≤1.0	≤2.0	≤5.0	正常
2	≥79.0	≥58.0						
3	≥77.0	≥55.0						
4	≥75.0	≥52.0						
5	≥73.0	≥49.0						
等外	<73.0	—						

表 3-7　优质稻谷质量指标

类别	等级	整精米率/%			垩白度/%	食品品质分类	不完善粒含量/%	水分含量/%	直链淀粉含量（干基）/%	异种率/%	杂质含量/%	谷外糙米含量/%	黄粒米含量/%	色泽气味
		长粒	中粒	短粒										
籼稻谷	1	≥56.0	≥58.0	≥60.0	≤2.0	≥90	≤2.0	≤13.5	14.0~24.0	≤3.0	≤1.0	≤2.0	≤1.0	正常
	2	≥50.0	≥52.0	≥54.0	≤5.0	≥80	≤3.0							
	3	≥44.0	≥46.0	≥48.0	≤8.0	≥70	≤5.0							
粳稻谷	1	≥67.0			≤2.0	≥90	≤2.0	≤14.5	14.0~20.0					
	2	≥61.0			≤4.0	≥80	≤3.0							
	3	≥55.0			≤6.0	≥70	≤5.0							

在 GB/T 17891—2017《优质稻谷》中将整精米率、垩白度、食用品质 3 项指标规定为定级指标，直链淀粉含量为限制指标，其他指标包括水分、不完善粒、异品种率、杂质、谷外糙米、黄粒米以及色泽气味等。其中，整精米率、白度、食用品质均达到本标准规定的某等级指标且直链淀粉含量在标准规定的范围内，判定为该等级优质稻谷，其他指标按国家有关规定执行；定级指标中有一项达不到三级要求，或直链淀粉含量不在标准规定的范围内的，不得判定为优质稻谷。

二、糙米质量标准

（一）国内标准

我国为了适应各时期国内外贸易的发展需要，对糙米标准进行了多次修订，现行有效的国家标准 GB/T 18810—2002《糙米》（表 3-8、表 3-9）适用于商品糙米的购销、储存、运输、加工和出口。标准的糙米分早籼糙米、晚籼糙米、粳糙米、籼糯糙米、粳糯糙米 5 类。容重、整精米率作为定等指标，分为 5 个等级。整精米在糙米中的含量越高，米糠占比越低，品质等级越高。由此可见，糙米的品质标准仍只注重食用品质。这导致米糠在糙米中的占比非常有限，限制了糙米作为全谷物的健康功效。另一项糙米的国家标准是GB/T 42173—2022《发芽糙米》，对γ-氨基丁酸的含量提出了明确要求≥130mg/kg，体现了发芽提升糙米营养价值的重要作用。

表 3-8　粳糙米、粳糯糙米的质量指标

等级	容重/(g/L)	糙米整精米率/%	杂质/%	不完整粒/%		水分/%	稻谷粒/(粒/kg)	黄粒米/%	混入其他类糙米/%	色泽、气味
				总量	其中，霉变粒					
1	≥820	≥80.0								
2	≥800	≥77.0								
3	≥780	≥74.0	≤0.5	≤7.0	≤1.5	≤14.0	≤40	≤1.0	≤5.0	正常
4	≥760	≥71.0								
5	≥740	≥68.0								

表 3-9　早籼糙米、晚籼糙米、籼糯糙米的质量指标

等级	容重/(g/L)	糙米整精米率/%	杂质/%	不完整粒/%		水分/%	稻谷粒/(粒/kg)	黄粒米/%	混入其他类糙米/%	色泽、气味
				总量	其中，霉变粒					
1	≥780	≥70.0								
2	≥760	≥67.0								
3	≥40	≥64.0	≤0.5	≤7.0	≤1.5	≤14.0	≤40	≤1.0	≤5.0	正常
4	≥720	≥61.0								
5	≥700	≥58.0								

（二）国际标准

由于在检验中糙米与大米有相似的质量要求，有些国家将糙米的要求作为大米标准的一部分，如国际标准ISO 7301：2011《水稻-规格（质量）》，泰国稻米标准等。我国、美国、日本为了加工和使用方便将糙米标准制定为独立的标准。ISO 7301标准主要用于直接消费的稻米、糙米、精米、蒸谷米的检验，不适用于糯米和其他米制品。国际标准未对糙米进行分级，美国、日本和泰国按照粒长、整米率、破碎粒将糙米分为不同的等级。

1. 粒长

泰国标准根据粒长对糙米进行分类，分为长粒糙米3类和（粒长≥7.0mm、6.6~7.0mm、6.2~6.6mm）和短粒糙米（粒长≤6.2mm）；美国标准则分为长粒型、中长粒型、短粒型和混合型。标准中也对不同等级中不同粒长糙米的含量做出了明确的规定。

2. 整米率

我国糙米整米率以整精米率表示，按照比例分为1~5等级，日本和泰国以整粒率表示，日本按照整粒率的比例分为1~3等级。

3. 破碎粒

国际标准ISO 7301：2011《水稻-规格（质量）》，将破碎粒按长度分为4类：大碎米（1/2~3/4

正常粒长)；中碎米（1/4～1/2 正常粒长)；小碎米（1/4 至不能通过孔径为 1.4mm 筛的部分)，米屑为能通过孔径为 1.4mm 筛的部分。我国糙米标准未设破碎粒指标，美国和泰国标准规定破碎粒为长度小于 3/4 的整粒，并都以破碎粒含量进行定等分级的含量。

三、大米质量标准

以稻谷或糙米为原料经常规加工所得成品大米称之为普通大米，其质量应符合国家现行标准，长期以来我国大米企业为了迎合市场消费需求，片面追求精、白、亮，不断增大稻米加工精度，大米抛光从一抛变成二抛、三抛。而过度抛光将直接导致富含维生素和矿物质的米胚和皮层被大量碾去，成品大米营养流失，粮食损失率高，并且能耗大。中国现行有效的大米分级标准主要为 GB/T 1354—2018《大米》(表 3-10、表 3-11)，按食用品质分为大米和优质大米，按原料稻谷类型分为籼米、粳米、籼糯米、粳糯米 4 类；优质大米分为优质粒米和优质粳米两类。可以看出，大米的等级越高，加工精度越高。优质大米增加了品尝评分指标，这说明越好吃、越优质的大米，加工精度越高，膳食纤维等营养组分损失越大。

表 3-10　大米质量指标

质量指标			籼米			粳米			籼糯米		粳糯米	
等级			一级	二级	三级	一级	二级	三级	一级	二级	一级	二级
碎米	总量/%	≤	15.0	20.0	30.0	10.0	15.0	20.0	15.0	25.0	10.0	15.0
	其中：碎小米含量/%	≤	1.0	1.5	2.0	1.0	1.5	2.0	2.0	2.5	1.5	2.0
加工精度			精碾	精碾	适碾	精碾	精碾	适碾	精碾	适碾	精碾	适碾
不完善粒含量/%		≤	3.0	4.0	6.0	3.0	4.0	6.0	4.0	6.0	4.0	6.0
水分含量			14.5			15.5			14.5		15.5	
杂质	总量/%	≤	0.25									
	其中：无机杂质含量/%	≤	0.02									
黄粒米含量/%		≤	1.0									
互混率/%		≤	5.0									
色泽、气味			正常									

表 3-11　优质大米质量指标

质量指标			优质籼米			优质粳米		
等级			一级	二级	三级	一级	二级	三级
碎米	总量/%	≤	10.0	12.5	15.0	5.0	7.5	10.0
	其中：碎小米含量/%	≤	0.2	0.5	1.0	0.1	0.3	0.5
加工精度			精碾	精碾	适碾	精碾	精碾	适碾
垩白度/%		≤	2.0	5.0	8.0	2.0	4.0	6.0
品尝评分值/分		≥	90	80	70	90	80	70

续表

质量指标		优质籼米	优质粳米
直链淀粉含量/%		13.0~22.0	13.0~20.0
水分含量		14.5	15.5
不完善粒含量/% ≤		3.0	
杂质	总量/% ≤	0.25	
	其中：无机杂质含量/% ≤	0.02	
黄粒米含量/% ≤		0.5	
互混率/% ≤		5.0	
色泽、气味		正常	

该国标首次规定在大米标签中增加“优质大米建议标注最佳食用期”，并提出了“品尝评分值”这一衡量大米食用品质的定等指标，进一步规范了优质大米的生产和流通。在当前大米加工国际竞争力不断增大的背景下，接轨国际标准对于突破贸易壁垒，促进大米的进出口贸易具有重要作用。

第六节 稻米储藏、加工及利用

一、稻米的储藏

（一）稻米的储藏特性

1. 精米

精米由于没有谷壳保护，胚乳直接曝露于空间，易受外界因素的影响。因此，大米的储藏稳定性差，远比稻谷难储藏。容易吸湿，容易发热；容易陈化；容易发灰；易感染虫害；容易爆腰。

（1）霉变现象 在生产、加工、包装过程中，容易感染霉菌的孢子，当温度、湿度条件满足时，就迅速繁殖，成长为具有菌丝的霉菌，霉菌分泌毒素，上述因素共同作用，导致了大米变色、变味。精米发热霉变的现象主要从硬度、色泽、气味等方面表现出来。对于稻米来说主要危害是黄曲霉和青曲霉。黄曲霉可产生黄曲霉毒素（aflatoxin，AF）是到目前为止所发现的毒性最大的真菌毒素。大米上的限量指标为≤10μg/kg。

霉变还会导致大米出现香气减退或异味、出汗（微生物的强烈呼吸使局部水分凝结，米粒表面潮润）、发软、色泽透明感增加、起毛（黏附糠粉或米粒上未碾尽的糠皮浮起）、起眼（因胚部组织较松，含蛋白质和脂肪较多，霉菌先从胚部发展，胚部变色）及起筋（米粒侧面与背面的沟纹呈白色，继续发展成灰白色，如筋纹）。

（2）生虫现象 储藏不当容易导致生虫，谷蠹、米象、米蛾、谷盗、谷斑皮蠹是容易发生的主要虫害。与在相对适宜的环境下会使粮食中的害虫在包装袋内继续生长有关，大米害虫生长最适宜的温度一般在25℃以上、相对湿度在75%以上（或稻米自身含水量在15%~20%）。

2. 糙米

糙米作为稻谷脱壳后的一种形态，它的储藏性能介于稻谷和精米之间，一方面，在储藏时所占空间减少，需要的仓库容积比未脱壳的稻谷要少30%~40%；另一方面，也能降低25%的运输量和相应的经营管理经费，解决了稻壳资源产地不集中、综合利用效果差及环境污染严重等问题。精米虽然可有效减少仓容，但精米几乎只含有胚乳，结构暴露，储藏稳定性极差。相对来说，糙米作为流通和储存对象具有许多优点，不仅储藏时间长、稳定性高，同时能大幅度提高仓容的利用率，减少运输管理费用。此外，糙米因保留胚芽、米糠层，含有丰富的营养素和精米所缺乏的天然生物活性。

虽然糙米的耐藏性高于精米，但糙米中脂质含量高，胚和胚乳直接暴露在外，在高温高湿的外界环境，极易发生变色、异味、发霉等不可逆转的品质劣变，严重的还会产生有毒和致癌性的物质，因此糙米在储藏过程中的保鲜难度也不能被低估。

（二）稻米安全储藏技术

影响糙米储藏品质的因素主要为含水量、储藏温度、储藏湿度以及包装材料，精米的储藏要点与糙米一致。目前常见的几种糙米的储藏技术如下。

1. 低温储藏

低温储藏的原理是利用低温来延缓糙米中营养物质的损失、霉菌的生长和虫害的滋生。使得低温环境下糙米样品的脂肪酸值、过氧化值和羰基值降低。

2. 蒸汽法

蒸汽法的原理是通过加热的方式有效地钝化脂肪酶活性，抑制糙米在储藏过程中脂肪酸含量和总饱和脂肪酸百分比的上升，能有效地延长糙米的货架期。

3. 冷杀菌技术

一些非热处理也可以有效的延长糙米的货架期，比如高压处理可以有效降低糙米在储藏过程中的酸败；微波处理能够通过电磁场的变化产生热来杀死糙米中的微生物和害虫，对糙米储藏过程中稳定化效果显著，但一定的热效应会造成糙米品质下降；超声波处理一方面可以增加糙米的储藏效果，同时还可以改善糙米的储藏品质；此外还有红外干燥和辐照处理等。

4. 气调

通过改变环境中气体组成的气调处理是一种延长新鲜农产品保质期的常用技术。将氧吸收剂引入糙米储存环境中可以使糙米中脂质的水解酶活性受到抑制。

二、稻米的加工与利用

（一）稻谷的加工流程

按照生产程序，稻谷加工工艺过程一般可分为稻谷清理、砻谷及砻下物分离、碾米、副产品整理四个工序（图3-1）。

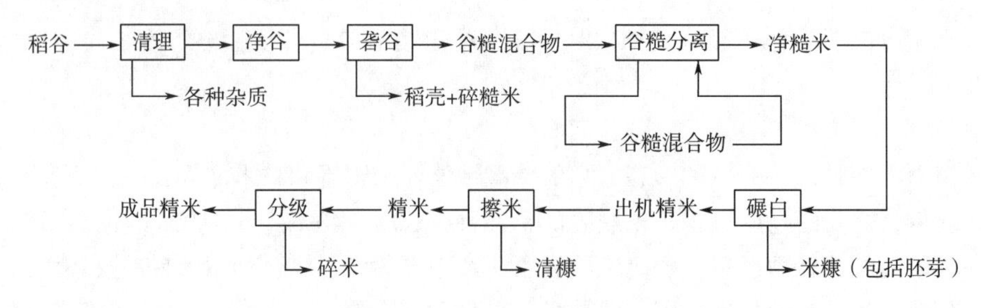

图 3-1 稻谷的加工流程

1. 稻谷清理

清理是生产过程中的第一道工序，一般包括初清、筛选、除稗、去石、磁选等。根据稻谷与杂质物质特性的不同，采用一定的清理设备（如初清筛、平振筛、高速筛、去石机、磁筒等），有效地去除夹杂在稻谷中的各种杂质，达到净谷上砻的标准。

2. 砻谷和砻下物的分离

稻谷加工中脱去稻壳的工艺过程称为砻谷，砻谷是根据稻谷籽粒结构的特点，对其施加一定的机械力破坏稻壳而使稻壳脱离糙米的过程。砻谷后的混合物称为砻下物，砻下物含有未脱壳的稻谷、糙米、谷壳等，砻下物分离就是将稻谷糙米、稻壳等进行分离，糙米送往碾米机械碾白。未脱壳的稻谷返回到砻谷机再次脱壳，而稻壳则作为副产品加以利用。

3. 碾白

糙米碾白通常是应用物理方法部分或全部剥除糙米籽粒表面皮层的过程，其形态变化如图 3-2 所示。糙米皮层含有大量的纤维素，根据糙米籽粒的结构特点，要将背沟处的皮层全部去除，该过程势必伴随着淀粉、蛋白质等营养物质的损失和碎米的增加，使得出米率下降。因此，现行的国家标准规定，不同等级的大米宜保留适量的皮层，这不仅有利于减少营养成分的损失，而且可以提高精米的出米率。

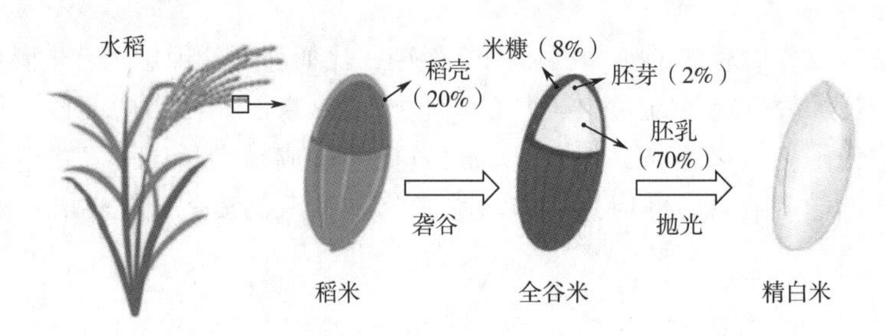

图 3-2 稻谷到精白米的形态变化

4. 副产品整理

稻谷加工副产物有米糠、米胚和碎米。稻米深加工副产物利用水平是反映一个国家农业现代化程度的重要标志。但由于集中收集困难、加工技术与装备落后等原因，仍有大量米糠被低值化处理。目前，相比于日本 90% 的米糠利用率，我国的米糠高值化利用的比例仍不足 20%。

（二）糙米的加工利用

糙米相较于精米更好地保留了稻谷的营养价值，但由于糙米米糠层中含有植酸盐、纤维素等物质，使其口感粗糙、蒸煮性差，制约了糙米食品的发展。现代食品加工技术的发展一方面可以改善糙米口感粗糙、蒸煮性差等问题；另一方面能够提高糙米制品的营养价值、促进人体消化吸收。目前常见的几种糙米的加工方法为蒸煮、焙烤、微波、发芽等，其中发芽糙米不仅保留了完整的营养成分，而且还增加了新的功能组分，也是目前食用最广泛最成熟的对糙米原料进行加工的方法。

1. 发芽糙米

发芽糙米指的是在一定温度、水分、氧气条件下对糙米进行培养，使糙米吸水膨润，萌发胚芽，待发芽到一定程度后干燥得到的产品。发芽糙米最大的特色是含有胚芽，保留了稻谷60%以上的重要营养物质。发芽糙米中大量酶被激活和释放，从结合态转化为游离态。由于胚芽萌发和酶活化，胚乳中淀粉分解，部分营养成分的含量增加或重新合成，如γ-氨基丁酸（GABA）。因此，发芽糙米的食用品质和营养价值大大提高。

2. 发酵糙米

通过引入微生物的方式对糙米进行处理，可以软化糙米皮层，增强其吸水性，缩短糙米的蒸煮时间，改善糙米的蒸煮品质。糙米中含有约64%的营养素，利用糙米丰富的营养物质发酵，一方面，糙米发酵够优化糙米的基本营养物质配比，提高其生物活性物质含量，降低抗营养因子水平，从而极大改善糙米的营养品质；另一方面，糙米发酵可以改善糙米的感官品质，使其硬度下降、增加有益风味物质的形成。目前已开发出的发酵糙米产品主要包括糙米酵素、糙米面包、发酵糙米糕、糙米酒和糙米发酵饮料等。

（三）精米的加工利用

经过碾白分级后的大米可继续进行深加工，可制得的产品众多，包括精加工大米、粉类、糕类、粽类、汤团类、酒、醋类、方便米饭、方便粥、婴儿食品。此处简单介绍以下几种产品。

1. 稻米深加工

特等米、免洗米、蒸谷米、胚芽米、营养强化米、方便米等的加工不断兴起。特等米指的是选用优质稻谷进行精加工的一类大米，含杂质和碎米比普通精米少，对设备要求较高；免洗米又称清洁米，特点是含杂质极少、清洁卫生，并具有防污染和保质的包装；蒸谷米又称半煮米，其基本加工工序与加工普通精米一致，另需在砻谷前增加对净谷浸泡、蒸煮、干燥等水热处理工序；胚芽米是指精白米保留米胚的一种大米产品，也称留胚米，留胚率应在80%以上，营养价值较高；营养强化米是指添加了某些人体需要的营养物质的大米；方便米又称α米，是利用不同的预处理技术把米粒α化加工而成，只需略加烹煮或热水浸泡几分钟便可进食，甚至可直接食用。

2. 大米制品

大米制品主要是指以大米为主要原料开发出来的食品，如米粉丝、米糕点、米粉条（如沙河粉）、米酒等都是我国闻名于外的传统产品。目前产品市场占有率最高，工业化技术最成熟、产品销量最大的是米粉。

米粉（米线）作为大米原料深加工的主要产品之一，同时作为传统的米制主食，在大米制品中占有非常重要的地位。米粉在不同国家和地区的生产工艺略有差异，最具代表性的工业化生产工艺包括浸泡（发酵）、磨浆、挤丝、成型、冷却等工艺步骤米粉的加工流程如图3-3所示。

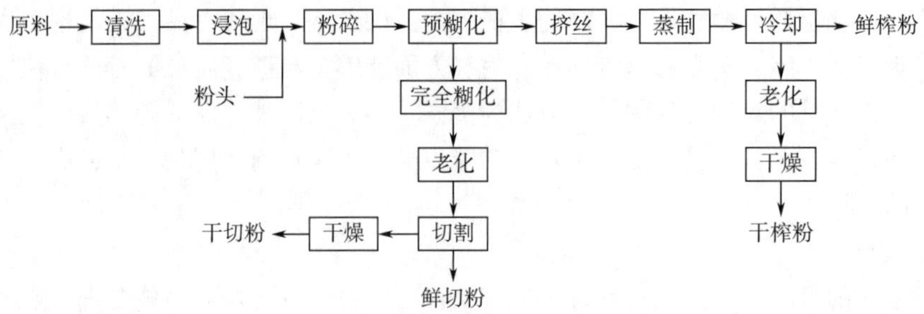

原料 → 清洗 → 浸泡 → 粉碎 → 预糊化 → 挤丝 → 蒸制 → 冷却 → 鲜榨粉
粉头
完全糊化
老化
干切粉 ← 干燥 ← 切割
鲜切粉
老化
干燥
干榨粉

图 3-3 米粉的加工流程

（1）原料米　生产米粉通常选取产量较大、含有较多直链淀粉的早籼米。

（2）浸泡　根据浸泡原料米时间的长短可以分为非发酵米粉和发酵米粉。非发酵米粉浸泡主要为了让原料米在短时间内吸水膨胀，时间为 2～6h。发酵米粉的生产则需要较长的浸泡时间，为 2～3d。

（3）粉头　上一批制粉过程中切下的首尾料称为粉头。

（4）磨浆　将浸泡好的原料米磨浆，按照一定比例加水，使米浆均匀、细腻。

（5）蒸坯　将磨好的米浆平铺 2～3cm 在帆布上，在蒸汽下加热预糊化。

（6）挤丝　将已经预糊化的片状坯料移至米粉机，经过揉团后挤压成丝。

（7）蒸煮　成型的米粉移至蒸粉机帆布上复蒸使其完全糊化，得到不粘连、有弹性的米粉。

（8）冷却　熟化后的米粉进入冷却槽，冷却降温成米粉成品。

（四）副产物利用

稻谷经加工后产生约 20%的稻壳、15%的碎米和 10%的米糠等副产物，这些副产物中含有丰富的蛋白质、油脂、淀粉、膳食纤维等。近年来，我国碎米、米糠、稻壳，不仅广泛应用于酿酒、制油、调味品、饲料行业，还用于加工代餐粉、固体饮料、烘焙以及化妆品等产品。随着《粮食节约行动方案》的深入实施，以碎米和米糠为原辅料，开发米粉、米线、米糠油、胚芽油、膳食纤维、功能物质、多糖多肽等食品或食品配料等研究和推广正在推进。针对粮食加工过精过细问题，“十三五”国家重点研发计划围绕大宗米制品加工关键技术装备研发及示范，突破了糙米米粉加工、米糠发酵等关键技术，显著提升了大米加工副产物的综合利用科技水平。

1. 碎米

碎米是碾米过程中产生的副产物，其营养成分与整粒米相似，具有以下几种用途：传统的米酒酿造的原料一般为大米，但由于碎米价格便宜，所以常被利用作为酿酒的原料，工艺上完全可行；碎米经过液化、糖化、发酵等工艺可制成软饮料，既可达到营养化，又能达到生产规模大型化的目的，因此可利用酶和微生物，将碎米加工成风味独特的发酵或不发酵大米饮料；此外，碎米在多孔淀粉制备和大米蛋白提取方面也有一定的应用价值。

2. 米糠

米糠主要由种皮、小碎米和米胚组成，主要成分有膳食纤维等碳水化合物、脂肪和蛋白质，还含有植酸、矿物质、维生素、谷维醇等多种生理活性物质，具有通便、降低胆固醇、抗癌护肤等保健功能。因此，有以下几种用途：经提取工艺获得米糠油、植酸、膳食纤维等产品，可用于加工食品油、化妆品、医药用品等；将米糠水解液中添加矿物质、低聚糖等营养补充剂，经发酵可以获得高浓度的γ-氨基丁酸；以米糠为原料开发功能性食品，目前主要有米糠面包、米糠面条、米糠营养素等；作优质的饲料原料，一般选用脱脂米糠，添加比例不超过15%。

3. 稻壳

我国每年产出稻壳量在3.6亿t以上，是一种量大价廉的再生资源。稻壳富含半纤维素、纤维素、木质素、戊聚糖、二氧化硅，其中脂肪、蛋白质含量极低。可以作为能源、建筑材料，制作安全环保的一次性餐具，作为酿造白酒的辅料等。

第七节　健康作用

1. 全谷物糙米及发芽糙米的健康功效

日本2012年的一项研究发现糙米中含量丰富的γ-谷维素能够调节胰腺β细胞，有助于胰腺功能恢复正常，从而起到预防糖尿病或减轻糖尿病症状的作用。由于糙米中还保留了大量膳食纤维，可促进肠道有益菌增殖，加速肠道蠕动，软化粪便，预防便秘和肠癌。并且，膳食纤维还能与胆汁中胆固醇结合，促进胆固醇的排出，从而有助于高脂血症患者降低血脂。

发芽糙米最早兴起于日本，是把糙米经过一定的湿度、温度控制后通过种子萌发而成，萌发过程中可以产生很多对人体有益的生物活性物质。最典型的为γ-氨基丁酸。发芽糙米不仅营养素丰富，而且对调节血脂、餐后血糖，以及胰岛素的分泌、预防慢性病有辅助效果。每日摄入发芽糙米替代等量精米可有效调节血脂，且具有控制体重、辅助降血糖和降血压作用。

但糙米和发芽糙米作为米饭其食用品质不佳，儿童及胃肠消化不好的人群也不宜食用糙米米饭。将糙米或发芽糙米加工成大米粉后进行二次加工成糙米米粉、冲调粉、蛋糕等制品，提升其食用品质，实现营养和好吃同步是较为理想的方式。

2. 稻米蛋白的健康功效

相比于酪蛋白等动物性蛋白，大米蛋白消化速率更低。大米蛋白通过促进粪便中胆酸及中性固醇的排泄而发挥降低血清胆固醇的作用。有报道显示，大米蛋白中的醇溶蛋白具有抗性蛋白特性，在消化道内难被消化酶作用，而被大量地排泄到粪便中。抗性蛋白是类似于膳食纤维的不易在消化道内被消化吸收的蛋白质。也有研究报道，相比于白米蛋白和大豆蛋白，糙米蛋白在调节胆固醇含量，降低肥胖的风险方面效果更为显著，动物实验结果显示食用糙米蛋白的仓鼠体重更轻，肝脏更轻，脂蛋白胆固醇和肝脏胆固醇密度更低。

3. 米糠油的健康功效

世界卫生组织（WHO）推荐人体膳食中的饱和脂肪酸、单不饱和脂肪酸、多不饱和脂肪酸的平衡比例达到1：1：1时，对于人体健康更好。米糠油的配比与此极为接近。食用米糠油最早起始于日本，日本也是将谷维素作为日常膳食补充剂和食品添加的国家。米糠油是一种强抗氧化剂，有助于调节自主神经，改善睡眠，缓解疲劳。谷维素是米糠油独有的营养成分，含量达3000mg/kg。研究发现，将米糠油和芝麻油混着吃，有助于高血压、中轻度糖尿病患者控制血压、血糖，有益于心脏健康，这是因为米糠油中含有丰富的谷维素、植物甾醇和维生素E，芝麻油中含有芝麻素、芝麻酚、芝麻林酚。米糠油还富含植物甾醇，不易被人体利用，可通过竞争抑制作用帮助人体减少对胆固醇的吸收。天然维生素E（生育三烯酚）在米糠油中的含量也不可小觑，维生素E具有很强的抗氧化作用，这些功能性组分对预防心脑血管疾病的发展有作用。

4. 糙米中其他功能性物质

（1）多酚　不同糙米中多酚的含量存在着显著的差异，黑米糙米中游离多酚含量最多，其次是紫色、红米、黄色和绿色糙米。糙米多酚组成主要为原儿茶酸、儿茶素、绿原酸、咖啡酸、丁香酸、槲皮素和槲皮素-3-*O*-葡萄糖苷。糙米多酚具有抗氧化、降血糖、降血脂、抗癌等诸多生理活性。

（2）γ-氨基丁酸　γ-氨基丁酸（GABA）由谷氨酸经谷氨酸脱羧酶催化而来，是存在于哺乳动物脑脊髓中的抑制性神经递质，在人与动物体内参与脑循环，调节生理活动中具有重要作用。大量研究表明，GABA具有降血压、抗惊厥、神经营养、改善脑机能、促进长期记忆、促进激素分泌、肾功能活化、肝功能活化等诸多功能。糙米中GABA含量约为4mg/100g，发芽糙米中可达20mg/100g。

（3）米糠脂多糖　脂多糖（lipopolysaccharide，LPS）分为细菌脂多糖和植物脂多糖两类。细菌脂多糖是从革兰氏阴性菌提取得到的，对机体有很强的毒副作用，主要表现为致热性、致死性、损伤线粒体膜及损伤溶酶体膜等。与细菌脂多糖相比，植物脂多糖毒副作用较弱，对糖尿病、高血压等有一定的抑制作用。有研究表明，米糠脂多糖，是一类具有多种有益生物活性的大分子物质，具有良好的增强免疫的作用。

（4）神经酰胺　神经酰胺是神经鞘糖脂中的一种。由糙米提取的神经酰胺与人体角质细胞间脂质的神经酰胺相似，能很快渗透皮肤与角质层中的水相结合强化皮肤板状结构，具有改善皮肤保湿和屏障作用，可提高皮肤弹性、抑制黑色素的生成和美白皮肤的功能，且无副作用，可作为安全的功能性食品原料。

思考题

1. 影响稻谷作为全谷物消费的关键因素是什么？
2. 糙米与精米的区别是什么？
3. 糙米的营养价值和健康作用是什么？
4. 常见的大米加工制品有哪些？这些大米加工制品属于全谷物吗？
5. 发芽糙米、发酵糙米是什么？它们各有哪些优势？

第四章

小麦

学习目标

1. 了解小麦生产、消费、流通、储藏、加工及利用基本情况；
2. 掌握全小麦营养成分、品质特性与加工方式、健康作用的密切关系；
3. 熟悉决定小麦作为全谷物的作物性状、品质规格与标准。

第一节　小麦栽培史与分类

一、小麦栽培史

早在1万年前，“新月沃地”（Fertile Crescent）地区的古人类已经开始食用野生的“一粒小麦”。所谓“一粒小麦”，就是一个小穗只结一粒种子。后来“一粒小麦”又与一种野生小麦自然杂交，形成了“二粒小麦”。大约在8000年前，在外高加索到伊朗北部的里海沿岸，栽培“二粒小麦”偶然与另一种野生山羊草属植物粗山羊草（*Aegilopstauschii*，又称节节麦）发生自然杂交，最终形成了普通小麦（*T. aestivum*）。由于普通小麦对环境有更强的忍耐性（特别是更耐寒），它很快就取代了早先栽培的“一粒小麦”和“二粒小麦”，成为今天栽培最广的小麦。经驯化的小麦在今西亚地区广泛栽培，其后开始向尼罗河流域、印度河流域等地区传播。

小麦是在相当于新石器时代后期，沿史前的欧亚“草原通道”传入我国。也有学者认为是距今4500年左右，由发源于乌拉尔山和南西伯利亚的吐火罗人（Tokhar）经“绿洲通道”把小麦带到我国西域（今新疆）地区。在新疆楼兰的小河墓地，发掘的4000年前碳化小麦，是到目前为止在中国发现最早，也是最集中的小麦遗迹之一。而后，小麦沿河西走廊地区传入中原，扎根黄河流域并向东传播。

小麦作为最早通过丝绸之路来到中国的作物之一，也是最晚被列入“五谷”的粮农作物，经过数千年的发展和变迁，已超过我国原有的黍、粟、菽（豆类）等谷物，成为我国种植面积最大、食用人数最多的粮食。小麦的引入，在很大程度上改变了人们的生产方式、烹饪方法和饮食习惯，对我国经济、社会都产生了重要的影响，而这种影响至今依然保持着鲜活的生命力。从历史上来看，我国小麦栽培是在不断发展的，尤其是1949年后发展更快，发展速度超过其他各种粮食作物。与1949年相比，1979年小麦产量提高了4.54倍。

小麦作为最早的全球化食材，也是中国本土化最成功的粮食作物，不仅驱动了中国农业的发展，同时也促进了中国烹饪和饮食文化的发展，形成了博大精深的中华饮食文明。

二、小麦分类

（一）分类方法

1. 按照小麦播种季节划分

按照播种季节的不同，可将小麦分为冬小麦和春小麦。

冬小麦是指当年秋季播种，次年夏季收获的小麦。一般按产区将冬小麦分为北方冬小麦和南方冬小麦。北方冬小麦白麦较多，多为半硬质，皮薄，含杂少，湿面筋含量高，品质较好，出粉率较高，粉色好，其主要产区是河南、河北、山东、山西、陕西以及苏北、皖北等地，占全国小麦总产量的65%以上；南方冬小麦一般为红麦，质软，皮厚，面筋的质量和数量都比北方冬小麦差，含杂也较多，特别是荞子（草籽）较多，出粉率比北方冬小麦低，占全国小麦总产量的20%~25%。

春小麦是指当年春季播种，秋季收获的小麦，主要产于黑龙江、内蒙古、甘肃、新疆等气候严寒的地区，产量占全国小麦总产量的15%左右。春小麦一般为红麦，多系硬质，皮较厚，籽粒大，含有机杂质较多，湿面筋含量高，品质不如北方冬小麦。

2. 按照小麦籽粒胚乳质地划分

按照籽粒胚乳质地的不同，小麦可以分为硬质小麦和软质小麦，简称硬麦和软麦。

硬麦的胚乳结构紧密，呈半透明状，又称为角质或玻璃质；软麦的胚乳结构疏松，呈石膏状，又称为粉质。角质部分占该粒麦中部横截面1/2以上的籽粒称为角质粒；而角质部分不足1/2的籽粒称为粉质粒。对一批小麦而言，按我国标准，硬质小麦是指角质率不低于70%的小麦；软质小麦是指粉质率不低于70%的小麦。

3. 按照小麦籽粒种皮颜色划分

按照小麦籽粒皮色的不同，可将小麦分为红皮小麦和白皮小麦，简称红麦和白麦。红皮小麦籽粒的表皮呈深红色或红褐色；白皮小麦籽粒的表皮呈黄白色或乳白色。红麦和白麦混在一起称为混合小麦。

（二）小麦类别

我国根据小麦皮色和粒质的不同，可将小麦分为6类。

（1）白色硬质小麦　种皮为白色、乳白色或黄白色的麦粒达90%以上，硬质率达60%以上。

（2）白色软质小麦　种皮为白色、乳白色或黄白色的麦粒达90%以上，软质率达55%以上。

（3）红色硬质小麦　种皮为深红色或红褐色的麦粒达90%以上，硬质率达60%以上。

（4）红色软质小麦　种皮为深红色或红褐色的麦粒达90%以上，软质率达55%以上。

（5）混合硬质小麦　种皮为红、白色小麦互混，硬质率达60%以上。

（6）混合软质小麦　种皮为红、白色小麦互混，软质率达55%以上。

第二节　小麦生产、消费和贸易

一、小麦生产

我国主要以冬小麦为主，小麦三大产区分别为北方冬麦区、南方冬麦区及春小麦区。其中，北方冬麦区主要分布在秦岭、淮河以北，长城以南，包括河南、河北、山东、陕西、山西各省区。南方冬麦区主要分布在秦岭淮河以南，是中国水稻主产区，种植冬小麦有利于提高复种指数，增加粮食产量，其特点是商品率高，包括江苏、四川、安徽、湖北各省区。春小麦区主要分布在长城以北，该区气温普遍较低，生产季节短，以一年一熟为主，包括黑龙江、新疆、甘肃和内蒙古等省区。

我国小麦播种面积和产量排在前五位的省份分别为河南、山东、安徽、江苏和河北，播种面积占全国小麦总播种面积的70%左右，产量占全国小麦总产量的75%~80%。其中河南省小麦播种面积和产量位居第一，播种面积占比常年在20%~25%，产量占比在25%~30%（表4-1、表4-2）。

表4-1　2011—2020年中国小麦种植面积分布　单位：hm^2

省（自治区、直辖市）	2020	2019	2018	2017	2016	2015	2014	2013	2012	2011
全国	23380	23728	24266	24478	24666	24567	24443	24440	24551	24507
河南	5674	5707	5740	5715	5705	5623	5581	5518	5469	5430
山东	3934	4002	4059	4084	4068	4035	3925	3831	3759	3703
安徽	2825	2836	2876	2823	2888	2858	2803	2801	2734	2681
江苏	2339	2347	2404	2413	2437	2411	2374	2344	2304	2246
河北	2217	2323	2357	2373	2390	2394	2404	2432	2457	2435
新疆	1069	1062	1031	1127	1216	1158	1111	1075	1044	1053
湖北	1031	1018	1105	1153	1141	1122	1099	1117	1084	1028
陕西	964	966	967	963	981	1003	1001	1022	1079	1089
甘肃	709	740	776	766	775	806	803	821	842	869
四川	597	611	635	653	684	747	814	879	934	998
山西	536	547	560	561	564	576	585	599	620	650
内蒙古	479	538	597	674	659	617	619	618	659	599
云南	320	329	339	344	344	357	369	392	403	417
贵州	138	137	142	156	169	180	189	196	210	216
天津	104	101	111	109	107	106	108	108	111	110
青海	95	102	112	83	85	83	80	85	86	91
浙江	93	83	85	104	85	99	90	81	79	77

续表

省（自治区、直辖市）	2020	2019	2018	2017	2016	2015	2014	2013	2012	2011
宁夏	93	108	129	123	117	122	127	149	179	202
黑龙江	49	56	109	102	79	70	144	132	208	296
西藏	30	32	32	39	43	36	37	38	38	38
湖南	23	22	23	28	23	34	35	36	39	44
重庆	19	21	25	30	34	41	52	65	79	91
江西	14	14	15	15	14	13	13	13	13	12
北京	8	8	10	11	16	21	24	36	52	58
上海	8	10	21	21	36	47	47	47	58	63
吉林	5	3	1	2	0	0	4	0	4	4
广西	4	3	3	3	3	3	1	1	1	1
辽宁	3	2	2	4	3	3	3	3	4	5
广东	0	0	0	0	1	1	1	1	1	1
福建	0	0	0	0	0	0	0	0	1	1
海南				0	0	0	0	0	0	0

注：不包含港、澳、台数据。

表 4-2　2011—2020 年中国小麦产量分布　　单位：万 t

省（自治区、直辖市）	2020	2019	2018	2017	2016	2015	2014	2013	2012	2011
全国	13425	13360	13144	13424	13319	13256	12824	12364	12247	11857
河南	3753	3742	3603	3705	3619	3527	3385	3266	3223	3145
山东	2569	2553	2472	2495	2490	2392	2326	2264	2220	2148
安徽	1672	1657	1607	1644	1636	1661	1581	1461	1423	1295
河北	1439	1463	1451	1504	1480	1483	1444	1419	1364	1297
江苏	1334	1318	1289	1295	1246	1249	1225	1163	1133	1088
新疆	582	576	572	613	682	692	631	631	568	596
陕西	413	382	401	406	403	423	386	364	417	394
湖北	401	391	410	427	441	432	431	425	377	350
甘肃	269	281	281	270	272	285	278	240	270	252
四川	247	246	247	252	260	285	298	311	331	346
山西	237	226	229	232	229	232	225	204	233	220
内蒙古	171	183	202	189	188	179	175	184	186	172
云南	70	72	74	74	72	75	71	72	81	94
天津	63	60	57	62	59	58	57	56	55	53
浙江	41	32	36	42	28	39	34	30	29	29
青海	38	40	43	33	35	35	35	36	35	35

续表

省（自治区、直辖市）	2020	2019	2018	2017	2016	2015	2014	2013	2012	2011
贵州	33	33	33	41	42	65	65	55	56	53
宁夏	28	35	42	38	38	40	41	46	62	63
黑龙江	19	20	36	38	29	22	46	38	69	103
西藏	18	19	19	22	27	23	24	24	25	25
湖南	8	8	8	10	7	11	12	12	9	11
重庆	6	7	8	10	11	13	16	20	24	27
上海	5	6	13	10	13	21	20	19	23	25
北京	5	4	5	6	9	11	12	19	27	28
江西	3	3	3	3	3	3	3	3	2	2
吉林	2	1	0	0	0	0	2	0	1	2
辽宁	2	1	1	1	1	1	2	2	2	3
广西	1	0	1	1	1	0	0	0	0	0
广东	0	0	0	0	0	0	0	0	0	0
福建	0	0	0	0	0	0	0	0	0	0
海南	0	0	0	0	0	0	0	0	0	0

注：不包含港、澳、台数据。

自2020年以来，小麦销售价格上涨，种粮收益增加，同时国家进一步加大对粮食生产的政策扶持力度，农民种粮意愿增强，2021年小麦种植面积增加。据国家统计局数据显示，2021年全国小麦播种面积为2357万hm^2，比上年增加19万hm^2，增长0.8%；单产5810.4kg/hm^2，比上年增加68.15kg/hm^2，增长1.2%；总产13695万t，比上年增加269.62万t，增长2.0%。

二、小麦消费

小麦是一种适应性强、分布广泛的世界性粮食作物，为人类提供约21%食物热量和20%蛋白质。小麦具备独特的面筋特性，可制作多种食品，是全球35%~40%人口的主食，同时还是最重要的贸易粮食和国际援助粮食。

中国小麦总消费量在近20年内基本稳定在1.2亿t左右，主要为口粮消费（即制粉消费），是指小麦经过磨粉加工制作成各种通用面粉与专用面粉，直接被消费者购买，或间接进入食品加工业或餐饮业被制作成面制品后被消费者购买食用。面制品消费是小麦产业链终端，其种类繁多，根据加工方式主要分为烘焙类（面包、蛋糕、饼干、烧饼等）、蒸煮类（馒头、面条、饺子、包子等）和油炸类（油条、麻花、沙琪玛等）。小麦其他消费形式包括饲用消费、工业消费、种用消费及损耗。小麦既可以作为能量饲料，也可以作为蛋白饲料。受到国内日益增长的动物性食物消费需求以及小麦和玉米的比价因素的影响，近年来小麦饲用消费量持续增加。小麦工业消费主要集中在谷朊粉、淀粉、麦芽糖、酿酒和调味品制造等领域。谷朊粉即小麦活性蛋白，已广泛应用于食品、饲料、医药、建材等工业领域，国内对谷朊粉的需求呈逐年增长趋势。软质率高的弱筋小麦用于酿酒，是近年发展新趋势，国内知名酒企争相在全国范围内收购弱筋小麦，并建立酿酒专用小麦生产基地。

2019 年国内小麦消费总量为 12828 万 t，其中，口粮消费 9230 万 t，占 75%；工业消费 1350 万 t，饲用消费 1150 万 t，种用消费 598 万 t，损耗 500 万 t。2020 年国内小麦消费总量 13838 万 t，比上年增长 7.9%。其中饲料消费增长较快，达到 2145 万 t，比上年增长 86.5%；这是由于生猪产能恢复势头良好，玉米价格不断上涨，导致小麦玉米价格倒挂，饲料加工企业直接使用小麦替代玉米的数量明显增加。其他消费较为稳定，口粮消费 9110 万 t，工业消费 1404 万 t，种用消费 590 万 t，损耗 589 万 t。种用消费和损耗预计会持续降低，种用减少是因为更多的良种选育和更科学的田间管理及适时精播等，而随着机械作业水平、产后烘干设施建设以及储粮条件的提升，小麦产后损耗也必定会逐步降低。

三、小麦贸易

自 2010 年以来，全球小麦主产国整体形势较好，产量不断提升，价格维持低价，各出口国竞争加剧。2014 年中国进口小麦大幅下降至 300 万 t，同比减 86.5%，进口金额下降至 59.9 亿元，同比减 85.6%。2014—2019 年中国进口小麦量基本维持在 300 万~400 万 t（表 4-3）。

表 4-3 2014—2021 年中国小麦进口量

年份	中国小麦进口量/万 t	同比/%	中国小麦进口额/亿元	同比/%
2014	300	-86.5	59.9	-85.6
2015	300.7	0.2	55.8	-6.8
2016	341.21	13.5	53.7	-3.8
2017	442.25	29.6	73.5	36.9
2018	309.93	-29.9	56	-23.8
2019	348.79	12.5	69.3	23.8
2020	838	140.3	163.1	135.4
2021	976.9	16.6	199.21	22.1

2021 年中国小麦进口仍维持增长趋势，全年累计进口小麦 976.9 万 t，同比增加 16.6%，进口金额 199.2 亿元，同比增加 22.1%。进口增长的主要原因，一是面制食品工业品质化升级，进口面粉生产的挂面、生鲜面、冷冻面点等高端产品增多。二是高端连锁餐饮面馆蓬勃发展，如某餐饮面条采用加拿大硬红冬麦出粉率 15%的麦芯粉制作。三是烘焙消费市场快速扩容，烘焙面粉（包括蛋糕低筋粉、面包高筋粉）消费量持续上升，近 5 年年均增速 4.6%，2020 年最高消费量达 463.7 万 t。

在小麦进口来源方面，2019 年中国进口小麦集中于加拿大、法国和哈萨克斯坦，这 3 个国家的小麦进口量占总进口量的 73.6%，其中进口加拿大小麦比例最高，达 47.7%。2019 年 11 月，中国同法国签订了价值 150 亿美元的合作协议，中国之后增加对法国小麦的进口。与之前进口小麦多为强筋小麦或弱筋小麦不同，2020 年进口小麦类型更趋于多元化，优质小麦及饲用小麦均有进口。如图4-1所示，据中国海关总署统计，2020年进口小麦838万t，主要来自法国（29.2%）、加拿大（28.2%）、美国（20.3%）和澳大利亚（15.0%）。2021年中国减少了法国小麦的进口，增加了澳大利亚、美国和加拿大小麦的进口，全年累计进口小麦976.9万t，主要来自澳大利亚（28.0%）、美国（27.9%）、加拿大（26.0%），如图4-2所示。

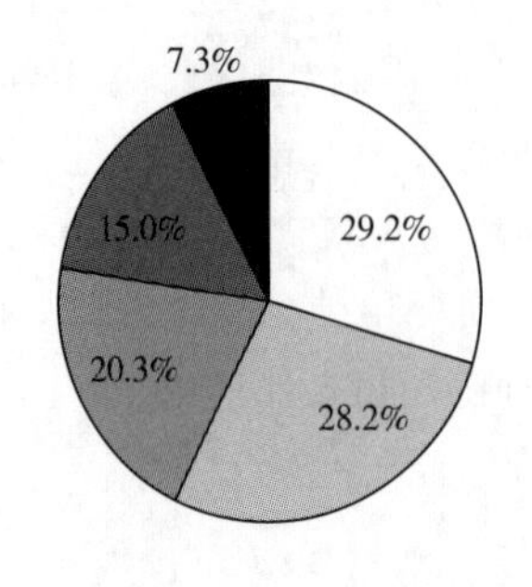

图4-1　2020年中国进口小麦来源地占比

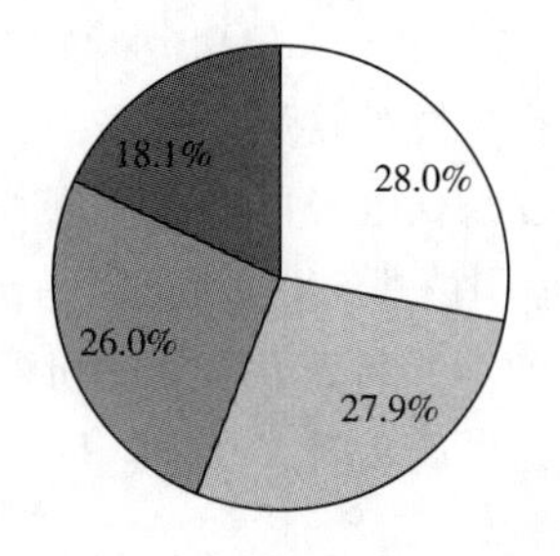

图4-2　2021年中国进口小麦来源地占比

中国每年也会出口一定量的小麦。2015—2020年平均出口量为19.4万t，2020年累计出口小麦17.33万t，2021年累计出口小麦8.39万t。中国小麦出口国家（地区）主要集中在亚洲，且2017—2020年，出口朝鲜小麦量占比逐年提升，从2017年的44.7%增至2020年的73.0%。

第三节　作物性状

一、小麦生育期

小麦从出苗到成熟所经历的时间，称为全生育期。小麦生育期长短由品种特性、种植区生态条件及播期决定，一般说来，冬小麦的全生育期为230～260d，春小麦的全生育期为110～130d。

根据外部形态特征呈现的显著变化，冬小麦从播种到收获，可以分为12个生育期。

（1）播种期　指小麦开始播种的时间，我国冬小麦的播种期一般在每年的10月5日开始。

（2）出苗期　小麦播种后的7～10d是小麦的出苗期，一般土壤墒情好的田块在播种后7d左右都能出齐。小麦第一片真叶露出地表2～3cm为出苗标准。田间有10%以上幼苗达到出苗标准为出苗始期，有50%以上幼苗达到出苗标准为出苗盛期。

（3）分蘖期　田间有50%植株的第一个分蘖露出叶鞘时，即有分蘖期。小麦出苗后如果温度适宜，土壤墒情好的话很快就进入到分蘖期，从出苗到分蘖约半个月，每棵麦苗可分蘖3～5株小麦，这时可适时对小麦进行冬前除草。

（4）越冬期　小麦在分蘖生长后，进入冬季天气转冷，气温下降到日平均2℃时小麦停止生长，至次年气温稳定升至3℃以上，麦苗恢复生长的阶段称之为越冬期。一般越冬期为12月中旬至2月中下旬。

（5）返青期 一般春节立春之后，天气转暖气温升高，这时的小麦很快开始返青生长，新长出的叶片由叶鞘长出1~2cm，植株仍呈匍匐状时，为返青期。田间管理主要是除草和施用返青肥。

（6）起身期 麦苗返青以后开始生长，由原来的匍匐生长开始向上生长，年后第一个伸长的叶鞘显著拉长，其叶耳和年前最后一叶的叶耳距离约1.5cm，主茎长出的年后第二叶片接近定长，与生长锥分化小穗原基（二棱期）一致。此期稍后，主茎基部节间即开始伸长。注意从这时开始不可再碾压小麦。

（7）拔节期 小麦的主茎第一节间离地面1.5~2.0cm，用手指捏小麦的基部，易碎并发出声响，这就是小麦的拔节期，此时幼穗在分化雄蕊以后，与药隔形成期接近。这时要注意小麦纹枯病的防治。

（8）孕穗期 主茎和分蘖的旗叶（剑叶或止叶）展开，叶耳可见，旗叶叶鞘包着的幼穗明显膨大，田间一半以上麦穗出现此类现象时，被称为孕穗期，又称挑旗期。这时要注意小麦蚜虫、锈病、白粉病的防治。

（9）抽穗期 小麦穗的顶端从旗叶的叶鞘中长出来，大约有一半的长度时为抽穗期。这时要着重进行小麦赤霉病的第一遍防治工作。

（10）扬花期 小麦穗中、上部小花开放，露出黄色花药，全田有50%的麦穗开花即为扬花期。

（11）灌浆期 小麦扬花期结束后很快进入灌浆期，这时的麦籽外形基本形成，开始灌浆，这时要对小病进行第二次病虫害的防治，主要防治赤霉病、小麦穗蚜、吸浆虫等。

（12）成熟期 小麦灌浆期过后很快到成熟期，胚乳呈蜡状称为蜡熟期（黄熟期），此时粒重最高，是最适宜的收获期；籽粒变硬，不易被指甲切断为完熟期；正式收获的日期称为收获期。成熟期的小麦要注意干热风的危害。

春小麦的生育期分为3个阶段。从出苗到幼穗开始分化（分蘖期），是小麦的第一个生长阶段，该阶段小麦主要以吸收前期种子自身营养生长为主，生育特点是生根、长叶和分蘖，表现为单纯的营养器官生长，称为营养生长阶段，是决定单位面积穗数的主要时期。第二个生长阶段是小麦从分蘖末期到抽穗期的生长阶段，是根、茎、叶继续生长和结实器官分化形成并进期，又称营养生长与生殖生长并进的阶段，是决定穗粒数主要时期。第三个阶段是从抽穗到成熟的生长阶段，是小麦的生殖生长阶段，是决定粒重的时期。

二、小麦籽粒性状

小麦籽粒属于颖果，形态结构如图4-3所示。小麦籽粒顶端生长着茸毛，称为麦毛，下端为麦胚，胚的长度为籽粒长度的1/4~1/3。有胚的一面为麦粒的背面，与之相对的一面为腹面。籽粒的背部隆起呈半圆形，腹面凹陷，有一沟槽称为腹沟，其深度随小麦品种及生长条件的不同而有差异。腹沟的两侧部分称为颊，两颊不对称。小麦籽粒的形状大致可分为长圆形、椭圆形、卵圆形和圆形几种，但其腰部断面形状都呈心脏形。

小麦籽粒的植物学结构在解剖上主要分为3个部分：皮层、胚乳和胚，其中皮层占籽粒质量的11%~15%，胚乳占80%~85%，胚占2%~4%。

（一）皮层

小麦皮层又称麦皮，由果皮、种皮、珠心层和糊粉层等组成。果皮又分为外果皮、中果皮和内果皮。

1. 外果皮

外果皮为果皮的最外层，由几排与麦粒长轴平行分布的长方形细胞组成，细胞壁很厚，有孔纹，外表面角质化，呈稻秆似的黄色。籽粒顶端的表皮细胞为等径多角形，其中有一些凸出为麦毛。

2. 中果皮

中果皮由几层薄壁细胞组成，紧贴表皮一层的形状与表皮相似。另外 1~2 层细胞些许被压成不规则形。

3. 内果皮

内果皮由一层横向排列整齐的长形厚壁细胞和一层纵向分散排列的管状薄壁细胞组成，籽粒发育初期细胞内含有叶绿素。成熟的麦粒果皮细胞厚度为 40~50μm。

4. 种皮

种皮由两层斜长形细胞组成，极薄。外层细胞无色透明，称为透明层；内层由色素细胞组成，为色素层。如果内层无色，则麦粒呈白色或淡黄色，为白麦；如果含有红色或褐色素，则麦粒呈红色或褐色，为红麦。种皮厚度为 10~15μm。

5. 珠心层

珠心层由一层不明显的细胞组成，细胞内外壁挤贴在一起形成极薄的薄膜状，与种皮和糊粉层紧密结合，在 50℃以下不易透水。

6. 糊粉层

糊粉层由一层较大的方形厚壁细胞组成，胞腔内充满深黄色的糊粉粒。细胞壁极韧，易吸收水分，放入水中瞬间胀大。糊粉层厚度为 40~70μm。制粉时，糊粉层随同珠心层、种皮和果皮一同被除去，进入麸皮。

（二）胚乳

胚乳含有大量的淀粉和一定数量的蛋白质，易于人体消化吸收，是制粉过程中重要提取部分。胚乳含量越多，出粉率就越高。胚乳基本上有两种不同的结构。如果胚乳细胞内的淀粉颗粒之间被蛋白质所充实，则胚乳结构紧密，颜色较深，断面呈透明状，称为角质胚乳，即硬质粒；如淀粉颗粒之间及其与细胞壁之间具有空隙，基于细胞与细胞之间也有空隙，则形成结构疏松、断面呈白色而不透明，称为粉质胚乳，即软质粒。胚乳中蛋白质的数量和质量直接影响小麦粉及其制品品质，其中面筋数量从胚乳中心向外逐渐增加，但面筋质量逐渐降低。

（三）胚

麦胚由胚芽、胚轴、胚根及盾片组成，胚芽外有胚芽鞘和外胚叶保护，胚根外有胚根鞘保护，延于胚芽之上的盾片被认为是子叶；其下部有腹鳞，谷物为单子叶植物，因此只有一片子叶。胚轴侧面与盾片相连接，其上端连接胚芽，下端连接胚根，胚是锥形的植物体。胚含有较多的营养成分，是小麦籽粒中生命活动最强的部分，在适宜的条件下能萌芽生长出新的植株，一旦胚受到损伤，籽粒就不能发芽。

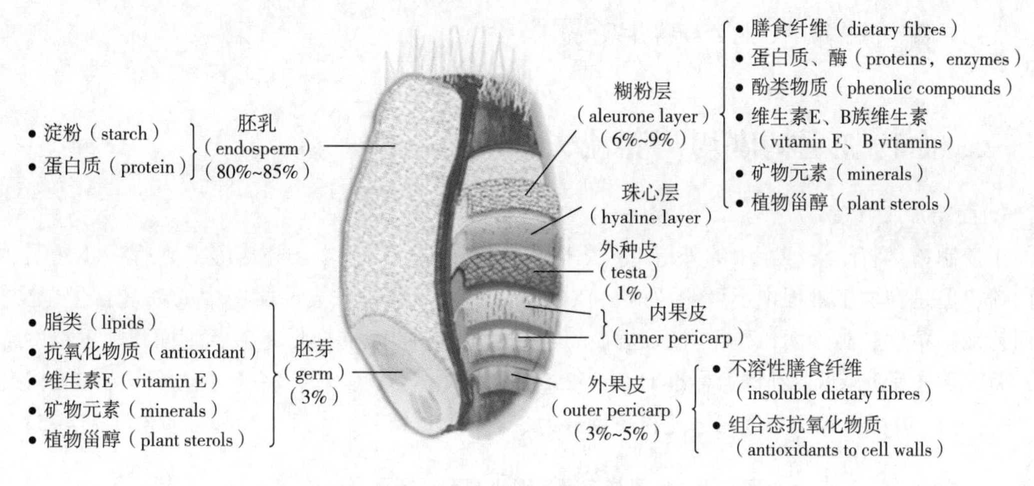

图 4-3 小麦籽粒结构

第四节 小麦营养成分与品质特性

一、营养成分

1. 皮层及其营养成分

小麦籽粒皮层由果皮、种皮、珠心层和糊粉层组成，皮层占籽粒质量的15%左右。糊粉层位于皮层与胚乳中间，占小麦籽粒质量的6%~9%。在制粉过程中，糊粉层随同珠心层、种皮和果皮一同被去除，统称麸皮。皮层富含膳食纤维、维生素、矿物元素、酚类等物质。

2. 胚乳及其营养成分

胚乳由三层细胞组成：边缘细胞、柱形细胞和中心细胞，占小麦籽粒质量的80%~85%。胚乳细胞又称淀粉细胞，内含大小和形状各异的淀粉粒。淀粉和蛋白质是胚乳的主要构成成分（表4-4）。

表 4-4 小麦籽粒主要营养物质的含量 单位:%

麦粒部位	相对质量	蛋白质	淀粉	糖	粗纤维	戊聚糖	脂肪	矿物质
全麦粒	100	16.06	63.07	4.32	2.76	8.10	2.24	2.18
胚乳	81.4	12.91	78.92	3.54	0.15	2.72	0.68	0.45
麦胚	3.2	37.63	0	25.12	2.46	9.74	15.04	6.32
糊粉层	6.5	53.16	0	6.82	6.41	15.44	8.16	13.93
种皮+果皮	8.9	10.56	0	2.59	23.73	51.43	7.46	7.94

3. 麦胚及其营养成分

胚由胚芽、胚轴、胚根和盾片组成，占籽粒质量的3.0%。胚是雏形的植物体，在适宜的条件下能萌芽生长出新的小麦植株，一旦胚受到损伤，籽粒将不能发芽。麦胚中富含各类维生素、矿物元素、植物甾醇、脂类等营养素。

二、面粉加工精度与营养流失

1. 面粉加工精度

小麦制粉是将小麦籽粒中的外层部分去除，包括皮层、糊粉层、胚芽等，然后将胚乳碾磨成面粉，但是在加工过程中不可避免地会在面粉中混入一部分麸皮。面粉中的麸皮含量越少，则面粉加工精度越高，面粉质量等级越高；反之，面粉中的麸皮含量越多，则面粉加工精度越低，面粉质量等级越低。在国家标准 GB/T 1355—2021《小麦粉》中，将灰分含量作为加工精度的判定指标，并按照加工精度将小麦粉质量分为 3 个等级：精制粉、标准粉和普通粉（表 4-5）。

表 4-5　按照加工精度对小麦粉进行质量分等

等级	灰分/%
精制粉	≤0.70
标准粉	≤1.10
普通粉	≤1.60

2. 面粉加工过程中的营养流失

随着制粉技术水平的提高，小麦粉的加工精度越来越高。加工精度高的小麦粉在色泽、操作性和面制品口感上较好，但其营养价值随着加工精度的提高而降低。从表 4-6 可以看出，随着小麦粉质量等级的提高，碳水化合物含量逐渐增加，但膳食纤维、维生素和矿物质含量逐渐减少。

表 4-6　小麦加工产品及副产品营养成分表

产品	水分/(g/100g 产品)	蛋白质/(g/100g 产品)	脂肪/(g/100g 产品)	膳食纤维/(g/100g 产品)	碳水化合物/(g/100g 产品)	维生素 B_1/(mg/100g 产品)	维生素 B_2/(mg/100g 产品)	烟酸/(mg/100g 产品)	维生素 E/(mg/100g 产品)	钙/(mg/100g 产品)	磷/(mg/100g 产品)	钾/(mg/100g 产品)
特一粉	12.7	10.3	1.1	0.6	75.2	0.17	0.06	2	0.73	27	114	128
特二粉	12	10.4	1.1	1.6	75.9	0.15	0.11	2	1.25	30	120	124
标准粉	9.9	15.7	2.5	—	70.9	0.46	0.05	1.91	0.32	31	167	190
麸皮	14.5	15.8	4	31.3	61.4	0.3	0.3	12.5	4.47	206	682	862
麦胚	4.3	36.4	10.1	5.6	44.5	3.5	0.79	3.7	23.2	85	1168	1532

三、品质特性

小麦品质是由多因素构成的综合而复杂的概念。由于人们对小麦粉使用的目的不同，对品质的要求各异。因此，小麦品质概念从不同角度有不同的标准，采用多种指标体系才能全面反映品质概念的内涵。通常所指的小麦品质，除营养品质外，还主要包括籽粒物理品质、加工品质、食品品质等。

（一）籽粒物理品质

小麦籽粒物理品质是指籽粒的形状、整齐度、饱满度、粒色、角质率、硬度、容重、千粒重等性状。

1. 籽粒形状

小麦籽粒形状可分为长圆形、卵圆形、椭圆形和短圆形，横截面近似心脏形。一般籽粒形状越接近圆形，磨粉越容易，出粉率越高。

2. 整齐度

整齐度是指籽粒形状和大小的均匀一致性，可用一定大小筛孔的分级筛进行鉴定。籽粒整齐度好的小麦，有利于清理、润麦和制粉。

3. 饱满度

饱满度是衡量小麦籽粒形态品质的一个重要指标。一般可分为 4 级：1——饱满；2——较饱满；3——不饱满；4——秕瘦。

4. 籽粒颜色

根据小麦籽粒的颜色，可将小麦分为红麦和白麦。红麦的籽粒表皮为深红色或红褐色，白麦为黄白色或乳白色。

5. 胚乳质地

胚乳质地表现在角质率和硬度两方面，根据籽粒横断面胚乳组织的紧密程度，将小麦籽粒划分为硬质、半硬质和粉质三种。

6. 角质率

角质率是指角质籽粒占整批小麦的比例。粉质与角质相对立，粉质粒是由于籽粒内部颗粒之间疏松，导致射入籽粒的光产生衍射和散射，呈现出不透明的外观。将小麦籽粒从中部横向切断，玻璃状透明体（角质胚乳部分）占本籽粒截面 1/2 以上的定义为角质粒，角质率 70%以上的小麦为硬质小麦。

7. 硬度

硬度是对籽粒胚乳质地软硬程度的评价，是影响小麦磨粉品质和加工品质的重要指标，也是小麦分级的重要因素之一。籽粒硬度与胚乳质地密切相关，主要取决于籽粒中淀粉与蛋白质的粘连程度及淀粉颗粒间蛋白质基质的连续性。

8. 容重

容重（体积质量）是指单位容积内小麦的质量（g/L），是籽粒形状、整齐度、饱满程度、胚乳质地、含水量等的综合反映。同一品种小麦，容重高低反映小麦籽粒的饱满程度，容重越高，小麦籽粒越饱满，出粉率越高。

9. 千粒重

千粒重指 1000 粒小麦的质量，以 g 表示。千粒重大的小麦表示小麦饱满充实、粒大、胚乳比例高。

（二）加工品质

小麦加工品质是指小麦对某种特定用途的适合性和满足程度。加工品质又可分一次加工品质和二次加工品质，其中一次加工品质又称为制粉品质，包括出粉率、面粉灰分、面粉色泽和白度、制粉能耗等；二次加工品质即食品加工适用性，包括蛋白质品质、面团流变学特性、发酵特性、烘焙品质、蒸煮品质、食品制作过程操作适宜性等。

1. 一次加工品质

（1）出粉率　出粉率是指单位质量籽粒所磨出的小麦粉与籽粒质量之比，即小麦粉质量占入磨籽粒质量的百分比。出粉率是衡量小麦磨粉品质的最重要技术经济指标，其高低直接关系到制粉企业的经济效益。

（2）小麦粉灰分　灰分是各种矿物质、氧化物占小麦粉的比例，是衡量小麦粉加工精度的重要指标。

（3）小麦粉色泽和白度　小麦粉色泽和白度是衡量磨粉品质的重要指标，会直接影响到食品的品质。

（4）制粉能耗　制粉能耗是面粉企业一个重要经济指标，以吨粉耗电量（kWh）表示。

2. 二次加工品质

（1）蛋白质品质　小麦的蛋白质品质包括含量与质量两个方面。小麦蛋白质的含量和质量决定了面粉中面筋的数量和质量。通常以湿面筋含量、蛋白质组分和沉淀值等指标来表述蛋白质质量。

①湿面筋含量：面筋的主要成分是醇溶蛋白和谷蛋白，二者约占面筋蛋白质总量的80%，此外还含有少量的淀粉、脂肪和糖类等。当面粉加水和成面团时，醇溶蛋白和谷蛋白按一定规律结合，形成一种结实并具有弹性的像海绵一样的网络结构，这就是面筋的骨架。其他成分如脂肪、淀粉和水都包藏在面筋骨架的网络之中，使面筋具有膨胀性、延伸性和弹性，从而可以制成面包、馒头、面条等各种食品。根据湿面筋含量将小麦粉分为3类，高筋小麦粉（≥30%）；中筋小麦粉（24%~30%）；低筋小麦粉（<24%）。

②蛋白质组成成分：蛋白质分子因其肽链长短和空间结构不同，其营养价值、溶解度、加工性质有较大差异。根据蛋白质在不同溶液中的溶解度不同，可将蛋白质组分分成4种。清蛋白分子质量较小，能溶于水及中性盐溶液。球蛋白分子质量大于清蛋白，不溶于水，溶于中性稀盐溶液。醇溶蛋白分子质量小，溶于70%乙醇溶液，多由非极性氨基酸组成，故富有黏性、延伸性和膨胀性，它是面筋的主要成分，占蛋白质总量的40%~50%。谷蛋白不溶于水，溶于稀酸或稀碱溶液，决定面筋的弹性，占蛋白质总量的35%~45%。醇溶蛋白和谷蛋白是构成面筋的主要成分，二者的比例影响了面团的延伸性和黏弹性，进而影响到食用品质和商品外观。

③沉淀值：测定原理为面粉中面筋组分在弱酸性溶液中水合膨胀，会影响悬浮面粉溶液中下沉的速度和体积。较高面筋含量和较好面筋质量都会导致较慢地沉淀和较高的沉淀物体积。

（2）淀粉品质　小麦淀粉中，直链淀粉约占1/4，支链淀粉约占3/4。小麦淀粉呈双峰的颗粒尺寸分布，大淀粉颗粒称为A淀粉，粒径>10μm，质量占淀粉总质量的70%~80%，而数量不到淀粉总数量的10%；小淀粉颗粒称为B淀粉，粒径<10μm以下，数量占淀粉数量的90%以上而质量不到淀粉总质量的30%。

①破损淀粉：小麦在制粉时，由于机械的碾压作用，造成淀粉粒的损伤，称为破损淀粉。破损淀粉的吸水率可达到200%，是完整淀粉粒的5倍。破损淀粉在酸或酶的作用下分解成为糊精、麦芽糖和葡萄糖，这对发酵、烘焙期间的吸水量有着重要的影响作用。

②淀粉糊化特性：淀粉不溶于冷水，与水构成的悬浮液在受热情况下会发生一定变化。当

温度上升到一定程度后，淀粉分子大量吸收水分而发生急剧膨胀，分子结构发生伸展，淀粉颗粒外围的支链淀粉被涨裂，内部的直链淀粉分子游离出来，悬浮液变成黏稠状，这种现象称为淀粉的糊化。在加热状态下，利用仪器自动记录各种温度下的黏度，加热后淀粉-水体系的行为直接表现为黏度的增加，其热黏度峰值出现的温度视为糊化起始温度。糊化特性可以利用布拉本德黏度仪和 RVA 快速黏度分析仪等多种仪器测定。

（3）降落数值　降落数值的大小反映面粉中 α-淀粉酶活性的高低。降落数值越高，表明 α-淀粉酶活性越低；降落数值越低，表明 α-淀粉酶活性越高。

（4）面团流变学特性　面团流变学特性是面团的物理性能表现，与食品加工过程中的和面、发酵以及机械加工直接相关，能够很好地预测小麦粉的烘烤品质。测定面团流变学特性，可以评价面筋品质和面制品制作品质。常用粉质仪、拉伸仪、揉混仪、吹泡示功仪等来测定面团的流变学特性。

①粉质参数：小麦粉在粉质仪中加水揉和过程中，测力计、记录器自动测量和记录面团揉和时阻力变化，以加水量、粉质曲线计算小麦粉吸水率及评价面粉在与水揉和过程中的面团形成时间、稳定时间、软化度等物理性质，用以评价面团强度。

吸水率是指小麦粉在粉质仪中揉和成最大稠度为 500BU 的面团时所需的加水量。吸水率低不仅影响成品质量，而且直接关系到生产成本，面粉的吸水率高，出品率也高。稳定时间是衡量小麦粉筋力强度的重要指标，是指粉质曲线达别 500BU 和离开 500BU 线所需时间的差值，稳定时间越长，表示面团筋力越强、面筋网络越牢固，搅拌耐力越好。高筋小麦粉的稳定时间应为 10min 以上，低筋小麦粉稳定时间要求在 1. 5~2. 5min。

②拉伸参数：拉伸仪记录面团在拉伸至断裂过程所受力及延伸长度的变化情况，通过拉伸曲线可以评价面团的拉伸阻力和延伸性等性能。拉伸参数是对面团弹性和延伸性的评价。一般延伸性、拉伸能量和拉伸阻力越大，则小麦粉筋力越强。

延伸性，是指从拉面钩接触面团到面团被拉断为止，拉伸曲线在横坐标上所跨过的距离。延伸性大表明面团流散性大，面筋网络的膨胀能力强。

拉伸阻力，是指拉伸曲线在 50mm 处的曲线高度（*R*50）。拉伸阻力大，表明面筋网络结构较牢固，筋力强，面团持气能力强。一般强筋小麦粉的拉伸阻力大于 300BU，弱筋小麦则为 100~250BU。

（5）食品品质　面粉通过烘烤或蒸煮实验制成面制品进行品质鉴定，是评价小麦实际经济价值的重要方法，也是小麦品质鉴定最重要、最直接的方法。

①面包烘烤品质：优质面包要求形态完整饱满、无塌陷、无裂缝，表皮色泽深浅合度且均匀一致，内部组织细腻、气孔均匀、松软有弹性，具有面包应有的香味、适口无异味。面包小麦粉要求蛋白质及湿面筋含量高、吸水率高、面筋质量好、发酵特性和烘烤状况良好。面包烘烤品质指标主要包括面包体积、比容（cm^3/g）、面包评分等。

②饼干、蛋糕等烘烤品质：饼干、酥饼、蛋糕等食品烘烤以软质小麦为原料，要求小麦蛋白质及湿面筋含量低，面筋筋力弱。由于这类食品的种类较多，不同国家、地区之间有不同的习惯性和主观性，对食品质量要求不一，所以这类食品的烘烤实验和品质评价方法不同。

③蒸煮食品品质：主要指馒头、面条加工品质、成品质量及对小麦粉的质量要求。优质馒头要求表面色泽洁白且光泽性好，外形挺立对称、光滑、无塌陷及皱缩，内部结构气孔均匀细腻，口感有咬劲、爽口不黏牙，具有馒头特有气味。优质面条要求表观规则光滑、色泽乳黄色或乳白色、口感软硬适中、爽口不黏牙、弹性有嚼劲、麦香味浓郁。

第五节　小麦品质规格与标准

一、小麦质量标准

中国现行有效的小麦分类分级标准主要包括国家强制标准 1 项，GB 1351—2023《小麦》（表 4-7）；国家推荐性标准 2 项，GB/T 17892—1999《优质小麦　强筋小麦》（表 4-8）、GB/T 17893—1999《优质小麦　弱筋小麦》（表 4-9）。中国小麦质量指标，主要以容重、蛋白质含量、湿面筋含量以及面团稳定时间等指标分类定等。

表 4-7　一般小麦品质指标

等级	容重/(g/L)	不完善粒量/%	杂质/%		水分/%	色泽、气味
			总量	其中：无机杂质		
1	≥790	≤6.0	≤1.0	≤0.5	≤12.5	正常
2	≥770					
3	≥750	≤8.0				
4	≥730					
5	≥710	≤10.0				
等外	<710	—	—	—	—	—

注：“—”不作要求。

表 4-8　强筋小麦品质指标

项目				指标	
				一等	二等
籽粒	容重/(g/L)		≥	770	
	水分/%		≤	12.5	
	不完善粒/%		≤	6.0	
	杂质/%	总量	≤	1.0	
		矿物质	≤	0.5	
	色泽、气味			正常	
	降落数值/s		≥	300	
	粗蛋白质/%（干基）		≥	15.0	14.0
小麦粉	湿面筋/%（14%水分基）		≥	35.0	32.0
	面团稳定时间/min		≥	10.0	7.0
	烘焙品质评分值/分		≥	80	

表 4-9　弱筋小麦品质指标

项目				指标
籽粒	容重/(g/L)		≥	750
	水分/%		≤	12.5
	不完善粒/%		≤	6.0
	杂质/%	总量	≤	1.0
		矿物质	≤	0.5
	色泽、气味			正常
	降落数值/s		≥	300
	粗蛋白质/%（干基）		≤	11.5
小麦粉	湿面筋/%（14%水分基）		≤	22.0
	面团稳定时间/min		≤	2.5

注：1. 水分含量大于规定的小麦的收购，按国家有关规定执行；
2. 各类小麦按容重分为五等，低于五等的为等外小麦。

强（弱）筋小麦　降落数值、粗蛋白质含量、湿面筋含量、面团稳定时间及烘焙品质评分值等，必须达到表 4-8 和表 4-9 中规定的指标，其中一项不合格者，不作为强（弱）筋小麦。

二、小麦粉质量标准

1. 等级小麦粉质量标准

如表 4-10 所示，GB/T 1355—2021《小麦粉》以加工精度和灰分为分类指标，将小麦粉分为精制粉、标准粉、普通粉 3 个类别。

表 4-10　小麦粉质量指标

质量指标	类别		
	精制粉	标准粉	普通粉
加工精度	按标准样品或仪器测定值对照检验麸星		
灰分含量（以干基计）/%	≤0.70	≤1.10	≤1.60
脂肪酸值（以湿基，KOH 计）/(mg/100g)	≤80		
水分含量/%	≤14.5		
含砂量/%	≤0.02		
磁性金属物/(g/kg)	≤0.00		
色泽、气味	正常		
外观形态	粉状或微粒状、无结块		
湿面筋含量/%	≥22.0		

2. 高筋小麦粉和低筋小麦粉的质量标准

高筋小麦粉，是指利用高筋小麦生产出的高面筋含量的小麦粉。为适用于硬质小麦的加工，生产出面包等使用的高筋小麦粉，我国于1988年制定了高筋小麦质量标准。按照GB/T 8607—1988《高筋小麦粉》要求，高筋小麦粉的面筋含量≥30%，以灰分和粗细度为等级指标。

低筋小麦粉，是指采取相应的制粉工艺生产出的低面筋含量的小麦粉。为适用于软质小麦的加工，生产出饼干、糕点等使用的低筋小麦粉，我国制定了低筋小麦粉质量标准GB/T 8608—1988《低筋小麦粉》。低筋小麦粉的湿面筋含量<24%，以灰分和粗细度为等级指标。

3. 专用小麦粉质量标准

专用小麦粉是根据小麦粉所要加工的面制品种类来分类的。根据我国专用粉市场需求，在1993年制定了我国专用粉质量标准，具体分为面包、面条、饺子、馒头、发酵饼干、酥性饼干、蛋糕、糕点和自发粉等九种专用粉，部分专用粉质量指标如表4-11所示。在具体的每种专用小麦粉中，以灰分含量、湿面筋含量、面团稳定时间及降落数值指标不同分为两个等级。专用粉的储藏性能指标以及含砂量、磁性金属物指标与等级小麦粉相应的质量指标相同，灰分指标至少要达到特一粉以上水平，品质指标则比等级小麦粉要求严格。

表4-11 代表性专用小麦粉质量指标

	项目		精制级	普通级
面包用	水分/%		≤14.5	
	灰分/%（以干基计）		≤0.60	≤0.75
	粗细度	CB30号筛通过率	全通	
		CB36号筛留存	≤15.0%	
	湿面筋/%		≥33	≥30
	粉质曲线稳定时间/min		≥10	≥7
	降落数值/s		250~350	
饺子用	水分/%		≤14.5	
	灰分/%（以干基计）		≤0.55	≤0.70
	粗细度	CB36号筛通过率	全通	
		CB42号筛留存	≤10.0%	
	湿面筋/%		28~32	
	粉质曲线稳定时间/min		≥3.5	
	降落数值/s		≥200	
馒头用	水分/%		≤14.5	
	灰分/%（以干基计）		≤0.55	≤0.70
	粗细度		全通CB36号筛	
	湿面筋/%		25~30	
	粉质曲线稳定时间/min		≥3.0	
	降落数值/s		≥250	
	水分/%		≤14.5	

续表

	项目		精制级	普通级
酥性饼干用	水分/%		≤14.5	
	灰分/%（以干基计）		≤0.55	≤0.70
	粗细度	CB36 号筛通过率	全通	
		CB42 号筛留存	≤10.0%	
	湿面筋/%		24~30	
	粉质曲线稳定时间/min		≤3.5	
	降落数值/s		250~350	
蛋糕用	水分/%		≤14.0	
	灰分/%（以干基计）		≤0.53	≤0.65
	粗细度		全通 CB42 号筛	
	湿面筋/%		≤22	≤24
	粉质曲线稳定时间/min		≤1.5	≤2.0
	降落数值/s		≥250	
	水分/%		≤14.0	

2015 年 7 月，我国首次发布了全麦粉的行业标准 LS/T 3244—2015《全麦粉》，该标准对全麦粉的定义是：以整粒小麦为原料，经制粉工艺制成的，且小麦胚乳、胚芽与麸皮的相对比例与天然完整颖果基本一致的小麦粉。该标准首次采用烷基间苯二酚（ARs）作为全麦粉的品质指标（表 4-12），为我国健康谷物产品——全麦粉及其产品的发展奠定了良好的基础。有研究建立全麦粉标记物 ARs 的高效液相检测方法，对全麦粉和小麦粉中 ARs 同系物组成进行分析，实现全麦粉真伪品质评价。

表 4-12　全麦粉质量指标

项目	指标
外观	色泽正常，无异物
气味	正常、无哈喇味、霉变等异味
水分含量/%	≤13.5
总灰分含量（以干基计）/%	≤2.2
总膳食纤维含量（以干基计）/%	≥9.0
烷基间苯二酚含量（以干基计）/(μg/g)	≥200
脂肪酸值（以干基 KOH 计）/(mg/100g)	≤116
含砂量/%	≤0.02
磁性金属物含量/(g/kg)	≤0.003

全麦粉因含有麸皮和胚芽，因此与普通小麦粉相比，含有更多膳食纤维、B 族维生素和维生素 E 以及钙、锰、铁、锌等矿物质元素，但胚芽富含油脂、麸皮富含膳食纤维，因此全麦粉

要达到与精制小麦粉相同的粗细度及脂肪酸值，则对加工技术提出了更高的要求。因此，我国发布了 NY/T 3218—2018《食用小麦麸皮》行业标准，对灰分、脂肪酸值提出了最高限量要求，这就对加工过程的清洁及储运过程中脂质氧化提出了明确的质量要求（表 4-13）。而且对粗蛋白、总膳食纤维含量提出最低限量要求，充分体现其营养价值，保障潜在健康作用。

表 4-13　小麦麸皮质量标准

指标	要求	检验方法
色泽	具有本产品固有的色泽	GB/T 5492—2008《粮油检验　粮食、油料的色泽、气味、口味鉴定》
气味	具有本产品固有气味，无异味	
组织状态	片状或粉状，干燥松散，无结块，无霉变	
异物	不得检出	正常视力下无可见外来异物
水分/%	<12	GB 5009.3—2016《食品安全国家标准　食品中水分的测定》
灰分/%（以干基计）	≤5.0	GB 5009.4—2016《食品安全国家标准　食品中灰分的测定》
粗蛋白/%（以干基计）	≥16	GB 5009.5—2016《食品安全国家标准　食品中蛋白质的测定》
含砂量/%	≤0.02	GB/T 5508—2011《粮油检验　粉类粮食含砂量测定》
磁性金属物/(g/kg)	≤0.003	GB/T 5509—2008《粮油检验　粉类磁性金属物测定》
总膳食纤维/%（以干基计）	≥38	GB 5009.88—2023《食品安全国家标准　食品中膳食纤维的测定》
脂肪酸值/(mg/100g)（以干基 KOH 计）	≤120	GB/T 15684—2015《谷物碾磨制品　脂肪酸值的测定》

不同制品对小麦粉加工品质指标的要求不同。湿面筋含量、面团稳定时间、降落数值以及食品制品品质评分明确的量化差异。这些品质标准的制定使小麦粉不仅限于加工精度，而且与面制品的最终质量联系起来，这就使小麦粉生产有的放矢，使优质面制品有了原料的保证。

第六节　小麦储藏、加工及利用

一、小麦储藏

（一）小麦的储藏特性

1. 吸湿性强

小麦对水汽的吸附与解吸性能称为小麦的吸湿特性，与小麦水分含量、结露、返潮等现象有直接关系。小麦种皮较薄，具有很大的吸附表面，含有大量淀粉、蛋白质、膳食纤维等亲水物质，吸水能力强，极易吸附空气中的水汽，易滋生病虫害，引起发热霉变或生芽。

2. 后熟期长

小麦在田间成熟后收获入仓，但生理上未达到成熟，表现为发芽率低、出粉率低、食品品质差、呼吸作用强、不耐储存等。储藏一段时间后，小麦经过不断的新陈代谢，逐步达到生理上的成熟。通常以发芽率达 80%为后熟完成的标志。一般冬小麦后熟期相对较短，为 30~60d。小麦在后熟期间，呼吸作用增强，生理代谢旺盛，后熟完成后，可改善小麦品质，提高储藏的稳定性。但是小麦在后熟期间，酶活性强，呼吸强度大，代谢旺盛，易发热、发霉，导致粮堆出现“出汗”发热、“乱温”和霉变现象。

3. 耐热性

小麦具有一定的耐热性。小麦趁热入仓密闭储藏，是我国传统的储麦方法。通过日晒，可降低小麦含水量，同时在暴晒和入仓密闭过程中可以受到高温杀虫抑菌的效果，对于新收获的小麦能促进后熟作用的完成。

4. 呼吸特性

完成后熟的小麦，呼吸作用微弱，比其他谷类粮食都低。由此可见，小麦有较好的耐藏性，一般正常条件下，储藏 2~5 年后仍能保持良好的品质。

5. 易受虫害

小麦是抗虫性差、染虫率较高的粮种，除少数豆类专食性虫种外，小麦几乎能被所有的储粮害虫侵染，其中以玉米象、麦蛾等危害最严重。小麦成熟、收获、入库季节，正值害虫繁育、发生阶段，入库后气温高，若遇阴雨，就会造成害虫非常适宜的发生条件。

（二）小麦安全储存技术

须切实做好粮食入仓前的准备。小麦入仓前，清洁储粮环境，创造一个不利于害虫生长繁殖的空间，达到安全储粮、防治害虫的目的。由于小麦有吸湿性能力，小麦储藏应注意降水、防潮。小麦水分含量控制在 12.5%以下入库，入库后则应做好防潮措施，并注意后熟期可能引起的水分分层和上层“结顶”现象。储藏 1~2 年的小麦应采用热密闭和冬季低温翻仓去杂，达到安全储藏的目的。及时进行粮情监测。GB/T 29890—2013《粮油储藏技术规范》规定，粮情检测包括温度（粮堆温度、粮仓温度、大气温度）、相对湿度（粮堆相对湿度、粮仓相对湿度、大气相对湿度）、水分、害虫等方面的检测内容。

针对小麦储藏品质的技术，最主要的是干燥技术和低温储藏技术。

（1）干燥技术　小麦干燥过程是一个复杂的质热传递过程，涉及生物、化学、热力学以及流体力学等多学科领域。干燥技术根据小麦干燥床层厚度的不同，有小麦薄层干燥与小麦固定床干燥等，以下简要介绍薄层干燥。

小麦薄层干燥通常分为三个阶段：预热、干燥和冷却。

①预热阶段：这一阶段干燥介质的温度高于小麦温度，小麦籽粒吸收热量升温，水分含量变化不大。

②干燥阶段：干燥阶段分为等速干燥阶段与降速干燥阶段。在等速干燥阶段，小麦表面温度保持在湿球温度，内部水分很快转移到表面。在降速干燥阶段，小麦表层湿润表面不断减少，小麦的干燥逐渐从表面深入内部，干燥速率不断下降。

③冷却阶段：小麦温度要求下降到不高于环境温度 5℃左右，冷却过程中小麦水分基本保

持不变，水分含量降低幅度为0~1%，干燥结束。

（2）低温储藏技术　低温储藏是小麦长期安全储藏的基本方法。小麦在秋凉以后进行自然通风或机械通风充分散热，并在春暖前进行压盖密闭以保持低温状态。小麦还可以在冷冻的条件下保持良好的品质，如干燥的小麦在-5℃的低温条件下进行春化，有利于生命力的增强。因此，利用冬季严寒低温，进行翻仓、除杂、冷冻，将麦温降到0℃左右，而后趁冷密闭，对于消灭麦堆中的越冬害虫有较好的效果，并能延缓外界高温的影响。

二、小麦加工及利用

小麦制粉是利用研磨、筛理、清粉等设备，将胚乳与皮层和糊粉层分离并磨制成粉，或再经过配粉等后处理，制成各种不同等级和用途的成品小麦粉。制粉过程的关键是如何将胚乳与麦皮、麦胚尽可能地分离。制粉生产流程主要包括初清、清理、制粉以及后处理。

（一）清理流程

清理掉小麦中的杂质，并在此过程中实现小麦的匀质、配麦和润麦。小麦清理的工艺流程如图4-4所示，包括配麦清理和净麦清理。

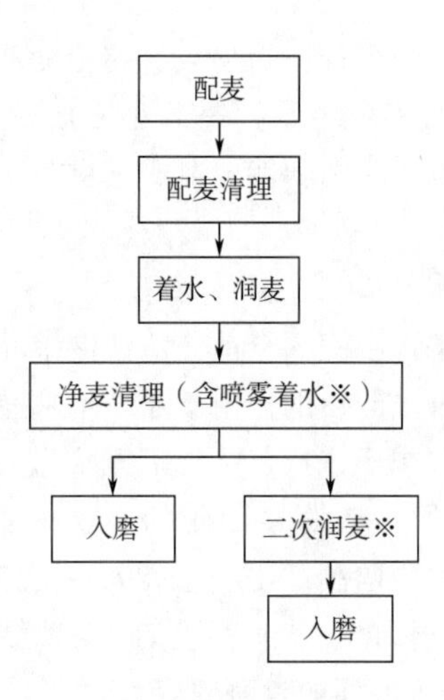

图4-4　小麦清理的工艺流程

※——备选项，一些较为陈旧或目的性特殊（如单纯生产低筋粉无需二次润麦）的生产线不具备

1. 配麦清理

配麦清理是指小麦出仓并按一定配方配麦后进行清理，去除其中的大部分杂质，方便后续着水和润麦。配麦清理在初清的基础上，基本能够去除小麦中含有的主要轻杂（灰土、碎麦皮等）、小杂（如秸秆、麦壳等）和并肩杂（与小麦大小相近的石子、泥块等），为提高润麦及后续净麦清理等工序的效率和效果提供保证。

2. 净麦清理

净麦清理指将润好后的小麦出仓或匀质出仓后进行清理，去除还没有完全清理掉的轻杂、小杂、并肩杂，并通过分级分出轻质小麦（瘪麦、碎麦等）单独处理、通过色选筛选出杂粮、草籽、霉变粒等异色籽粒保证产品的质量、安全及利用效率。

（二）制粉流程

1. 制粉加工步骤

制粉加工的主要步骤包括研磨、筛理、清粉。

（1）研磨 指利用机械作用将小麦籽粒剥开，从麸片上刮净胚乳，再将胚乳磨成一定细度的小麦粉。在此过程中会产生不同粒度的中间物料。研磨时应尽量保持小麦皮层的完整，避免破碎的皮层和糊粉层混入面粉中，以保证小麦粉的质量。

（2）筛理 指把研磨、撞击后的物料按颗粒大小和密度进行筛理分级，分出不同粒度、类型、纯度的中间物料，并提取出小麦粉。

（3）清粉 指通过气流和筛理的作用将研磨过程中产生的中间物料按粒度、质量进行分级和提纯。

2. 制粉工艺

小麦制粉方法包括两种，分别为一次粉碎制粉和逐步粉碎制粉。

（1）一次粉碎制粉 一次粉碎制粉是一种最简单的制粉方法，小麦经过一道粉碎设备粉碎后，直接进行筛理并制成小麦粉。一次粉碎制粉的出粉率低、小麦粉质量差，适合于磨制全麦粉或工业用小麦粉，不适合制作高等级的食用小麦粉。

（2）逐步粉碎制粉 现代小麦粉加工企业广泛采用的制粉方法，包括简化分级制粉和分级制粉。

简化分级制粉是指将小麦进行研磨后筛出小麦粉，剩下的较大颗粒混在一起继续进行第二次研磨，这样重复数次，直到获得一定的出粉率。

分级制粉包括两种：一是提取麦渣、麦芯，但不进行清粉的分级制粉方法，原理如图 4-5 所示。将小麦经过前几道研磨系统后产生的物料分离成麸片、麦渣、麦芯和粗粉，然后按照它们的质量和粗细度分别送入各自相应的系统研磨。我国以前广泛采用的“前路出粉法”生产标准粉基本上属于这一类型。小麦粉粒度较粗，能生产高出粉率（>85%）的小麦粉，但精粉的出率较低。

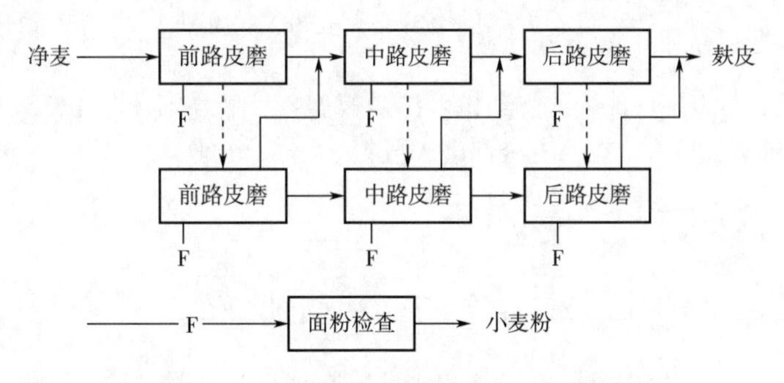

图 4-5 提取粗粒不经过清粉的制粉原理图

F—粉体

二是提取麦渣、麦芯并进行清粉的制粉方法，原理如图 4-6 所示，用于生产高等级小麦粉，并具有较高的出粉率。在前几道研磨系统尽可能多地提取麦渣、麦芯和粗粉，并将提取出的麦渣、麦芯送往清粉机，按照颗粒大小和质量进行分级提纯。采用渣磨系统对连皮的麦渣进行轻微剥刮，精选出纯度高的麦芯和粗粉送入心磨系统磨制高等级小麦粉，精选出质量较次的麦芯和粗粉则送往相应的心磨系统磨制等级较低的小麦粉。

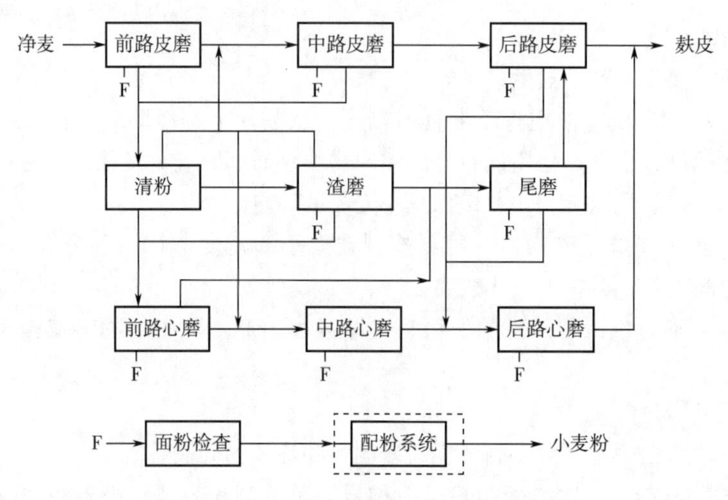

图 4-6　提取粗粒经过清粉的制粉原理图

3. 全麦粉加工工艺

全麦粉的加工工艺主要有两种：一种是回添法；另一种是全粉碎法。

（1）回添法　工艺如图 4-7 所示，一般为先将皮、胚芽与小麦粉分离，再将经稳定化、粉碎处理的麸皮和胚如数回添，与小麦粉混合，这种生产方式是目前全麦粉的主要生产方式。

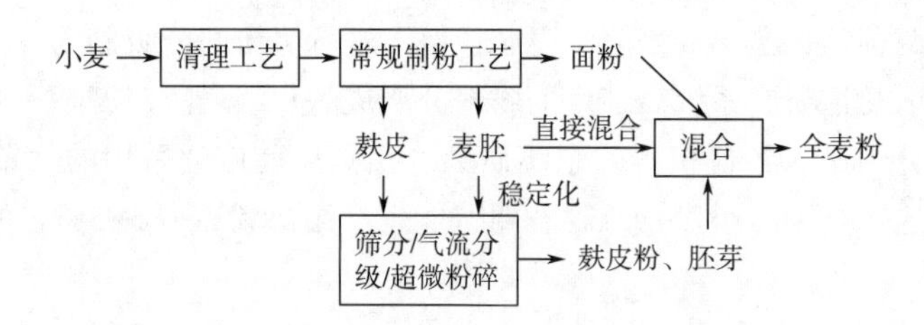

图 4-7　回添法制备全麦粉工艺简图

（2）全粉碎法　如图 4-8 所示，全粉碎法是以整粒小麦为原料，仅经过碾碎，而不经过去皮工序，将含有皮和胚的整粒小麦全部磨碎成粉。

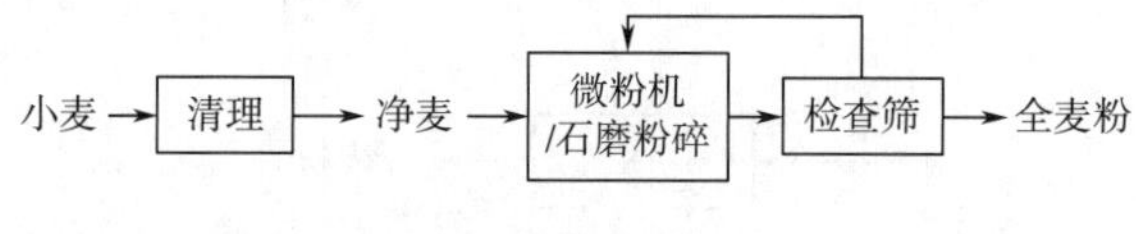

图 4-8　全粉碎法制备全麦粉工艺简图

（三）小麦粉后处理

对小麦粉进行杀虫、后熟等处理，并将小麦粉和副产品（如麸皮、次粉等）打包，或根据产品需求将基础粉进行进一步的配粉和打包。基础粉有两种处理方式：一是将基础粉直接打包；二是对加工成的不同基础粉按一定比例进行配粉，或添加其他辅料、添加剂等生产出高端烘焙粉、营养强化粉等（图 4-9）。

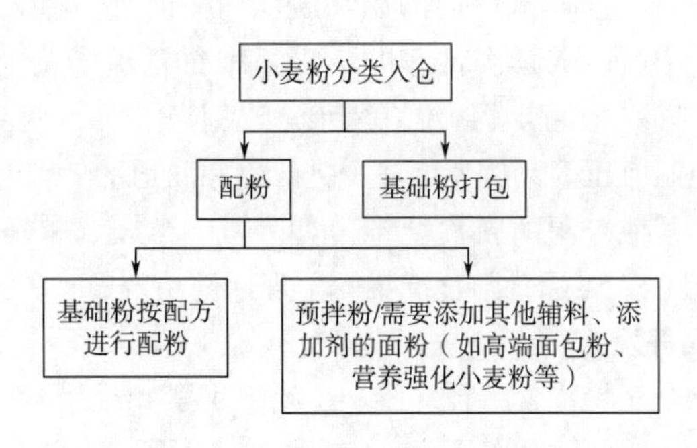

图 4-9 小麦粉后处理的流程

第七节 小麦副产品利用

在小麦粉生产中被剥离的麦胚和麦麸，除了可以在磨成粉后回添到小麦粉中制作营养面制品外，还可以从麦胚、麦麸中提取营养成分、功能性成分进行开发利用。

1. 麦胚产品的开发利用

麦胚仅占小麦籽粒的 2%~3%，但其含有丰富的蛋白质、不饱和脂肪酸、矿物元素、维生素 E、膳食纤维、必需氨基酸、黄酮、植物甾醇等营养素。麦胚中含有 8%~11%的脂肪，其中不饱和脂肪酸占比 70%左右，特别是富含人体不能合成的亚油酸。食用油中含有具有抗自由基、改善心脑血管系统等作用的维生素 E，而小麦胚芽油中的维生素 E 含量最高。由于小麦胚芽油含有丰富的营养物质和生理活性物质，被广泛应用于保健品、化妆品等行业。小麦胚蛋白占麦胚质量的 30%左右，含有人体必需的 8 种氨基酸，其必需氨基酸的组成比例与 FAO/WHO 发布的理想模式值基本接近，是一种近完全蛋白。市场上已经出现以麦胚为原料开发出的保健、功能性植物蛋白饮料。麦胚蛋白中还富含谷胱甘肽，具有提高人体免疫力、清除自由基等功效，经提纯后常用于保健品开发。

虽然麦胚的营养价值较高，但市场上麦胚产品数量较少，主要有两方面的制约。一是麦胚中脂肪含量较高，且富含高活性的脂肪酶和脂肪氧化酶，麦胚产品保质期短，易酸败变质。二是高纯度、高活性的谷胱甘肽等活性成分的提取工艺复杂，导致生产成本居高不下。

2. 麦麸产品的开发利用

小麦麸皮含有丰富的膳食纤维，主要包括纤维素、抗性糊精、抗性淀粉、低聚糖等。1980 年，国际谷物科技协会（International Association for Cereal Science and Technology，ICC）在大会中指出，在一般可能取得的膳食纤维中，小麦麸皮的膳食纤维含量高，有效且适合人体。膳食纤维的摄入有利于促进排便、降低胆固醇等。此外，膳食纤维还能延缓糖分的吸收，对调节糖尿病人的血糖水平有一定作用。在实际生产中，主要通过碱提取法、单一酶法、复合酶法等方法从小麦麸皮中提取膳食纤维。膳食纤维在面制品中的应用较为广泛，例如，高膳食纤维含量的面包、饼干、面条等。有研究表明，在不影响产品的加工和感官特性时，面包中膳食纤维的最佳添加量为 4%，饼干中的最佳添加量为 20%，挂面中的最佳添加量为 10%。此外，膳食纤维还可以应用到饮品、肉制品中。

小麦麸皮作为膳食纤维源之一，对人体的营养保健作用在众多研究中早已得到肯定。一般情况下，膳食纤维的摄入量不会影响体内的矿物质代谢，但过多摄入膳食纤维会妨碍机体对铁、锌等矿物质的吸收。中国营养学会推荐的膳食纤维每日摄入量为25～35g。小麦麸皮中，可溶性膳食纤维（SDF）与不溶性膳食纤维（NDF）比例为1∶9，两者对人体的功效不同。前者有助于降低胆固醇、控制血压等；后者可减少排泄物在肠道的停留时间，对预防结肠癌等有一定作用。将小麦麸皮和其他来源的膳食纤维（如大豆、燕麦、果蔬等膳食纤维）复配，使SDF与NDF的比例达到最佳，可强化膳食纤维的生理保健功效。

3. 全麦粉及全麦食品开发

和普通小麦粉相比，全麦粉富含膳食纤维、B族维生素和维生素E，以及钙、锰、铁、锌等矿物质元素。研究结果表明，饮食中摄入一定量的全谷物食品可有效预防心血管疾病、2型糖尿病、肥胖症和部分癌症，可降低多种慢性病的发病率。欧美国家从20世纪末就对全谷物食品进行了大量研究，近年来，对全谷物食品需求增长最快的是美国，全谷物食品的消费正处于快速发展阶段。全麦食品是全谷物食品中的重要组成之一，而我国全麦食品的发展起步较晚，我国全麦粉产量仅占小麦粉总产量的1%左右。我国在《粮食加工业发展规划（2011—2020年）》中明确指出，“推进全谷物健康食品的开发”“鼓励增加全谷物营养健康食品的摄入，促进粮食科学健康消费”。2015年，我国首次发布了全麦粉的行业标准LS/T 3244—2015《全麦粉》。

虽然全麦粉具有较高的营养价值，但是在全麦粉及全麦食品的加工利用中还存在一些问题。一是全麦粉的保质期较短。全麦粉中含有脂肪含量较高的麦胚部分，也可能含有较高酶活的脂肪酶，导致全麦粉在储藏过程中易酸败变质。二是全麦粉的食品加工性能较差。欧美国家以烘焙食品为主，国外流行的全麦产品也主要是烘焙食品，如全麦面包、全麦饼干等。而用全麦粉加工中国蒸煮类主食时，挂面的断条率、面条的烹调特性以及馒头的醒发特性等方面很难达到加工要求，这也是我国全麦食品种类少的原因。三是全麦食品中粗纤维含量较高，适口性较差，消费者食用全麦食品的意愿较低。

思考题

1. 生产全麦粉的关键技术是什么？
2. 全麦粉与小麦粉的质量标准有哪些指标差异？
3. 小麦麸皮、胚芽的营养价值和健康作用是什么？
4. 我国小麦及小麦粉的等级标准是什么？
5. 小麦一次加工、二次加工性能及评价方法有哪些？
6. 浅谈全麦食品加工业发展面临的问题。

第五章

玉米

学习目标

1. 了解玉米生产、消费、流通、储藏、加工及利用的基本情况；
2. 掌握玉米营养成分、品质特性与加工方式、健康作用的密切关系；
3. 熟悉决定玉米作为全谷物的作物性状、品质规格与标准。

第一节 玉米栽培史与分类

一、玉米栽培史

玉米（corn，maize，*Zea mays* L.），学名玉蜀黍，属于禾本科玉蜀黍族。玉米起源于美洲大陆，起源驯化可能开始于7000~10000年以前，已有4000多年的栽培史。1492年，哥伦布在美洲发现玉米后将其带回，随即在世界范围内传播和种植。目前，全球范围内美洲玉米种植面积最大，其次是亚洲。我国在16世纪开始种植，到19世纪末的清朝乾隆、嘉庆年间，玉米基本传遍我国适宜的种植的地区，跃升为“五谷”之外的“第六谷”，主要集中在云、贵、川、陕、湘、鄂等丘陵山地区种植，到20世纪初发展到平原地区。至今玉米在我国种植已有近500年的历史，已经是我国重要的粮食作物之一。公元1551年河南《襄城县志》、1563年云南《大理府志》、1760年《三农记》、1846年《齐民四术》、1896年《救荒简易书》、1902年《农话》等都有玉米栽培的记载。

二、玉米分类

玉米的分类方式较多，按类型和用途分类主要有两类：一类根据籽粒和胚乳性状，以及有无稃壳分类，另一类根据籽粒特性和用途分类。其他分类有按种皮颜色分类为黄玉米、白玉米和混合玉米；按生育期分类分为早熟品种、中熟品种和完熟品种，按种植时间分类有春玉米、夏玉米、秋玉米和冬玉米。下面介绍按类型和用途分类情况。

（一）根据籽粒和胚乳性状，以及有无稃壳划分

根据籽粒和胚乳性状，以及有无稃壳可分为9类。

1. 有稃型（*Zea mays tunicata*）

玉米的一种原始类型。籽粒被较长的颖片包裹，颖壳顶端有时有芒。籽粒坚硬，脱粒难，主要用于研究玉米起源和进化，实际生产利用价值不高。

2. 爆裂型（*Zea mays everta*）

籽粒小、坚硬光亮，胚乳致密呈角质状，常压下遇热爆裂膨胀，体积明显增大。这种玉米产量低，一般专用于生产爆米花。

3. 硬粒型（*Zea mays indurata*）

籽粒一般呈圆形，质地坚硬，籽粒四周及顶部均为致密、半透明的角质胚乳，籽粒中间有少许疏松、不透明的粉质胚乳，籽粒表面光泽好，干时顶部不凹陷。

4. 马齿型（*Zea mays indentata*）

干籽粒顶部凹陷，近于长方形，很像马齿。籽粒四周分布较薄的角质层，中间至籽粒顶部为粉质，成熟时粉质淀粉收缩，形成凹陷呈马齿形。这种玉米籽粒大、产量高，是栽培最多的种类。籽粒食用或饲用，适宜制造淀粉或酒精。

5. 粉质型（*Zea mays amylacea*）

籽粒外形与硬粒型相似，籽粒胚乳全部由粉质的淀粉组成，表面色泽暗淡，质地松软，是制造淀粉和酿造的优良原料。粉质玉米产量低，容重低，耐储藏性差。

6. 半马齿型（*Zea mays L. semindentata Kulesh*）

籽粒性状介于马齿型和硬粒型之间，一般将倾向于马齿型的成为半马齿型，倾向于硬粒型的成为半硬粒型。

7. 甜质型（*Zea mays saccharata*）

籽粒淀粉含量较少，可溶性糖含量较高，成熟的籽粒外形呈皱缩或凹陷状，呈透明或半透明状，多适时采收鲜食用。

8. 糯质型（*Zea mays sinensis*）

糯质型玉米是由 *Wx* 基因隐形突变并自交纯合产生的。胚乳中淀粉全部为支链淀粉组成，籽粒不透明，无光泽，角质与粉质胚乳层次不分明，适时采收后做鲜食用，蒸煮后口感黏软。该类型是由普通玉米引入我国后在西南地区种植发生变异而形成的一种特殊玉米，中国是糯质型玉米的世界起源中心。

9. 甜粉型（*Zea mays amylacea-saccharate*）

甜粉型玉米籽粒上部为皱缩状角质胚乳，并富含糖分，下部为粉质胚乳。这种玉米比较罕见，生产上不占地位。

（二）根据籽粒特性和用途划分

根据籽粒特性和用途分为籽粒玉米和鲜食玉米两大类，主要有 8 种专用玉米。籽粒玉米主要以玉米干籽粒为主要用途。

1. 高淀粉玉米（high-starch corn）

玉米籽粒中淀粉含量较高，满足淀粉含量达到 75.0%以上的玉米，通常称为高淀粉玉米。

2. 优质蛋白玉米（quality protein maize）

玉米的高赖氨酸含量是优质蛋白玉米的主要特征，其主要是由 opaque-2 位点变异引起的赖氨酸含量升高，高赖氨酸品种的蛋白质含量一般偏低，其籽粒中干基赖氨酸含量应≥0.40%，干基蛋白质含量≥8.00%，该类玉米多为硬质或半硬质玉米。

3. 高油玉米（high-oil corn）

高油玉米的胚芽比例一般较大，籽粒中脂肪含量一般需达到 7.5%以上。

4. 爆裂玉米（popcorn）

爆裂玉米籽粒的胚乳致密呈角质状，常压下加热易爆裂呈花，爆裂后体积最高能增加 35 倍以上。根据爆裂玉米在爆花后形成的玉米花性状，又分为蝶形花爆裂玉米（butterfly-shaped popcorn）、球形花爆裂玉米（globular-shaped popcorn）和混合型爆裂玉米（blend-shaped popcorn)。蝶形花爆裂玉米的玉米花形状似蝶且完全展开，占已爆玉米花的80.0%以上；球形花爆裂玉米的玉米花形状似圆球形且无明显裂翅，一般占已爆玉米花的60.0%以上；混合型爆裂玉米是蝶形和球形以外的爆裂玉米。

5. 籽粒糯玉米（grain waxy corn）

完全成熟的糯玉米干籽粒，籽粒不透明，无光泽，呈蜡质状，胚乳淀粉主要是支链淀粉，直链淀粉含量较低，在2.00%以下。

6. 鲜食糯玉米（fresh waxy corn）

适宜采收期的鲜糯玉米穗，同一果穗上单纯存在糯籽粒，籽粒淀粉中直链淀粉含量一般在5.00%以下。一般适宜采收期为授粉后第22~27天。

7. 甜玉米（sweet corn）

甜玉米指籽粒在适宜采收期可溶性糖含量（鲜样）≥6.0%的甜质型玉米。适宜采收期一般是授粉后第19~25天。

8. 笋玉米（baby corn）

以鲜嫩玉米幼穗（在玉米抽丝前后采收的，没有鼓粒的幼嫩雌穗，形似竹笋）为食用部分的一类玉米。

第二节　玉米生产、消费、贸易

一、玉米生产

玉米是世界上种植最广泛的谷物作物，全世界70多个国家均有种植，其单产也是谷物中最高的。如表5-1所示，据FAO 2020年统计结果显示，全世界玉米种植面积2.02亿hm^2，创近5年新高，其中亚洲玉米种植面积最大，非洲第二，其次是北美洲/南美洲和欧洲，我国已经成为全世界玉米种植面积最大的国家，其他种植面积依次为美国、巴西、印度、阿根廷。2020年全世界玉米产量11.62亿t，美国玉米总产量3.60亿t仍排世界第一，我国总产量排名第二，其他依次为巴西、阿根廷。在我国玉米是产量面积仅次于水稻的第二大作物，2020年我国玉米种植面积0.41亿hm^2，总产达2.61亿t，是我国重要的粮食作物。2022年农业农村部编制发布了《“十四五”全国种植业发展规划》，到2025年，播种面积达到0.42亿hm^2以上，产量提高到2650亿t以上，力争达到2775亿t；因地制宜发展青贮玉米和鲜食玉米，青贮玉米面积稳定在266.8万hm^2以上，鲜食玉米面积稳定在133.4万hm^2以上。

我国绝大部分省区的气候、土壤条件都适宜玉米生长发育，全国31个省区市都有玉米种植，是世界上唯一的春夏秋冬“四季玉米”之乡，但我国玉米种植分布不均衡，从东北平原起，经黄淮海平原，至西南地区呈带状分布。我国主要种植区域包括北方春播玉米区、黄淮海夏播玉米区、西南山地丘陵春玉米区、南方丘陵春玉米区、西北灌溉春玉米区和青藏高原玉米区，其中北方春播区和黄淮海夏播区是我国玉米重要产区，主要集中在黑龙江、吉林、辽宁、宁夏、内蒙古、山西、河北、河南、江苏、安徽、陕西、北京、天津和甘肃等省（自治区、直辖市）。

《“十四五”全国种植业发展规划》明确了玉米是我国第一大粮食作物，近年来，因饲用消费和加工消费增加，产需缺口有所扩大，供求关系由基本平衡转向趋紧。“十四五”期间，挖潜扩面、提升产能、优化结构，推进多元发展，提高供给保障能力。东北地区适当扩大面积，优化种植制度，提高单产水平。推进玉米大豆（杂粮）合理轮作，优化种植制度，适当扩大玉米种植面积，因地制宜发展青贮玉米，优化品种结构等。黄淮海地区稳定种植面积，主攻单产，推进籽粒机收。西北地区稳定种植面积，提高单产因地制宜发展青贮玉米。西南及南方地区稳定种植面积、优化结构、多元发展，因地制宜发展间套作，优化三种植模式：适当发展青耙、鲜食玉米，优化品种结构。

表 5-1　2018—2020 年世界玉米主要生产洲和国家情况

	2018 年		2019 年		2020 年	
	面积/亿 hm^2	总产/亿 t	面积/亿 hm^2	总产/亿 t	面积/亿 hm^2	总产/亿 t
世界	1.95	11.24	1.96	11.41	2.02	11.62
亚洲	0.68	3.63	0.65	3.61	0.66	3.65
非洲	0.40	0.82	0.42	0.84	0.43	0.91
北美	0.34	3.78	0.34	3.59	0.35	3.74
南美	0.27	1.40	0.28	1.72	0.29	1.76
欧洲	0.17	1.28	0.18	1.33	0.19	1.24
中国	0.42	2.57	0.41	2.61	0.41	2.61
美国	0.33	3.64	0.33	3.46	0.33	3.60
巴西	0.16	0.82	0.18	1.01	0.18	1.04
印度	0.09	0.29	0.09	0.28	0.10	0.30
阿根廷	0.07	0.43	0.07	0.57	0.08	0.58

二、玉米消费

玉米具有食用、饲料用、工业用、种用等多用途作物。世界玉米总产量的 66%饲用，20%直接食用，8%作为工业原料，6%为种业用。而我国从 20 世纪 80 年代的粮食紧缺，发展到世界粮食大国，玉米的消费比例也发生了较大变化，特别是近 20 年我国玉米产业发展迅猛，玉米用途不断多元化发展，需求量不断增加。目前，我国玉米消费仍以饲用消费为主，工业和食用次之，但消费比例变化明显，饲用比例由 77%下降到 65%，工业比例则由 7.4%明显增加到 26.7%，食用比例增加不大。玉米消费量持续增长，年度总需求从 2000/2001 年度的 1.2 亿 t 增加到 2019/2020 年度近 3 亿 t，增加了 1.5 倍，其中工业用需求增加明显，2019/2020 年度近 8000 万 t，增加了 8.4 倍，食用和饲用也在不断增长，需求已经是 20 年前的 2~3 倍多。但随着新兴产品、新加工手段的应用，以及对鲜食玉米需求的增加，玉米食用消费将保持良好态势。

三、玉米贸易

玉米已经超过稻谷和小麦，成为世界上产量最高的粮食作物。玉米同时也是世界粮食贸易中重要一员，其贸易量仅次于小麦，排名第二，1961—2016年近50年累计贸易总量达70亿t，占世界粮食贸易总量的31%左右（图5-1）。世界上玉米进口量最多的国家主要是日本、韩国和中国，占世界同期进口量的31%，出口量最多的国家主要是美国、阿根廷和法国，占世界同期出口量的76%。玉米进口主要集中在亚洲，出口贸易集中在美洲和欧洲。

我国玉米进口量已跃居世界前三，特别是近10多年玉米进口量明显增加，出口量明显减少，21世纪初我国玉米出口量最高达1639万t，而2020年我国玉米进口量最高为1130万t，我国已经连续11年玉米净进口。

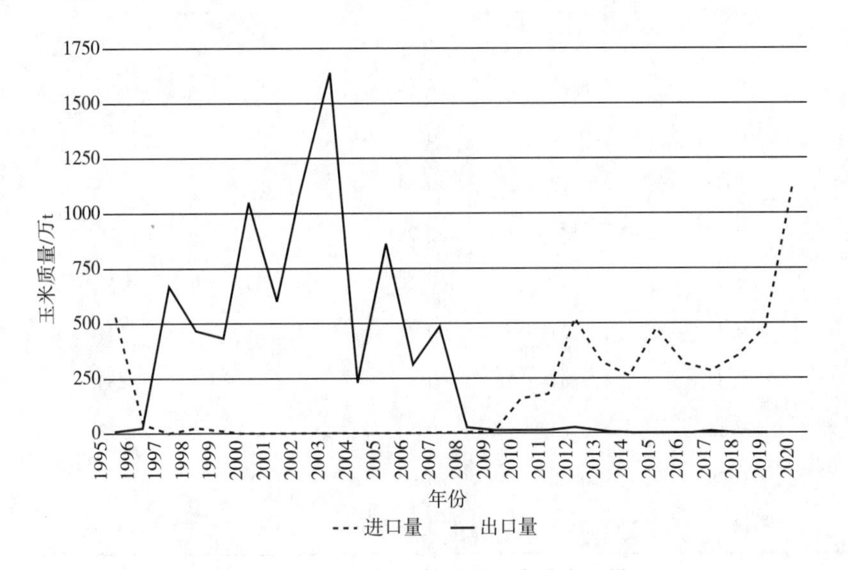

图5-1　1995—2020年我国玉米进出口量

第三节　作物性状

一、玉米生育期

从播种至种子成熟为止，经过种子萌动发芽、出苗、拔节，孕穗、抽雄开花、抽丝、受精、灌浆直到种子成熟完成整个生长发育过程，是玉米全生育期。玉米从播种至成熟天数的长短因品种、播种期和温度而异，一般早熟品种生育期短，晚熟品种生育期长。同一品种春播生育期长，夏播则短；温度高生育期短，温度低生育期就长。

在玉米一生中，按形态特征、生育特点和生理特性，分为苗期、穗期、花粒期3个不同的生育阶段，第一阶段从出苗期至拔节期，主要形成根、茎和叶等营养器官，为营养生长阶段，也称为苗期；第二阶段从拔节期到吐丝期，是营养器官（根、茎、叶）生长和生殖器官（雄穗、雌穗）分化同时进行的阶段，体内营养物质迅速向茎、叶和雄穗、雌穗输送，穗分化前期光合产物以供给茎叶为主，后期逐渐转向雄穗和雌穗，雌穗、雄穗的分化过程接近（或全部）完成，是玉米一生中生长发育最旺盛的时期，也是田间管理的关键时期，也称为穗期；第三阶段从吐丝期一直到成熟期，营养体停止生长，植株进入以开花散粉、受精结实和籽粒建成为中心的生殖生长阶段，绿色器官开始减少，根系功能也进入衰退期，营养器官内的储藏物质开始输出，籽粒干物质的85%~90%来自该阶段的光合产物，也称为花粒期。

3个阶段又包括不同的生育时期，包括出苗期、三叶期、拔节期、小喇叭口期、大喇叭口期、抽雄期、开花期、吐丝期、灌浆期、蜡熟期、完熟期。玉米受自身和环境变化的影响，无论外部形态特征还是内部生理特性均发生阶段性的变化。

（1）出苗期　幼苗第一片叶出土，苗高2~3cm。

（2）三叶期　植株第三片叶露出叶心2~3cm。

（3）拔节期　茎基部有2~3个节间伸长，雄穗茎尖进入伸长期，已出叶片数占主茎总叶数（叶龄指数）30%左右。

（4）小喇叭口期　雌穗进入伸长期，雄穗进入小花分化期，叶龄指数46%左右。

（5）大喇叭口期　棒三叶大部伸出，但尚未全部展开，心叶丛生，形似大喇叭口；雄穗进入四分体期，雌穗处于小花分化期，叶龄指数约60%。

（6）抽雄期　节根层数、基部节间基本固定，雄穗主轴露出顶叶3~5cm。

（7）开花期　雄穗主轴小穗花开花散粉，雌穗分化发育接近完成。

（8）吐丝期　植株雌穗花丝露出苞叶2cm左右，一般与雄穗开花散粉期同步或迟1~2d。

（9）灌浆期　植株果穗中部籽粒体积基本建成，胚乳呈清浆状。

（10）蜡熟期　植株果穗中部籽粒干重接近最大值，胚乳呈蜡状，用指甲可以划破。

（11）完熟期　苞叶松散，籽粒干硬，籽粒基部出现黑色层，乳线消失，并呈现出品种固有的颜色和色泽，正式收获的日期称为收获期。

二、玉米形态

玉米植株一般每株结穗1~2个，果穗周围玉米籽粒沿轴向成偶数行密集排列，每穗籽粒行数一般12~18行，最多可达30行，最少可有8行，每穗粒数200~800粒，有时更多，一般300~500粒。果穗的行数、行粒数和穗粒数，均因品种和栽培条件而异。

玉米的籽粒为果实，植物学上称为颖果。籽粒多呈圆形或长方形，颜色有黄、白、紫、红、花斑等，黄色和白色最为常见。例如，硬粒型玉米呈圆形，糯质型玉米似蜡状等，如图5-2所示。玉米千粒重一般在250~350g，小的仅50g，最大可达400g以上。玉米籽粒的形状、大小和色泽等主要因品种而异，而籽粒千粒重等与品种、栽培水平有关。

三、玉米籽粒构造

玉米籽粒主要由种皮、果皮、胚乳和胚4部分组成，如图5-3所示。

图 5-2 玉米主要类型果穗和籽粒形态

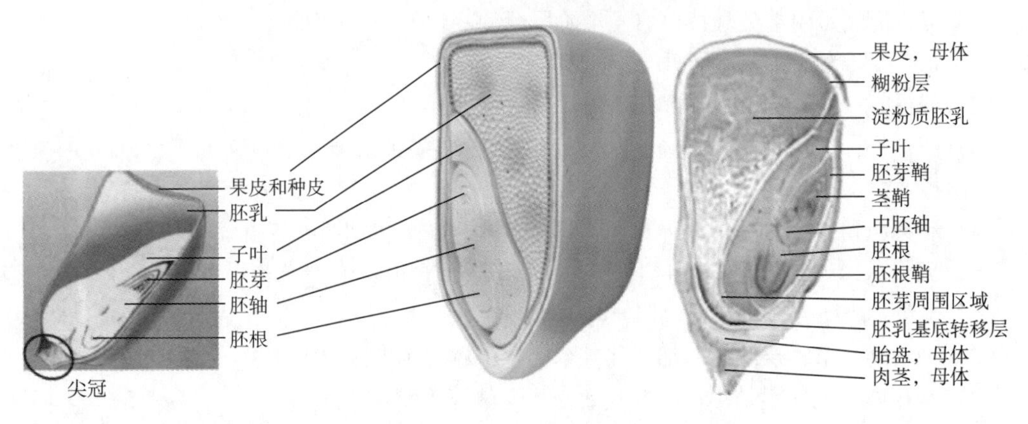

图 5-3 玉米籽粒剖面图

1. 果皮和种皮

由子房壁发育成的果皮和种皮紧紧连在一起，由纤维素组成，表面光滑，占籽粒质量的5%~8%。

2. 胚乳

胚乳占籽粒质量的80%~85%，胚乳的最外层由单层细胞所组成，因细胞充满着含多量蛋白质的糊粉粒，所以称糊粉层。粉质胚乳结构疏松，不透明，含淀粉多而蛋白质少；角质胚乳因淀粉粒之间充满蛋白质和胶状碳水化合物，使胚乳组织紧密，呈半透明状，并且蛋白质含量较多。普通玉米胚乳中的角质淀粉与粉质淀粉之比为 2：1，角质淀粉因包裹在蛋白质膜（protein matrix）中，相互挤压呈稍带棱角的颗粒，粉质淀粉则近似球状。

3. 胚

胚位于籽粒的基部向果穗顶部一侧，随玉米类型不同，所占比例不同，一般占籽粒质量的10%~15%，胚由胚芽、胚轴、胚根和子叶（盾片）组成。胚芽中有 5~6 片胚叶，是叶的原始体。胚芽分化产生茎、叶和节根，胚根形成种子根，胚轴连接胚根和胚芽，盾片（子叶）中35%~40%是脂肪，同时含有糖分、蛋白质和多种酶，对玉米萌发和生长十分重要。籽粒下端有一个尖冠，能使籽粒能够附着于穗轴上，并保护胚。脱粒时，尖冠常保留在种皮上，若将其除去则出现黑色层，黑色层的形成，一般标志着籽粒已经成熟。

第四节　玉米营养成分与品质特性

一、营养成分

1. 淀粉

淀粉是玉米籽粒组成的主要化学物质，主要分布在胚乳中，占比为70%~72%。玉米中淀粉含量一般在66%~73%，高淀粉玉米淀粉含量75%以上（表5-2）。普通玉米淀粉直链淀粉约占28%，其余是支链淀粉。高直链淀粉玉米中直链淀粉可达50%~80%，直链淀粉在小麦中含量为28%，马铃薯21%，木薯17%，粳米17%。我国种质资源和国家审定品种中玉米淀粉含量集中在69%~73%，含量高于77%的很少。

表5-2　玉米种质资源、国审省审和中心检测数据淀粉含量分布情况表

淀粉（干基）/%	公开种质资源数据		2001—2017年国审、省审品种		2000—2015年中心检测数据	
	个数	占比	个数	占比	个数	占比
总数	1446		5531		3458	
≥77	0	0	91	1.65%	13	0.38%
≥76	0	0	275	4.97%	101	2.92%
≥75*	0	0	660	11.93	342	9.89%
≥74	1	0.01%	1454	26.29%	914	26.43%
≥73	3	0.21%	2421	43.77%	1483	42.89%
≥72	33	2.28%	3342	60.42%	2023	58.50%
≥69	593	41.01%	4886	88.34%	3093	89.44%

注：*表示2006年品种审定标准要求。

2. 蛋白质

玉米蛋白在籽粒中的分布为，胚乳80%，胚16%，种皮4%，大部分在胚乳中，但胚芽中蛋白含量最高。胚乳蛋白中醇溶蛋白占45%，谷蛋白占40%；而胚芽中白蛋白、球蛋白、谷蛋白各占30%左右。可见玉米蛋白中主要是醇溶蛋白和谷蛋白，醇溶蛋白占到总蛋白含量的44%~79%，是含量最多的胚乳贮藏蛋白。玉米醇溶蛋白富含谷氨酸（21%~26%）、亮氨酸（20%）脯氨酸（10%）和丙氨酸（10%）。谷蛋白的氨基酸组成优于醇溶蛋白，胚芽中的蛋白构成比较合理，主要是谷蛋白含量较高，占54%左右，醇溶蛋白含量低，占5.7%，必需氨基酸赖氨酸占6.1%、色氨酸占1.3%。优质蛋白玉米的重要质量指标是蛋白质和赖氨酸含量，赖氨酸是主要的限制指标，高赖氨酸玉米品种占已育成各类品种中比例较低。

3. 脂肪

玉米籽粒的脂肪含量为4%~5%，高油玉米品种含量可高达8%~10%。玉米脂肪的85%在玉米胚芽中。玉米脂肪中含有棕榈酸、硬脂酸、油酸、亚油酸、亚麻酸和花生酸等脂肪酸，其中油酸、亚油酸和亚麻酸是不饱和脂肪酸，其余三种为饱和脂肪酸。玉米脂肪的饱和脂肪酸含量不高，主要成分是亚油酸和油酸，分别含49.0%~61.9%和22.6%~36.1%。玉米中亚油酸含量较高，其含量受品种、产地的影响也很大，含量为19%~71%，一般亚油酸含量低的，油酸含量成比例增高。

4. 膳食纤维

玉米籽粒中含有较多的膳食纤维，一半以上的膳食纤维含在种皮中，膳食纤维主要是指纤维素、半纤维素、木质素、果胶等人体消化酶难以消化的高分子物质，主要由中性膳食纤维（NDF）、酸性膳食纤维（ADF）、戊聚糖、半纤维素、纤维素、木质素、水溶性纤维组成。膳食纤维在肠道中可被细菌降解50%~90%。种皮可作为膳食纤维的原料，其中NDF含量高达10%左右，ADF仅占4%左右。

5. 糖类

除淀粉外，玉米还含有各种多糖类、寡糖、单糖，大部分含在胚芽中。玉米皮中含有大量的阿拉伯木聚糖，该糖由木糖和阿拉伯糖通过β-1,4-糖苷键连接而成。甜玉米是个例外，胚乳中含有大量蔗糖、果糖、葡萄糖等可溶性糖，是因为一个或几个基因（*su1*，*sh2*，*bt2*，*se*等）发生突变，该基因抑制光合作用产生的糖合成淀粉。甜玉米可溶性多糖的含量是普通玉米的2.5~10倍。

6. 维生素

玉米中的脂溶性维生素主要是维生素A和维生素E，水溶性维生素包括硫胺素（维生素B_1）、核黄素（维生素B_2）、吡哆醇、胆碱、烟酸、叶酸、泛酸、生物素以及维生素C等。鲜食甜玉米中维生素C含量较普通玉米高。黄玉米中维生素A的含量17mg/100g，白玉米中一般不含有维生素A。玉米中维生素E的含量3.89~8.23mg/100g。玉米中烟酸的含量1.8~2.5mg/100g、维生素B_1的含量0.16~0.27mg/100g、维生素B_2的含量0.07~0.13mg/100g，主要集中在胚、皮及糊粉层中。玉米中叶酸含量不高，生物素在玉米中含量很低。

7. 矿物质

玉米的矿物质主要分布在果皮及糊粉层中。玉米中的大量元素除构成有机物结构的碳、氢、氧、氮外，还有磷、钾、钙、镁、硫等；微量元素有铁、锰、硼、锌、铜、钼、氯、镍和硒。玉米中铁含量高于其他微量元素，每100g玉米中可达1.6~10mg。玉米的灰分中磷和钾的含量最高，其次是镁和钙。玉米中的锌含量为12~30mg/kg、铜含量约为4mg/kg。玉米还含有微量硒，也是人体重要的矿物质营养。

8. 其他成分

玉米中的甾醇以多种形式存在，如游离态、脂肪酸酯结合以及糖苷等。黄玉米中含有β-胡萝卜素、玉米黄质、叶黄素（表5-3）。玉米胚芽中含γ-氨基丁酸。玉米籽粒、玉米皮、玉米须等中都含有较为丰富多酚，玉米中的主要酚酸为对香豆酸和阿魏酸，玉米中游离酚酸主要有香草酸、咖啡酸、对香豆酸、阿魏酸、没食子酸；结合酚酸主要有香草酸、丁香酸、对羟基苯甲酸、原儿茶酸、咖啡酸、对香豆酸、阿魏酸、邻香豆酸，结合酚含量占多酚含量的50%~70%。

表 5-3　玉米籽粒（黄玉米）不同部位的类胡萝卜素和酚类物质含量

单位：mg/kg

部位	总类胡萝卜素	β-胡萝卜素	叶黄素	玉米黄质	β-隐黄质	游离酚	结合酚	总酚	游离黄酮	结合黄酮	总黄酮
全籽粒	37.5	0.9	5.6	11.4	5.5	4.3	20.5	24.9	4.9	33.8	38.6
外皮层	5.8	0.3	0.4	0.9	0.5	22.0	110.2	132.2	20.8	212.2	233.0
内皮层	33.0	1.1	3.8	11.0	4.3	22.8	86.1	108.9	20.0	206.9	226.9
胚芽	18.6	0.7	4.0	5.6	2.8	5.7	22.1	27.8	4.6	18.5	23.2
胚乳	44.4	0.9	6.4	9.8	0.6	2.1	1.0	3.0	2.2	3.0	5.2

二、品质特性

玉米品质主要由玉米的化学特性和物理特性决定，不同的食用和加工用途对玉米品质要求各异。采用多评价体系才能全面反映玉米品质特点，通常所指的玉米品质，除营养品质外，还包括籽粒理化品质、食用和加工品质。

（一）籽粒理化品质

小麦籽粒理化品质主要包括籽粒容重、千粒重、不完善粒含量、胚乳质地，以及玉米淀粉、蛋白质等品质。

1. 容重

容重（体积质量）是指单位容积内玉米的质量（g/L），是籽粒形状、整齐度、饱满程度、胚乳质地、含水量等的综合反映。容重是玉米重要品质的指标之一，是收储、加工和贸易中重要的定等和定价指标。容重按 GB/T 5498—2013《粮油检测　容重测定》方法测定。

2. 千粒重

千粒重指 1000 粒玉米的质量，以克表示。千粒重是体现的籽粒大小与饱满程度的一项指标，也是田间预测产量时的重要依据。千粒重按 GB/T 5519—2018《谷物与豆类　千粒重的测定》方法测定。

3. 不完善粒

不完善粒指的是有缺陷或受到损伤但尚有使用价值的玉米颗粒，包括虫蛀粒、病斑粒、破损粒、生芽粒、生霉粒和热损伤粒。不完善粒也是玉米重要品质的指标之一，是收储、加工和贸易中重要的定等和定价指标。不完善粒按 GB/T 5494—2019《粮油检验　粮食、油料的杂质、不完善粒检验》方法测定。

4. 胚乳质地

玉米成熟籽粒通常含有角质胚乳和粉质胚乳。胚乳质地，尤其是籽粒角质率，是决定玉米籽粒最终用途的重要品质性状之一。角质胚乳呈半透明状，粉质胚乳呈不透明状。胚乳内淀粉体和蛋白体的发育饱满程度决定了细胞内的空隙，从而导致胚乳呈现透明或不透明。角质率是指角质胚乳占总胚乳质量的百分比，是用来表示胚乳质地的指标之一。爆裂玉米籽粒外观小而圆，整个胚乳几乎都是角质的，非常坚硬。粉质玉米籽粒不含角质胚乳，质地柔软。玉米胚乳质地可采用目测法，在透射光下观察，或将玉米用刀片横向切断，通过观察胚乳是否呈玻璃状透明体或半透明体判定质地，具体判定要求可参照 GB/T 5493—2008《粮油检验　类型及互混检验》。

(二) 食用和加工品质

1. 鲜食玉米品质特性

鲜食玉米主要包括甜玉米、鲜食糯玉米和甜加糯玉米。为保证口感和市场价格，鲜食玉米品质非常关键，其关键品质参数和感官评价是品质评价的重要指标，甜玉米质量品质主要是可溶性糖含量（鲜样）和感官评分两部分，鲜食糯玉米和甜加糯玉米主要是直链淀粉含量和感官评分两部分。鲜食玉米感官品质由鲜玉米穗外观状况（30 分）和蒸煮品质（70 分）两部分组成，具体见表 5-4 和表 5-5，主要以糯玉米和甜加糯为例，其他类型参照相关标准。鲜食玉米外观状况对其市场价格和消费者认可影响比较大，因此在感官中占有比较大的比例，主要评价玉米穗的苞叶外观是否新鲜整洁，苞叶颜色和包被完整性，有无露尖；果穗外观是否穗型一致，无秃尖，无秃尾；籽粒表面是否具有乳熟时应有的色泽，无虫咬，无霉变，损伤粒情况；籽粒是否饱满、平整，粒型是否基本一致，籽粒深浅情况和排列整齐紧密度，以及穗行状况。鲜食玉米的适时采收后的及时评价，对于其品质评价十分重要，采收过早，籽粒尚未充实，产量低，食用价值低，采收过晚，籽粒中可溶性糖和水溶性多糖转化为淀粉，甜度下降，糯玉米转为硬玉米，失去特有风味和商品性，加工品质差。鲜食玉米经过多年的选育和推广，感官品质已经明显提升。

表 5-4　甜玉米/糯玉米/甜加糯玉米外观品质评分表

指标		评分	具体描述
鲜玉米穗外观状况 30分	苞叶外观 10 分	9~10 分	新鲜整洁，苞叶深绿，包被完整，收口良好，无露尖
		7~8 分	新鲜整洁，苞叶绿，包被较完整，收口稍差、无露尖
		4~6 分	较为新鲜整洁，苞叶浅绿，包被基本完整，露尖≤1cm
		1~3 分	不新鲜发黄、发干，整洁度差，苞叶包被不完整，露尖>1cm
	果穗外观 10 分	9~10 分	穗型一致，基本无秃尖，无秃尾
		7~8 分	穗型基本一致，秃尖≤1cm，无秃尾
		5~6 分	穗型稍有差异，秃尖≤2cm，秃尾≤1cm
		1~4 分	穗型差异较明显，秃尖>2cm，秃尾>1cm
	籽粒表面状况 4 分	3~4 分	籽粒具有乳熟时应有的色泽，无虫咬，无霉变，损伤粒<5 粒
		2~3 分	色泽较差，无霉变，虫咬、损伤粒≤10 粒
		1 分	籽粒失去乳熟时应有的色泽，虫咬、霉变、损伤粒>10 粒
	籽粒整体情况 6 分	5~6 分	籽粒饱满、平整、粒型基本一致，粒较深，排列整齐紧密，穗行直
		3~4 分	有个别籽粒不饱满、不平整，粒型稍有差异，粒深较浅，排列较为整齐紧密，穗行较直有轻微螺旋
		1~2 分	籽粒饱满度和平整度较差，粒型有差异，粒深浅，排列不整齐松散，穗行紊乱螺旋明显

表 5-5　甜玉米/糯玉米/甜加糯玉米蒸煮品质评分表

指标			评分	具体描述
蒸煮品质70分		气味7分	6~7分	具有糯玉米特有糯香气味，香气明显
			4~5分	具有糯玉米特有糯香气味，香气不明显
			1~3分	无香味，但无异味
			0分	有异味
		色泽7分	6~7分	具有玉米本来颜色，有光泽
			4~5分	具有玉米本来颜色，较暗、光泽较不明显
			1~3分	具有玉米本来颜色，灰暗、无光泽
		糯性18分	15~18分	咀嚼时糯（黏）性明显
			10~14分	咀嚼时糯（黏）性稍差
			5~9分	咀嚼时糯（黏）性一般
			1~4分	咀嚼时无糯（黏）
		糯甜性18分	15~18分	咀嚼时糯（黏）性明显，同时伴有明显甜味
			10~14分	咀嚼时糯（黏）性稍差，甜味稍不明显
			5~9分	咀嚼时糯（黏）性一般，甜味较不明显
			1~4分	咀嚼时无糯（黏），基本无甜味
	适口性	柔嫩性10分	8~10分	籽粒柔滑，柔嫩度好，软硬适当
			5~7分	籽粒柔滑感减弱，柔嫩度稍差，稍软或稍硬
			1~4分	籽粒过硬或过嫩
		皮的薄厚18分	15~18分	籽粒皮薄，基本无渣
			10~14分	籽粒皮较厚，有渣不明显
			5~9分	籽粒皮厚，明显有渣
			1~4分	籽粒皮过厚，渣感过于明显
		滋味10分	8~10分	咀嚼时有浓郁的糯玉米味
			5~7分	咀嚼时有较淡的糯玉米味
			1~4分	咀嚼时基本无糯玉米味，但无异味
			0分	咀嚼时无糯玉米味，但有异味

注：糯性评分适用于糯玉米；糯甜性评分适用于甜加糯玉米；甜加糯玉米的气味中会伴有清香，滋味为糯玉米和甜玉米的混合滋味。

2. 爆裂玉米品质特性

目前，我国爆裂玉米根据市场需求、加工工艺和原料特性，分为蝶形花爆裂玉米、球形花爆裂玉米和混合型爆裂玉米3种类型，三种爆裂玉米的爆花率、膨爆倍数、花形及不同形状玉米花的比例不同。蝶形爆裂玉米，爆裂后玉米花形状似蝶，形状不规则，膨爆倍数最高，多应用在微波炉玉米花。球形爆裂玉米的花形近球，膨爆倍数相对较低，即食型爆米花多为球形爆裂玉米加工。混合型爆裂玉米介于两者之间。我国蝶形和混合型爆裂玉米膨爆倍数比美国爆裂玉米要低，但球形爆裂玉米膨爆倍数基本相当。

爆裂玉米在爆裂过程中，由于籽粒破损、虫蛀、病斑、热损伤等原因损伤胚乳或种皮都容易导致籽粒不能正常爆花，出现的死粒或无食用价值的小花，影响出品率和产品外观。美国是世界上对爆裂玉米研究和开发利用最早的国家。美国爆裂玉米爆花率为80.8%~96.4%，我国品种为94.3%~97.2%，爆花率好于美国品种（表5-6）。

表5-6 中美不同类型爆裂玉米爆花品质的比较

样品	爆花率/%	膨爆倍数	典球花率/%	近球花率/%	蝶花率/%	花形归类
美国PW-1	95.3	30.0	—	5.5（近球形）	94.5	蝶形
美国PW-2	91.7	40.0	0	0	100.0	典型蝶形
金爆3号	95.5	29.6	—	—	90.1	蝶形
美国VG-2	—	31.9	—	—	—	球形
美国PW-3	85.5	19.6	51.0	26.0（中间型）	—	球形
美国JB	89.4	25.0	68.0	16.4	15.6	球形
美国BF-1	80.8	22.5	65.7	32.0	2.3	典型球形
国产佳球100-1	94.3	28.2	70.4	29.6	0.0	典型球形
J-29	95.8	21	54.8	8.2	5.6	球形
美国VG-1	96.4	37.0	16.7	74.1（中间型）	9.2	混合球形
国产沈爆3号	96.1	32.0	8.0	43.5（中间型）	56.5	混合型
国产沈爆4号	97.2	33.2	2.0	30.0	68.0	混合型

注：VG维尔宝，PW宝维尔，BF蓓芬。

3. 加工制品

玉米初级加工品主要包括玉米糁、脱胚玉米粉和全玉米粉。玉米糁品质指标包括感官要求和理化品质要求两部分，感官要求包括玉米糁、玉米粉的外观、色泽、滋味和气味等内容，要求其颗粒或粉状物大小均匀、无异物，具有产品固有的色泽和气味，无霉变和异味，理化品质规定了水分、灰分、杂质等的最低限量。玉米糁根据加工后的颗粒粗细度分为大玉米糁、中玉米糁、粗玉米糁、细玉米糁。国际食品法典标准中对玉米粉颗粒粗细度给出了详细规定。

对于玉米粉等初级加工品，颗粒粗细度和分布情况也是重要的品质参数。玉米粉的粒径大小和分布对其糊化能力、凝胶特性影响明显，特别是小颗粒粒径大小影响明显，但对回生老化特性影响不显著。平均粒径和小颗粒粒径越小、颗粒表面积越大时，越容易糊化，峰值黏度也越大，玉米粉间糊化能力差异越显著；小颗粒粒径越小、比表面积越大，凝胶抗剪切能力越差，玉米粉间凝胶特性差异越明显；粒径大小与分布对玉米粉回生老化特性影响不显著（表5-7）。

表5-7 玉米粉及淀粉糊化特性

玉米粉及淀粉类型	峰值黏度/cp	最低黏度/cp	衰减值/cp	最终黏度/cp	回升值/cp	糊化温度/℃
普通玉米全粉	1365	1348	19	2778	1438	76.4
普通玉米淀粉	2222	1647	585	3261	1623	75.2
糯玉米全粉	1669	1503	176	1974	478	76.5

玉米淀粉加工，是玉米深加工的主要产物，玉米作为主要的淀粉来源提供了世界上 85%以上的淀粉。籽粒淀粉含量是影响玉米淀粉出粉率的重要因素。糯玉米淀粉在食品工业中有着特殊的用途和地位，其生产加工比例不断增加，玉米籽粒中淀粉含量以及淀粉中支链淀粉占比都是重要的指标。

第五节　玉米品质规格与标准

一、国际规格

美国是世界上最大的玉米出口国，年产量的约 20%用于出口，全世界的玉米贸易都按照美国的谷物规格执行。美国玉米还分为黄玉米、白玉米和混合玉米。每种分五等级，按容重、损伤粒、破碎粒和异物来分级定等。美国特别等级玉米和特别等级玉米（表 5-8）要求如下。

（1）硬质玉米　硬质玉米含量超过 95%以上的玉米。

（2）硬质和马牙玉米　所含硬质和马牙玉米混合物中硬质玉米含量超过 5%，但少于 95%的玉米。

（3）糯玉米　根据 FGIS 指令规定方法进行测定，含有 95%或 95%以上糯玉米的玉米。

表 5-8　美国玉米等级标准

等级	最低容重 g/L	损伤粒		破损粒和异物/%
		合计/%	热损伤粒/%	
美国一级	721	3.0	0.1	2.0
美国二级	696	5.0	0.2	3.0
美国三级	670	7.0	0.5	4.0
美国四级	631	10.0	1.0	5.0
美国五级	593	15.0	3.0	7.0

二、我国玉米等级规格

我国玉米最基础标准是 GB 1353—2018《玉米》，容重为定等指标，定等指标和其他质量指标见表 5-9。玉米按颜色也分为黄玉米、白玉米和混合玉米。具体包括种皮为黄皮，或略带红色的籽粒含量不低于 95%的黄玉米；种皮为白色，或略带淡黄色或略带粉红色的籽粒含量不低于 95%的白玉米；黄、白玉米互混的玉米。

三、我国玉米相关其他等级规格

1. 食用玉米

NY/T 519—2002《食用玉米》规定了用于玉米粉、玉米碜等初级加工产品的籽粒玉米的等级规格（表 5-10），粗蛋白质、粗脂肪和赖氨酸含量是定等指标，质量指标达到二等的为中等食用玉米，低于三等的为等外品，卫生检验和植物检疫按国家有关标准和规定执行（表 5-9、表 5-10）。

表 5-9　玉米质量指标

等级	容重/(g/L)	不完善粒含量/%	霉变粒含量/%	杂质含量/%	水分含量/%	色泽、气味
1	≥720	≤4.0	≤2.0	≤1.0	≤14.0	正常
2	≥690	≤6.0				
3	≥660	≤8.0				
4	≥630	≤10.0				
5	≥600	≤15.0				
等外	<600	—				

注："—" 为不要求。

表 5-10　食用玉米质量指标

等级	粗蛋白质（干基）/%	粗脂肪（干基）/%	赖氨酸（干基）/%	脂肪酸值（KOH）/(mg/100g)	水分/%	杂质/%	不完善粒	
							总量	其中：生霉粒
1	≥11.0	≥5.0	≥0.35	≤40	≤10.0	≤1.0	≤5.0	0
2	≥10.0	≥4.0	≥0.30					
3	≥9.0	≥3.0	≥0.25					

2. 专用籽粒玉米和鲜食玉米

NY/T 523—2020《专用籽粒玉米和鲜食玉米》规定了高淀粉玉米、优质蛋白玉米、高蛋白玉米、高油玉米、爆裂玉米、籽粒糯玉米等专用籽粒玉米，以及甜玉米、鲜食糯玉米、甜加糯玉米和笋玉米等鲜食玉米的质量指标（表 5-11～表 5-14），安全要求根据用途按相关国家有关标准和规定执行，卫生检验和植物检疫按国家有关标准和规定执行。

表 5-11　高淀粉玉米、优质蛋白玉米、高蛋白玉米和高油玉米质量指标

类型	淀粉（干基）/%	蛋白质（干基）/%	赖氨酸（干基）/%	脂肪（干基）/%	容重/(g/L)	杂质/%	水分/%	不完善粒/%	霉变粒/%	色泽、气味
高淀粉玉米	≥75.0	—	—	—	≥690	≤1.0	≤14.0	≤6.0	≤2.0	正常
优质蛋白玉米	—	≥8.00	≥0.40	—	≥690					
高蛋白玉米	—	≥12.00	—	—	≥720					
高油玉米	—	—	—	≥7.5	≥690					

表 5-12 爆裂玉米质量指标

等级	膨爆倍数/(mL/mL)			爆花率/%	水分/%	不完善粒/%	霉变粒/%	杂质/%	色泽、气味
	蝶形	球形	混合型						
一	≥35.0	≥25.0	≥30.0	≥93.0	11.0~14.0	≤6.0	不得检出	≤0.5	正常
二	≥30.0	≥22.0	≥25.0	≥90.0					
三	≥25.0	≥19.0	≥20.0	≥87.0					

表 5-13 籽粒糯玉米质量指标

等级	直链淀粉(占淀粉总量)/%	容重/(g/L)	杂质/%	水分/%	不完善粒/%	霉变粒/%	色泽、气味
一	0	≥660	≤1.0	≤14.0	≤6.0	≤2.0	正常
二	≤1.00						
三	≤2.00						

表 5-14 鲜食玉米质量指标汇总表

等级	限量指标	品质评分/分
一	甜玉米：可溶性糖含量（鲜样）/%≥6.0； 鲜食糯玉米：直链淀粉（占淀粉总量）/%≤5.00； 甜加糯玉米直链淀粉（占淀粉总量）/%≤10.00	≥90
二		≥85
三		≥80

注：质量指标检验样品需在适宜采收期内，品质评分需在采样后 6h 内完成。

专用籽粒玉米容重、杂质、水分、不完善粒、霉变粒和色泽气味是其基础质量指标，根据不同类型籽粒品质要求规定了淀粉、蛋白质、脂肪等质量指标要求；鲜食玉米除规定限量指标外，品质评分也是主要判定指标，由于其鲜食特点相关质量指标检验需在适宜采收期内进行，品质评分需在采样后 6h 内完成。

3. 玉米加工制品

玉米加工标准主要包括了 GB/T 10463—2008《玉米粉》、GB/T 35870—2018《玉米胚》、GB/T 22496—2008《玉米糁》、NY/T 418—2023《绿色食品 玉米及其制品》规定了玉米加工品的术语和定义、分类、质量要求和卫生要求、检验方法、检验规则，标签和标识、包装以及运输和储存的要求，主要包括脱胚玉米粉、全玉米粉、脱胚玉米糁、玉米胚等产品（表 5-15、表 5-16）。

表 5-15 玉米粉和玉米糁质量要求

项目	类别		
	脱胚玉米粉	全玉米粉	玉米糁
粗脂肪含量（干基）/%	2.0	5.0	2.0
粗细度	全部通过 CQ10 号筛		不同粗细玉米糁要求不同
脂肪酸值（干基）(以 KOH 计)/(mg/100g)	60	80	70

续表

<table>
<tr><th rowspan="2">项目</th><th colspan="3">类别</th></tr>
<tr><th>脱胚玉米粉</th><th>全玉米粉</th><th>玉米糁</th></tr>
<tr><td>灰分含量（干基）/%</td><td>1.0</td><td>3.0</td><td>1.0</td></tr>
<tr><td>含砂量/%</td><td colspan="3">0.02</td></tr>
<tr><td>磁性金属物/(g/kg)</td><td colspan="3">0.003</td></tr>
<tr><td>水分含量/%</td><td colspan="3">14.5</td></tr>
<tr><td>色泽、气味、口味</td><td colspan="2">玉米粉固有的色泽、气味和口味</td><td>正常</td></tr>
</table>

表 5-16 玉米胚质量指标

<table>
<tr><th>等级</th><th>粗脂肪含量（干基）/%</th><th>水分含量/%</th><th>玉米皮屑含量/%</th><th>杂质含量/%</th><th>感官品质</th></tr>
<tr><td>1</td><td>≥40.0</td><td rowspan="4">≤9.0</td><td rowspan="2">≤25.0</td><td rowspan="4">≤2.0</td><td rowspan="4">松散的片状、细颗粒状、无结块；具有玉米固有的浅黄色、黄色或浅黄褐色、浅黄棕色；具有玉米胚固有的气味，无发酵霉味及异味。可见少量的玉米皮及玉米胚乳</td></tr>
<tr><td>2</td><td>≥35.0</td></tr>
<tr><td>3</td><td>≥30.0</td><td rowspan="2">≤30.0</td></tr>
<tr><td>等外级</td><td><30</td></tr>
</table>

第六节　玉米储藏、加工及利用

一、玉米的储藏要求

玉米的胚是谷类粮食中最大的，玉米的胚约占整粒体积的 1/3，占粒重的 10%~20%，胚中脂肪含量占整籽粒的 77%~89%，蛋白质占 30%以上，并含有大量的可溶性糖，胚中含有较多的亲水基，比胚乳更容易吸湿，所以玉米吸湿性强，呼吸旺盛，容易发热。在储藏期间稳定性差，容易引起发热，导致发热霉。影响呼吸强度的因素有水分含量、储藏温度和通风状况等，其中水分是最重要的因素。

储藏过程中，随着时间的延长，虽未发热霉变，但由于酶的活性减弱，原生质胶体结构松弛、物理化学性质改变，生命力减弱，品质逐渐降低，高温、高湿环境会促进陈化的发展，低温干燥条件可延缓陈化的出现。另外，玉米胚芽含脂肪多，且不饱和脂肪酸多，因此易酸败，高温、高湿更是加快酸败的速度。高温、高湿条件下储藏，种胚的酸败比其他部位更明显。

由于玉米胚部水分高、可溶性物质多、营养丰富，因此种胚极易遭害虫和真菌危害，害虫主要是玉米象、谷盗、粉斑螟和谷蠹，真菌主要有青霉、曲霉和毛霉，在属水平上以镰刀菌属、赤霉菌属、曲霉属、念珠菌属、球壳孢属真菌为主。真菌污染影响玉米品质和食用安全，威胁人类的健康，玉米中真菌毒素污染主要有脱氧雪腐镰刀菌烯醇（DON）、玉米赤霉烯酮

(ZEN)、黄曲霉毒素（$AFTB_1$、$AFTB_2$、$AFTG_1$、$AFTG_2$）、伏马毒素（FB_1、FB_2、FB_3）、赭曲霉毒素A。因此控制玉米水分，以及环境温度湿度、通风条件等对于玉米储藏非常重要。

二、安全水分

为防止储藏中玉米的劣化霉变，最重要的措施是水分管理。在一定温度、湿度条件下能保持玉米安全储藏的水分含量称为“安全水分”，其和储藏环境、温度有关，一般情况下，玉米的安全水分为12.9%，不能超过14%。根据不同品种与气候条件，严格控制玉米的安全水分，一般含水量不超过14%（黑龙江可控制在15%以上）。高水玉米入库时，应采取临时性保管，含水量低于14%、14%~18%、18%~22%、22%~26%、26%~28%、高于28%的玉米分别储藏。

三、玉米储藏措施与技术

玉米的储藏方法有籽粒储藏和果穗储藏2种。玉米储藏可采取低温储藏、缺氧储藏、低氧低药量储藏等技术。储藏期应降低玉米籽粒所含的水分，使新陈代谢缓慢进行，干燥防霉，并合理通风和适时密闭，而且注意防治虫害。

1. 玉米储藏措施

储藏方法主要是露天储藏、机械通风储藏与自然低温储藏三种方式。玉米储藏时应因地制宜选择储藏方式。北方多注意防霉，南方需多注意防虫。

玉米露天储藏时要选择地势高、干燥通风的场所，长期储藏的基础垫高不得低于40cm，低洼地的基础垫高要高出汛期的最高水位，可袋装、围包散堆与圆囤散堆3种形式堆放。

机械通风储藏是通过风机和通风管道不断置换粮堆内湿热空气，降低粮温或粮食水分，主要有露天机械通风、房式仓机械通风和立筒仓机械通风等。

自然低温储藏是我国北方玉米产区主要的储藏玉米方法，通常含水量14%左右（或16%以下）的玉米入库后，采用仓外薄摊冷冻、皮带输送机转仓冷冻仓内机械通风或敞开门窗翻扒粮面通风等方法，使粮温降低到0℃以下，然后用干河沙、麦糠、稻壳、席子、草袋或麻袋片等覆盖粮面进行密闭储藏，长时间使玉米保持处于低温或准低温状态，确保安全储藏。

2. 玉米储藏技术

玉米入库以后，随着时间推移，粮堆的温度、水分会发生变化，越冬休眠害虫也容易引起危害，因此，必须采取相应技术手段降低粮温，杀灭害虫。

机械通风均衡粮温。一般在选择冬季进行相应的机械通风处理。冬季随着外界温度、湿度降低，仓内粮堆温度也会随之而下降，此时降低粮堆温度，对保持与改善玉米品质、延缓玉米陈化、防止玉米品质劣变具有重要作用。冬季时一般粮温上层22~23℃、中层为25~26℃，为避免温差过大造成结露，一般采用阶段性2次机械通风。

（1）氧化钙局部吸湿处理　若粮堆内局部水分偏高，可利用氧化钙吸水性强的特点，将其压盖在粮面或埋藏在粮堆内降低玉米的水分。

（2）膜下内环流熏蒸杀虫　玉米满仓后应及时薄膜覆盖密闭进行膜下内环流熏蒸，杀灭害虫，在熏蒸过程中做好仓房门窗密闭与粮面密闭，采用仓外磷化氢发生器投药，辅以二氧化碳环流熏蒸的方法。

（3）局部生虫时的熏蒸　可通过气体导管将熏蒸气体引导到生虫部位的中心处，并在生虫部位上下、左、右、中呈球面包围布置气体导管，对局部发生的害虫进行立体气体包围和中心气体熏蒸。

（4）表面、死角和局部熏蒸　在大型仓房中，有时害虫的发生仅限于粮堆表面或表层，此时只进行表层熏蒸处理即可，注意防止气体扩散导致表层浓度过低与害虫向深层转移。对于仓内可能出现死角的部位，可采用打探管或埋入熏蒸软管的方法弥补毒气浓度不足。大型仓房有明显冷心时，应采用局部处理的方式，尽可能不影响整个粮堆的稳定。

四、玉米加工和利用

玉米是粮食、饲料、加工、工业等多用途作物，主要有以下四类用途：一是饲料用，玉米在饲料中的利用一直占我国生产玉米的70%，主要是青贮玉米、饲草玉米、加工副产品和全籽粒等；二是鲜食用，玉米穗适时采收后，直接食用或加工，甜玉米、鲜食糯玉米等直接食用，以及玉米籽粒加工产品、速冻玉米、玉米笋罐头等；三是加工食用，研磨得到的玉米粉、玉米糁，以及加工制作的玉米面条、窝窝头、粥、煎饼等主食，早餐玉米片、爆米花、玉米膨化食品、玉米羹、玉米营养粉等；四是工业深加工，玉米淀粉工业是玉米利用的主要途径，还可加工变性淀粉、淀粉糖、山梨醇、酒精、膳食纤维等，以及玉米活性肽、玉米多酚。

（一）鲜食玉米加工

鲜食玉米采摘后，酶的活性仍很高，呼吸作用强、代谢旺盛，糖分很快转化，果穗容易失水和变质，这直接影响鲜食玉米外观、风味和口感，甜度降低、特征香气消失，产生异味，所以很难长期储藏，不宜长期存放和远距离运输。为解决鲜食玉米一年四季均有上市的问题，除生产上分期播种、分期采收外，对其进行保鲜加工是非常重要的手段。目前除了热烫保鲜、冷藏保鲜、速冻保鲜以外，还有自发气调储藏保鲜、辐照保鲜、涂膜保鲜和生物保鲜技术等技术。

目前市场上主要的加工方式有速冻和真空软包装。整穗速冻鲜食玉米工艺流程如图5-4所示。采摘是保证玉米穗质量的首要因素，因此采摘应以乳熟中期为佳，不要采摘过老、过嫩、病虫害严重的果穗，整理果穗，去除苞叶，保证表面无虫蛀、无杂粒、无花丝，通过沸水或蒸汽短时加热，破坏玉米组织中酶的活性，终止代谢活动，保证产品品质的稳定性，并杀死部分微生物，水煮后应立即进行冷却，经8~15min速冻，包装后冷藏在-18℃环境中，可长期保存。该工艺也可用于玉米段或整籽粒速冻。

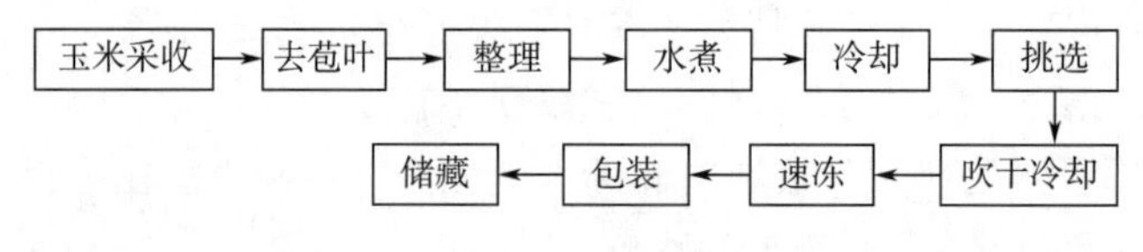

图5-4　整穗速冻鲜食玉米工艺流程

真空软包装玉米是将整穗或切段的鲜玉米经处理后装入多层复合膜袋中经抽真空、密封和高温杀菌，冷却后储藏，其工艺流程见图 5-5。原料采收、整理、清洗要求基本与速冻加工相同，不同的是在水温 80~100℃，蒸煮时间为 6~15min，冷却到 50℃以下即可装袋，并真空密封，然后采用蒸汽或热水进行高温灭菌。一般真空软包装玉米常温下保质期在 6 个月以上，与速冻工艺相比，玉米色泽、口感差一些，但具有工艺简单、成本低的优点。

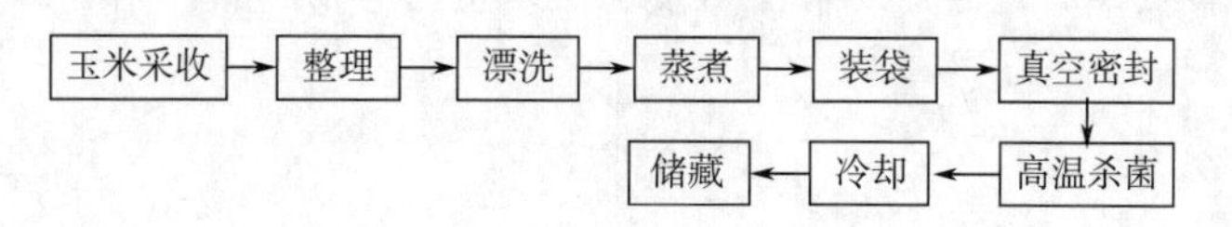

图 5-5 真空包装鲜食玉米工艺流程

（二）籽粒玉米加工和利用

目前，最为常用的籽粒玉米加工工艺主要有两种：一种是玉米提胚法，另一种是全粒法。其中，全粒法工艺比较简单、工艺流程少，但在现代工艺技术的发展中，该工艺技术已很少使用，玉米提胚法作为现代加工工艺，在玉米加工制造中的应用十分广泛。玉米提胚法又主要分为三种：湿法提胚、干法提胚和半湿法提胚。

干法是比较古老的方法，即把整粒玉米磨碎。20 世纪初开发了去胚芽加工法，可得到不同粒度的玉米粉。玉米糁和玉米粗粉多用角质粒为原料，玉米粉用粉质籽粒。干法加工的副产品是胚芽和玉米皮，一般用作饲料。该工艺的应用效果良好，但胚芽损失率仍较高，玉米中的营养元素流失比较多。

湿法加工是玉米的主要加工方法。湿法提胚是指在进行研磨脱胚之前，用亚硫酸水溶液对玉米进行浸泡，浸泡之后经研磨脱胚、旋流分离获得完整胚芽。该工艺能够获得较为完整的胚芽，提胚率为 85%~95%，且工艺流程比较简单，实现了淀粉与胚分离，淀粉含量高。该工艺除生产淀粉外，可得到玉米蛋白等（面筋粉、玉米淀粉渣、玉米浆）副产品，占原料的 30%左右，还可得玉米胚芽油。

半湿法提胚是利用玉米胚芽与胚乳的吸水差异性实现分离胚胎的效果。吸水之后，基于不同的韧性及弹性进行胚芽分离加工，提高了分离的效率及质量。该工艺是提胚法的新工艺，充分利用了调水后胚乳和胚芽的物理性质差异，实现了高效、高质的玉米加工生产，在玉米加工领域获得了良好的应用效果。

随着人们对健康膳食的需求不断增加，全谷物食品再次回归，全谷物加工利用不断更新改进。玉米粉等谷物全粉的加工方式有热风干燥、真空冷冻干燥等多种干燥方式，热风干燥方式干燥温度高，对产品的感官品质和营养成分都造成了较大的破坏，而真空冷冻干燥技术是将物料中的水冻结成冰后在真空环境下对其进行低温加热，使物料中的水分直接升华，消除常压干燥时产生的表层硬化现象，减少了高温对产品营养成分的破坏。

压片膨化工艺是将玉米粉中淀粉颗粒蒸煮后破裂，糊化形成胶黏化淀粉基质，包裹其他成分形成半均相物质，再经特殊工艺处理成形，最后使水分汽化形成多孔食品，工艺操作较为复杂，需要经过蒸煮糊化、干燥塑性、切割烘焙成型三个基本操作单元。

挤压膨化工艺是玉米粉等物料在挤压膨化机中螺杆、螺旋的推力作用下，向前成轴向移动，在高温、高压、高剪切力的条件下，淀粉糊化、裂解，蛋白质变性，纤维部分降解、细化，物料在瞬间喷出的过程中膨化，形成酥松、多孔、酥脆的膨化产品，工艺操作相对简单，产品形式较为单一。通过与微细粉碎技术结合，缩短了加工时间，降低营养成分损失，提高了玉米全谷产品的水溶性膳食纤维的含量，同时改善了产品口感和风味。

(三) 加工副产品利用

玉米加工提取淀粉后，产生胚芽和玉米皮、玉米蛋白等副产品，见图5-6。

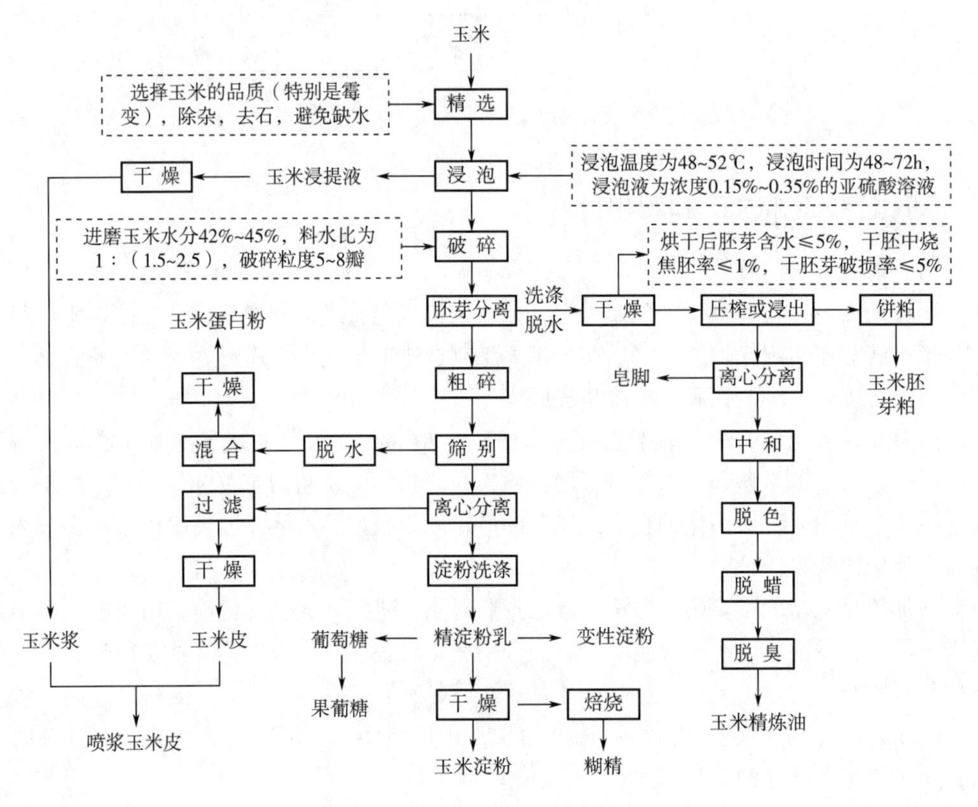

图5-6 玉米及其副产品加工流程

1. 玉米胚芽

加工1万t玉米，约产生700t的玉米胚芽。玉米胚芽可用来提取玉米胚芽油，主要提取方法有水代法、压榨法、萃取法、水酶法等。压榨法是目前我国玉米胚油加工的主要方法，但其缺陷是玉米胚需要高温蒸炒使蛋白质发生热变性以提高出油率，但玉米胚饼粕颜色深、蛋白质难以提取，影响玉米胚的综合利用。水酶法提油是在较温和的条件下进行反应，不会造成蛋白质的严重变性，从而有利于蛋白质的综合利用，与传统方法相比，水酶法具有产物品质好、不需脱胶、酶解工艺简单、所需能量少、蛋白质可利用等特点。

2. 玉米皮

玉米皮是湿磨法生产玉米淀粉得到的主要副产品之一，占玉米干重的10%~14%，玉米皮中的半纤维素、纤维素占比分别达30%~40%、10%~20%。玉米皮可用于制备玉米膳食纤维，生产阿拉伯木聚糖、阿魏酸，提取玉米黄色素等。未经加工的玉米粗纤维是不适合食用的，口感不佳而且不具生理活性。目前，玉米皮未有效加工利用，利用率和附加值很低，有待提高改善。影响口感的主要是可溶性纤维，可溶性纤维含量越高，纤维产品的口感越好。美国玉米制品公司还用玉米麸皮生产了一种纤维食品添加剂，含膳食纤维90%以上，用于面包、饼干、点心及早餐食品中。日本利用酶解法精制膳食纤维，半纤维素含量达60%~80%，用于制饼干加工，改善面团成型和口感。

3. 玉米蛋白

玉米蛋白粉蛋白含量高达60%以上，但主要以醇溶蛋白为主，适口性差，不易被吸收，其应用也受到了很大的限制。但玉米醇溶蛋白具有独特的溶解性、耐热性、成膜性和抗氧化性，主要用于食品保鲜剂、药物缓释剂、药片包衣剂、制备生物活性肽、可降解膜等方面。玉米蛋白粉含有丰富的类胡萝卜素，其中玉米黄色素主要由玉米黄素、隐黄素、叶黄素等组成。玉米蛋白粉经生物酶水解后，由于蛋白质氨基酸链接肽键的多重性，可以获得很多小分子短肽混合物，其分子质量很小、活性高，小分子肽的溶解性明显提高，黏性降低，起泡性能优良，不良风味和过敏成分得到有效去除，水溶性氨基酸含量提高。

第七节　玉米健康作用

1. 控糖降脂

玉米的降糖降脂功效已经得到了广泛研究。玉米多糖可以提高衰老小鼠的超氧化物歧化酶（SOD）、谷胱甘肽过氧化物酶（GSH-PX）和过氧化氢酶（CAT）活性，降低丙二醛（MDA）含量，提高其抗氧化能力。玉米须多糖纯化组分能够有效降低高血糖小鼠的血糖水平，并且在第四周呈现显著的降血糖作用，效果与二甲双胍相近，玉米须多糖纯化组分也能够显著降低高血糖小鼠总胆固醇的水平，同时还能提高其抗疲劳能力和改善抑郁行为。

玉米膳食纤维能够改善大鼠的糖脂代谢水平，能够使小鼠血糖水平和胰岛素抵抗指数降低，又能够使其胰岛素的敏感指数和胰岛细胞功能提高，对氧化应激和炎症因子有一定的调节作用。玉米活性成分主要存在于玉米皮渣中，玉米粉已经脱除了活性成分含量最高的皮渣部分，其功能活性下降。

玉米肽是玉米醇溶蛋白经蛋白酶水解或微生物发酵后获得的低分子质量产物，其水溶性显著增加。玉米肽可促进乙醇代谢，有抗疲劳作用，能增强小鼠游泳耐力、延长爬杆时间，降低血乳酸、血中尿素氮含量，提高肝糖原含量和肌糖原含量。玉米肽中富含支链氨基酸，具有促进肌肉中蛋白质合成和抑制蛋白分解的功能，在非常情况下可以直接向肌肉提供能量。玉米肽结合有氧运动能降低或显著降低高脂饮食诱导的肥胖小鼠体质量、肝脏和脂肪组织质量，显著降低小鼠血清中甘油三酯（TG）和低密度脂蛋白（LDL）含量，显著抑制过氧化物酶体增殖物激活受体 γ（PPARγ）的表达水平，对高脂饮食小鼠有抗肥胖作用。

2. 抗炎抑菌

玉米-扁豆发酵纤维（fermented-nondigestible fraction of corn-bean chips，FNDFC）经肠胃消化及肠道微生物菌群发酵作用产生了短链脂肪酸（SCFAs）（0.156~0.222mmol/L），抑制了炎症标记物 NO 和 H_2O_2 的产生，上调抗炎细胞因子（I-TAC，TIMP-1）>2 倍，对抗血管及组织损伤，改善炎症性肠病。

研究发现，10%的高直链玉米淀粉（high amylose maize starch，HAMS）即可抵抗大鼠结肠细胞 DNA 损伤，并显著增加盲肠和粪便中的短链脂肪酸含量，调整了大鼠肠道微生物菌群。

玉米须多酚中的极性酚具有高抗氧化活性，玉米须黄酮具有较强的抗氧化活性。以金黄色葡萄球菌、大肠杆菌和枯草芽孢杆菌为供试菌，发现玉米须多酚对3种供试菌均有一定抑制作用，对金黄色葡萄球菌的抑制作用最强，对大肠杆菌的抑制作用最弱，表明玉米须多酚对革兰氏阳性菌的抑制作用强于对革兰氏阴性菌的抑制作用，有作为天然防腐剂应用的潜在前景。

思考题

1. 玉米的消费方式有哪些？常见的食品形式中哪些不是全谷物？
2. 玉米的等级规格标准有哪些？
3. 玉米中决定健康作用的代表性营养成分是什么？
4. 玉米的加工利用途径有哪些？

第六章 燕麦

学习目标

1. 了解燕麦生产、消费、流通、储藏、加工及利用的基本情况；
2. 掌握燕麦营养成分、品质特性与加工方式、健康作用的密切关系；
3. 熟悉燕麦的作物性状、品质规格与标准。

第一节　燕麦栽培史与分类

一、燕麦栽培史

燕麦是世界性栽培作物，是种植面积和产量仅次于小麦、大麦的第三种麦类作物。欧美等地以皮燕麦（hulled oats 或 covered oats）种植为主，主要用于家禽或家畜的饲料，但食用比例逐年增大。我国主要种植裸燕麦（hulles oats 或 naked oats），主要用作粮食食用，秸秆、麸皮、茎和叶作为牲畜饲料。我国是裸燕麦的发源地，是世界第六大燕麦生产和消费大国，种植面积约 66.7 万 hm^2，总产量约 85 万 t。我国以裸燕麦为主，产量占燕麦总产量的 90%以上。

一般认为，普通栽培燕麦（*A. sativa* L.）、地中海燕麦（*A. byzantina* Koch）和砂燕麦（*A. strigosa* Schreb.）起源地是地中海沿岸，均由野红燕麦（*A. sterilis* L.）演变而来。燕麦历史悠久，考古学发现和文字记载，燕麦早在 4000 年前就早已被古埃及和巴比伦人所认识。在瑞士、法国和丹麦等欧洲国家沿湖带的建筑群中发现有公元前 1500 至公元前 700 年的燕麦（即砂燕麦）。在波兰出土的新石器时代的文物中发现有栽培于公元前 5000 至公元前 3700 年的燕麦。在意大利东南部一个名为格罗塔帕里奇（Grotta Paglicci）的洞穴考古中，研究人员在一个石杵上发现了明显的燕麦粒的痕迹，距今约 32000 年前。

地中海西部是燕麦属物种的多样性中心，为燕麦属二倍体和四倍体的天然杂交提供场所，以形成现今的六倍体栽培燕麦。而燕麦多倍体在远古的东亚地区具有最丰富的遗传多样性。随后，多倍体燕麦的起源中心逐步转移至西南亚，在这里，开始出现籽粒更小但适应性更强的野生六倍体燕麦物种。随着燕麦向北传播，燕麦逐渐以杂草入侵的形式替代了常规作物而成为一种独立的作物。在德国，燕麦最初是作为军马饲料和贫困时期的粮食而受到重视。公元前 1 世纪罗马科学家普林尼（Pliny）记述燕麦是日耳曼民族的一种食物，当初多用作饲料和医药，只有在饥荒年间才被人们食用，此后栽培区域逐步扩展到欧洲全境，约在 1600 年前在西欧固定下来。1602 年由移民首次带入美国，而后逐渐扩大到加拿大。

中国种植燕麦历史悠久，至少有 2100 多年的历史。内蒙古武川县是世界燕麦发源地之一，被誉为中国的“燕麦故乡”。裸燕麦起源于中国，是由皮燕麦演变产生的。史料记载，裸燕麦是从中国引入欧洲。公元 5 世纪，裸燕麦已被中国人认知，公元 7 世纪开始栽培燕麦。据山西省志记载，自唐代始，裸燕麦从内蒙古、新疆、西藏等处被引种到南美和北美等地区。元朝初期由成吉思汗及其子孙在战争中传入欧洲。16 世纪中期英国有裸燕麦种植的记录。加拿大于 1903 年最早使用引进的“中国裸燕麦”作为杂交亲本与加拿大燕麦杂交，选育新品种。

二、燕麦分类

（一）按照有无稃划分

普通栽培燕麦按照有无稃普通燕麦按有无稃分为带稃型和裸粒型。欧美等地栽培的燕麦以带稃型的为主，常称为皮燕麦。我国栽培的燕麦以裸粒型为主，常称为裸燕麦，又称莜麦，产量相对较高，易加工，占我国燕麦种植的90%以上，是我国燕麦产区当地人们的主食之一。

皮燕麦和裸燕麦的区别为：裸燕麦为中等产量粮食作物，皮燕麦产量较低；裸燕麦耐旱，皮燕麦相对不耐旱；裸燕麦成熟后，其籽和壳分离，皮燕麦成熟后为带稃型，籽与壳不脱离；但在营养价值上皮燕麦高于裸燕麦。此外，裸燕麦比皮燕麦对盐碱胁迫更敏感，而裸燕麦的加工性要比皮燕麦好。

（二）按照生态型划分

中国燕麦生态类型大致分为2个主区和4个亚区：北方春夏播生态区，包括华北早熟生态亚区和北方中晚熟生态亚区；南方秋播生态区，包括西南高山晚熟生态亚区和南方平坝晚熟生态亚区。每个生态亚区都有与之适应的品种生态型，且差异显著。

1. 华北早熟生态型

分布在内蒙古土默特平原、山西大同盆地和忻定盆地、河北张家口平川区。这一生态类型的品种生育期90d左右，春季（4月初前后）播种，夏季（7月中下旬）收获。幼苗直立或半直立，分蘖力中等，植株较矮，小穗和小花均少，千粒重16~20g。抗寒、抗旱、抗倒伏均强。早熟和中早熟品种居多，代表品种如夏燕麦、永492等。

2. 北方中、晚熟生态型

分布在晋西北高原、太行山和吕梁山、河北省张家口坝上地区和坝下高寒山区、甘肃省贺兰山、六盘山南麓的定西、临夏、青海省湟水，以及陕西省秦岭北麓、榆林、延安，新疆中西部，宁夏固原等地。这一生态类型品种一般是夏季（5月）播种，秋季（8月中旬至9月下旬）收获。幼苗多匍匐，分蘖力强，植株较高大，籽粒较大，千粒重约为20g。这一生态类型还可细分为丘陵山区旱地中晚熟类型、丘陵山区旱地早熟类型和滩川地中熟类型。

3. 西南高山晚熟生态型

主要分布在云南、贵州、四川海拔2000~3000m的高山地带，如大凉山、小凉山和高黎贡山以及甘孜、阿坝等地。这一生态类型品种秋季（10月中下旬）播种，翌年夏季（6月中旬至7月初）收获，生育期220~240d。幼苗匍匐期很长，分蘖力很强，叶片细长，抗寒性强。植株高大，茎秆软，不抗倒伏。籽粒较小，千粒重15g左右，有些品种不足12g。代表品种如巧家小燕麦、乌堵等。

4. 西南平坝晚熟生态型

分布在云南、贵州、四川的高山平坝地区，特别是大凉山、小凉山的平坝地区。这一生态类型品种10月中下旬播种，翌年5月下旬至6月上旬收获，生育期200~220d。幼苗生长发育缓慢，匍匐期长。叶片宽大，剑叶稍挺直，植株高大，茎秆较硬，籽粒灌浆期略长，千粒重

17g 左右。代表品种如云南大裸燕麦。

（三）按照染色体数划分

全世界燕麦属大约有 30 个种，染色体基数为 7，按染色体数目不同分为三个类群：二倍体、四倍体、六倍体。二倍体燕麦基因组组成为 AA 或 CC 类型，四倍体为 AABB 或 AACC 类型，而六倍体燕麦则均为 AACCDD 类型。

第二节　燕麦生产、消费、贸易

一、燕麦生产

燕麦多种植在北纬 35°~50°的欧亚大陆及北美洲的高纬度、高海拔、高寒地区，南纬 30°以南的澳大利亚也有种植。在世界八大粮食作物中，燕麦总产量居第五位，全世界有 42 个国家种植。世界各国栽培的燕麦以皮燕麦为主。欧洲分布最多的国家有俄罗斯、波兰、乌克兰、芬兰等，中北美洲有美国、加拿大，大洋洲有澳大利亚，亚洲有中国等。2020 年世界燕麦收获面积为 990 万 hm^2，总产量为 2462.2 万 t，排在中国之前的有欧盟 28 国 692.0 万 t、俄罗斯 432.1 万 t、加拿大 428.8 万 t、澳大利亚 102.2 万 t、巴西 95.0 万 t、美国 77.7 万 t（表 6-1）。

表 6-1　世界燕麦主产国家/地区种植信息（2016—2020 年）

国家/地区	种植信息	2016	2017	2018	2019	2020
欧盟	燕麦种植面积/万 hm^2	242.9	248.8	256.7	239.1	238.6
	燕麦单产/(kg/hm^2)	3016.3	2959.5	2702.0	2912.2	2901.0
	燕麦总产量/万 t	732.7	736.4	693.6	696.1	692.0
俄罗斯	燕麦种植面积/万 hm^2	274.5	277.8	272.9	242.6	238.8
	燕麦单产/(kg/hm^2)	1736.0	1963.9	1729.2	1823.5	1809.5
	燕麦总产量/万 t	476.6	545.6	471.9	442.4	432.1
加拿大	燕麦种植面积/万 hm^2	92.5	105.2	100.5	117.1	118.3
	燕麦单产/(kg/hm^2)	3494.7	3548.8	3419.3	3618.2	3625.2
	燕麦总产量/万 t	323.1	373.3	343.6	423.7	428.8
澳大利亚	燕麦种植面积/万 hm^2	82.2	102.8	87.4	93.8	92.0
	燕麦单产/(kg/hm^2)	1582.1	2204.1	1404.6	1209.5	1110.0
	燕麦总产量/万 t	130.0	226.6	122.8	113.5	102.2
美国	燕麦种植面积/万 hm^2	39.6	32.5	35.0	33.4	33.5
	燕麦单产/(kg/hm^2)	2367.7	2212.0	2327.4	2307.8	2317.4
	燕麦总产量/万 t	93.8	72.0	81.5	77.1	77.7

续表

国家/地区	种植信息	2016	2017	2018	2019	2020
巴西	燕麦种植面积/万 hm^2	33.0	37.2	43.8	44.8	45.4
	燕麦单产/(kg/hm^2)	2643.5	1683.8	2053.9	2054.2	2091.3
	燕麦总产量/万 t	87.3	62.6	89.9	92.0	95.0
智利	燕麦种植面积/万 hm^2	10.8	13.7	10.8	7.5	6.8
	燕麦单产/(kg/hm^2)	4944.9	5212.1	5314.6	5158.6	5153.3
	燕麦总产量/万 t	53.3	71.3	57.2	38.5	35.2
中国	燕麦种植面积/万 hm^2	14.9	14.6	14.0	13.5	13.4
	燕麦单产/(kg/hm^2)	3442.2	3521.4	3607.4	3681.4	3697.4
	燕麦总产量/万 t	51.2	51.3	50.6	49.6	49.4
乌克兰	燕麦种植面积/万 hm^2	20.9	19.8	19.6	18.2	18.0
	燕麦单产/(kg/hm^2)	2396.4	2383.3	2137.2	2320.0	2313.6
	燕麦总产量/万 t	49.9	47.1	41.9	42.2	41.7
白俄罗斯	燕麦种植面积/万 hm^2	14.5	16.0	15.1	16.0	16.0
	燕麦单产/(kg/hm^2)	2680.3	2870.4	2259.4	2301.0	2244.1
	燕麦总产量/万 t	39.0	46.0	34.2	36.8	35.9
哈萨克斯坦	燕麦种植面积/万 hm^2	21.0	21.3	23.5	24.3	24.7
	燕麦单产/(kg/hm^2)	1597.9	1334.4	1429.0	1096.6	1072.9
	燕麦总产量/万 t	33.5	28.5	33.6	26.7	26.5

我国燕麦分布非常广泛，比大麦、小麦更能适应高寒地区的生态环境，又是牧区的重要饲料之一，所以在内蒙古、河北、山西、甘肃、青海、西藏等地的山区和农牧区均有较大面积的种植，有些地方还把它作为主要粮食作物。2020 年我国燕麦种植面积约为 76.9 万 hm^2，籽粒总产量约 75.6 万 t（表 6-2）。

表 6-2 2016—2020 年中国燕麦种植面积与产量

省份	种植信息	2016	2017	2018	2019	2020
内蒙古	种植面积/万 hm^2	—	23.3	26.6	25.7	28.1
	产量/万 t	15.0	22.5	28.3	27.2	28.5
河北	种植面积/万 hm^2	—	15.3	15.3	13.2	13.6
	产量/万 t	22.0	20.0	19.5	22.5	23.2
山西	种植面积/万 hm^2	—	10.0	7.3	5.8	6.3
	产量/万 t	10.0	10.0	9.8	9.0	6.8
青海	种植面积/万 hm^2	—	10.0	12.6	13.3	12.6
	产量/万 t	39.0	—	6.9	6.0	5.4

续表

省份	种植信息	2016	2017	2018	2019	2020
甘肃	种植面积/万 hm^2	—	11.0	11.1	11.0	10.2
	产量/万 t	12.0	12.0	8.5	7.6	4.6
吉林	种植面积/万 hm^2	—	1.3	3.6	3.3	1.0
	产量/万 t	3.0	1.0	0.8	0.7	0.9
宁夏	种植面积/万 hm^2	—	1.3	1.6	1.3	1.5
	产量/万 t	1.0	2.0	1.1	1.5	1.6
四川	种植面积/万 hm^2	—	1.7	1.3	1.3	1.3
	产量/万 t	1.0	1.0	1.3	1.0	1.2
贵州	种植面积/万 hm^2	—	0.3	0.3	0.3	0.3
	产量/万 t	1.0	0.7	0.7	0.7	0.4
其他	种植面积/万 hm^2	—	13.3	3.0	2.7	2.0
	产量/万 t	25.0	0.8	4.0	4.0	3.0
合计	种植面积/万 hm^2	—	87.6	83.0	76.7	76.9
	产量/万 t	93.0	70.0	80.8	80.2	75.6

二、燕麦消费

世界范围内，欧洲和美洲为燕麦的主要消费地区，亚洲消费量较低，以中国和澳大利亚为主。2020 年，世界燕麦年消费总量约为 2481.7 万 t（表 6-3），超过 50 万 t 的国家和地区主要有欧盟、俄罗斯、美国、加拿大、澳大利亚、中国等。

表 6-3 2016—2020 年世界燕麦消费量 单位：万 t

国家/地区	2016	2017	2018	2019	2020
阿尔及利亚	13.2	11.7	11.1	11.1	13.0
阿根廷	76.0	52.5	55.0	60.0	64.0
澳大利亚	150.0	90.0	90.0	70.0	110.0
白俄罗斯	40.0	46.0	37.5	37.0	37.0
巴西	77.5	67.5	77.5	84.5	90.5
加拿大	185.4	204.1	208.3	241.9	240.0
智利	65.5	57.5	37.5	45.5	76.0
中国	71.0	85.0	87.0	87.0	98.0
欧洲	795.0	790.0	792.0	784.0	887.0
哈萨克斯坦	27.4	27.5	31.5	25.0	23.0
墨西哥	19.5	20.0	25.5	21.0	26.0

续表

国家/地区	2016	2017	2018	2019	2020
挪威	31.5	32.0	25.0	34.5	32.0
俄罗斯	480.0	540.0	470.0	420.0	405.0
土耳其	24.0	24.0	23.0	24.0	24.0
乌克兰	45.0	48.0	45.0	42.0	43.5
美国	253.7	235.8	232.6	234.5	248.7
其他	50.8	53.3	56.0	50.3	49.5
总量	2424.7	2398.9	2314.7	2284.1	2481.7

燕麦作为健康谷物，其消费的主要产品为早餐谷物，以各类燕麦片为主。2020 年，世界早餐谷物的消费额为 326.6 亿美元（表 6-4），较 2019 年增加了 10.5%，其中即食麦片消费额为 266.3 亿美元，热食麦片为 60.2 亿美元。在即食麦片消费中，家庭早餐麦片为 182.2 亿美元，儿童早餐麦片 84.1 亿美元。普通燕麦片消费总额为 69.9 亿美元，水果麦片为 46.7 亿美元，水果麦片销售额较 2019 年增长了 12.0%。2020 年早餐谷物市场总额最多的国家为美国和中国（表 6-5）。

表 6-4　2016—2020 年世界燕麦市场分析　　单位：亿美元

类别	2016	2017	2018	2019	2020
早餐谷物	283.0	288.4	295.5	294.6	326.6
热食麦片	45.4	47.4	50.2	52.9	60.2
即食麦片	235.3	238.1	242.5	240.4	266.3
儿童早餐麦片	75.6	76.7	78.1	77.3	84.1
家庭早餐麦片	159.8	161.3	164.4	163.1	182.2
燕麦片	64.8	64.8	65.4	64.1	69.9
水果麦片	37.0	38.6	40.8	41.7	46.7
其他麦片	58.0	57.9	58.2	57.3	65.6

注：早餐谷物=即食燕麦片（家庭早餐麦片+儿童早餐麦片）+热食燕麦片（快熟燕麦片+麦片）。

表 6-5　2016—2020 年世界燕麦早餐谷物市场总额　　单位：亿美元

国家	2016	2017	2018	2019	2020
中国	141.9	124.7	118.9	115.3	120.1
澳大利亚	14.0	15.7	14.9	14.5	14.3
俄罗斯	9.6	11.6	11.3	12.4	10.8
巴西	27.3	30.8	26.9	27.7	20.9
加拿大	6.1	6.1	5.4	5.7	5.3
美国	126.4	131.4	136.5	135.5	138.9
法国	23.4	24.0	24.4	23.3	23.9

续表

国家	2016	2017	2018	2019	2020
德国	21.8	22.0	23.0	23.3	23.3
意大利	11.7	12.9	14.2	13.5	12.7
西班牙	7.2	7.5	8.4	7.8	7.4

我国燕麦食品的消费总量和人均消费量呈连续增加趋势（表6-3）。2018年中国燕麦消费网络调研数据显示，燕麦消费者性别比例相对均衡，18~55岁的人群占比94.57%，26~35岁的人群比例最高，占29.82%。我国燕麦食品消费人群结构特征预示，未来中老年的燕麦消费量将呈上升趋势；现有主要消费群体对于下一代燕麦食品饮食习惯的培养，将保证未来中青年人群对于燕麦产品的消费量。目前，我国消费者购买的燕麦产品中，燕麦片比例最大，为37.45%，最小为燕麦米，占12.66%；今后，早餐食品、主食品、休闲食品、新品类、保健食品五大场景将形成我国燕麦消费的主要领域。

三、燕麦贸易

2016—2020年，世界燕麦的主要出口国为加拿大、澳大利亚和欧盟，进口国主要为美国、中国、墨西哥和智利（表6-6）。以2020年度为例，全球燕麦出口总量269.2万t，其中出口量前三的国家和地区为加拿大、澳大利亚、欧盟19.0万t；全球燕麦进口总量为269.2万t，其中进口量前三的国家为美国、中国、墨西哥和智利（并列）。

表6-6 2016—2020年世界燕麦贸易进出口量 单位：万t

进口量						出口量					
国家	2016	2017	2018	2019	2020	国家	2016	2017	2018	2019	2020
中国	27.8	38.9	22.4	22.2	35	澳大利亚	45.5	55.0	25.0	24.5	40.0
厄瓜多尔	2.1	3.9	1.6	1.2	2	加拿大	155.7	168.5	166.5	189.9	195.0
印度	2.5	1.9	2.1	2.5	2.5	智利	2.7	3.4	3.6	0.6	1.0
日本	4.9	4.4	4.6	4.7	5	欧盟	17.9	12.8	10.6	23.0	19.0
韩国	2.3	4.6	3.1	2.5	2.5	哈萨克斯坦	1.2	1.0	2.7	0.7	1.0
墨西哥	11.9	16.8	12.9	13.7	17	俄罗斯	1.4	3.4	13.4	7.3	7.5
南非	2.4	3.9	2.3	6.2	2	乌克兰	1.9	0.7	1.1	1.6	1.5
瑞士	5.4	4.9	5.1	5.6	5	美国	4.4	3.1	2.6	3.0	3.0
美国	153	154.3	139	159.2	160	其他	0.5	0.6	1.1	1.2	1.2
其他	18.9	14.9	32.7	33.2	38.2	总量	231.2	248.5	226.6	251.8	269.2
总量	231.2	248.5	226.6	251.8	269.2						

2016—2020年，美国、德国和法国为燕麦包装早餐进出口总额最多的国家（表6-7）。以2020年度为例，燕麦早餐进口额超过1亿美元的国家分别为：德国、法国、美国、意大利、中国、加拿大、西班牙；燕麦包装早餐出口总额最多的国家为美国，出口总额超过1亿美元的国

家分别为：德国、法国、西班牙、中国、加拿大、意大利。

表 6-7　2016—2020 年世界燕麦早餐谷物进出口总额　　单位：亿美元

国家	进口额					出口额				
	2016	2017	2018	2019	2020	2016	2017	2018	2019	2020
中国	2.4	3.2	3.4	3.3	3.4	2.2	2.4	2.4	2.3	2.4
澳大利亚	0.9	1.0	0.9	1.0	1.0	0.6	0.7	0.7	0.6	0.6
俄罗斯	0.3	0.3	0.4	0.4	0.4	0.3	0.4	0.4	0.5	0.4
加拿大	3.5	3.3	3.5	3.5	3.2					
美国	3.9	3.8	4.1	4.0	4.1	2.6	2.6	2.6	2.5	2.3
法国	5.1	5.2	5.2	5.0	5.1	10.8	10.4	10.8	10.6	10.7
德国	4.3	4.7	5.4	5.3	5.3	4.8	5.0	5.0	4.8	4.7
意大利	3.2	3.7	4.2	4.0	3.7	7.1	6.9	6.9	7.0	7.0
西班牙	2.5	2.6	2.9	2.8	2.5	1.0	1.0	1.1	1.0	1.0

第三节　作物性状

一、燕麦生育期

根据外部形态特征，燕麦从播种至成熟可分为萌发、出苗、三叶、拔节、挑旗、抽穗、开花、成熟 8 个生育期。不同生育期根据生长发育进程分为三大阶段，即营养生长阶段、营养生长与生殖生长并进阶段及生殖生长阶段。

营养生长阶段是指从出苗到抽穗，主要是燕麦根、茎、叶营养器官的发育形成。此阶段以决定群体大小为主，为奠基争穗期。

生殖生长阶段是指从幼穗分化（即三叶期）开始到籽粒成熟，主要是燕麦生殖器官的发育和种子的形成。此阶段为籽粒增重期。

营养生长和生殖生长这两个阶段不是截然分开的，而是相互交错，营养生长是生殖生长的基础，而生殖生长又是营养生长的必然结果。并进阶段占了燕麦从三叶至抽穗的大部分时间，是燕麦生长发育的重要阶段，此阶段主要为营养器官的增大和生殖器官的形成，对水分、养分、温度、光照等方面要求较严格，若外界条件不能满足要求，则可导致大幅度减产。

二、燕麦的穗部植物学性状

燕麦花序为圆锥花序（或复总状花序），由穗轴和各级穗分枝所组成。燕麦的小穗着生在各级穗分枝的顶端，小穗由颖壳和小花所组成，小花最终会发育成种子。普通燕麦的小穗一般着生 4 朵小花，但通常结实小花只有 1~2 朵。

外稃和内稃呈叶状，燕麦成熟时颖果与内外稃分离。成熟的外稃具有柳叶刀的形状，它包裹着颖果和部分内稃。内稃背靠小穗轴，在花轴上位于外稃上方。小穗呈下垂或内下垂状态，有助于叶状结构的生长和分裂（形成分枝）。

燕麦的果实为颖果，颖果被包在内外稃内，是由子房发育而成，与颖果紧密相连的瘦长籽实壳，占籽粒质量的 20%~40%。谷壳内，燕麦颖果由皮层、胚乳和胚 3 部分组成。果皮和种皮占籽粒质量的 38%~40%，胚乳在颖果中所占的比重较大，包括糊粉层（占籽粒质量的 6%~8%）和淀粉胚乳（占籽粒质量的 50%~55%），胚占籽粒质量的 3%左右。图 6-1 中显示的是燕麦籽粒的解剖图（左边为纵切面，右下侧为横切面），皮层（1）、胚乳（2）、胚（3）三部分的位置也在图 6-1 相应位置标出。

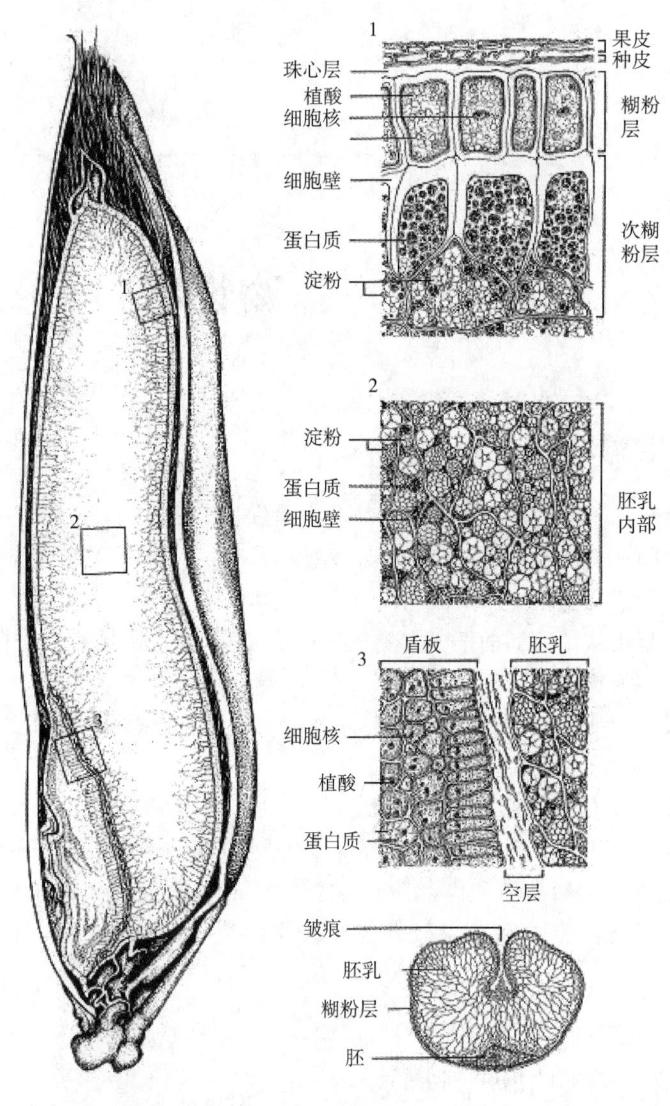

图 6-1 燕麦籽粒结构图

1—皮层 2—胚乳 3—胚

三、燕麦的籽粒性状

1. 皮层

燕麦皮层由果皮、双层种皮、珠心层和糊粉层组成。皮层间细胞在生长过程中互相挤压，导致细胞质大量减少，只剩下主要由碳水化合物和纤维素组成的细胞壁，还包含一些木质素，这些成分使皮层变得坚韧，难以消化。

皮层中最主要的结构是糊粉层，它紧挨珠心层，在皮层的最内层，包被着胚乳和部分胚。糊粉层是皮层中最厚的部分，厚度一般为50~150nm。糊粉层中富含酚类化合物、β-葡聚糖、蛋白质等营养物质。此外，糊粉层还是脂肪酶、α-淀粉酶和麦芽糖酶等酶类的合成或储藏地，对种子发育、食品加工等有重要影响。

2. 胚乳

燕麦籽粒胚乳中主要含有淀粉、蛋白质、脂肪和β-葡聚糖（胶），细胞代谢活性和各种酶活性相比于皮层和胚均较低。从结构和组成上看，胚乳细胞是籽粒中最简单的细胞，每个细胞均含有淀粉、蛋白质、脂肪和β-葡聚糖。燕麦胚乳中蛋白质以球状蛋白体存在，主要由小蛋白体聚集而成，直径0.2~6.0nm，与胚乳细胞大小相当。在一些高蛋白质含量的燕麦品种中，次糊粉层细胞中主要是大蛋白体及少量淀粉，而在低蛋白质含量品种中，大蛋白体则被大量淀粉粒包围。

3. 胚

与糊粉层相似，胚也是一个新陈代谢活动旺盛的器官。胚轴与盾片在胚中心部相连接，盾片由主质细胞和上皮细胞组成。主质细胞占籽粒胚质量的80%，其细胞形状为圆球形，主要功能是储存营养。在种子萌发过程中，主质细胞发育成脉管细胞，将其储藏的营养素运输到盾片和胚芽轴。

四、燕麦的抗逆性

燕麦作为一种优质粮饲兼用作物，是一种具有较强抗逆性特征的农作物。燕麦适应性强，有效积温要求较低，生育期短，根系发达，土壤吸收能力强；叶片面积小，光合生产率较高；在干旱条件下，调节水分能力较强；具有耐旱、抗寒、耐瘠特性，适合于日照时间长、无霜期较短、气温较低的半干旱地区种植。

1. 抗寒性

燕麦广泛分布于温寒地带，在我国多分布于东北、华北、西北高寒地区，普遍具有良好的抗寒性。裸燕麦全生育期间需要≥5℃的积温1300~2100℃，种子发芽的最适温度15~25℃，但在0℃以上即可萌发；出苗至分蘖期间的适宜气温为13~15℃，幼苗能忍受较低的气温，一般春性品种能忍耐-4~-2℃低温，弱冬性品种短时间可忍受-8~-7℃低温。

2. 抗旱性

燕麦根系发达，根冠比大，叶片细胞体积小，维管束发达，叶脉致密，单位面积气孔数目多，这不仅有利于根系吸水，还可加强蒸腾作用与水分传导，所以燕麦具有良好的抗旱特性。据测定，裸燕麦蒸腾系数为474，低于小麦（513），高于大麦（403）。裸燕麦叶面蒸发量大，但在干旱情况下，调节水分能力很强，可以忍耐较长时间的干旱。所以在旱坡干梁和湿润沼泽等地，裸燕麦都可以正常生长。

3. 耐盐碱性

燕麦对土壤的种类要求不严，可在黏土、草甸土、沙壤土栽培，并且在平坦地、坡梁地、沙梁地、低洼地、二阴地、阴坡地均可种植。对土壤酸碱性的反应不甚敏感，可忍耐 pH 5.5~6.5 的酸性土壤，而且对盐碱土壤也表现中度耐性。

第四节　燕麦营养成分与品质特性

一、营养成分

燕麦籽粒不同部位的营养组成存在显著差异。皮层富含膳食纤维（β-葡聚糖）、优质蛋白质（约为籽粒总蛋白质的 50%）、脂肪、酚类化合物、植酸钙、烟酸等成分。胚乳占成熟燕麦籽粒质量的 55%~70%，主要组分为淀粉、蛋白质、脂肪和β-葡聚糖。胚乳中淀粉含量最高，蛋白质仅占总蛋白质的 40%~50%，但脂肪含量高达 6%~8%，远高于其他谷物。总体而言，从胚乳中心至近糊粉层外层，脂肪、蛋白质和β-葡聚糖含量逐渐升高，而淀粉含量变化趋势恰好与此相反。

裸燕麦与皮燕麦的主要营养成分存在一定差异。裸燕麦品种蛋白质含量大多在 15%以下，脂肪含量多在 5%~7%，亚油酸比例为总脂肪含量的 40%~45%。皮燕麦品种蛋白质含量最高可达 17.92%，最低为 8.71%，多数在 10%~15%；多数脂肪含量在 7%以上；亚油酸比例多数集中在 40%以下，最高超过 46%。

1. 蛋白质

燕麦中的蛋白质含量在 12%~20%，是小麦粉、大米的 1.6~2.3 倍。与其他谷物相比，燕麦中的氨基酸平衡性好，赖氨酸、苏氨酸和甲硫氨酸等营养限制性氨基酸含量高。燕麦中可溶性蛋白主要是球蛋白，占燕麦总蛋白质含量的 50%~55%。燕麦籽粒蛋白质同时具备人体必需氨基酸，其配比接近 FAO 推荐标准，氨基酸分数高达 68.2；蛋白质利用率高于 70%，功效比大于 2.0，生物价高于 72，是低成本高营养价值蛋白质的潜在来源。

2. 淀粉

燕麦淀粉含量在 50%~65%，其中直链淀粉占淀粉含量的 10.6%~24.5%。燕麦淀粉形状不规则，通常是多面体，也有的呈卵圆形或半球形，表面光滑而没有裂痕缺口以及孔洞。不同于一般谷物淀粉，燕麦淀粉粒通常聚集成平均直径为 60μm 的大颗粒，其中包括 A 型和 B 型淀粉粒，粒径范围为 2~12μm，与水稻淀粉粒大小相当，小于小麦、黑麦、大麦和玉米等谷物。燕麦淀粉属于典型的谷物类 A 型淀粉，相对结晶度为 28.0%~41.7%。

3. 燕麦β-葡聚糖

β-葡聚糖是由β-1,3-糖苷键和β-1,4-糖苷键连接β-D-吡喃葡萄糖单位形成的一种高分子无分支线性黏多糖，其中约含有 70%的β-1,4-糖苷键和 30%的β-1,3-糖苷键，相对分子质量为 65~3100。燕麦中β-葡聚糖含量为 2%~8%。一般皮燕麦中β-葡聚糖平均含量（3.78%）

略高于裸燕麦（3.22%）。燕麦中β-葡聚糖存在于胚乳和糊粉层细胞壁中，占细胞壁总多糖的85%，麸皮中的含量远高于胚乳中。

二、品质特性

（一）燕麦籽粒的物理品质

燕麦的物理特性主要指燕麦的千粒重、容重、散落性、静止角。

1. 千粒重

燕麦千粒重大小可直接反映出燕麦籽粒的饱满程度和质量好坏。千粒重除与水分有关外，还与籽粒的大小、饱满程度及胚乳结构有关。千粒重大的燕麦籽粒饱满，结构紧密，粒大而整齐。燕麦的千粒重一般在25g左右。

2. 容重

燕麦容重是粮食质量的综合指标，与燕麦的品种类型、成熟度、水分含量，及外界因素有关，我国一级裸燕麦的容重为680g/L。美国、加拿大的皮燕麦容重也较大，有些甚至高达680g/L。

3. 散落性

谷物籽粒易于自粮堆向四周散开，称为散落性。燕麦籽粒密度较小，籽粒较细长，散落性比小麦差。

4. 静止角

谷物籽粒从高处自然下落时，形成一个圆锥体粮堆，这个圆锥体的斜面线与底面的直线形成的角度，即粮食的静止角。静止角越大，燕麦的散落性越小；静止角越小，燕麦的散落性越大。静止角的大小与粮食储藏的关系非常密切。相对于小麦籽粒，燕麦籽粒细长、密度小，静止角较大。

（二）加工品质特性

1. 燕麦米

燕麦米是一种新型燕麦产品，它是将燕麦籽粒打磨去除部分籽粒表皮，做成食用方式类似大米的燕麦产品。评价燕麦米品质的指标包括吸水率、脂肪酸值、整米率、蛋白质含量、杂质含量、色泽等。优质燕麦米一般具有高的吸水率、蛋白质含量和整米率，而脂肪酸值、杂质含量较低。

2. 燕麦片

燕麦片是一种国际化燕麦产品，由燕麦籽粒经预处理、压片和烘烤制备而成，一般分为纯燕麦片、混合燕麦片和复合燕麦片。色泽、组织形态、营养物质含量和冲泡特性是评价燕麦片品质的重要指标。优质燕麦片一般要求黄白色、片状、薄厚均匀；蛋白质、β-葡聚糖含量较高，脂肪酸值较低；高温吸水率、吸水膨胀率、汤汁黏度和可溶性固形物含量较高。

3. 燕麦粉

燕麦粉也称莜面，是我国传统燕麦制品，可作为原料加工成各种燕麦食品。相比于小麦粉，燕麦粉的粒度较大，色泽偏暗。高质量的燕麦粉一般蛋白质、葡聚糖含量较高，而脂肪酸值、灰分和杂质含量较低。根据加工工艺的不同，燕麦粉分为传统炒制燕麦粉、挤压改性燕麦粉和酶解改性燕麦粉。炒制燕麦粉的流动性最好，制作的面团具有较好的流变学特性；酶解改性燕麦粉可以有效抑制燕麦食品中的淀粉老化问题；挤压改性燕麦粉具有很好的膨胀势和吸水性。

4. 二次加工品质特性

由于燕麦食品越来越受欢迎，产品形式从烘焙、休闲到饮品不断丰富，燕麦蛋白质及β-葡聚糖也作为配料加工利用。

（1）燕麦蛋白质　与一般谷物蛋白质相比，燕麦蛋白质具有独特的功能特性。燕麦蛋白质组分在碱性溶液中均具有良好的溶解性；起泡性在pH 7.5~9最好，在酸性条件下较差；具有良好的乳化性，可快速移动并吸附于油水界面形成稳定的蛋白膜；可以包埋油脂，作为植物肉研发的优质原料；富含亲水性氨基酸，具有良好的持水力；热凝胶在pH 7具有良好的稳定性。燕麦蛋白质的上述特性，使其在未来食品加工中可以作为动物蛋白质和大豆蛋白质的替代物。此外，与其他植物蛋白质相比，燕麦球蛋白质在高温下结构稳定性更好，可用于对蛋白质热稳定性要求高的食品加工过程中。

（2）燕麦β-葡聚糖　燕麦β-葡聚糖能溶于水，也可溶于酸和稀碱，溶解性受燕麦粉颗粒大小、β-葡聚糖、酶活性、温度、pH和介质离子等因素的影响。燕麦β-葡聚糖在较低的质量浓度下就具有很高的黏度，在2~30g/L时具有非牛顿流体的特性，其表观黏度值随剪切速率的增大而减小。在中性条件下，β-葡聚糖较其他多糖具有更好的热稳定性，10g/L β-葡聚糖溶液的黏度随温度升高而增大，在55℃时黏度达到最大值；但在酸性条件下，β-葡聚糖溶液容易发生水解，导致黏度下降。燕麦β-葡聚糖具有一定的起泡性和乳化性，溶液起泡性和泡沫稳定性大于45℃时随温度和pH的增加而减小，在pH 8.0、45℃时最佳；在pH 7.0、55℃条件下乳化性最稳定，高温及高pH都会降低其乳化性。燕麦β-葡聚糖也表现出很好的持水和持油力，分别达到6mL/g和8.4mL/g。

第五节　燕麦品质规格与标准

一、燕麦质量标准

现行有效的国际标准是由食品法典委员会发布，适用于栽培燕麦（*Avena sativa*）和地中海燕麦的燕麦（*Avena byzantina*），为标准CODEX STAN 201-1995 *Standard For Oats*（表6-8），它主要对燕麦最小容重，不完善粒、污染籽粒、野燕麦和非燕麦的其他可食用谷物籽粒的最低含量作出了要求。

表6-8　燕麦质量指标及分析方法

因素描述	限量	分析方法
1. 最低容重：100L燕麦的质量，定义为100L种子的质量（kg）	≥46kg/100L	容重测定按照标准ISO 7971—1986进行，或使用其他设备测定100L原始样品质量（kg）

续表

因素描述	限量	分析方法
2. 无壳和破碎籽粒（籽粒无壳和任何大小的破损）	≤5%	待定
3. 除燕麦之外的其他可食用谷物（整粒或者可辨认的破碎粒）	≤3%	待定
4. 损伤粒（包括因水分、天气、病害、害虫、霉菌、受热、发酵、发芽或者其他原因造成破碎的籽粒出现明显的变质）	≤3%	待定
5. 野燕麦	≤0.2%	待定
6. 虫蚀粒	≤0.5%	待定
7. 有污点的谷粒，即由于气候原因被污染的籽粒	待定	待定

我国现行有效标准主要包括燕麦种子国家强制标准 1 项，GB 4404.4—2010《粮食作物种子　第 4 部分：燕麦》（表 6-9）。根据纯度将燕麦种子分为原种和大田用种两级，二者对净度、发芽率和水分的最低要求相同。莜麦质量分级国家推荐标准 1 项，GB/T 13359—2008《莜麦》（表 6-10）。莜麦质量通过容重定为 3 等，容重小于等于 630g/L 为等外级，不同等级对不完善粒、杂质、水分和色泽气味的要求相同（等外级对不完善粒不要求）。

表 6-9　燕麦种子最低质量要求　　单位：%

<table>
<tr><th>级别</th><th>纯度</th><th>净度</th><th>发芽率</th><th>水分</th></tr>
<tr><td>原种</td><td>≥99.0</td><td rowspan="2">≥98.0</td><td rowspan="2">≥85</td><td rowspan="2">≤13.0</td></tr>
<tr><td>大田用种</td><td>≥97.0</td></tr>
</table>

表 6-10　莜麦质量指标

<table>
<tr><th rowspan="2">等级</th><th rowspan="2">容重/(g/L)</th><th rowspan="2">不完善粒/%</th><th colspan="2">杂质/%</th><th rowspan="2">水分/%</th><th rowspan="2">色泽气味</th></tr>
<tr><th>总量</th><th>其中：矿物质</th></tr>
<tr><td>1</td><td>≥700</td><td rowspan="3">5.0</td><td rowspan="4">2.0</td><td rowspan="4">0.5</td><td rowspan="4">13.5</td><td rowspan="4">正常</td></tr>
<tr><td>2</td><td>≥670</td></tr>
<tr><td>3</td><td>≥630</td></tr>
<tr><td>等外级</td><td>≤630</td><td>—</td></tr>
</table>

注：1. 容重为定等指标，2 等为中等，容重小于 3 等，为等外级；
2. “—”为不要求。

二、燕麦产品质量标准

燕麦产品目前主要包括燕麦粉、燕麦米、燕麦片以及燕麦类饮料等。根据中国现行国家推荐标准 GB/T 13360—2008《莜麦粉》（表 6-11），莜麦粉根据灰分（干基）、含砂量、磁性金属物、脂肪酸值（干基）、水分和色泽、气味、口味等指标，依次分为粗制莜麦粉、精制莜麦粉和全莜麦粉，其中灰分含量为定等指标。

表 6-11　莜麦粉质量指标

等级	粗细度	灰分/% （干基）	含砂量/%	磁性金属物/ （g/kg）	脂肪酸值/ （mg/100g） （干基）	水分/ %	色泽、气味、 口味
精制莜麦粉	全通过 CQ20 号筛	≤1.0	≤0.03	≤0.003	≤90	≤10.0	莜麦粉固有的色香味，具有不苦、无异味等特点
普通莜麦粉	全通过 CQ18 号筛	≤2.2					
全莜麦粉	全通过 CQ14 号筛	≤2.5					

中国农业行业标准 NY/T 892—2014《绿色食品　燕麦及燕麦粉》规定了燕麦和燕麦米、燕麦粉的感官和理化指标。燕麦和燕麦米色泽、外观、口味和气味的规定见表 6-12，理化指标的规定见表 6-13。燕麦粉的感官和理化指标的固定与 GB/T 13360—2008《莜麦粉》完全一致。

表 6-12　燕麦和燕麦米的感官特征

项目	要求	检测方法
色泽	具有该产品固有的色泽	GB/T 5492—2008《粮油检验　粮食、油料的色泽、气味、口味鉴定》
外观	粒状，籽粒饱满，无明显霉变	GB/T 5493—2008《粮油检验　类型及互混检验》
口味、气味	具有该产品固有的口味、气味，无异味	GB/T 5492—2008《粮油检验　粮食、油料的色泽、气味、口味鉴定》

表 6-13　燕麦和燕麦米的理化指标

项目		指标	检测方法
容重/（g/L）		≥700	GB/T 5498—2013《粮油检验　容重测定》
水分/%		≤13.5	GB/T 5497—1985《粮食、油料检验　水分测定法》（部分有效）
不完善粒/%		≤5.0	GB/T 5494—2019《粮油检验　粮食、油料的杂质、不完善粒检验》
杂质	总量/（%）	≤2.0	GB/T 5494—2019《粮油检验　粮食、油料的杂质、不完善粒检验》
	矿物质/（%）	≤0.5	GB/T 5494—2019《粮油检验　粮食、油料的杂质、不完善粒检验》

2019 年发布的中国农业行业标准 LS/T 3260—2019《燕麦米》根据吸水率将燕麦分为两等，并规定了蛋白质含量、脂肪酸值、整米率等指标（表 6-14）。

表 6-14　燕麦米质量指标

项目		指标	
		一等	二等
外观		籽粒饱满，色泽正常	
气味		具有该产品固有的气味，无异味	
蛋白质含量（干基）/%	≥	12.0	
脂肪酸值（干基）（KOH）/（mg/100g）	≤	150	
吸水率（干基）/%	≥	23.0	20.0
整米率/%	≥	90.0	
不完善粒/%	≤	2.0	
水分含量/%	≤	13.5	
杂质含量/%	≤	0.5	

燕麦片现行质量标准包括内蒙古自治区发布的地方标准 DB15/T 2295—2021《即食燕麦片》和中国粮油学会发布的团体标准 T/CCOA 38—2021《燕麦片》。前者规定了燕麦片的感官品质和对水分、蛋白质和β-葡聚糖含量的要求（表 6-15），后者增加了对脂肪酸值的要求，对蛋白质和β-葡聚糖含量的要求略低（表 6-16）。

表 6-15　即食燕麦片的感官要求及理化指标

项目	要求/指标
色泽	表面呈黄白色，中间为白色或乳白色
滋味及气味	具有熟燕麦片特有的滋味和气味，无异味
形状	片状，厚薄均匀，无肉眼可见外来异物，含壳≤5 片/500g，冲调后呈粥状
水分/%	≤12.0
蛋白质/%	≥14.0
燕麦β-葡聚糖/%	≥4.0

表 6-16　燕麦片感官要求及理化指标

项目	要求/指标
色泽	产品呈现与燕麦原料的淡黄色表皮和白色胚乳相一致的颜色
气味	具有本品固有的气味，无霉味，无焦煳味，无哈败味和其他异味
组织形态	片状，允许有少量碎末，干燥松散，无结块，无霉变；按规定方法冲调后呈现黏稠糊状
水分/（g/100g）	≤12.0
蛋白质（以干基计）/（g/100g）	≥10.5
β-葡聚糖（以干基计）/（g/100g）	≥3.5
脂肪酸值（以干基 KOH 计）/（g/100g）	90

上海食品学会于 2021 年发布了燕麦奶的团体标准 T/SSFS 0003—2021《植物蛋白饮料　燕

麦奶》，对原浆型、浓浆型和饮料型燕麦奶的感官指标（表6-17）和理化指标（表6-18）作出了规定。

表6-17　燕麦奶感官指标

<table>
<tr><th>项目</th><th>指标</th><th>检测方法</th></tr>
<tr><td>色泽</td><td>具有与主要原料和添加成分相符的色泽</td><td rowspan="3">呈非透明的液体，无正常视力可见外来杂质。具有主要原料和添加成分特有的组织状态。允许有析水、沉淀、分层或凝胶现象</td></tr>
<tr><td>滋味和气味</td><td>具有与主要原料和添加成分相符的滋味和气味</td></tr>
<tr><td>状态</td><td>呈非透明的液体，无正常视力可见外来杂质。具有主要原料和添加成分特有的组织状态。允许有析水、沉淀、分层或凝胶现象</td></tr>
</table>

表6-18　燕麦奶理化指标

项目		原浆型	浓浆型	饮料型	检验方法
蛋白质/(g/100g)	≥	1.3	1.0	0.6	GB/T 5009.5—2016《食品安全国家标准　食品中蛋白质的测定》
总固形物/(g/100g)	≥	10.0	8.0	6.0	QB/T 4221—2011《谷物类饮料》
总膳食纤维/(g/100g)	≥	0.6	0.5	0.1	GB/T 5009.88—2023《食品安全国家标准　食品中膳食纤维的测定》
β-葡聚糖/(g/100g)	≥	0.3	0.2	—	NY/T 2006—2011《谷物及其制品中β-葡聚糖含量的测定》

注："—"表示不要求。

第六节　燕麦储藏、加工及利用

一、燕麦储藏

（一）燕麦及其产品的储藏特性

1. 脂肪容易水解/氧化酸败

燕麦中油脂含量高，脂肪酶活力高，导致燕麦籽粒及其产品储藏稳定性差，货架期短，成为制约燕麦加工的瓶颈。国外燕麦食品加工多以皮燕麦为原料，脂肪含量低于裸燕麦，酶活性易于抑制；我国燕麦加工品种主要为裸燕麦，脂肪含量和脂肪酶活性均高于皮燕麦，酶活性抑制难度较大。

燕麦中脂肪酶主要分布于籽粒皮层，皮层含量占整籽粒的62.9%，在正常储存条件下，完好的燕麦籽粒的游离脂肪酸含量增加很慢，但如果籽粒被破坏或粉碎，脂肪酶与胚乳、胚芽、糊粉层中的脂肪充分接触，在适宜温度条件下，2~3d内游离脂肪酸含量显著增加。鉴于燕麦中高活性的脂肪水解酶和脂肪氧化酶容易导致脂肪水解后进一步氧化酸败，燕麦加工前一般都需要进行灭酶处理，但是，经灭酶处理的燕麦产品在储藏过程中仍会发生非酶促氧化酸败。因此，燕麦产品储存时，一般采取防潮、阻氧、避光措施。

2. 易滋生害虫和微生物

由于燕麦籽粒表面绒毛较多，腹沟深，且富含蛋白质、脂肪等营养物质，在储藏过程中不仅易繁殖出赤拟谷盗、杂拟谷盗、玉米象、米象等蛀食性害虫，污染原粮，造成粮食数量损失和品质下降，而且易于滋生真菌、细菌、放线菌等微生物。目前，防虫杀菌常用且应用广泛的方法有化学熏蒸、气调储藏、物理电子箱辐照、低温等离子体处理、气体二氧化氯处理等。

（二）燕麦安全储藏技术

1. 灭酶技术

燕麦籽粒及其产品为了长期储藏，通常会进行灭酶处理。目前常用的热处理方法有：传统炒制处理、蒸制处理、微波处理、普通烘烤处理、远红外烘烤处理和过热蒸汽处理等。

传统的炒锅热处理效果好，但加工效率低，工人劳动强度大，而且炒制的籽粒均匀度不一致，工艺参数无法控制和调节。蒸制处理一般是将籽粒在100℃、20min或120℃、10min条件下进行蒸制后，33℃烘干12h，然后密封包装，低温保存。该方法对燕麦中营养成分的破坏较小，但显著影响淀粉糊化特性。普通烘烤处理需要在温度高于155℃才能达到理想灭酶效果，但温度过高容易造成营养物质流失。微波处理在料层厚度1～2cm，功率450W，处理时间3.5min时灭酶效果最好；微波功率密度越大，酶活力下降速度越快，但功率过高容易引起籽粒焦化。采用红外灭酶时，籽粒水分含量达到20%，处理后保温6h以上可以彻底灭酶。过热蒸汽处理时，160～170℃、2min条件下籽粒的物理指标、营养指标、糊化特性和香气均达到期望的要求。

2. 原粮入仓准备

根据内蒙古自治区地方标准DB15/T 2298—2021《裸燕麦（莜麦）原粮仓储技术规范》中要求，裸燕麦入仓前需要对空仓、设备、器材、用具等进行全面检查与维护，同时进行清仓、消毒工作。

燕麦入仓原粮应达到干燥、饱满、杂质含量≤1.0%，水分含量应≤13%，符合安全水分要求。

3. 燕麦仓储技术

与其他谷物相同，燕麦通常进行常规储藏（自然通风、机械通风、适时倒仓等）、CO_2气调储藏（将燕麦储藏库中的CO_2的含量维持35%以上，保持15d以上）、氮气气调储藏（含量98%以上，保持30d以上）、智能储藏仓（温度15℃以下，相对湿度控制在60%以下）。

二、燕麦加工与利用

燕麦加工产品主要包括燕麦片、燕麦米和燕麦粉，是燕麦籽粒经过热处理、辊压切割和研磨等方式制作而成。在西方，燕麦加工产品以燕麦片等早餐谷物食品为主，我国燕麦多为裸燕麦，加工产品除燕麦片外，还包括燕麦粉、燕麦米等中式特色产品。燕麦加工产品是全谷物食品的重要组成部分，其营养价值和保健功能受到消费者的普遍认可。

1. 燕麦片加工工艺流程

燕麦片是国际上燕麦最主要的消费形式，有三种产品类型：纯燕麦片、混合燕麦片和复合燕麦片。纯燕麦片又分为即食和快煮两大类，前者用沸水冲调即可食用，后者需经过煮沸熟化后才能食用。根据内蒙古自治区地方标准 DB15/T 2352—2021《即食燕麦片加工技术规程》，纯燕麦片加工的主要工艺流程如图 6-2 所示。

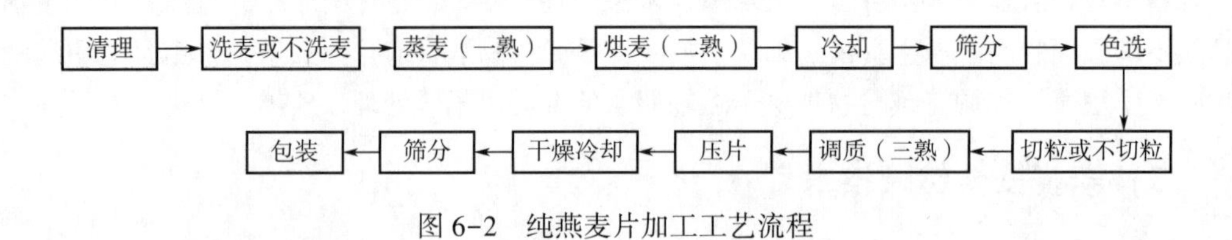

图 6-2 纯燕麦片加工工艺流程

燕麦片加工最具特色的是蒸麦技术，即“三熟”工艺。首先，蒸麦（一熟），采用蒸汽直接通入到蒸麦机里，燕麦经过蒸麦机的时间控制在 30min 左右，燕麦温度≥90℃。其次，烘麦（二熟），经蒸过的燕麦进入烘麦塔，通过烘麦塔的时间控制在 2~2.5h。随后，经过冷却（冷却到室温，水分≤10%）、筛分、色选、切粒或不切粒（全粒燕麦片不需切粒）进入调质（三熟）。用蒸汽通入到调质器中，燕麦通过调质器的时间保持 30min 左右，温度≥90℃，处理后水分含量达到 17%。然后，压片，切粒燕麦片厚度为 0.50mm 左右，全粒燕麦片厚度为 0.65mm 左右。最后，干燥冷却（水分≤12%）、筛分和包装。

除上述整粒和切粒型传统燕麦片外，燕麦籽粒经清理后，可通过磨粉、制浆、滚筒干燥等工艺制成速溶燕麦片；也可不磨粉，通过挤压膨化、压片、干燥等工艺制成挤压燕麦片。各类燕麦片的主要加工工艺流程如图 6-3 所示。

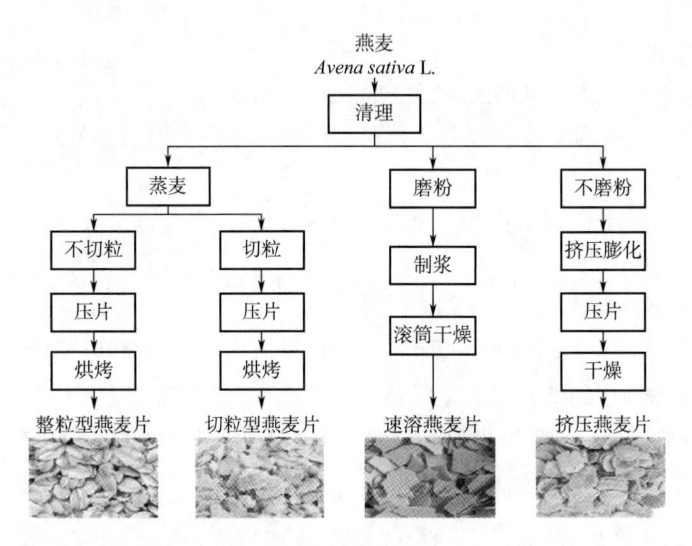

图 6-3 各类燕麦片的主要加工工艺流程

2. 燕麦米加工工艺流程

燕麦米是一种中式燕麦食品，可以与大米混配蒸煮，符合中国居民饮食习惯。燕麦米可以分为整粒型生燕麦米、破皮型燕麦米和切断型燕麦米三种类型。此外，目前市场上还有萌动燕麦米、再制燕麦米等新型产品。破皮型燕麦米是目前燕麦米最主要的消费形式，其加工以裸燕麦为原料，主要包括清理、碾磨、灭酶、包装等工段。其中，燕麦作为全谷物品质保障的关键是灭酶处理。

燕麦米灭酶工艺与燕麦片和燕麦粉类似。相比于破皮型燕麦米，整粒型燕麦米是指燕麦籽粒经过打毛、清理等简单处理的米类产品；切断型燕麦米是指燕麦籽粒经切粒后再灭酶生产的产品；萌动燕麦米需要将清理、润麦后的燕麦先萌动后再碾皮、灭酶后的产品；而挤压燕麦米需要将清理、润麦后的燕麦籽粒先挤压成型，再经过切粒、干燥制作而成。各类燕麦米主要加工工艺流程如图 6-4 所示。

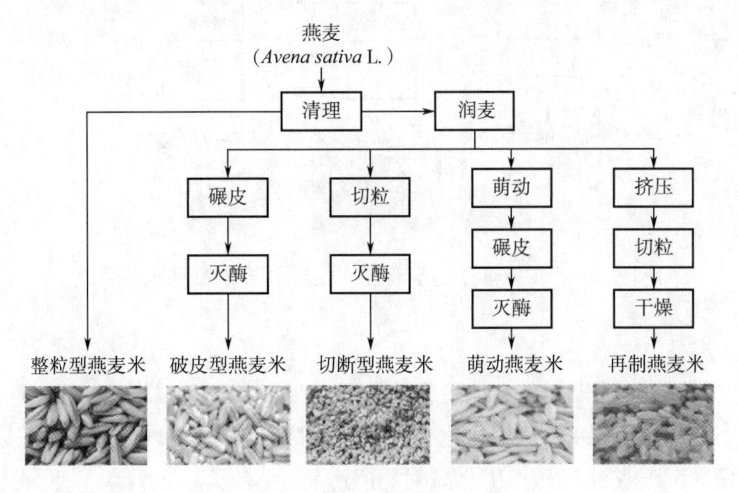

图 6-4　燕麦米的主要加工工艺流程

3. 燕麦粉加工工艺流程

燕麦粉也称莜面，是我国传统燕麦制品，可作为原料加工成多种燕麦食品。燕麦面制品制作通常采用三熟工艺，即燕麦籽粒炒熟、和面时燕麦粉热水烫熟、燕麦面团产品蒸熟。传统燕麦粉三熟工艺处理的原因有三：其一，燕麦脂质含量高，热处理能够有效降低脂肪酶活性，延长保质期；其二，热处理能够提高燕麦粉振实密度对松装密度的比值，提升粉体流动性，便于筛分；其三，燕麦不含面筋蛋白，热处理后高黏度的糊化淀粉可以提高面团流变学特性，便于面制品加工。

根据内蒙古自治区地方标准 DB15/T 2353—2021《莜麦（裸燕麦）粉加工技术规程》，传统燕麦粉的加工流程如图 6-5 所示。

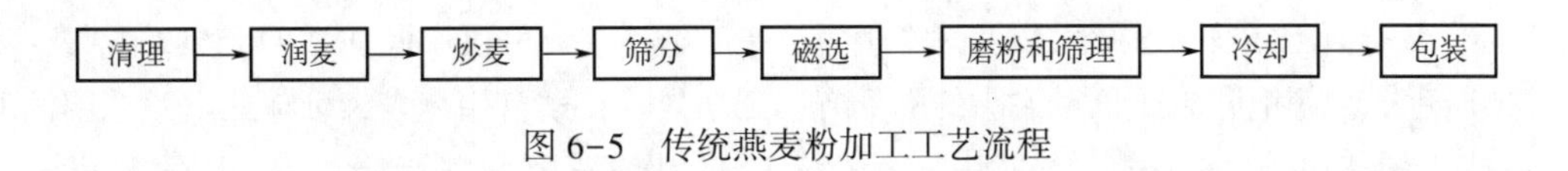

图 6-5　传统燕麦粉加工工艺流程

在上述传统燕麦粉的加工工艺的基础上，为了满足不同加工和营养品质的要求，燕麦还可以加工为挤压改性燕麦粉和酶解改性燕麦粉。挤压改性燕麦粉是燕麦籽粒润麦后，经挤压、干燥、制粉等过程制作而成。经挤压处理后，燕麦中 β-葡聚糖裂解，流变特性发生改变，燕麦粉的糊化程度增大（约 88%），膨胀势和吸水性显著提升。酶解改性燕麦粉是燕麦籽粒润麦后，经制浆、酶解、干燥等过程制作而成。酶解处理可显著降低燕麦粉中直链淀粉和支链淀粉含量，解决传统燕麦粉在液态食品中应用时产生的淀粉老化返生等问题；在酶解过程中，燕麦粉中淀粉、蛋白质和β-葡聚糖聚集体崩溃，从而使β-葡聚糖、蛋白质得到伸展，更有利于酶解改性淀粉在溶液中分散。传统燕麦粉与改性燕麦粉的主要加工工艺流程如图 6-6 所示。

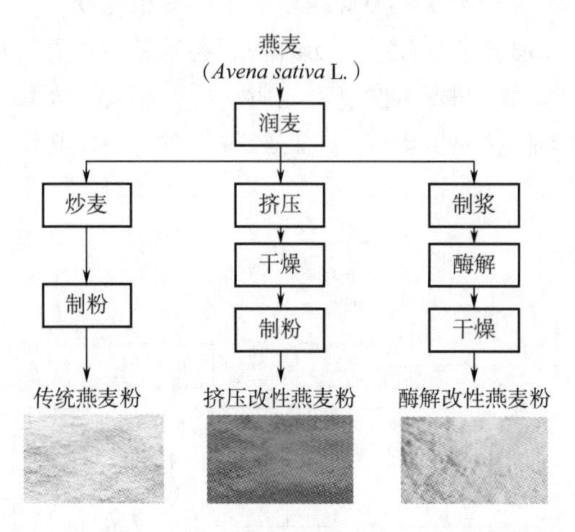

图 6-6　传统燕麦粉与改性燕麦粉主要加工工艺流程

4. 其他燕麦产品

除燕麦片、燕麦米和燕麦粉外，燕麦作为原料和配料，还可以用于加工燕麦豆乳、燕麦发酵乳、燕麦茶、燕麦酒等饮品；燕麦膨化食品、燕麦饼干等休闲食品；以及燕麦蛋白粉、燕麦肽、燕麦β-葡聚糖、燕麦油等深加工、高附加值产品。

第七节　燕麦健康作用

燕麦中富含优质蛋白、可溶性膳食纤维、不饱和脂肪、皂苷、酚类化合物、维生素、矿物质等营养成分，这些成分有助于降血脂、控血糖、保护血管、抗疲劳、促进肠道健康、控制体重等。

1. 降血脂

燕麦是降低总胆固醇，尤其是低密度脂蛋白胆固醇的理想食物。燕麦β-葡聚糖可显著增加消化道食糜的黏度，降低肠道对脂肪和胆固醇的吸收，也抑制了胆汁酸的再循环和再吸收；可通过上调胆固醇 7-α 羟化酶（CYP7A1），激活合成胆固醇，最终降低血液中的低密度脂蛋白胆固醇水平；还可被肠道微生物发酵产生短链脂肪酸，抑制肝脏中脂肪酸的合成。此外，燕麦中的球蛋白和不饱和脂肪也对血脂的降低有一定功效。长期食用燕麦，可降低空腹总胆固醇和低密度脂蛋白胆固醇水平，并在一定程度上降低甘油三酯和载脂蛋白 B，胆固醇可降低 3.0%~10.0%，冠心病风险降低 6.0%~18.0%，从而降低心血管疾病的发病风险。

2. 控血糖

燕麦及其产品可降低人体餐后血糖水平和胰岛素反应。燕麦食品的血糖生成指数（GI）范围在 40~69，显著低于白面包（GI 为 70~88）。燕麦的控血糖功效主要与籽粒中高含量的β-葡聚糖相关。燕麦β-葡聚糖可通过在肠道中形成高黏度环境、被肠道菌群降解产生短链脂肪酸、抑制蔗糖酶和麦芽糖酶的活性等多种途径减缓淀粉消化和葡萄糖的吸收，直接或间接降低餐后血糖水平。此外，燕麦酚类物质能够抑制 α-淀粉酶、α-葡萄糖苷酶的活性；燕麦极性脂质可通过提高 1 型胰高血糖素样肽（GLP-1）等的释放来调控血糖水平。

3. 保护血管

燕麦多肽、燕麦生物碱具有抗动脉粥样硬化作用，可保护血管正常生理功能。燕麦多肽可通过降低内皮素-1（ET-1）、肿瘤坏死因子-α（TNF-α）、肾素（renin）、血管紧张素Ⅱ（ANGⅡ）含量，提高血管舒缓激肽（BK）和一氧化氮（NO）含量，降低血压。燕麦生物碱可通过上调 p53-p21cip1 通路，抑制视网膜母细胞瘤蛋白磷酸化水平，同时，它可抑制平滑肌细胞增殖，增加一氧化氮的产生，提高心肌脂蛋白酯酶 mRNA 的表达，最终促进血浆脂蛋白中甘油三酯的水解，有助于预防动脉粥样硬化。此外，燕麦生物碱还可以降低内皮细胞中黏附分子表达和促炎细胞因子白细胞介素（IL）-6、趋化因子（IL）-8 及单核细胞趋化蛋白（MCP）-1 的分泌，通过抗炎作用减轻动脉粥样硬化。

4. 控制体重

食用燕麦产品可减少脂肪积累，控制体重增长。燕麦 β-葡聚糖可提高消化道食糜黏度，延缓胃排空速率，从而减少营养素的消化或吸收，胃内容物与分泌饱腹激素的肠细胞相互作用增强，会刺激食欲调节相关肽的释放。此外，燕麦 β-葡聚糖可以激活肠下丘脑轴，从而增加饱腹感。燕麦生物碱可通过调节肠道菌群，抑制小鼠肥胖。

5. 促进肠道健康

燕麦中高含量的膳食纤维具有吸水和填充的作用，可以刺激肠道，增加小肠平滑肌蠕动的频率和幅度，缩短粪便通过大肠的时间，增加粪便量和排便次数，减少有毒有害物质与肠壁的接触时间，达到润肠通便的功效。燕麦膳食纤维还可以辅助减轻胃炎、胃黏膜发炎等炎症，降低放射治疗诱发的炎症。燕麦 β-葡聚糖在近端结肠发酵产生的大量短链脂肪酸有利于双歧杆菌和乳酸杆菌等益生菌的增殖，降低肠道 pH，抑制不耐酸病原菌的生长和繁殖，有助于预防结直肠癌的发生。

6. 增强免疫力

燕麦中 β-葡聚糖和寡肽具有一定的免疫调节作用。燕麦 β-葡聚糖是一种有效的非特异性免疫激活剂，能激活单核细胞和嗜中性粒细胞的抗菌活性，刺激巨噬细胞、脾脏细胞、肠上皮细胞、淋巴细胞的转化能力和自然杀伤细胞活性，增强人体和动物机体的免疫力。燕麦寡肽是一种潜在的免疫调节剂，可以通过增强细胞介导的血清干扰素（IFN）、白介素、肿瘤坏死因子、粒细胞巨噬细胞集落刺激因子（GM-CSF）的分泌，增加免疫球蛋白 IgA、IgG 和 IgM 产生，提高巨噬细胞吞噬能力和 NK 细胞活性，最终改善小鼠的先天性和适应性免疫反应。

7. 抗疲劳

燕麦 β-葡聚糖和燕麦蛋白有增强机体运动耐力的作用。动物实验表明，摄入燕麦 β-葡聚糖和燕麦蛋白均可降低血清中血尿素氮、乳酸、肌酸激酶活性，提高非酯化脂肪酸、乳酸脱氢酶、肝糖原含量，显著提高动物跑步及游泳时长。β-葡聚糖能够通过调节 Nrf2/HO-1/Trx 信号通路改善运动引起的氧化应激反应，从而对能量代谢和抗氧化防御起到积极作用。燕麦蛋白能减轻离心运动引起的骨骼肌酸痛，并降低了血浆 IL-6 浓度和血清肌酸激酶、肌红蛋白和 C 反应蛋白含量的升高，抑制损伤性运动后的肢体水肿，减轻其对肌肉力量、膝关节活动度和垂直跳跃表现的不利影响。燕麦寡肽能降低大脑中丙二醛和乳酸含量，增强脑乳酸脱氢酶活性，并增加缺氧诱导因子 1α mRNA 和血管内皮生长因子 mRNA 表达水平，从而提高血液携氧能力和氧利用率，调节缺氧反应。

8. 美容、抗衰老

燕麦提取物作为外用皮肤护理产品已经有上百年历史，可用于辅助治疗皮疹、红斑、烧伤、瘙痒和湿疹等皮肤症状。人体皮肤模型及临床评估研究发现，燕麦β-葡聚糖能有效渗入皮肤，增强角质层水合作用，改善皮肤表面的化学特性，降低皱纹深度和高度，使皮肤湿润、光滑、有弹性。燕麦生物碱能显著抑制TNF-α诱导的NF-κB荧光素酶活性，抑制IL-8的释放，减轻接触性超敏反应和神经源性炎症对皮肤的刺激；它还能阻滞皮肤神经末梢感觉信号传递，降低血管通透性，抑制多种炎症因子的释放，起到快速镇痛、止瘙痒、降灼热的作用，改善红斑等临床表现。

燕麦的抗衰老功能主要依赖其富含的酚类物质的抗氧化性。燕麦生物碱具有较强的抗氧化能力，可以调节抗氧化酶（如超氧化物歧化酶和谷胱甘肽还原酶）的活性。在不同的燕麦生物碱分子中，燕麦生物碱2c对超氧自由基和氧自由基清除率高，总抗氧化能力是燕麦生物碱2p和2f的1.5倍。

9. 缓解焦虑

燕麦中的生物碱和B族维生素具有平衡心态、缓解焦虑作用。燕麦生物碱可以减少人体主动脉平滑肌中一氧化氮的产生，调节大脑细胞氧化应激状态，缓解急性或慢性紧张和焦虑。燕麦B族维生素有助于提高人体血清素水平，改善情绪，放松心情。每天摄取100g燕麦，基本能满足身体对维生素B_1日需量的40%，可诱导睡眠激素——血清素和褪黑素的产生，缓解肌肉紧绷、情绪紧张，失眠等症状。燕麦富含膳食纤维，可减缓食物消化和能量释放，使血糖维持在稳定水平，使人体保持饱满的精神状态。

思考题

1. 燕麦有哪些公认的健康功效？最具特色的功能因子是什么？
2. 常见的燕麦食品有哪些？加工方式有什么区别？
3. 评价燕麦品质的质量指标有哪些？
4. 简述健康膳食中燕麦的作用，如何食用更健康？
5. 燕麦储藏过程中应注意什么？为什么？

第七章

青稞

学习目标

1. 了解青稞生产、消费、流通、储藏、加工及利用的基本情况；
2. 掌握青稞营养成分、品质特性与加工方式、健康作用的密切关系；
3. 熟悉青稞的作物性状、品质规格与标准。

第一节　青稞栽培史与分类

一、青稞栽培史

大麦出现的年代大概是在6000万~7000万年前，最开始出现的称作野生大麦，穗轴在成熟之后会自动断裂，因为它要完成繁殖过程，这样种子就能撒到地面进行繁衍。大概3000万前，野生大麦出现了分化，就是穗轴逐渐在强化，也就有了栽培大麦和野生大麦的区别。青稞在植物学上属于栽培大麦的变种，因其籽粒内外稃与颖果分离，籽粒裸露，故称裸大麦，在青藏高原地区称为青稞，被定为裸粒大麦变种（*Hordeun valgare* var，*nudum* HK.）。

关于青稞的起源有两种观点：一种观点认为青稞起源于西藏二棱野生大麦（*Hordeum spontaneum* C. Koch），之后产生钝稃大麦、芒稃大麦、瓶型大麦、野生六棱大麦，野生六棱大麦又分化出野生六棱裸粒，最后野生六棱裸粒驯化为栽培六棱裸粒即青稞，西藏是青稞的驯化中心。另一种观点认为，野生二棱大麦起源于“新月沃地”并驯化为栽培种，随后向东传播，经由印度、巴基斯坦北部和尼泊尔进入藏族聚居区并最终驯化为裸粒大麦青稞。2014年，兰州大学对西藏东北部的考古研究发现，西藏贡嘎县昌果沟遗址内发现了青稞炭化粒。该遗迹与粟和小麦的遗迹共存。这说明在距今3500年的新石器时代晚期，小麦、青稞可能是从西亚传入，经黄土高原与粟交汇，再由人类活动带入青藏高原。

青稞在我国栽培历史悠久。在西藏3800年前的象雄时期，普兰就已开始栽培青稞了。普兰青稞不仅养育了两个古国，当地细德村种植的白青稞，磨出的糌粑又白又香又好吃，更是历代国王贡品。20世纪70年代，由于农业生产十分落后，青稞产量低而不稳，直至20世纪80年代，青稞种植面积一直较大，产量增加明显，主要用途为粮用，部分作为青稞酒加工原料；20世纪90年代末至2010年，在“减粮增油、减麦增豆”等种植业结构调整的大背景下，青稞种植面积逐渐下降。青稞的主要用途为粮用，部分为加工原料、饲用；2010年后，高原特色农业发展提速，在产业扶贫及大健康背景下，青稞种植面积稳步回升，目前全区域种植面积常年稳定在41.35万hm^2左右，占藏族聚居区耕地面积近1/3，占藏族聚居区粮食播种面积的60%左右。主要用途为粮用，同时粮饲兼用和加工原料用比例不断扩大。

二、青稞分类

（一）分类方法

1. 按照青稞棱数划分

青稞按其棱数来分，可分为四棱青稞和六棱青稞。其中，西藏主要栽培六棱青稞，而青海主要以四棱青稞为主。四棱青稞指穗轴各节有小穗三个，均正常发育结实。中间小穗贴近穗轴，籽粒较大。侧面两小穗与相对的侧小穗贴近，籽粒较小，穗的断面呈四角形。六棱青稞指青稞成熟时穗轴碎断，侧小穗全部发育。

2. 按照青稞播种季节划分

青稞按照生育有春青稞和冬青稞。春青稞3月中旬至4月上旬播种、8月下旬至9月下旬收获，主要位于海拔2500m以上的山区，冬青稞当年10月上旬至11月下旬播种，次年4月上旬至5月中旬收获，主要位于海拔2500m以下的河谷地区。

3. 按照青稞籽粒种皮颜色划分

按照青稞种皮颜色的不同，将其分为紫青稞、黑青稞、蓝青稞和黄（白）青稞。一般青稞种皮籽粒颜色为黑色的称为黑青稞，种皮颜色为紫色或紫褐色的称为紫青稞，种皮颜色为蓝色的称为蓝青稞，种皮颜色为黄褐色的称为黄青稞，又称白青稞。一般生产上种植的青稞多数为黄（白）青稞，其次为蓝青稞。黑青稞和紫青稞多数为农家品种或地方品种。

4. 按照青稞芒的长度划分

按照青稞芒的长度将青稞分为长芒、短芒、无芒青稞。长芒青稞一般指芒的长度长于穗长。短芒青稞指芒的长度短于一般穗长。无芒青稞指青稞外稃顶端没有芒状。

（二）青稞类别

我国青稞按照粒质的不同分为普通青稞和糯性青稞。糯青稞指直链淀粉含量小于2%，具有淀粉易糊化、黏度高、回生慢及易降解等特性。普通青稞指直链淀粉在25%左右的青稞，高直链淀粉指直链淀粉含量高于40%的青稞。

第二节 青稞生产、消费、贸易

一、青稞生产

青稞是生长在青藏高原的一种作物资源，产区主要位于青藏高原的西藏、青海、四川省甘孜、甘肃省甘南藏族自治州以及云南、贵州的部分地区，其中西藏、青海为青稞主要种植地区。全国青稞种植面积在1.33万hm^2以上的主产省份是西藏、青海、四川、甘肃和云南，种植面积合计占全国的98.4%；青稞产量在5万t以上的主产省份是西藏、青海、甘肃、四川和云南，产量合计占全国的98.2%。西藏是最大青稞产区，2018年种植面积和产量分别占全国的53.2%和58.1%。

截至2020年，青稞在全区域（青海、西藏、甘肃、四川）的总面积约38.49万hm^2，年总产量133.7万t，平均单产3.47t/hm^2，占粮食作物播种面积的43%和总产量的38%。其中，西藏种植面积在13.93万hm^2，年总产量为80万t，青海省种植面积常年稳定在8.27万hm^2，年总产量为19.17万t（表7-1、表7-2）。

表7-1　2014—2020年全国青稞种植面积分布　　单位：千hm^2

省区	2020	2019	2018	2017	2016	2015	2014
全国	384.9	398	386	389	397	353	351
西藏	209.0	208.79	209.7	201.03	199.56	193.97	187.79
青海	100.0	95.78	73.02	74.66	80.27	70.62	70.41

表7-2　2014—2020年全国青稞产量分布　　单位：万t

省区	2020	2019	2018	2017	2016	2015	2014
全国	133.7	147.4	143.4	135.7	136.0	123.0	120.0
西藏	80.0	79.29	77.72	76.04	70.55	70.85	68.05
青海	16.0	14.41	9.52	10.08	10.71	10.19	8.77

二、青稞消费

青稞是西藏种植面积最大的粮食作物，是藏族人民的基本口粮。其主要用途为种子用、粮用、加工用和饲料用。食用是青稞最主要用途，作为藏族群众口粮，包括制成糌粑和加工成食品、青稞酒等。近年来，青稞食用消费约占总消费80%，其中直接食用约占70%、间接食用约占10%；青稞籽粒及秸秆也是畜牧业主要饲料，饲用消费约占5%；其余15%用作种子和储备粮。其中，西藏青稞作为种子的用量占到青稞总产量的5.6%，粮用占青稞总产量34.4%，酿造和食品加工用占47.5%，饲料占12.5%；青海青稞作为种子的用量占到青稞总产量的10%，粮用占总产量的13%，酿造和加工用占总量的60%，饲料占17%。与西藏相比，青海青稞作为粮用的消费比例低，而用于酿酒和食品加工的比例高，是全国藏族聚居区青稞加工转化率最高的省份，处于藏族聚居区领先地位。且青稞在国内消费量呈现平稳增长趋势，2014—2018年消费量分别为120万t、124万t、136万t、136万t和139万t，缓步增加。

三、青稞贸易

青稞主要在青藏高原地区种植并主要由藏族群众消费，总体呈现国内生产、国内消费，没有对外贸易的供需特点。供需关系完全取决于地区内青稞产量，主要在青藏高原各青稞产区之间进行，以调剂各产区供求余缺。因此，其流通区域集中、以区域内流通为主。“十三五”期间，在大健康产业背景下，青稞健康作用逐渐被消费者认可，青稞产品种类越来越多，产品口感、质量均不断提升，促使了青稞的消费从区域内走向区域外。此外，青稞流通模式呈现多样性。“农户+市场”是最普遍、占市场份额最大的流通模式，在西藏、四川、青海分别约占产量的50%、85%、30%。其他流通模式，包括“农户+中间商（零售商或批发商）+市场”（在西藏、四川分别约占30%、10%）、“农户+种植基地+加工企业”（在西藏、青海分别约占10%、20%）、“农户+合作社+加工企业”（在西藏、青海、四川均约占5%）。

青稞原粮及产品流通主要表现为3个方面。

（1）酿造青稞　酿造青稞产品包括青稞白酒、青稞红酒、青稞啤酒、青稞汁、青稞露等饮品。

（2）加工制品　青稞加工制品包括青稞面粉、糌粑粉、青稞挂面、青稞营养粉、青稞馒头、青稞麦片、青稞饼干、青稞沙琪玛、青稞茶等。

（3）高附加值产品　青稞高附加值产品包括青稞红曲、青稞苗麦绿素等营养保健品。其中，青稞酒是青稞加工产品中最主要的流通产品，青海互助的青稞酒为全国最大的青稞酒生产企业，年营业收入可达到10亿元以上。其次为青稞面粉，主要作为区域外加工企业的原料供给。

第三节　作物性状

一、青稞生育期

青稞从出苗到成熟所经历的时间，称为全生育期。小麦生育期一般为150~170d，主要包括播种期、幼苗期、分蘖期、拔节期、孕穗期、抽穗期、开花期、灌浆期和成熟期。

1. 播种期

青稞播种期因区域分布不同而有差异，春青稞播种期为3月中下旬至5月上旬。因青稞整个生育期较短，加之大部分旱作，因在播种期选择时，提倡种植区气温稳定通过0℃以上时顶凌抢墒播种为宜，利用耕层土壤的冻融交替，提供种子萌发水分需求，达到早出苗、出全苗的目的。

2. 幼苗期

青稞第1片真叶露出地表2~3cm时被称为出苗，田间有50%以上麦苗达到标准的时间，为该田块的出苗期，在播种后15~20d出苗。

3. 分蘖期

田间50%以上的麦苗，第1个分蘖露出叶鞘2cm左右时，称为分蘖期。青稞分蘖可分为3个阶段，分别为分蘖初期、分蘖盛期、分蘖末期。①分蘖初期：分蘖发生于分蘖节上，分蘖的第一叶为不完全叶（蘖鞘），起保护作用，分蘖一般起始于3叶1心期，于第1片叶的基部发生，主根系开始发育；②分蘖盛期：幼苗主茎出现第4叶时，第1叶的叶腋部位分化出第1分蘖，以后主茎每出现1片叶，沿主茎出蘖节位由下向上顺序分化出各个分蘖，出蘖位与主茎出叶数呈$n-3$的对应关系，同时每个分蘖伸出3片叶时，也像主茎一样长出第1个次级分蘖，其后继续长出更多的次级分蘖；③分蘖末期：分蘖开始分化，当幼穗发育到二棱期时，分蘖停止分化，基因型和环境条件共同决定分蘖的多少，当分蘖长至3片叶之后，其生长将不再依赖主茎。

4. 拔节期

田间50%以上植株，主茎部第1节间露出地面1.5~2cm时，被称为拔节期。

5. 孕穗期

旗叶正式从叶鞘中抽出，包裹着幼穗的部位明显膨大，茎秆中上部呈纺锤形，田间一半以上麦穗出现此类现象时，被称为孕穗期。孕穗期幼穗包裹在叶鞘中，并逐渐发育变大，旗叶的叶鞘和穗轴不断伸长。

6. 抽穗期

田间50%以上的麦穗顶部小穗（不连芒）露出旗叶的时期或叶鞘中上部裂开见小穗的时期；密穗类型品种的麦穗不一定自叶鞘顶端伸出，可按其叶鞘侧面露出半个穗的时期。抽穗初期麦穗由叶鞘露出叶长的1/2，抽穗末期穗子全部露出。

7. 开花期

田间50%以上麦穗中上部小花的内外颖张开，花药散粉时，为开花期。青稞开花顺序先是中部开花，其次是上部和下部。穗子全部抽出后3~5d进入开花阶段，中部穗子发育较快，首先开花和授粉。

8. 灌浆期

在开花后10d左右，青稞进入灌浆期，营养物质迅速运往籽粒并累积起来，籽粒开始沉积淀粉、胚乳呈炼乳状。灌浆期可分为4个阶段，即水分增长期、乳熟期、面团期和蜡熟期。

9. 成熟期

胚乳呈蜡状，籽粒开始变硬，籽粒含水量下降至15%，籽粒大小定形、颜色正常、变硬，植株茎秆除上部2~3节茎节外，其余全部呈黄色。

二、青稞籽粒性状

青稞籽粒形状与小麦籽粒较为相似，但籽粒顶端无冠毛，这是与小麦籽粒的主要不同点。籽粒内颖基部一般有小穗梗退化后遗留下的痕迹——基刺或腹刺，紧贴籽粒腹沟部位。籽粒大小与不同类型品种小穗的排列位置和结实性不同有关，六棱青稞三联小穗均能结籽，发育大小均匀，籽粒细小而形状匀整；四棱青稞三联小穗均能结籽，中间小穗粒大，并紧贴穗轴，与两侧小穗在同一平面上，籽粒大小不匀整；二棱型只有中间小穗发育，粒重更明显。青稞的籽粒即果实，是颖果。籽粒是裸粒，与颖壳完全分离，籽粒一般长6~9mm，宽2~3mm，形状有纺锤形、椭圆形、棱形等。颜色有秆黄色、黄色、灰绿色、绿色、蓝色、红色、紫色及黑色等。籽粒含有两种色素：一是花青素，在酸性状态时为红色，在碱性状态时为蓝色；二是黑色素。籽粒所含色素的多少与色素存在的状态，决定着籽粒的颜色，籽粒的腹面有腹沟，背面的基部是胚，占籽粒的小部分。

在植物学上，青稞的果实为颖果，籽粒是裸粒，与颖壳完全分离。青稞籽粒是由受精后的整个子房发育而成的，在农业生产上，人们习惯将青稞的果实称为种子（籽粒）。种子由壳、胚乳和胚芽三部分组成（图7-1）。胚部没有外胚叶，胚中已分化的叶原基有4片，胚乳中淀粉含量多，面筋成分含量少，籽粒含淀粉45%~70%，蛋白质8%~14%。

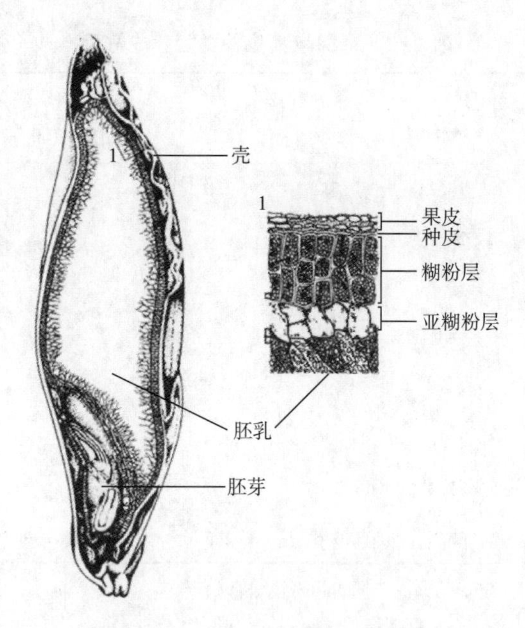

图 7-1 青稞籽粒结构

1—壳与胚乳间局部结构

第四节 青稞营养成分与品质特性

一、营养成分

青稞具有“三高两低”，即高蛋白质、高纤维、高维生素、低脂肪、低糖的成分结构特性，是一种营养价值非常高的谷物。与黑大麦和我国四大主粮相比，青稞的膳食纤维含量及钙、磷、钾、钠等微量元素含量均较高，青稞具有促进人体健康的合理营养结构，还含有多种有益人体健康的矿物质元素。此外，青稞还含有β-葡聚糖、戊聚糖、母育酚、酚类物质、γ-氨基丁酸、花色素等化学物质，在辅助控制血糖和血脂水平，辅助预防或改善2型糖尿病，辅助预防结肠癌，调节肠道内环境，减肥等方面具有一定的效果。因此，青稞具有较高的利用价值。

1. 皮层及其营养成分

青稞籽粒皮层与小麦相似，由果皮、种皮、角质层、珠心层、糊粉层组成。皮层占青稞籽粒质量的23%左右。在青稞制粉过程中种皮、角质层、珠心层、糊粉层一同被去除，统称为麸皮。麸皮富含膳食纤维、维生素、蛋白质、矿物质、花青素、γ-氨基丁酸、多糖、多酚和黄酮类物质。

2. 胚乳及其营养成分

青稞籽粒的主要部分由含淀粉的胚乳细胞组成，胚乳细胞中含有大的（A 型）和小的（B 型）淀粉颗粒，并被蛋白质基质包围。胚乳中含有65%左右的淀粉，10%左右的蛋白质，且含有3%作用的β-葡聚糖。详见表 7-3。

表 7-3 青稞与其他谷类营养成分表

名称	蛋白质/%	脂肪/%	碳水化合物/%	膳食纤维/%	灰分/%	总维生素 A/(μg RAE/100g)	烟酸/(mg/100g)	总维生素 E/(mg/100g)
青稞	11.3	2.9	76.1	13.4	3.0	0	6.7	1.0
小麦	11.9	1.3	75.2	11.6	1.6	0	4.0	1.8
稻米	7.7	2.7	75.0	3.9	1.2	—	0	1.3
小米	9.0	3.1	75.1	1.1	1.2	—	1.5	3.6
高粱	10.4	3.1	74.7	4.0	1.5	0	1.6	1.9
荞麦	9.5	1.7	73.0	4.0	2.4	2	2.2	4.4
燕麦	10.1	0.2	77.4	5.3	2.1	Tr	—	0.9
藜麦	14.4	5.8	66.6	6.6	2.2	Tr	1.0	6.4

注:"—"表示理论上存在一定量的该成分但实际未检测。

3. 麦胚及其营养成分

胚由胚芽、胚轴、胚根和盾片组成，占籽粒质量的 3.0%。青稞麦胚中富含各类维生素、矿物元素、植物甾醇、脂类等营养素。

4. 青稞主要营养化学成分

(1) 青稞淀粉　淀粉是青稞中的主要营养成分之一，含量大多在 49%~75%，平均含量 65%左右。根据直链淀粉含量的不同，可以将青稞淀粉分为糯质青稞淀粉（1%~5%）、普通青稞淀粉（20%~30%）和高直链青稞淀粉（30%~45%）。根据颗粒大小可将青稞淀粉分为 A 型和 B 型淀粉，其中 A 型淀粉（大淀粉粒）直径约 20μm，B 型淀粉直径 2~5μm，小淀粉粒可占总淀粉数量的 90%以上，但其质量只有总淀粉的 10%左右，两种淀粉相比 B 型淀粉相对表面积更大，其结合蛋白质、脂类及水分的能力更强，膨胀势、吸水率更高，对面团的糅混性和烘焙特性影响显著。青稞淀粉中 RDS、SDS 和 RS 的含量分别约为 96.19%、1.54%和 2.27%。

(2) 青稞蛋白质及氨基酸　青稞中蛋白质含量 6%~20%，平均为 11.31%，低于燕麦（12%~20%），高于水稻和玉米。其蛋白质的组分中清蛋白、球蛋白、醇溶蛋白、谷蛋白含量的平均值分别为 20.48%、10.99%、21.04%、31.91%，不同品种间差异显著。总体表现为谷蛋白含量最高，球蛋白含量最少，清蛋白和醇溶蛋白含量相当。其中青稞醇溶蛋白和谷蛋白中的高分子谷蛋白亚基、二硫键和总巯基均显著低于小麦。

青稞总氨基酸平均含量为 9.18%，平均必需氨基酸含量占总氨基酸含量的 32.21%，其必需氨基酸模式接近 WHO/FAO 推荐值，总必需氨基酸平均值为 317.05mg/g。其含有丰富的谷氨酸（1.6%）、脯氨酸（0.78%）和亮氨酸（0.45%），赖氨酸是青稞中的第一限制氨基酸，其含量为 3.64mg/g DW，但是深色青稞中赖氨酸含量更高。第二限制氨基酸主要为异亮氨酸，第三限制氨基酸主要为苏氨酸。

(3) 青稞脂肪与脂肪酸　糊粉层和胚是青稞脂肪的主要储存部位，脂肪含量变化范围为 2.44%~4.48%，平均含量 2.89%，品种之间差异显著。青稞麸皮油中中性脂质含量最高（94.55%），其次为糖脂（4.20%）和磷脂（1.25%）。相比于其他谷类作物的脂肪含量，如小米（约 4%），玉米（约 5.0%）等，青稞的脂肪含量相对较低。青稞中脂肪酸包括饱和脂肪酸和不饱和脂肪酸，其中饱和脂肪酸主要是棕榈酸（20.61%）和少量的肉豆蔻酸（0.17%）、花生酸（0.23%）、硬脂酸（1.13%），不饱和脂肪酸主要是亚油酸（53.74%）、油酸（16.99%）、亚麻酸（5.04%）及少量二十碳烯酸（1.08%）和棕榈油酸（0.14%），不饱和脂肪酸含量超过77%，表现出很高的营养保健价值。

（4）青稞纤维　青稞籽粒中粗纤维一般含量为1.94%~3.47%，大多平均为2.69%。总膳食纤维含量可以达到21.5%，高于高粱、糙米、荞麦中的膳食纤维含量6.19%、3.6%、12.7%，彩色青稞品种（品系）膳食纤维含量比白色青稞品种高3.66%，是良好的膳食纤维来源。其中，SDF含量9.28%，接近总膳食纤维含量的1/2，且高于黑麦、小米、高粱等作物，使青稞具有更好的吸水率、持水力和溶胀性。

（5）青稞维生素　青稞中含有的主要维生素为维生素B和维生素E。其中，维生素B_1含量0.32mg/kg，维生素B_2含量0.21mg/kg，烟酸含量3.6mg/kg，维生素E含量2.38~7.14mg/kg。青稞维生素的含量受品种、种植地区、栽培条件的影响。黑青稞中的B族维生素B_1、维生素B_2和维生素B_6含量分别为0.273μg/100g、0.0768μg/100g、159μg/100g，高于白青稞。

（6）青稞灰分和矿物质元素　青稞灰分含量一般在1%~3%，青稞灰分含量低于皮大麦。矿物质元素在青稞样品灰化过程中主要存在于灰分中，主要包括钾、钠、钙、镁、铁、锌、铜、磷、锰、硒等。青稞籽粒中铜、铁、磷、锌和钾含量比其他谷物高，且青稞外壳中含有的矿物质较多，占全谷籽粒的32%左右。青稞中主要矿质元素含量分别为：钙742.3μg/g、铜5.65μg/g、铁118.6μg/g、钾4640μg/g、镁1251μg/g、锰15.2μg/g、钠1132μg/g、磷3544μg/g、硫1356μg/g、锌24.4μg/g。

（7）β-葡聚糖　青稞β-葡聚糖含量在大麦中居于首位，是含量最高的麦类作物，通常含量为3.66%~8.62%，是青稞籽粒胚乳细胞壁的主要组成成分，占细胞壁干重的75%左右。青稞中β-葡聚糖形式多为（1,3）(1,4)-β-D-葡聚糖，其独特的分子结构让β-葡聚糖具有一定的亲水性，高黏性和易成凝胶等特性。研究表明，青稞β-葡聚糖在降血糖、降血脂、预防或辅助改善2型糖尿病、预防结肠癌等方面有一定的效果。

（8）戊聚糖　戊聚糖主要由阿拉伯糖和木糖组成，又称阿拉伯木聚糖，是青稞中另外一种重要的膳食纤维，可分为水溶性戊聚糖和水不溶性戊聚糖。青稞中戊聚糖含量为10.74g/100g，高于小麦、大麦、燕麦和黑麦全粉的6.6g/100g、6.6g/100g、5.8g/100g和9.0g/100g。青稞麸皮中阿拉伯木聚糖的含量为1.97%~8.42%，面粉中阿拉伯木聚糖的含量为0.7%~2.13%，其含量很大程度上取决于谷物品种和生长条件。与青稞中β-葡聚糖相比，有关青稞戊聚糖的研究较少。但戊聚糖对降低胆固醇、降低血糖指数、改善矿物质吸附、预防结肠癌和减肥等也有一定的作用，具有开发新型食品和功能性食品的价值。

（9）生育酚　生育酚是指具有维生素E生物学活性的一类化合物，主要包括生育酚（T，包括α-T、β-T、γ-T、δ-T）、生育三烯酚（T3，包括α-T3、β-T3、γ-T3、δ-T3），主要存在于胚芽中。青稞总生育酚平均含量为69.1mg/kg（dw），其中以α-生育三烯酚为主要成分（50%），占总生育三烯酚的65%，是8种异构体成分种含量最高的物质，δ-T和δ-T3含量为微量。青稞中生育酚组分含量由高到低排序为α-T3（36.00%~64.63%），γ-T3（10.84%~25.65%），α-T（9.42%~23.75%），β-T3（3.45%~22.31%），γ-T（0.43%~5.09%），δ-T3（0.56%~3.59%），β-T（0.28%~1.52%），δ-T（0.14%~0.83%）。

（10）酚类化合物　青稞总酚含量为132.15~912.51mg/100g干质量（没食子酸当量），总黄酮含量为32~58mg/100g干质量（芦丁当量），高于玉米、大米、小麦和燕麦中的含量。青稞原花青素含量为2.54mg/g左右，总花色苷含量为9.55mg/100g左右。青稞原花青素含量为2.54mg/g左右，总花色苷含量为9.55mg/100g左右。多酚含量在不同品种青稞中含量差异显著，有色青稞（如黑青稞、紫青稞、蓝青稞等）多酚类物质含量高于普通青稞。青稞中80%左右的总酚分布在麸皮和胚芽部位，黑色品种青稞的总酚、总黄酮和花青素含量最高。

（11）甾醇类　在青稞籽粒中，植物甾醇主要以酯化和游离形式存在，包括脂肪酸酯、酚酸和甾体葡萄糖或乙酰糖苷。植物甾醇在籽粒中分布不均，更多集中在外层（约82.0mg/100g和115.3mg/100g）。其中检测到β-谷甾醇47.6mg/100g，野油菜甾醇18.1mg/100g，豆甾醇3.9mg/100g等。

二、品质特性

青稞品质特性主要包括青稞籽粒品质、加工品质、食品品质。

（一）籽粒品质

籽粒特性主要包括籽粒大小、形状、色泽、千粒重和容重等物理指标。用于描述籽粒大小和形状的指标包括籽粒长度、宽度、长宽比、表面积。青稞籽粒一般长6~9mm，宽2~3mm，长宽比为1.78~2.53，形状有纺锤形、椭圆形、菱形、锥形等。籽粒色泽一般用L^*，a^*，b^*表示，其中L^*越大表示色泽越亮，反之越暗；a^*正向越大表示颜色偏红，反之代表偏绿；b^*正向越大代表颜色偏黄，反之偏蓝。一般青稞籽粒颜色偏黄，也有部分黑色、紫色、蓝色等不同粒色的青稞，基因型和种植区域的光照、热量等气候因素影响着青稞籽粒的颜色。千粒重反映了青稞籽粒的饱满程度和质量优劣。青稞千粒重为34.30~49.97g，容重为681.00~809.33g/L。此外，青稞籽粒硬度为11.23~13.70kg。青稞籽粒质地偏硬，其中糯性青稞的硬度指数比普通青稞的硬度低。通常青稞出粉率较低，一般为41.54%~51.78%。

（二）加工品质

谷物加工品质是指谷物对某种特定用途的适合性和满足程度。青稞加工品质主要指青稞全谷物粉或面粉的粉体特性。采用磨粉技术可以将青稞制备成青稞全粉和青稞面粉，作为青稞食品加工的基础，是产品研发和精深加工中至关重要的原料。目前，谷物的磨粉方式主要有石磨磨粉、钢磨磨粉、超微粉碎磨粉等。不同磨粉方式的谷物粉由于所受温度和力度不同，其表观结构和粉质特性产生了较大差异。研究发现，不同磨粉方式对青稞粉的表观结构未产生较大影响，经不同磨粉方式制备的青稞全粉的破损淀粉含量为14.4%~28.45%，其中，超微青稞全粉的破损淀粉含量最高可达到28.45%，石磨青稞全粉破损淀粉含量最低，为14.43%；青稞面粉的破损淀粉含量低于青稞全粉，为11.48%~24.76%。青稞粉体特性包括以下指标。

1. 休止角、滑角及堆积密度、振实密度

粉体的流动性与其休止角和滑角有密切关系，粉体休止角、滑角越大，表明其流动性越差。粉体填充性主要由堆积密度和振实密度反映。堆积密度和振实密度越大，说明粉体填充性越好。青稞面粉的休止角为53.5°~61.00°，滑角为61.00°~63.00°，均大于青稞全粉（47.5°~54.00°，47.5°~57.5°），其粉体的流动性较差。石磨粉、超微粉的流动性相对较好。青稞面粉的堆积密度、振实密度均大于青稞全粉，其具有较好的粉体填充性能，且面粉精度越高，其粉体流动性越好。

2. 黏度特性

峰值黏度可反映淀粉颗粒的膨胀性能，一般较高的峰值黏度对面条类产品的加工有利。超微青稞面粉、石磨青稞面粉、仿工业青稞面粉的峰值黏度、谷值黏度、最终黏度、糊化温度、回生值均比相对应的全粉高。其中，仿工业制备的青稞面粉的峰值黏度显著高于超微青稞面粉和石磨青稞面粉，通过青稞面条的食用品质分析，证明了其可以获得较好的青稞面条品质和口感；青稞全粉的糊化温度为75.15~88.00℃，青稞面粉的糊化温度为84.25~89.1℃，高于青稞全粉；崩解值表征淀粉的耐剪切性能，是指最终黏度与谷值黏度之间的差值，崩解值越大则耐剪切性越差。青稞全粉的崩解值为330.00~835.33mPa·s，青稞面粉的为727.67~894.00mPa·s，崩解值较大，面粉的剪切性较差；回生值反映面粉糊的老化或回生程度。青稞全粉的回生值为247.00~287.67mPa·s，青稞面粉223.00~582mPa·s，青稞全粉加工的产品相对不易老化，且仿工业加工的青稞面粉加工的产品不易老化，而超微青稞面粉加工产品的老化速度较快，生产中可根据产品对老化程度的要求选择合适的青稞粉磨制方式。

3. 粉质特性

青稞全粉和青稞面粉的粉质特性有显著差异。同一粒径下，青稞面粉的面团形成时间、弱化度显著高于青稞全粉，青稞全粉的吸水量、面团稳定时间显著大于青稞面粉。因为青稞全粉中富含麸皮，在其面团形成时需要更多的水分，面团形成时间较短的同时面团稳定时间也较长。80目青稞全粉的弱化度最低，140目弱化度最高，而在青稞面粉中60目面团的弱化度最低，100目面团的弱化度最高。因此，140目青稞全粉、100目青稞面粉面团易流变，面团稳定性差。80目青稞全粉、60目青稞面粉不易流变，对机械搅拌的承受能力较强，其面团形成时间和稳定时间显著高于其他粒度，面团性能较好，更适宜于制作青稞面条和馒头类产品。

4. 溶解度、膨胀度

青稞粉的溶解度和膨胀度是反映青稞制品在蒸煮过程中的膨胀程度和可溶性固形物的损失量。在温度50~90℃，青稞全粉和青稞面粉的溶解度和膨胀度均随温度的升高而增大。其表现为颗粒越小、破损淀粉含量高，粉体溶解度越强。当温度较高时，青稞全粉的溶解度显著高于青稞面粉。青稞面粉的膨胀度高于全粉，且不同方式制粉方式之间存在差异。在50℃和60℃中低温条件下，仿工业青稞面粉的膨胀度最高，其次为石磨青稞全粉，石磨青稞面粉最低，在70~90℃中高温条件下，超微青稞面粉的膨胀度最高。

5. 持油性与持水性

粉体的持水性、持油性与食品感官、质构品质相关，因此其可作为衡量青稞粉品质的重要指标。青稞面粉的持水力为6.46~7.64g/g，高于青稞全粉的5.68~6.29g/g。青稞全粉持油力为0.89~1.07，高于青稞面粉0.86~1.03。因此，青稞面粉比青稞全粉的持水性高、持油性低。且石磨青稞面粉具有更好的持水和持油能力，可以防止加热过程中水分的散失，延缓淀粉老化，同时其与油脂结合能力强，较为适合加工馒头、糕点、酥饼等产品。

6. 冻融稳定性

析水率可以反映淀粉乳在冷冻与融化交替变换时淀粉的稳定性。析水率越大，说明其冻融稳定性越差。青稞粉糊的析水率随着冷冻次数的增加逐渐增加，不同次数间差异不显著（$P>0.05$）。工业粉的冻融稳定性最差，经一次冷冻和解冻后，析水率超过70%，石磨青稞粉的析水率最小（64.41%~65.61%）。研究表明，析水率较高会导致保水能力较差和网络结构较弱，因此，石磨制备的青稞粉的冻融稳定性最好，适宜用做冷冻及冷藏食品的原料或配料。

（三）食品品质

青稞加工产品的食品品质均是参考小麦来评价的。青稞面条吸水率平均为126.94%，干物质失落率平均为11.78%，断条率平均值为38.33%，干物质失落率高，易糊汤，耐煮性较差。青稞加工蛋糕比容平均为3.1g/mL，能维持较好的感观和外观，蛋糕芯部结构孔泡稍大但均匀，有杂粮蛋糕的粗糙感，内部组织均匀；青稞加工饼干具有松脆的口感和青稞特有的香味，延展性一般。青稞加工炒面香味浓郁，糊化度高。青稞为杂粮，因此其常作为辅料与小麦等主食面粉进行复配加工产品，能明显改善产品的加工品质。

第五节　青稞品质规格与标准

一、青稞质量标准

目前，青稞实行的质量标准为国家标准GB/T 11760—2021《青稞》，主要以容重、不完善粒进行分级（表7-4）。

表7-4　青稞品质指标

<table>
<tr><th rowspan="2">等级</th><th rowspan="2">容重/(g/L)</th><th rowspan="2">不完善粒含量/%</th><th colspan="2">杂质含量/%</th><th rowspan="2">水分含量/%</th><th rowspan="2">色泽、气味</th><th rowspan="2">皮大麦含量/%</th></tr>
<tr><th>总量</th><th>其中：无机杂质</th></tr>
<tr><td>1</td><td>≥790</td><td rowspan="2">≤6.0</td><td rowspan="6">≤1.2</td><td rowspan="6">≤0.5</td><td rowspan="6">≤13.0</td><td rowspan="6">正常</td><td rowspan="6">≤3.0</td></tr>
<tr><td>2</td><td>≥770</td></tr>
<tr><td>3</td><td>≥750</td><td>≤8.0</td></tr>
<tr><td>4</td><td>≥730</td><td rowspan="2">≤10.0</td></tr>
<tr><td>5</td><td>≥710</td></tr>
<tr><td>等外</td><td><710</td><td>—</td></tr>
</table>

注：“—”为不做要求。

二、青稞米标准

青稞米标准目前没有国家标准、行业标准发行，已施行的主要是青稞主产区制定的地方标准，其中西藏和青海分别制定了青稞米的地方标准。本书以青海省发布的青稞米地方标准，DBS63/0006—2021《食品安全地方标准　青稞米》为例介绍。青稞米是指以青稞（*Hordeum vulgare* L. var. *nudum* Hook. f.）为原料，经筛选、去杂质、机械脱皮、包装加工制成的谷物加工品。该标准主要以不完善粒和杂质为外观指标，以蛋白质、真菌毒素及重金属为理化指标，详见表7-5。

表 7-5　青稞米感官要求与理化指标

项目	要求	检验方法
色泽、气味	具有青稞米固有的色泽、气味、无异味	GB/T 5492—2008《粮食检验　粮食油料的色泽、气味、口味鉴定》
杂质/%	≤0.3	GB/T 5494—2019《粮食检验　粮食油料的杂质、不完善粒检验》
不完善粒/%	≤6.0	GB/T 5494—2019《粮食检验　粮食油料的杂质、不完善粒检验》
水分/%	≤13.0	GB 5009.3—2016《食品安全国家标准　食品中水分的测定》
蛋白质/(g/100g)	≥6.0	GB 5009.5—2016《食品安全国家标准　食品中蛋白质的测定》
铅（以 Pb 计）/(mg/kg)	≤0.2	GB 5009.12—2023《食品安全国家标准　食品中铅的测定》
镉（以 Cd 计）/(mg/kg)	≤0.1	GB 5009.15—2023《食品安全国家标准　食品中镉的测定》
玉米赤霉烯酮/(μg/kg)	≤60	GB 5009.209—2016《食品安全国家标准　食品中玉米赤霉烯酮的测定》
脱氧雪腐镰刀菌烯醇/(μg/kg)	≤1000	GB 5009.111—2016《食品安全国家标准　食品中脱氧雪腐镰刀菌烯醇及其乙酰化衍生物的测定》

三、青稞面粉标准

青稞面粉标准与青稞米类似，目前缺乏国家标准或行业标准，以地方标准为主。本书以青海省发布的青稞面粉标准，DBS63/0005—2022《食品安全地方标准　青稞面粉》为例介绍。青稞面粉以青稞（*Hordeum vulgare* L. var. *nudum* Hook. f.）为原料，经过原料筛选、清理、脱壳、去除种皮，粉碎、研磨、过筛，未添加任何非青稞粉物质的粉状产品，且满足该标准定义的商品青稞面粉。青稞应符合 GB/T 11760—2021《青稞》标准规定并达到三等以上标准质量要求。该标准主要规定了青稞面粉的感官指标和理化指标，详见表 7-6。

表 7-6　青稞面粉感官要求与理化指标

项目	要求	检测方法
色泽	色泽均匀一致，呈白色或灰白色	GB/T 5492—2008《粮食检验　粮食、油料的色泽、气味、口味鉴定》
气味和滋味	具有青稞固有的气味和滋味，无异味，无霉味，无哈喇味	
组织形态	产品呈均匀粉末状固体，具有流散性，无结块结团现象；无肉眼可见杂质	

续表

项目	要求	检测方法
水分/%	≤13.0	GB 5009.3—2016《食品安全国家标准 食品中水分的测定》
灰分（干基）/%	≤2.5	GB 5009.4—2016《食品安全国家标准 食品中灰分的测定》
β-葡聚糖（干基）/(g/100g)	≥1.5	NY/T 2006—2011《谷物及其制品中β-葡聚糖含量的测定》
蛋白质（干基）/(g/100g)	≥7.0	GB 5009.5—2016《食品安全国家标准 食品中蛋白质的测定》
含砂量/%	≤0.03	GB/T 5508—2011《粮油检验 粉类粮食含砂量测定》
粗细度（CQ 20号筛通过率）/%	≥99.0	GB/T 5507—2008《粮油检验 粉类粗细度测定》
脂肪酸值（干基，KOH计）/(mg/100g)	≤100.0	GB/T 5510—2011《粮油检验 粮食、油料脂肪酸值测定》
磁性金属物/(g/kg)	≤0.009	GB/T 5509—2008《粮油检验 粉类磁性金属物测定》
铅（以Pb计）/(mg/kg)	≤0.2	GB 5009.12—2023《食品安全国家标准 食品中铅的测定》
镉（以Cd计）/(mg/kg)	≤0.1	GB 5009.15—2023《食品安全国家标准 食品中镉的测定》
赭曲霉毒素A/(μg/kg)	≤5.0	GB 5009.96—2016《食品安全国家标准 食品中赭曲霉毒素A的测定》
玉米赤霉烯酮/(μg/kg)	≤60.0	GB 5009.209—2016《食品安全国家标准 食品中玉米赤霉烯酮的测定》

第六节 青稞储藏、加工及利用

一、青稞储藏特性

青稞的储藏稳定性好于小麦。在相同高温储藏条件下，青稞比小麦在品质指标方面的变化速度和幅度更小。储藏温度越高，青稞水溶性蛋白质含量下降程度越明显，脂肪酶活动度的变化随储藏时间的延长呈先显著后缓慢的上升趋势，温度越高，α-淀粉酶活性下降越明显；青稞过氧化氢酶随着储藏时间的延长呈递减趋势，温度越高，下降速率越大，高温储藏、高温气调储藏不利于青稞品质的保持。青稞在储藏过程中挥发性成分发生较大变化，酸类、酯类、醇类、酮类等挥发性成分的相对含量逐渐上升，烃类、醛类挥发性成分的相对含量下降。青稞中蛋白质的变化及蛋白质之间的相互作用也是直接影响青稞的耐储藏性的重要因素。

二、青稞储藏技术

气调储藏一定程度有助于延缓青稞的陈化速率，从而起到了延缓青稞品质下降的作用。高浓度 CO_2 气调储藏（80% CO_2）能抑制青稞呼吸作用，调控青稞储藏品质，青稞整体视觉质量保持较好，能有效延缓青稞籽粒劣变，保护青稞新鲜度，利于提高采后青稞耐储性能。高温37℃下充 CO_2（99%以上）气调储藏可延缓青稞品质的降低。0℃低温储藏对青稞陈化有一定的抑制作用，它可以减缓了青稞中脂肪酸值、过氧化值的上升幅度，抑制脂肪的水解，有利于青稞水分的保持，并且延缓水溶性蛋白质含量下降、α-淀粉酶的活性下降以及抑制脂肪酶活动度。此外，低温充 CO_2 气调储藏对脂肪酶活性的抑制作用更加明显，而在较高温度，如37℃条件下对青稞脂肪酶活性的抑制效果有限。

三、青稞加工与利用

（一）青稞米

青稞米的加工工艺主要包括：将青稞原麦籽粒经清选，去除麸皮、胚芽，经清洗抛光而成籽粒规整、色泽明亮的青稞米。青稞米加工流程如图 7-2 所示。

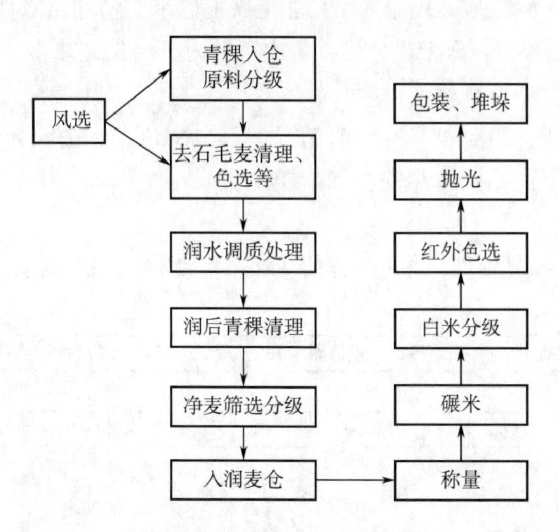

图 7-2 青稞米加工流程

1. 青稞入仓

原粮通过汽车或者人工投料入原粮仓的过程。具体工艺流程如图 7-3 所示。

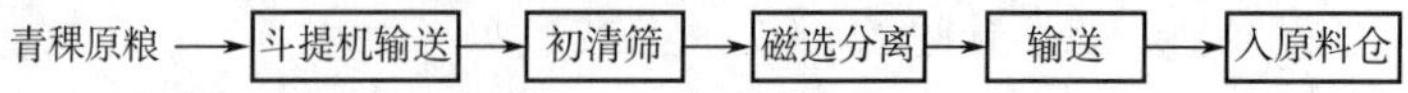

青稞原粮 → 斗提机输送 → 初清筛 → 磁选分离 → 输送 → 入原料仓

图 7-3　原粮入仓工艺流程

2. 毛麦清理

去除青稞原粮中的杂质，并同时对青稞粒进行分级，将不合格的青稞粒分离并回收；接着对得到的青稞粒进行去石、色选、打麦处理，去除并肩石和霉变粒、玻璃粒子、塑料粒子等异色杂质，去除表面尘土等杂质。具体工艺流程如图 7-4 所示。

青稞原粮 → 筛选分级 → 去石 → 色选 → 打麦 → 调制 → 入净麦仓

图 7-4　毛麦清理工艺流程

3. 调质处理

将经过清理的青稞粒置于润粮仓进行水分调节，使得其含水量为其质量的 14%，经过 24~48h 后出仓，得到浸麦。

4. 润后青稞清理

青稞粒润后青稞进行二次去石处理；将青稞粒按照长度、厚度进行精选，分离出异种粮粒和不完善粒，同时去除夹杂在料流中圆形状的豆类和荞子等杂质；随后进行筛理、计量。调制润麦的工艺流程如图 7-5 所示。

调制青稞 → 二次去石 → 精选 → 筛理 → 计量 → 入润麦仓

图 7-5　润后青稞清理工艺流程

5. 碾米

清理好的青稞粒进行 4~7 道砂辊碾米、1~2 道铁棍碾米，增加出米率，提高加工精度，最大限度地减少出碎，提高整米率；碾米次数多，每次用的力都会相应减小，从而提高整米率。

6. 分级

青稞米进行白米分级，得到精米，并对精米进行二次色选，去除异色粒和如玻璃粒子、塑料粒子等无机杂质，保证产品的食品安全和食用卫生。

7. 抛光

对色选后的精米进行抛光处理，并进行包装、堆垛。碾米、分级、抛光工艺流程如图 7-6 所示。

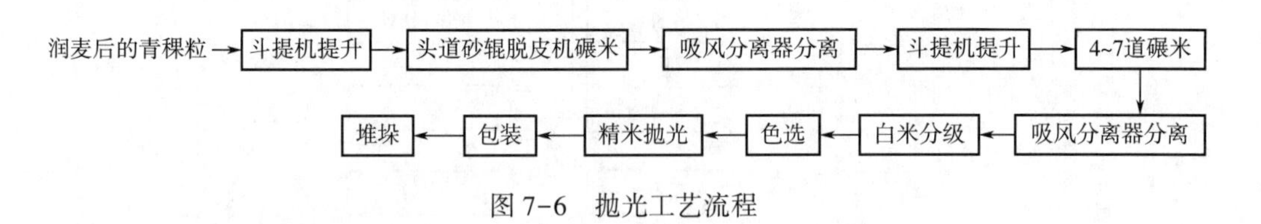

图 7-6　抛光工艺流程

（二）青稞制粉

青稞制粉工艺主要有两种：一种是传统制粉工艺，另一种是结合小麦制粉改良后的工艺。

对于传统制粉工艺，其主要工艺步骤包括除杂、炒制处理、青稞籽粒粉碎，粉碎设备包括机械粉碎和石磨粉碎；对于结合小麦制粉改良后的工艺，其主要经过剥皮、润麦、多道碾磨和筛选来提高青稞粉的出粉率。

1. 青稞熟粉

青稞熟粉制备工艺主要由四部分组成：第一部分为原粮青稞清理部分，第二部分为润粮处理部分，第三部分为熟化冷却抛光部分，第四部分为制粉部分，如图 7-7 所示。

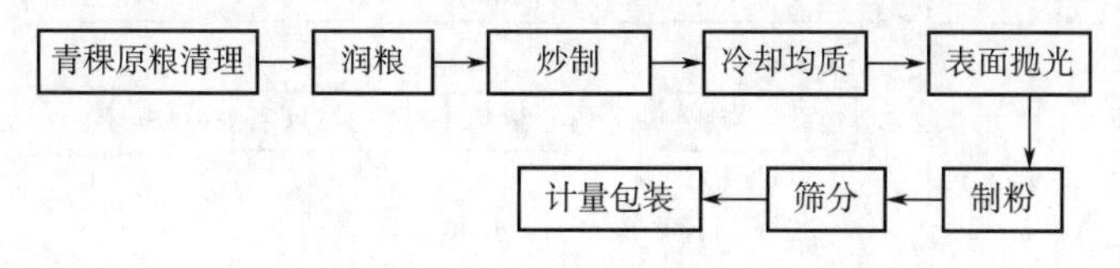

图 7-7　青稞熟粉现代制粉工艺流程

（1）原粮青稞入仓　从外面调到工厂的青稞经过初清清理后直接输送到车间的原料周转仓；除卸粮外，从下粮坑到原料仓全部为机械化，配备了机械化清理、除尘装置，改善车间环境卫生，提高生产效率。

（2）青稞清理　这一阶段主要是对青稞进行清除杂质，对新入钢板仓青稞进一步筛分清选，去除青稞中的小土块、石块、金属物等，并通过分级去石机进一步清理青稞中的瘦粒、秸秆、霉变、虫蚀青稞。

（3）表面清洗　经过清理后的青稞表面进一步通过水洗处理，将青稞表面杂质和农药残留最大限度清洗干净，并加入适量的水分进入下一道工序。

（4）润粮处理　加了水之后的青稞表面含水较高，但粮食内部水分少，通过润粮处理后使水分较为均匀分布在青稞籽粒内，对稳定后面工序的处理带来很大的方便并可提高质量。设计润粮时间为 24~48h，可以根据不同气候要求加以调节。

（5）熟化处理　润粮调质处理后的青稞，进入炒籽机炒籽，保证温度在 100~150℃的熟化温度下，熟化 5~30min，至青稞爆腰率（爆花率）达到 85%以上，熟化率达到 95%以上。通过控制炒制机的转动，达到蹭掉少量表皮的效果，同时采用新型可控炒籽机，炒出的青稞熟化和爆花率稳定，确保最终产品质量的稳定。

（6）冷却均质抛光处理　熟化后的青稞进行冷却均质，均质时间为 24h，设 2 个均质仓，可以循环使用，保证生产的连续性。通过均质处理，保持青稞籽粒内外物理结构一致，便于加工。在进入研磨之前通过对已经熟化的青稞进行表面处理，将表面有少量杂质再进一步除去。减少成品中的含砂量，进一步提高成品的口感。

（7）制粉　主要采用机械化研压制粉方式，与传统石磨制粉工艺的机制一致，对熟化后的青稞进行研磨筛分，通过控制电动机的速率，采用现代化技术对青稞制粉过程多次筛分、重复研磨，制出不同品味的青稞粉产品，首道研磨筛分后的青稞粉，其含皮量少，灰分低，粉色白，作为高档青稞精粉，精粉具有灰分含量低、精度高的特点；通过多次研磨筛分后的产品主要为普通青稞粉。各道研磨的青稞面粉可以根据不同的要求分别输送到 2 个输送设备，可以通过在输送机上的调节拨斗来调节青稞面的出品比例和加工精度，前道灰分低，较白，后道灰分高，含表皮量较大，但其香味更独特，所以，可以根据不同的市场需求灵活调整。

（8）面粉检查和计量包装　对于生产出的面粉在工艺上进行一次筛分检查，将不合格的颗粒重新回到系统进行再研磨，直到达到标准细度，然后通过电子打包机计量、打包。

2. 青稞生粉

制粉工艺主要包括青稞原粮色选、清理后磨粉阶段采用4~6道皮磨、1~3道撞击出粉、4~7道心磨、1~2道渣磨、1~4道清粉提纯、2~4道打麸的多道轻碾、多级出粉，如图7-8所示。

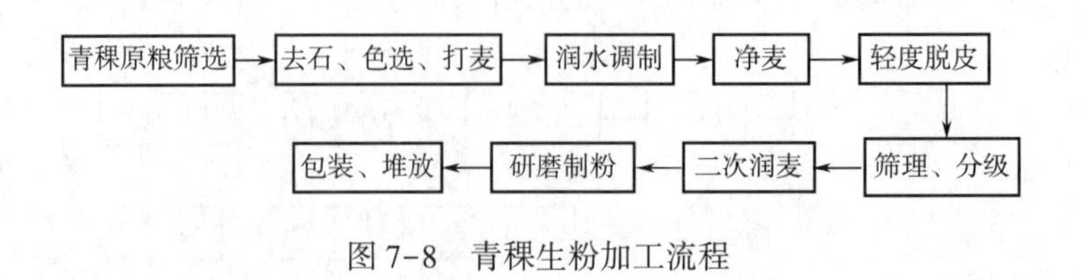

图7-8　青稞生粉加工流程

（1）毛麦清理　青稞原料进行振动筛筛选分级，清除大杂质、小杂质及轻杂质，将不合格的青稞分离并回收；将经过筛选分级的青稞依次进行去石、色选，去除霉变粒、白青稞、黑青稞、并肩石、玻璃粒子、塑料粒子、异种原料（如豌豆或其他）等异色杂质，提高色泽，控制微生物，保证食品安全；将清理的青稞进行打麦处理，有效降低青稞粉成品的灰分、提高色泽，保证食品安全；青稞进行着水处理，并置入润粮仓中进行水分调节，经过24~48h出仓。

（2）净麦清理　清理得到的青稞净麦再次进行去石处理，这个时候可以去除黏附在青稞表面的泥土、沙粒，进一步确保青稞粉成品的颜色、安全；净化的青稞进行轻度脱外表皮处理，脱去0.5%的外表皮，然后进行筛理、分级、雾化着水（0.2%的水）、二次润粮处理，提高水分和润粮的均匀度，确保皮层的韧性，避免制粉时皮层碎裂而过多混入面粉中，影响青稞粉质量。

（3）青稞碾磨制粉　二次润麦的青稞称量并采用磨粉机、高方平筛、清粉机、撞击机、打麸机进行多道轻碾辅以撞击制粉、分级提纯。该技术中采用5道皮磨、2道撞击出粉、6道心磨、2道渣磨、3道清粉提纯、3道打麸完成。粉路避免回路。

（三）青稞在固体食品加工中的应用

青稞在青藏高原区域内主要以糌粑的形式食用，而在区域外以青稞面粉为原料可以生产青稞挂面、青稞方便面、青稞免煮面、青稞馒头等面制品；可以制作为青稞面包、饼干、曲奇、蛋糕、月饼等烘焙类产品；可以制作青稞麦片、青稞挤压米、青稞速溶粉等青稞膨化食品；可以制作青稞方便粥、方便粉、青稞含片、冰淇淋、青稞麦茶、青稞奶茶等方便青稞食品。

（四）青稞在液体食品加工中的应用

青稞最大的利用价值在于酿酒。目前，青稞酒种类多样，既有非蒸馏型的青稞咂酒、青稞啤酒，也有蒸馏型的青稞烤酒、青稞白酒、青稞清酒以及调配青稞酒等。其中，青稞白酒是青稞最主要的酒类型。还有青稞酸乳、青稞甜醅、青稞酵素、青稞醋、青稞谷物饮料等青稞食品。

(五) 具有健康功效的青稞食品

以青稞为原料已开发的具有健康功效的青稞食品有β-葡聚糖类的片剂、胶囊、口服液等，超氧化物歧化酶类的调理胶囊、抗缺氧胶囊及青稞麦绿素等。

第七节　青稞副产物利用

青稞在磨粉过程中产生了大量的麸皮，麸皮中含有丰富的营养成分，可以进行二次开发利用。另外，青稞在酿酒过程中产生了大量的酒糟，酒糟中丰富的营养化学物质使其具有加工利用价值。

一、青稞麸皮

青稞麸皮中含有粗纤维 11.59%，粗脂肪 5.66%，总淀粉 21.25%，粗蛋白 13.09%，β-葡聚糖 4.31%，灰分 0.59%。是膳食纤维的丰富来源，然而其口感粗糙，目前在食品工业中的应用不足 10%。因此，可采用不同加工技术改善其口感，提升其加工性能。采用气流冲击磨对青稞麸皮进行超微粉碎，可降低青稞麸皮的粒径，且不影响青稞麸皮膳食纤维的组成及质量分数，并能增强青稞麸皮的功能特性，改善其粗糙的口感与结块程度，提高青稞麸皮冲调产品的稳定性；采用淀粉酶、糖化酶、蛋白酶、纤维素酶复合酶解技术，可制备出纯度为 92.3%的青稞水溶性膳食纤维，其可应用于火腿肠和香肠中，制备出的新型青稞麸皮膳食纤维香肠的硬度、弹性、内聚性和咀嚼性对应的质构值都在特制火腿肠的标准之中；酶解-挤压膨化复合技术对青稞麸皮进行改性，一定程度上改良了青稞麸皮的粉体特性，研发出青稞高纤面包、青稞麸皮曲奇饼干、青稞麸皮油茶产品。

以青稞麸皮为原料提取膳食纤维，也是作为全谷物功能基料的新方式。采用α-淀粉酶和中性蛋白酶联合酶解制备青稞麸膳食纤维的得率可达 38.57%。制备的青稞膳食纤维具有良好的持水性，持水力为 53.26%、膨胀力为 1.9mL/g。采用碱法制备的青稞麸皮中不溶性膳食纤维，纯度达到 83.04%。

二、青稞酒糟

青稞酒糟作为青稞白酒的副产物，主要成分来自酿酒原料青稞和酒曲，含蛋白质、氨基酸、可溶膳食纤维、有机酸及香味物质等（表 7-7）。可通过不同方式或工艺对其有效成分进行提取制备，并作为高附加值产品的加工原料。通过酶法工艺可提取出含有多肽和可溶性纤维的青稞酒糟水溶物，研制出具有保湿、抗氧化、美白、抗紫外的全功能无纺布面膜。采用醇碱法提取青稞酒糟中的蛋白质，然后采用碱性蛋白酶酶解青稞酒糟蛋白制备出具有良好的醒酒活性和抗氧化性多肽，也可以青稞酒糟为原料制成酸性蛋白饮料。此外，将 20%的青稞酒糟添加到紫花苜蓿和黑麦草青贮饲料中，还可以提高青贮饲料的发酵品质。

表 7-7 青稞酒糟中营养成分及氨基酸含量分析 单位:%

营养成分分析		氨基酸含量分析	
营养成分	含量占比	氨基酸	含量占比
蛋白质	25.86	天冬氨酸	0.856
酸溶蛋白	5.76	苏氨酸	0.44
脂肪	5.71	丝氨酸	0.443
粗纤维	15.07	谷氨酸	3.263
淀粉	11.73	甘氨酸	0.48
碳水化合物	14.04	丙氨酸	0.563
总膳食纤维	44.52	胱氨酸	0.217
多糖	10.29	缬氨酸	0.693
β-葡聚糖	2.52	甲硫氨酸	0.149
总磷	2.9	异亮氨酸	0.486
总碳	49.88	亮氨酸	1.15
总氮	4.14	酪氨酸	0.52
总钾	0.66	苯丙氨酸	0.698
有机质	75.72	组氨酸	0.545
五氧化二磷	0.61	赖氨酸	0.449
		精氨酸	0.585
		脯氨酸	1.2
		总计	12.737

第八节 青稞健康作用

青稞具有丰富的营养价值。在高寒缺氧的青藏高原，为何不乏百岁老人，这与常食青稞，与青稞突出的保健功能是分不开的。据《本草拾遗》记载：青稞，下气宽中、壮精益力、除湿发汗、止泻。藏医典籍《晶珠本草》更把青稞作为一种重要药物，用于治疗多种疾病。一般来讲，全谷物青稞的饮食干预可以显著提高肠道中的物种丰富度，并提高有益细菌的比例，如双歧杆菌、脱硫弧菌和融合杆菌，它们可以产生短链脂肪酸（例如丁酸）。因此有助于改善肠道微环境，从而达到预防或支持癌症、心血管疾病或代谢综合征的治疗。

1. 抗氧化作用

青稞中的主要抗氧化剂是酚类、生育酚和多糖。其中，酚类物质主要在其麸皮中富集，面粉中含量较少，其含量高于燕麦。且不同颜色和不同品种青稞青稞具有不同的抗氧化活性，基因型和种植环境是影响青稞酚类及其抗氧化活性的主要因素。青稞中的阿拉伯木聚糖和β-葡聚糖具有抗氧化活性，且碱提取的阿拉伯木聚糖比热水提取的β-葡聚糖具有更高的抗氧化活性。生育酚的同分异构体具有抗氧化活性。

2. 抗菌作用

经羧甲基化修饰后的青稞β-葡聚糖具有良好的抑制金黄色葡萄球菌作用。富含花青素的青稞麸皮水提取物可抑制铜绿假单胞菌 PAO1 和肠球菌（ATCC10398）的生物膜形成。此外，青稞蛋白肽也具有抗菌作用，经胰蛋白酶水解获得的青稞蛋白肽抗菌活性高，被称为巴利霉素，在医疗行业或食品防腐剂中具有重要的潜在用途。

3. 抗癌作用

青稞中的抗癌成分由β-葡聚糖、酚类和阿拉伯木聚糖组成。青稞β-葡聚糖能够通过改变肠道菌群，减少硫化氢的产生从而对结直肠癌起到预防效果。青稞多酚的游离态、结合态提取物通过诱导细胞周期阻滞和细胞凋亡对 HepG2，MDA-MB-231 和 Caco-2 细胞都表现出抗增殖活性。通常其酚类物质对癌细胞增殖的抑制作用较小，但与δ-生育三烯酚结合后，其抗癌活性可增强。由葡聚糖、木糖、阿拉伯糖和鼠李糖组成的青稞水溶性多糖组分对于人结肠癌细胞的增殖有抑制作用。乳酸菌发酵青稞可以提高β-葡聚糖和游离酚酸的含量，增强其抗癌作用。

4. 控血糖作用

青稞全谷物在控制血糖、调节糖代谢方面具有良好的效果。青稞麦片显著降低空腹血糖受损患者的血糖水平，其改善作用强于燕麦片。青稞全粉可通过改善肠道菌群从而显著降低糖尿病小鼠的空腹血糖以及糖耐量。青稞全谷物的降糖作用主要归因于β-葡聚糖、酚酸、类黄酮和抗性淀粉等青稞中含有的主要抗糖尿病元素。青稞中的β-葡聚糖在改善胰岛素敏感性和降低餐后葡萄糖反应方面起着重要作用。β-葡聚糖在低浓度下具有高黏度。随着浓度的增加，β-葡聚糖分子纠缠成网络结构形成明胶。然后β-葡聚糖覆盖淀粉颗粒的表面，防止淀粉酶与淀粉颗粒接触。β-葡聚糖可以与肠道脂肪和胆盐结合，降低胆固醇水平，预防糖尿病。青稞中的酚类化合物（阿魏酸、柚皮苷和儿茶素）可降低α-葡萄糖苷酶和α-淀粉酶的活性，具有降血糖作用。此外，青稞中的酚酸和抗性淀粉也可以调节血糖反应。

5. 抗肥胖和降血脂

食用全谷物可以显著降低肥胖和高血脂风险。高血脂患者服用青稞炒面 30d 后体重平均下降 1.13kg，可有效降低血脂和体重。动物实验也证明青稞全粉能抑制经高脂高糖饲喂大鼠体内脂肪的增加，显著改善大鼠的糖脂代谢，从而有效控制大鼠的体重。青稞中的β-葡聚糖、多酚和膳食纤维都对肥胖有抑制作用。青稞中的膳食纤维是难以被肠胃消化的，它可以促进肠胃的蠕动，从而促进肠道内有害物质尽快排出体外，同时膳食纤维入胃后会吸收水分膨胀，在胃中形成高浓度的溶胶，产生饱腹感从而起到减肥效果。β-葡聚糖可以与肠道中的脂质和胆盐相互作用以降低胆固醇水平。相比于普通青稞，有色青稞在预防肥胖方面更具优势。

6. 降胆固醇作用

青稞中具有一定的降低胆固醇作用。其发挥作用的主要成分是青稞β-葡聚糖、多酚和膳食纤维。青稞中的β-葡聚糖可以降低血液中的胆固醇含量，并对高胆固醇饮食仓鼠的胆固醇代谢产生低胆固醇影响。5%~10%的青稞麸皮可促进小鼠体内胆固醇在肝脏转化为胆汁酸并在粪便中排泄，从而降低血清胆固醇水平。饲喂一定量的黑青稞多酚提取物，可显著降低小鼠的总胆固醇（TC）、低密度脂蛋白胆固醇和动脉粥样硬化指数。

7. 抗炎作用

青稞中主要抗炎成分是β-葡聚糖、香草酸、花青素和阿拉伯木聚糖。青稞β-葡聚糖具有较强的体外抗炎活性，α-淀粉酶和胰腺脂肪酶的抑制能力与其分子质量呈正相关。青稞的低黏度和高溶解度也可以改善抗炎作用。且青稞发芽后制得的麦芽粉末具有更高的植物化学成分含量和更多的抗炎作用。发酵青稞提取物（香草酸）可减少葡萄糖消耗，减少促炎细胞因子分泌。花青素也具有一定的抗炎作用，其中芍药苷-3-葡萄糖苷显著抗氧化和抗炎作用已被确定。

8. 免疫调节作用

青稞中的一些元素可以增强人体免疫系统中吞噬细胞的活性以及吞噬能力，这样就可以从整体上增强人体的抗病能力，减少受到细菌或者病毒感染的可能性。青稞中主要免疫调节成分是β-葡聚糖和阿拉伯木聚糖。青稞中β-葡聚糖的颗粒特性（形状、大小和均一性）与其免疫调节特性相关。阿拉伯木聚糖的抗肿瘤活性主要是由于其免疫激活作用。

9. 抗高血压活性

青稞中富含的花青素可抑制血管紧张素转换酶（ACE）活性，并表现出较大的抗高血压作用。青稞中水提和碱提β-葡聚糖提取物具有预防 ACE 生成的血管扩张作用。因此，用大麦或全麦谷物代替低纤维谷类食物，有助于降低中年男性和女性的血压。

10. 抗疲劳作用

青稞花青素提取物在一定程度上具有增强体能、减少疲劳和提高锻炼耐力的活性。给大鼠喂食青稞麦绿素（400mg/kg 和 1000mg/kg）的饮食 5d，可减少束缚应激对大鼠海马脑源性神经营养因子的影响，从而起到抗疲劳作用。

11. 认知改善

青稞β-葡聚糖可以显著增强肠道微生物群-脑轴的认知功能。维生素 E 和青稞全谷物摄入可增加 D-半乳糖治疗的大鼠大脑中γ-氨基丁酸的含量，降低 Aβ1-42 的含量，从而起到改善认知作用。

12. 抗衰老作用

青稞具有潜在的抗衰老作用。摄入青稞可使易衰老小鼠寿命延长 4 周左右，延缓机体萎缩。其主要通过增强老龄小鼠肝脏和大脑中抗氧化酶和谷胱甘肽过氧化物酶的活性，降低丙二醛水平发挥抗衰老作用。因此，终生食用青稞也可能有益于延缓衰老。

思考题

1. 青稞有哪些健康功效？最具特色的功能因子是什么？
2. 常见的青稞食品有哪些？如何食用更健康？
3. 青稞的加工利用途径有哪些？

第八章

大麦

学习目标

1. 了解大麦生产、消费、流通、储藏、加工及利用的基本情况；
2. 掌握大麦营养成分、品质特性与加工方式、健康作用的密切关系；
3. 熟悉大麦的作物性状、品质规格与标准。

第一节 大麦栽培史与分类

一、大麦栽培史

大麦（*Hordeum vulgare* L.）属禾本科植物，是一种主要的粮食和饲料作物，已有5000年的种植历史。从文字记载上看，商代甲骨文中即有“麦”字，可能包括小麦和大麦。《诗经》中常用“来、牟”并称，如“贻我来牟”“于皇来牟”等，“来”指小麦，“牟”指大麦。公元前3世纪的《吕氏春秋·任地篇》中记载有“孟夏之昔，杀三叶而获大麦”，才开始有大麦之名。西汉之前全国各地均种有大麦，在黄河流域、长江流域和西北旱漠地区广为种植。在我国长达5000多年的农耕文明时期，大麦一直作为小杂粮作物。在新月沃地（The Fertile Crescent）地区的山洞中发现了1.1万年前人类储存和使用野生大麦的考古学遗迹，表明大麦是最早经历人类选择的作物，这个过程比小麦的驯化历史更悠久。在随后1万多年的迁移过程中，逐渐适应了不同环境、不同生态类型，如今成为大麦作物研究的模式植物。

大麦的栽培技术和小麦的基本相同。大麦作为“开荒”作物，具有优异的抗逆性和生态适应性，可以适应全国各个地区的不同环境，尤其是在一些干旱、高寒的偏远地区，即便在平均海拔超过4000m的青藏高原地区，裸大麦（青稞）仍是该地区最主要的作物，是当地人的主要口粮和饲用作物。此外，大麦也在黄河流域及长江流域广泛种植。其种植面积和产量仅次于小麦、水稻和玉米，居谷类作物第四位。

二、大麦分类

大麦属于禾本科小麦族大麦属。大麦属大约有33个种，其中许多种可以划分为多个亚种，因此该属共有45个变种，广泛分于全球的温带及干旱地区。我国栽培大麦属于 *H. vulgare* 种的3个亚种，ssp. *hexastichon*，ssp. *distichon* 和 ssp. *intermedium*，已发现的变种有544个，其中425个是新变种。我国栽培大麦的新变种和新类型之多是十分罕见的。

（一）分类方法

1. 按照大麦内外颖附着情况划分

皮裸性是大麦一个独特的特性。野生大麦及部分栽培大麦中，大麦内外稃可以紧密地黏合在颖果上，称为“皮大麦”，皮麦在成熟时果皮分泌出一种黏性物质，将内颖、外颖坚密地黏在颖果上，脱粒时不能分离；而在部分栽培品种中，内稃、外稃与颖果并不黏合，可以很容易地除去稃质，产生裸露的果实，称为“裸大麦”。裸大麦因地区不同又称裸麦、元麦、米大麦、青稞等，这类大麦成熟时颖果与内外颖分离，在收获脱粒时可将颖壳除去。

2. 按照大麦穗形情况划分

棱型是大麦的一个重要性状。根据大麦穗形不同，可以分为3个类型，即六棱大麦、四棱大麦和二棱大麦（图8-1）。六棱大麦，是大麦的原始形态，麦穗的横切面呈正六角形，穗形紧密，麦粒小而整齐，含蛋白质较多。六棱皮大麦因发芽整齐，淀粉酶活力高，特别适宜制作麦芽。六棱裸麦多作食粮用。四棱大麦，麦穗横断面呈四角方形，穗形较疏，麦粒稍大但不均匀，蛋白质含量较高。四棱皮大麦因发芽不整齐只宜作饲料，四棱裸大麦也可作食粮用。二棱大麦是六棱大麦的变种，穗形扁平，沿穗轴只有对称的两行籽粒，形成两条棱角。二棱大麦多为有颖大麦，籽粒大而整齐，壳簿，淀粉含量高，蛋白质含量低，发芽整齐，是酿造啤酒的最好原料。

图8-1　不同棱形大麦的横断面

3. 按麦穗形态来划分

根据大麦的麦穗形态分为曲穗大麦和直穗大麦。直穗大麦的穗成熟时直立，穗厚而阔，籽粒互相紧靠，籽粒的基座有一条横向的隆块和凹沟。直穗大麦中有二棱大麦、四棱和六棱大麦。曲穗大麦的麦穗成熟时下垂，穗长而细，籽粒的基座均为斜面形。曲穗大麦均为二棱大麦。适于酿制啤酒的大麦多为曲穗二棱春（夏）大麦。

4. 按使用价值来划分

按照大麦的用途分为：酿造用大麦，主要有啤酒酿造大麦、非啤酒酿造大麦（中国白酒、威士忌、食醋、酱）；食用大麦，主要用于食品加工的裸大麦；饲用大麦，主要作为家畜、家禽的饲料。

5. 按照大麦播种季节划分

大麦按播种期不同，可以分为冬大麦和春大麦两类。冬大麦主要集中于长江流域，种植面积占全国大麦总面积的60%以上，产量占全国大麦总产量的65%以上；春大麦主要分布于北方冬季较冷的东北、内蒙古、西北地区，青藏高原大麦栽培面积较大，是春大麦的主产区。

6. 按照大麦籽粒种皮颜色划分

按照大麦籽粒皮色的不同，现在最新的标准将大麦分为黄（白）、蓝、紫（红）、褐和黑5种颜色。深色型变种占总变种数的53.5%。大麦稃壳和籽粒的深颜色是由显性基因控制的。中国大麦深色型变种的分布频率随海拔高度而增加，盐碱区紫色变种类型分布也较广，这与其生态条件有密切关系。

（二）大麦类别

大麦和其他禾谷类作物一样，大麦胚乳淀粉是由直链淀粉和支链淀粉组成。根据两者的含量及比例进行分类可将其分为普通大麦和糯大麦。一般普通大麦胚乳中直链淀粉和支链淀粉含量总计是27%~73%，而糯大麦中胚乳直链淀粉含量很低或不含直链淀粉，其中直链淀粉与支链淀粉的含量各为0~10%和90%~100%。

第二节 大麦生产、消费和贸易

一、大麦生产

大麦适应性广，种植栽培几乎遍及全球各个地区，从南纬50°到北纬70°，五大洲100多个国家有大麦生产。目前，常年播种面积在5000万~6000万 hm^2，年总产量约1.4亿t。按谷物生产量排序，大麦位于玉米、小麦和水稻之后，是全球第四大谷类作物。中国并非世界的大麦主产国。

世界大麦总产量经历了从较大幅度的上升到小幅度下降的趋势，总体呈增长趋势（图8-2）。美国农业部发布的数据显示，2015—2018年全球大麦产量呈现出不断下降的趋势，2019—2020年大幅增长。2019年产量达到15679.9万t，同比增长12.33%；2020年全球大麦种植面积为5160.1万 hm^2，同比增长1.1%；全球大麦产量为15703.1万t，同比下降0.9%。大麦生产区域主要集中在欧洲、亚洲、美洲等地区。全球大麦产量中欧盟和俄罗斯产量最高，分别占据全球大麦产量的40.7%和13.1%。其中，俄罗斯大麦的产量及种植面积均居世界首位，年均产量为1910.89万t，占世界大麦年均总产量的13.1%。

随着国内消费者饮食结构改变，中国大麦播种面积和产量均从2005年以来持续下降，2019—2020年有所回升，其中2020年大麦播种面积达50.9万 hm^2，产量达到203万t（图8-3）。中国大麦收获面积虽逐年下降，但大麦种植分布广、跨度大。2019—2020年，大麦种植面积在3.3万 hm^2 以上的主产省（自治区）是云南、湖北、内蒙古、江苏、四川和甘肃，种植面积合计占全国的88.6%；大麦产量在10万t以上的主产省（自治区）是云南、湖北、江苏、甘肃、内蒙古、四川、河南和新疆，产量合计占全国的95.5%。

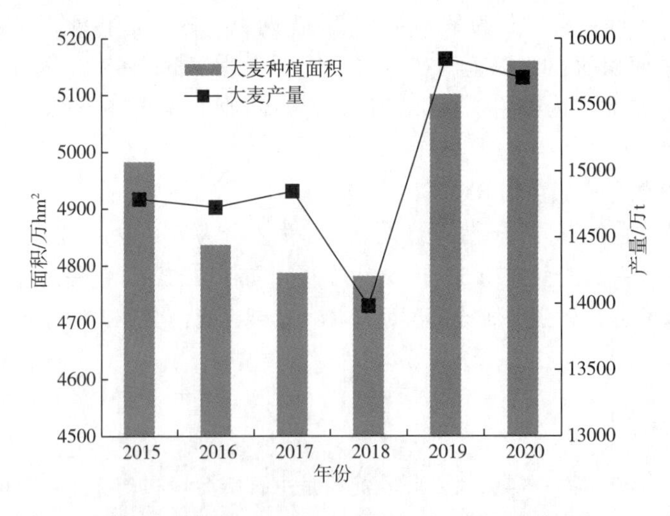

图8-2 2015—2020年全球大麦种植面积及产量

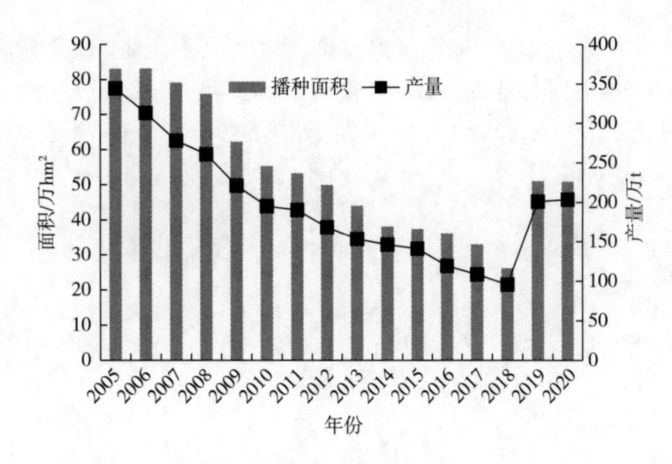

图 8-3　2005—2020 年中国大麦播种面积及产量

二、大麦消费

世界各大洲的大麦消费量差异悬殊，全球大麦消费量以欧洲最大，其次是亚洲，美洲位居第三位。欧洲大麦消费量年度间变化差异最大，其次是美洲、亚洲和非洲。2021 年全球大麦消费量为 1.47 亿 t，较 2020 年下降 0.14 亿 t。其中，欧盟消费量最高，为 4530 万 t，占比 31%；其次为俄罗斯与中国，分别为 1410 万 t，1160 万 t，分别占 9%，8%。中国大麦主要依赖进口，2021 年中国大麦进口量为 850 万 t，根据中国海关总署统计，主要进口源自法国、加拿大、乌克兰、阿根廷等地。

根据美国农业部统计，可将消费量划分为饲料消费量与食用、种子、工业用消费量。2021 年饲料消费量为 10183.9 万 t，占整体消费量的 69%，可见大麦饲用消费一直占据主导地位。大麦啤用消费比例逐年上升。大麦作为工业原料，已成为第二大工业用谷物，这些大麦大多用来制造麦芽。大麦食用消费形式趋于多样化。在西方，至 17 世纪以前，一直用大麦制作面包。至今，有用大麦加工成珍珠米、麦精、麦片，或经膨化处理后作为快餐与早餐食品；也有用麦芽制作面包、麦茶和糖果等。在高寒、干旱、盐碱地区，大麦仍然是当地居民的主食。大麦食品有助于降低心血管病发生率又能改善血糖反应，符合当前大健康产业发展需求，具有开发功能食品的潜力。

中国的大麦消费主要包括食用消费、饲料消费、工业加工消费和种用，其中酿酒是我国大麦消费最大的消费类别之一，我国酿酒用大麦占到大麦消费的 85%以上。另外，畜牧业快速发展，带动饲料需求快速增长。而且由于国内大麦价格低于小麦、玉米等作物的价格，大麦饲用消费需求将进一步提高。

三、大麦贸易

世界大麦贸易量总体上呈现稳步增长的态势，贸易量年际波动与大麦生产的变化呈现出一定的关联性。从出口的地区分布来看，欧洲是大麦出口量最大的地区。FAO 数据显示，2018—2020 年世界大麦出口前 5 位的国家分别是法国、乌克兰、俄罗斯、澳大利亚、加拿大，占比达到 62.8%。前 5 位大麦进口国家分别是中国、沙特阿拉伯、荷兰、比利时、德国。

中国大麦贸易以进口为主，长期以来出口量非常少，属于调节性贸易活动。大麦进口量远超其他国家。2018 年中国大麦进口数量 682 万 t，进口金额为 16.9 亿美元。2019 年 1—10 月中国大麦进口数量 528 万 t。2020 年中国大麦进口 800 万 t，占全球总进口量的 24.69%（图 8-4）。

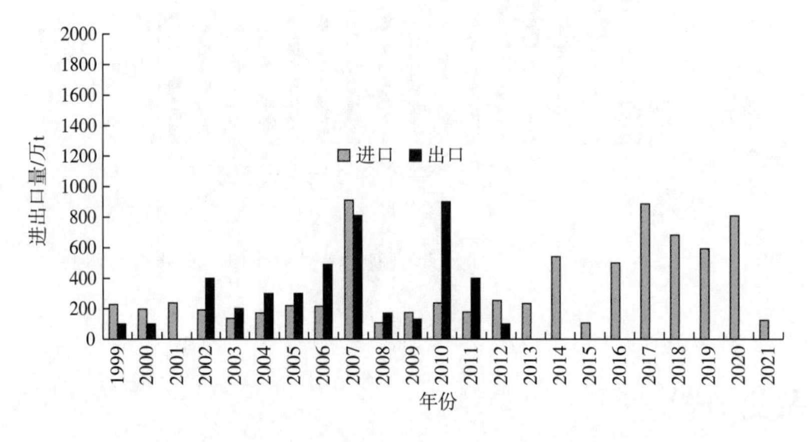

图 8-4 1999—2021 年中国大麦进出口情况

第三节 作物性状

一、大麦生育期

大麦从种子萌发到新种子形成过程的一生中，需经过出苗、分蘖、拔节、抽穗开花和结实成熟等过程。根据器官形成的顺序，可分为幼苗期、分蘖期、拔节孕穗期和结实成熟期等四个发育阶段。大麦生育期是指出苗到成熟的天数。大麦属于长日照作物。日照时间越长，发育越快，抽穗开花时间越提前，反之则越晚。一般春大麦生育期为 65～140d；冬大麦 160～250d。也有适于温带、亚北极地区、亚热带的大麦品种，生长期至少 90d，在谷类作物中是较短的。我国大麦的分布在栽培作物中最广泛，但主要产区相对集中，主要分布在长江流域、黄河流域和青藏高原。大麦的主要生育期如下。

1. 播种期

根据生态因素中的光、温条件以及地理位置、播种期等特点，将中国栽培大麦划分为三大生态区。北方春大麦区，包括东北平原，内蒙古高原，宁夏、新疆全部区域，山西、河北、陕西北部，甘肃景泰和河西走廊地区，均属一年一熟春大麦区，一般 3 月下旬至 4 月中旬播种，7 月下旬至 9 月上旬成熟。黄淮以南秋播大麦区，包括山东，甘肃的陇东和陇南，山西、河北、陕西南部及其以南各省，四川盆地，云贵高原 6 个生态亚区，是我国大麦的主要产区。每年 9—10 月播种。另外，青稞也称为裸大麦，属于大麦的一个重要生态区，详见第七章。

2. 出苗期

大麦出苗通常以第一片真叶长 2～3cm 作为出苗的标准，当田间有 50%幼苗时，为出苗期。

大麦出苗的快慢与好坏受到播种后温度、土壤水分地块质量和覆土深度等条件的很大影响。一般自播种到出苗需要有效积温 90℃。南方冬麦区自播种到出苗大概 7d 左右，秋播越迟，温度越低，出苗越慢。

3. 分蘖期

大麦出苗后经过 14~20d，当麦苗出现第三片叶以后不久，在第一片叶的叶鞘基部露出一个分蘖的叶尖，标志分蘖开始，一般持续到拔节期结束。当田间有 10%以上植株，第一分蘖露出叶鞘约 1cm 时为分蘖始期。当有 50%第一分蘖露出叶鞘约 1cm 时为分蘖期。一般冬大麦分蘖力较强，春大麦分蘖力较弱。大麦与小麦相比，具有分蘖发生早，分蘖期长，单株分蘖能力强，分蘖数量多，群体大的特点。

4. 拔节期

当大麦茎的第一节间普遍伸长达到 0.5cm 左右时，为生理拔节期。大麦的茎一般需要在气温上升到 10℃以上时，才能显著伸长。当基部节间伸出地面 1.5~2.0cm 时为物候拔节期。

5. 孕穗期

当幼穗分化完毕，旗叶完全伸出后，穗轴迅速伸长，穗的体积增大，进入孕穗期。接着最上一个节间伸长，把麦穗送出旗叶叶鞘。

6. 抽穗期

当穗顶的第一个小穗露出叶鞘时称作抽穗。当大田有 10%的茎蘖抽穗时称作始穗期，80%抽穗时称作齐穗期。从始穗到齐穗一般 3~7d。

7. 灌浆成熟期

大麦开花授粉和受精后，子房迅速膨大，胚、胚乳和皮层等各部位迅速形成。麦粒形成时先长长，后长宽增厚，经 10~15d 麦粒长度达到最大，麦粒外形初步形成，为麦粒形成期，此时含水量在 70%以上，用手指可挤出稀薄而稍黏的液体。此后开始大量积累养分，进入灌浆成熟期。一般分为 3 个时期。当含水量由最初的 70%降至 46%~48%，粒重达到最终粒重的 30%以上时为乳熟期，一般 15~20d；麦粒开始变黄，胚乳先呈黏滞状，后呈蜡状，成蜡熟期，籽粒含水量降至 32%~37%，麦粒呈品种固有的色泽，一般 5~10d；穗茎、穗轴变脆，麦粒变硬，含水率下降至 20%以下，为完熟期。

二、大麦籽粒性状

大麦籽粒属于颖果，一般分为裸粒和带稃两种。其中，裸粒在青藏高原又称为青稞，在本书第七章已经作了详细介绍，因此本章主要介绍带稃大麦的籽粒性状。带稃大麦，其稃壳与颖果粘连。带稃的种子虽外围轮廓呈披针形，但其表面为稃壳所贴，干枯粗糙，背面和侧面拱凸的稃脉延伸至稃端，稃端脉脊有刺毛。稃基有时存留颖。腹面内稃随种子腹沟而凹陷，上部较宽，下部较窄，基部伴随有基刺。其结构主要由稃壳、果皮种皮、珠心层、糊粉层、胚乳、胚组成（图 8-5）。

1. 稃壳

稃壳主要含有木质素、纤维素、戊糖和阿拉伯木聚糖，还含有己糖、戊糖的半纤维素和糖醛残基。稃壳含淀粉极少。蛋白质、多酚及无机成分含量也很低。其质量为大麦籽粒干重的 7%~13%。六棱大麦籽粒稃壳含量大于二棱品种，因此具有更好的过滤麦芽的作用。

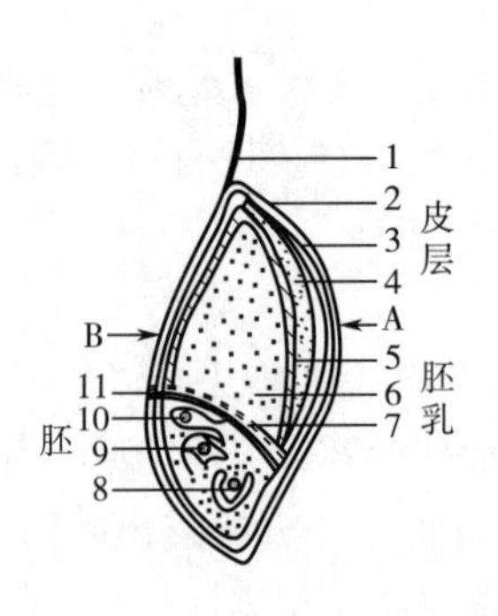

图 8-5　大麦籽粒结构

A—腹面　B—背面

1—麦芒　2—稃壳　3—果皮和种皮　4—腹沟　5—糊粉层　6—胚乳　7—细胞层

8—胚根　9—胚芽　10—盾状体　11—上皮层

2. 籽实皮

通常大麦的籽实皮厚 100~250μm，包括果皮和种皮两部分，主要由纤维素、木质素、硅酸、单宁和苦味物质组成。这些物质对酿造有很多有害作用。但皮壳在麦汁制造时，可作为麦汁过滤层使用。

(1) 果皮　果皮的最外层为表皮（外果皮），厚约 20μm，其细胞扁平，外壁角质化，排列比较整齐。顶面观，细胞多呈方形，细胞壁持续加厚。籽粒顶部细胞较短小，有些含硅质，成为硅质短细胞，有些短细胞凸起延伸成为表皮毛。紧接表皮之下的数层细胞为薄壁组织。位于薄壁组织之内的 2~3 层横向延长的细小细胞是横细胞。在横细胞的内侧有时还零散分布管细胞。带稃大麦中，成熟果皮外围有黏合的内外稃。

(2) 种皮　大麦种皮仅由两层细胞组成，厚约 20μm，细胞内外壁角质化，外壁角质化程度更深，可阻止水分和溶质浸入。其中外层细胞较薄较小，内层细胞相对较厚较大，使其切面上呈一圈粗厚的角质层。

3. 珠心层

大麦的珠心层常有细胞 1~2 层，在腹沟下部有时可达 5~6 层。这些细胞的形状和排列均不规则，大小悬殊，壁薄，于种子成熟时常被挤破，成为覆盖于内侧糊粉层上的无色途明层。

4. 胚乳

胚乳与胚毗连，是胚的营养仓库，胚乳质量为大麦干物质的 80%~85%。胚乳由储藏淀粉的细胞层和储藏脂肪的细胞层构成。储藏淀粉的细胞层是胚乳的核心。在细胞之间的空间处由蛋白质组成的“骨架”支撑。外部被一层细胞壁包围，称之为糊粉层，其细胞内含有蛋白质和脂肪，但不含淀粉，靠近胚的糊粉层只有一层细胞。胚乳与胚之间还有一层空细胞称为细胞层。

胚乳是麦粒一切生物化学反应的场所。当胚还有生命力的时候，胚乳物质便能分解与转化，部分供胚作营养，部分供呼吸时消耗。

(1) 糊粉层　糊粉层位于胚乳和胚的外围，糊粉层是由 2~4 层排列规则的立方形厚壁细胞构成，不含淀粉，充满着小球状的糊粉粒。其中主要含有纤维素、脂质、蛋白质和矿物质元素、B 族维生素（如烟酸和叶酸），糊粉层质量约占籽粒质量的 14%。

(2) 胚乳　糊粉层以内是淀粉胚乳，由不规则大型细胞构成，细胞内充满了大小不同的淀粉粒，间隙含有蛋白质，胚乳质量约占籽粒质量的73%，不含面筋。在糊粉层和淀粉胚乳之间是由1~2层细胞组成的亚糊粉层，其细胞较小，含有较多蛋白质和少量淀粉，淀粉颗粒较小。大麦胚乳分粉质和角质两类。粉质胚乳含淀粉多而蛋白质少，宜作酿造原料；角质胚乳含淀粉少而蛋白质多，宜食用或饲料用。

5. 胚

胚是大麦最主要的部分，位于麦粒的基部。其质量为大麦干物质的2%~5%。由胚轴、胚芽、胚根和盾片所组成，为植物的生长发育提供营养。盾片是一种扁平状组织，有分泌酶和吸收养料的作用。胚芽位于胚轴的顶端，其生长点被三张胚叶包围，二张胚叶基部各有一个腋芽原基。胚根和胚芽分别包胚根鞘和胚芽鞘内。胚是大麦的有生命力的部分，由胚中形成各种酶，渗透到胚乳中，使胚乳溶解，以供给胚芽生长的养料。一旦胚组织破坏，大麦就失去发芽能力。

第四节　大麦营养成分与品质特性

一、营养成分

大麦的化学组成随品种以及自然条件等不同在一定范围内波动，主要成分是淀粉，其次是纤维素以及蛋白质、脂肪等。大麦中一般含干物质80%~88%，水分12%~20%。

1. 碳水化合物

碳水化合物在大麦谷物中占据最多的成分，通常为总干重的78%~83%。淀粉是最重要的碳水化合物，大麦淀粉质量占总干物质质量的58%~65%，储藏在胚乳细胞内。大麦淀粉含量越多，大麦的可浸出物也越多，制备麦汁时收得率也越高。大麦淀粉在化学结构上分为直链淀粉和支链淀粉。直链淀粉占17%~24%，支链淀粉占76%~83%。直链淀粉由60~2000个葡萄糖基形成α-1,4-糖苷键连接螺旋形不分枝长链，相对分子质量为10000~500000。它易溶于温水，形成黏度不大的溶液。直链淀粉遇碘液时，碘从螺旋中间通过，与直链淀粉之间形成吸附化合物而显蓝色，其呈色反应与葡萄糖残基的聚合度有关：支链淀粉包围着直链淀粉，除具有α-1,4-糖苷键结构外，还有6.7%的α-1,6-糖苷键分支结构。每个支链平均约含20个葡萄糖基。在主链上每2个支链间隔8~9个葡萄糖基，支链的数目为50~70个，相对分子质量为100万~600万，需加热方能溶于水中，形成黏度较大的溶液。支链淀粉遇碘时，碘不能通过α-1,6-糖苷键结合的分支点，其末端基只有20余个葡萄糖基在外部与碘结合，故呈红色到紫红色反应。

其他的碳水化合物还有纤维素、半纤维素和麦胶物质以及低分子质量碳水化合物等。其中，纤维素占大麦干重的3.5%~7%，纤维素与木质素无机盐结合在一起，半纤维素和麦胶物质均由β-葡聚糖和戊聚糖组成，单糖、双糖和低聚糖被称为低分子质量碳水化合物。

2. 蛋白质

大麦中的蛋白质含量及类型直接影响大麦的发芽力、酵母营养、啤酒风味啤酒的泡持性、非生物稳定性适口性等。选择含蛋白质适中的大麦品种对啤酒酿造具有十分重要的意义。

大麦中蛋白质含量一般在8%~14%，个别有达18%的。制造啤酒麦芽的大麦蛋白质含量需适中，一般在9%~12%为好。蛋白质含量太高时有如下缺点：相应淀粉含量会降低，最后影响到原料的收得率，更重要的是会形成玻璃质的硬麦；发芽过于迅速，温度不易控制，制成的麦芽会因溶解不足而使浸出物收得率降低，也会引起啤酒的混浊；蛋白质含量高易导致啤酒中杂醇油含量高。蛋白质过少，会使制成的麦汁对酵母营养缺乏，引起发酵缓慢，造成啤酒泡持性差，口味淡薄等。大麦往往蛋白质含量过高，所以在制造麦芽时通常是寻找低蛋白质含量的大麦品种。近年来，由于辅料比例增加，利用蛋白质质量分数在11.5%~13.5%的大麦制成高糖化力的麦芽也受到重视。大麦中的蛋白质按其在不同的溶液中溶解性及其沉淀度区分为清蛋白、球蛋白、醇溶蛋白和谷蛋白四大类。清蛋白占大麦蛋白质总量的3%~4%，溶于水和稀中性盐溶液及酸、碱液中；球蛋白是种子的贮藏蛋白，含量为大麦蛋白质总量的31%左右，不溶于纯水，可溶于稀中性盐类的水溶液中；醇溶蛋白含量为大麦蛋白质含量的36%，溶于50%~90%的乙醇溶液；谷蛋白含量为大麦蛋白质含量的29%，不溶于中性溶剂和乙醇，溶于碱性溶液。

3. 脂质

大麦含2%~3%的脂肪，主要存在于糊粉层。大麦籽粒中的脂质含量为3.0%~3.5%，但高赖氨酸突变体大麦的脂质含量为4.1%。在大麦中，胚、胚乳和壳部分的脂肪分布分别占总脂肪含量的17.9%、77.1%和5%。脂质可分为中性脂质、糖脂和磷脂，它们在谷物组织中的分布差异很大，中性脂质在所有组分中占主导地位，外壳富含糖脂，胚乳富含磷脂。植物脂质转移蛋白（LTP）具有在细胞间和细胞内传递脂质，并维持细胞器和细胞膜的脂质组成的功能。

4. 磷酸盐

正常大麦的磷含量为260~350mg/100g干物质。大麦所含磷酸盐的半数为植酸钙镁，约占大麦干物质的0.9%。有机磷酸盐在发芽过程中水解，形成第一磷酸盐和大量缓冲物质，糖化时，进入麦汁中，对麦汁具有缓冲作用，对调节麦汁pH起很大作用。另外，磷酸盐是酵母发酵过程中不可缺少的物质，对酵母的发酵起着重要作用。

5. 矿物质

一般而言，大麦的灰分含量在2.5%~3.1%。矿物元素主要集中在谷物的外层。有壳大麦的矿物质含量远远高于无壳大麦。钾和磷是大麦籽粒中含量最多的矿物元素，分别占干物质的0.37%~0.50%和0.33%~0.60%。钾是维持许多酶的电位、静水压力和生化活性的必需常量营养素。磷是另一种必需的常量营养素，它的稀缺会影响植物的生长发育。这些无机盐对发芽、糖化和发酵有很大影响。

6. 维生素

大麦富含维生素，集中分布在胚和糊粉层等活性组织中，常以结合状态存在。与其他谷物相比，大麦富含维生素E，含量为8.5~68.8μg/g干重。与无壳大麦相比，有壳大麦含有更高的生育酚含量。一般来说，生育三烯酚和生育酚分别占总生育酚的76.8%和23.2%。在大麦谷物中，大多数生育酚位于胚中，而生育三烯酚主要存在于胚乳和果皮中。

7. 多酚物质

大麦中含有多种酚类物质，只占大麦干物质质量的0.1%~0.3%，主要分布在果壳、果皮、种皮和糊粉中。其总酚含量为130~481mg（GAE）/100g干重，总黄酮和总原花青素含量分别为50~150mg（RE）/100g和29~65.26mg/100g干重。阿魏酸和对香豆酸是大麦中的主要酚酸，分别含1.13~4.04μg/g和0.19~3.53μg/g。酚类化合物作为植物中重要的次生代谢产物，不仅在植物生长发育和抗逆性方面发挥着重要作用，而且具有强大的抗氧化作用，对人类健康有益。在酿造业中，酚类化合物却对啤酒的色泽、泡沫、风味和非生物稳定性等影响很大。

二、品质特性

原料大麦的品质有籽粒品质和麦芽品质之分，籽粒品质主要有籽粒色泽、气味、整齐度等外观品质和籽粒千粒重、蛋白质含量、β-葡聚糖含量、β-淀粉酶活性、发芽率等理化性状；麦芽品质主要由麦芽色泽、香味等外观品质和麦芽浸出率、糖化力、库尔巴哈值、麦芽汁黏度等理化性状构成。

（一）籽粒品质

裸大麦籽粒形体较小，通常长6~8mm，宽3~4mm，背腹略扁，背面观呈宽披针形，横切面观略呈肾形。带稃的皮大麦籽粒外形较长。一般籽粒长7.19~9.31mm，长宽比2.08~2.62，长厚比2.61~3.3，千粒重34.34~50.68g。

籽粒饱满度、整齐度、籽粒中蛋白质含量和β-葡聚糖含量、β-淀粉酶活力是啤酒大麦的重要籽粒品质指标，并且被认为是制约啤麦品质的重要因素。籽粒蛋白质含量过高会导致籽粒溶解性变差，麦芽浸出率降低，麦芽品质下降。优质啤酒大麦要求蛋白质含量一般为9%~12%，欧洲酿造协会对大麦籽粒蛋白质含量要求≤11.5%。大麦用于制麦芽及酿酒时，β-葡聚糖会形成极黏的溶液，降低麦芽汁过滤速度，进而影响麦芽浸出物产量，并且由于容易发生凝胶沉淀作用而造成啤酒浑浊，恶化啤酒品质。β-淀粉酶活性高则淀粉水解完全，从而麦芽糖化力、浸出率高，啤酒产量大。

（二）麦芽品质

麦芽是啤酒的主要原料，因此，啤酒的好坏取决于麦芽的好坏，麦芽对啤酒有着非常重要的作用。衡量大麦麦芽品质的指标一般包括发芽率、糖化力、α-氨基氮、浸出率、库尔巴哈值。发芽率高低也是衡量麦芽大麦质量的一个重要指标。发芽率平均为95%~99%，高发芽率是大麦在发芽过程中迅速形成大量蛋白分解酶的基本条件。发芽势旺盛、发芽率高的大麦，制成的麦芽其酶活性高，α-氨基氮含量高，糖化时间短。

糖化力反映麦芽酶活力，一般要求糖化时间<15min，糖化力>250WK；浸出率、粗细粉差、冷水浸出物均反映麦芽溶解信息，一般麦芽无水浸出物>79%，α-氨基氮>150mg/100g（绝干麦芽），粗细粉差<1.8%；库尔巴哈值是反映麦芽蛋白质溶解情况的一项重要指标。库尔巴哈值偏低，麦芽溶解度较差，蛋白质组分控制失常，酶活力偏低，麦汁混浊、过滤困难，并且罐装后的成品酒容易出现早期混浊；而库尔巴哈值偏高时，同样破坏了蛋白质组分的正常比例，库尔巴哈值>45%，酿造出的啤酒酒体会偏薄，泡沫也会较差。

（三）理化特性——食品加工品质

1. 大麦淀粉的理化特性

大麦籽粒中的淀粉颗粒大小及淀粉组成结构决定其用途，不同品种的大麦淀粉在粒径、组成和加工特性方面均存差异。糯大麦淀粉易发生糊化，糊化温度为67.78℃，峰值黏度为

1334.50mPa・s，具有较好的冻融稳定性，比普通大麦淀粉糊化温度和回生值低，凝胶强度弱。普通大麦淀粉的溶解度较好，崩解值为7.05mPa・s，最终黏度为175.00mPa・s。

大麦淀粉根据在水中的不同沉降时间，可以分为大、中、小颗粒淀粉。大、中颗粒的尺寸差异较小，而小颗粒淀粉的尺寸远小于大、中颗粒。大颗粒大麦淀粉呈盘状，中颗粒淀粉呈扁圆形或椭球形，小颗粒淀粉呈球形或多角形。大麦淀粉的大、中、小颗粒淀粉均呈现出典型的A型淀粉衍射特征，大颗粒的相对结晶度最大，中等颗粒的次之，小颗粒的最小。

起始糊化温度（To）随着淀粉粒径的减小而降低，而峰值糊化温度（Tp）和终值糊化温度（Tc）随着淀粉粒径的减小而增大糊化焓（ΔH）随着淀粉粒径的增加而增大。随着温度上升，大、中、小颗粒淀粉的溶解性和膨胀力均随之增加，大麦均表现出小颗粒淀粉比大颗粒淀粉的水解速度更快。就糊化特性而言，大颗粒淀粉比小颗粒淀粉的峰值黏度、崩解值、冷糊黏度更高。大麦淀粉颗粒快消化淀粉含量随粒径减小而增加。

2. 大麦蛋白理化特性

大麦蛋白按其功能可划分为两部分，贮藏蛋白与非贮藏（组织/代谢）蛋白。这两种蛋白在制麦和酿造中均扮演着重要角色，也是啤酒的必要成分，尤其是其中的热稳定蛋白，在溶液中能够耐受高温而不发生絮凝，从而在酿造过程中得以保留，成为决定啤酒的口感风味、泡沫及胶体稳定性等品质指标的重要因素。贮藏蛋白是种子营养的来源之一。大麦醇溶蛋白是主要的贮藏蛋白并在萌发过程中被水解，为萌发时种子的生长代谢以及酿造酵母的发酵提供氨基酸营养。而多数组织蛋白是催化酶，萌发时承担分解胚乳细胞壁以及胚乳中淀粉和蛋白质的功能，同时推动和调节着种子的生长代谢。

清蛋白和球蛋白占种子蛋白总量的15%~30%，清蛋白是组织蛋白，而球蛋白则包含组织和贮藏蛋白两类。清蛋白和球蛋白的分子质量在10000u~70000u广泛分布，但多数的低相对分子质量蛋白属于清蛋白家族。

大麦蛋白质Z（Swiss-Prot：P06293）是大麦热稳定蛋白质中一类重要的组分。蛋白质Z是胚乳中主要的清蛋白，占大麦清蛋白总量的5%左右；分离于大麦中的蛋白质Z的分子质量约43000u。蛋白质Z最早被称为Antigen-1，是从啤酒中分离出来分子质量40000u的多肽，对麦芽和啤酒质量都有重要影响。蛋白质Z由于分子结构上的特性使其能够增强啤酒泡沫稳定性，是重要的泡沫蛋白，并且可能涉及啤酒的冷浑浊的产生，在啤酒中其质量浓度为20~170mg/L。

脂质转运蛋白（LTP1）是大麦糊粉层清蛋白中的一种非特异性脂质转运蛋白，由117个氨基酸残基组成的小分子球蛋白，分子质量约10000u，等电点较高（pI>9）。LTP1作为种子的淀粉酶和蛋白酶的抑制剂，能够抑制绿麦芽中半胱氨酸和丝氨酸蛋白酶的活力。LTP1也是重要的泡沫蛋白，在啤酒和啤酒泡沫中都分离出了LTP1，占啤酒总蛋白含量的40%左右，对啤酒泡沫的形成有促进作用。

第五节　大麦品质规格与标准

一、啤酒大麦质量标准

目前国家颁布实施了啤酒大麦的国家标准GB/T 7416—2008《啤酒大麦》。啤酒大麦的质量标准中分别对二棱大麦和多棱大麦质量指标进行了区别。啤酒大麦主要以夹杂物、破损率、千粒重、3d 发芽率、5d 发芽率、蛋白质、饱满粒、瘦小粒等指标进行分级定等，详见表 8-1、表 8-2、表 8-3。

表 8-1　啤酒大麦感官要求

项目	优级	一级	二级
外观	淡黄色具有光泽，无病斑粒*	淡黄色或黄色，稍有光泽，无病斑粒*	黄色，无病斑粒*
气味	有原大麦固有的香气，无霉味和其他异味	无霉味和其他异味	无霉味和其他异味

注：*此处指检疫对象所规定的病斑粒。

表 8-2　二棱大麦理化要求

项目		二棱大麦		
		优级	一级	二级
夹杂物/%	≤	1.0	1.5	2.0
破损率/%	≤	0.5	1.0	1.5
水分/%	≤	12.0		13.0
千粒重（以干基计）/g	≥	38.0	35.0	32.0
3d 发芽率/%	≥	95	92	85
5d 发芽率/%	≥	97	95	90
蛋白质（以干基计）/%		10.0~12.5		9.0~13.5
饱满粒（腹径≥2.5mm）/%	≥	85.0	80.0	70.0
瘦小粒（腹径<2.2mm）/%	≤	4.0	5.0	6.0

注：1. 3d 发芽率指 3d 后大麦发芽粒占总麦粒的比例（%），主要表示大麦发芽的整齐程度。
2. 5d 发芽率指 5d 后大麦发芽粒占总麦粒的比例（%），主要表示可发芽的大麦比例。

表 8-3　多棱大麦理化要求

项目		多棱大麦		
		优级	一级	二级
夹杂物/%	≤	1.0	1.5	2.0
破损率/%	≤	0.5	1.0	1.5
水分/%	≤	12.0		13.0
千粒重（以干基计）/g	≥	37.0	33.0	28.0
3d 发芽率/%	≥	95	92	85
5d 发芽率/%	≥	97	95	90
蛋白质（以干基计）/%		10.0~12.5		9.0~13.5
饱满粒（腹径≥2.5mm）/%	≥	80.0	75.0	60.0
瘦小粒（腹径<2.2mm）/%	≤	4.0	6.0	8.0

二、大麦麦芽质量标准

麦芽是啤酒生产的主要原料，为啤酒提供主要的化学成分及良好的啤酒特征，对啤酒而言，麦芽比大麦原粒的影响更为直接。对啤酒质量和酿造工艺有重要影响的化学成分包括淀粉、蛋白质、多肽、磷酸盐、多酚、*O*-杂环化合物或 *N*-杂环化合物、脂和甾醇、多糖、维生素、金属离子和酶。另外，麦壳为麦芽汁过滤提供了天然有效的过滤介质。优质啤酒可以通过以下品质特征来判断。①风味：由味道、香味和口感组成；②外观：由颜色、透明度以及泡沫的细腻程度等组成；③营养品质：包括有害成分的去除及有益成分的保留。

麦芽品质分为麦芽外观特征和麦芽理化性状，外观品质包括夹杂物、色泽和香味等。理化性状包括千粒重、容重、硬度、无水浸出率、糖化时间、麦芽过滤速度与透明度、色度、粗细粉浸出率差、麦汁黏度、蛋白溶解度（又称库尔巴哈值）、α-氨基氮、α-淀粉酶活力与糖化力等。一般优质麦芽外观淡黄色，有光泽，有其独特的麦芽香味，无异味虫卵虫洞，出炉水分含量<5.0%，脆度值>81%。

第六节　大麦储藏、加工及利用

一、大麦储藏

（一）大麦储藏特性

大麦的物理、化学性质以及储藏特点大体与小麦相似，储藏方法也基本相同。大麦收获后在后熟期内（42~56d）一般不能立即发芽，即使有些麦粒能发芽，发芽率也不高，常在 80%以下。种子在这一阶段，由于该阶段旺盛的呼吸作用和低分子缩合作用过程（氨基酸合成蛋白质，脂肪酸合成脂肪，可溶性糖合成淀粉）都放出一定量的水分。造成新入库的种子在储藏前期常会出现种子水分逐渐增多的现象，同时，大麦在空气湿度大、气温渐渐升高的条件下，如果没有及时采取干燥、通风处理，就会引起回潮发热。从而出现“出汗”“结露”现象，使形成有利害虫和微生物的生长发育条件，造成种子活力下降或丧失，发生“虫粮”和霉变。通常在我国长江流域的常温条件下，大麦种子可以安全储藏 2.5 年；生产用种的安全储藏期不到 1.5 年，品种间存在一定的差异。但储藏期限明显低于小麦。

（二）大麦安全储藏技术

大麦储藏分两个阶段。第一阶段指新收获的大麦，新收获的大麦水分高，有休眠期，发芽率低，需经一段后熟期，才能使用，一般需 6~8 周，才能达到应有的发芽力。在这段时期里大都由粮农或粮食部门储藏保管。第二阶段指运到麦芽厂准备投料的大麦。此时大麦一般已经过了休眠期，达到后熟程度，水分降低，较易储藏。因此，大麦的储存技术主要是针对新收获大麦。

1. 做好大麦仓储前的防虫措施

大麦种子在储藏中可以遭受许多害虫的危害。因此要做到科学防虫，必须保障种子的清洁卫生，经常保持仓库内外环境的清洁，达到出仓清、进仓清，麻袋和器材清洁无虫、无鼠。应用温度控制、冷冻、精选、压盖等办法达到杀灭和分离仓库害虫的目的。一般进仓前麦子要充分曝晒2~3d，并在下午2时左右趁热储藏，但趁热进仓的含水率最好不超过12%，为提高杀虫效果和防止温差造成的结露现象，要做到种子热、仓热、麻袋或其他用具热等三热。还可以使用磷化铝等化学药剂熏蒸。用药一般掌握在每立方米（500kg左右大麦种子）4~6g粉剂或6~9g片剂（2~3片）。但应注意不能进行二次熏蒸，并且用药时种子含水率一定要在12%以下，否则，将严重影发芽率。

2. 严格控制大麦入仓的水分含量

通常来讲，大麦水分在12%以下储藏大麦，可不必考虑通风设施或翻仓；大麦水分在13%以上，呼吸作用逐步强烈；大麦在14%~15%水分下储藏，就需要有通风设施，以排除呼吸作用产生的热量和二氧化碳，避免麦粒窒息。一般储藏大麦的水分要求控制在13%以下，储藏温度最好限制在15℃内。在此条件下，大麦可以保藏1年，而发芽力基本不受影响。

3. 仓储过程中科学合理通风

刚收获、未完成后熟作用的大麦种子，由于其后熟作用期间呼吸旺盛，散发大量的水汽和热量，应选择外界温湿均低于仓内时进行通风；种子收购入库时如因分户管理而出现水分差异，或入库时间参差不一的，应选择晴好低温天气予以通风；种子收获后遇雨不能及时干燥的，不能用塑料薄膜等就地进行长时间密闭防雨，而要迅速进室晾翻或用草席等透气的物品进行就地遮盖；使用熏蒸剂杀虫以后，要按规定及时散失毒气；需要较长期储藏的啤麦，为延长保存期，可以选择冬季的寒冷天气进行通风冷冻，到第二年开春前再做好粗盖密闭工作，防止吸湿和粮温上升。这样就能使啤麦长期处于低温、干燥状态。

4. 机械干燥储藏

进厂后的大麦，如发现水分大，可采用立式干燥炉（麦芽干燥炉）或回转式干燥机，利用热空气烘干。干燥时需强烈通风，以排除水分。机械干燥要求低温干燥，以免影响大麦发芽率和破坏酶活力。其干燥温度要求为最适宜干燥温度为35~40℃，最高干燥温度不超过50℃，干燥温度与大麦水分的关系是，水分越大，采用的干燥温度应越低。

5. 立仓储藏

新式通风制麦厂占地面积小，储藏大麦多采用立仓密闭储藏法。通常要求进仓大麦水分不应超过12%，大麦必须除尘、除夹杂物，经过干燥的大麦，在进仓前，必须降温。完善的立仓应设有清选除尘设备、人工干燥设备、输送设备、通风设备、喷药装置、测麦温装置。针对新型的大型立仓，还要求应具备温度自动记录仪、自动采样器等，可通过仪表控制仓储情况。

二、大麦加工及利用

大麦一直以来都是欧洲东部、非洲北部、亚洲喜马拉雅地区和其他极端气候地区居民的主食和主要碳水化合物来源。在西方国家，大麦制品加工已有成套的加工工艺和先进设备，以大麦为主要原料所开发出的食品已达100多种。大麦增值最大的用途是生产麦芽，用于生产啤酒。此外，大麦经碾磨，可加工成糙大麦米（脱壳大麦）、珠形大麦米、整大麦米、大麦片和大麦粉供人类食用。

（一）大麦酿造加工

大麦的酿造用途主要指大麦萌发制备大麦麦芽，利用萌发的大麦麦芽酿造啤酒类饮料。啤酒酿造主要分为制麦工艺和酿造工艺。

1. 制麦

制麦过程一般分为5个阶段，分别为谷粒精选和分级、浸麦、萌发、烘干、麦芽清洗和混合。

（1）精选和分级　精选指除去那些非大麦物质，包括种子、石子、金属物质和灰尘。破碎大麦也要清除。分级是利用谷粒体积用分级筒或平面筛完成。筛孔孔径为2.0~2.6mm。根据筛孔大小，可将大麦粒分成3级。通过筛孔>2.5mm的大麦为Ⅰ级大麦，通过筛孔孔径在2.2~2.5mm的大麦为Ⅱ级大麦，通过筛孔<2.2mm的大麦为Ⅲ级大麦。最后通过最小筛孔的物质即为筛渣。通过2.2mm以上筛孔的大麦酿造厂用来制麦。六棱大麦麦粒均匀度差，有必要进行分级。二棱大麦籽粒较饱满，籽粒均匀度一致。

（2）浸麦　浸麦的目的是使麦谷粒的水分含量从12%提高到42%再到48%，并维持种子活力。初次浸麦主要作为清洗过程，除去麦粒上的灰尘及酚类物质等影响啤酒风味和泡沫的不宜成分。初次浸麦后排尽水分，控制通风。此后须有2~3个浸麦与通风循环。一般浸麦至少需要24h，整个过程在48h完成。浸麦后麦粒出现了胚根鞘或根鞘。

（3）萌发　萌发是形成或激活酶，改性胚乳结构，并使呼吸消耗最小。浸麦完毕，将麦粒转移到萌发室萌发4~6d，萌发温度控制在14~18℃，直到幼芽平均长度达到籽粒长度的57%。

（4）烘干　烘干的目的是使麦粒的含水量控制在4%~5%以保持酶的活性，并改进或稳定麦芽的颜色和气味，同时去除麦芽异味。烘干起始阶段有时会通过燃烧硫元素而导入二氧化碳气体，起到漂白、改善外观，降低麦汁pH从而提高蛋白质可溶性及减少亚硝胺形成的作用。干燥阶段分为自由干燥期和缓慢干燥期，自由干燥期将麦芽湿度从起初45%降至12%，然后进入缓慢干燥期，使之从12%降到4%。这个过程需要16~40h。烘干后冷却取出麦芽，除去小根并储存。

2. 酿造

酿造程序主要分为糖化、发酵、储藏、包装四步。

（1）糖化　糖化最主要的目的是把麦芽和辅料转化为糖以及加入酒花后能发酵的浸出物。糖化室的主要部件包括粉碎器和酿造器。糖化的第一步是粉碎麦芽，一般有碾磨、湿磨、锤磨，具体选哪种方法需要根据分离过程而定。其中研磨是最常用的方法。粉碎后麦芽转入糖化桶，并加水进入糊化阶段。糊化的主要目的是提取麦芽浸出物，并把淀粉转化为可发酵的糖。水合麦芽的比例为300~500L/kg。糊化温度60~65℃，糊化完成后一次性将温度加热到78℃，使酶失活，结束糊化。糊化完成后将糊状物转至滤筒，分离出澄清的浸出物，即为麦芽汁。然后将麦芽汁在酿造器中煮沸1~2h，煮沸初期加入酒花赋予啤酒苦味和芳香。煮沸完成后清除麦芽汁中的酒花残渣和蛋白凝结物。

（2）发酵　发酵主要的反应是将糖转化为乙醇和二氧化碳。麦芽汁煮沸后降温至发酵温度接入酵母，浓度为2×10^5~3×10^5个/L。底层发酵温度为7~14℃，发酵需1周左右。

（3）储藏　初主发酵完成后，啤酒气味与芳香不纯正，啤酒内还悬浮酵母及其他胶状物。

储藏就是将生啤在-1~4℃条件下冷藏几周以使其气味纯正。储藏过程中需要充入二氧化碳进行后发酵，至少需要2周完成。然后加入硅石或聚乙烯吡咯烷酮使蛋白-多酚复合物变得稳定。

(4) 包装 包装前需要先调整啤酒内的二氧化碳浓度。可注入二氧化碳使啤酒碳酸化，然后包装并进行巴氏灭菌。

(二) 麦芽其他用途

大麦芽通过大麦的成熟果实经发芽干燥而得。麦芽含高淀粉酶，可作为添加剂加入到淀粉酶活性低的面包粉内可改进烘焙性质；也可作为风味添加剂，制作各种风味麦芽饮料、麦芽醋食品。烘焙的麦芽产品可以以多种形式使用，包括麦芽粉、麦芽浸出物、麦芽糖浆和干麦芽糖浆。麦芽也可用于焙烤食品、早餐食品、婴儿食品和康复食品等。

(三) 食用大麦加工

1. 整粒加工

整粒加工指大麦通过碾皮或一种及多种形式的干磨使之成为预食品，包括脱壳与碾皮、粗磨、精磨和磨片。

(1) 脱壳与碾皮 大麦含壳量大，碾除大麦壳是加工过程中的重要工序。大麦的脱壳和碾米都是用研磨材料进行摩擦加工的，各有不同的作用。脱壳是除去大麦外壳，在加工时要求籽粒损伤最少；碾米是碾除残留的谷壳以及外种皮、糊粉层、亚糊粉层以及部分胚乳。大麦经上述加工过程成为糙大麦米、整大麦米和珠形大麦米。碾皮程序会进行3次或更多，会改变最终产品的营养组成与比例。当碾皮率达到30%以上时，可溶性膳食纤维与β-葡聚糖的含量增加，当碾皮率达80%时，淀粉含量持续上升。在加工过程中，通常根据大麦米的用途及应用方向选择合适的碾皮次数。大麦米主要用于做汤、加入调料制成膨化食品和速食早餐食品。在日本和朝鲜，大麦米通常与大米混在一起食用，用作大米的代用品，可显著改善蒸煮后大米的黏稠度。

(2) 粗磨和精磨 粗磨是制作全麦粉或全麦食品的干磨形式，加工的全麦粉会进一步分成各个组分。精磨是分离胚乳与麦糠和胚，最大限度降低胚乳成粉的细度，使出粉率最高。与小麦磨粉特性不同，大麦麸皮因其麸壳易碎，在碾磨时易粉碎，因此无法实现小麦麸皮的大片剥落，导致大麦麸皮易混于大麦粉中。现代采用磨粉前先调节大麦粒湿度，然后利用小麦磨粉设备可生产出精度较高的大麦粉。还可以采用磨粉前脱壳和碾皮工艺来达到提高大麦粉精度的目的。通常选择用珠形大麦米磨粉，需将水分含量调节至13%，润麦48h。用原料大麦磨粉，水分含量调节至14%，润麦48h。用珠形大麦米加工成大麦粉，粉质较好，出粉率为原粮的67%。采用原料大麦磨粉，出品率稍高一些，但粉质比珠形大麦米所加工的差。大麦粉可作为焙烤食品的原料，与小麦粉或其他谷物粉配合用于面包及薄烤饼的制作。大麦粉也可经挤压、膨化、粉碎后加工成即食膨化粉，作为老年人的保健食品。

(3) 磨片 谷粒通过清理、筛选及调质，然后加热灭酶，高温潮湿的籽粒通过压片机形成厚度不一的麦片。大麦片可以作为一种即食早餐食品，用来煮麦片粥，风味独特。在麦片中添加各种蔬菜汁、叶片、水果碎粒，可制成营养均衡的即食方便食品；在麦片中添加钙、锌等成分，还可制成营养强化食品。

2. 二次加工

二次加工通常是指将大麦制成大麦米或大麦粉之后，以大麦米或大麦粉为原料进行产品的再加工，最终制备成可食用的食品。通常用于大麦二次加工的技术包括挤压膨化、红外加工等技术。其中，挤压膨化技术可以将硬实结构的谷粒转变为轻质的、膨化的或松脆的食物，也可以将大麦粉与其他谷物粉混合通过挤压膨化制备不同形状的产品，此技术可用来开发大麦即食方便食品。红外加工可使大麦中的过氧化物酶失活，改善碾磨过程中大麦组分，使组分中的β-葡聚糖含量提高，适合薯片、墨西哥面饼等薄型产品的加工。

（四）大麦饮料

大麦焙烤后制成大麦茶或咖啡的替代品，这种产品冲泡后呈褐色，有浓郁的香味。将大麦嫩苗粉、大麦芽粉与其他辅料混合制备大麦嫩苗粉固体饮料，可有效利用大麦嫩苗中优质膳食纤维，保留了大麦嫩苗中的营养物质，口感细腻、冲调性好。大麦嫩叶经粉碎、榨汁、喷雾干燥制成。美国 FDA 已批准大麦嫩叶汁作为食品增补剂。在日本，大麦嫩叶汁制品已获得日本健康协会认定的健康食品的标志，还推出了在大麦嫩叶汁粉中添加糊精、酵母、胡萝卜粉、高丽参粉的营养滋补品。

（五）大麦功能成分提取及产品开发

大麦是开发功能性食品和药品的最佳原料之一，利用先进的工艺和设备取大麦功能性成分、开发大麦高科技产品是提高大麦附加值的根本途径。大麦精深加工主要包括β-葡聚糖制取、含大麦β-葡聚糖制剂产品的开发，大麦嫩叶中麦绿素的提取及其功能产品开发，大麦 SOD 的制备及含大麦 SOD 的调理产品研制，大麦γ-氨基丁酸、大麦膳食纤维、大麦保健油提取及产品开发等方面。

第七节　大麦副产品利用

一、大麦麸皮加工利用

大麦麸皮是大麦加工过程中的副产物，麸皮占大麦粒的 20%～25%（表 8-4）。麸皮中含有较为丰富的膳食纤维、蛋白质、矿物质和β-葡聚糖等组分，还含有丰富的多酸类、生育三烯酚等生理活性成分物质，具有抗氧化、抗衰老的作用，具有潜在的开发利用价值。

表 8-4　大麦麸皮的化学组成　　单位：%（干基）

名称	蛋白质	乙醚提取物	β-葡聚糖	可溶性膳食纤维（SDF）	不溶性膳食纤维（IDF）	总膳食纤维（TDF）
全大麦	14.2	2.6	5.8	5.5	7.1	12.6
麸皮	14.8	2.7	8.4	6.6	9.7	16.3
次粉	12.7	2.4	10.0	9.5	9.3	18.8
面粉	11.9	2.0	3.1	1.7	2.7	4.4

大麦麸皮的研究大多围绕膳食纤维方面展开，大麦麸皮中的可溶性膳食纤维含量高于小麦麸皮，可溶性膳食纤维能够吸收胆固醇、胆汁并将其排出体外，减少在小肠内的吸收，从而降低人体的胆固醇含量，高效吸附人体内的脂肪，促进脂肪的代谢，从而有助于减肥。大麦麸皮已经成为主要的膳食纤维来源，并作为辅料添加到各类食品中开发高纤食品，也是提高麸皮附加值的主要途径。现在麸皮相关的加工类型有加工麸质粉、加工饲料蛋白、加工食用色素、分离提取大麦麸皮蛋白、提取膳食纤维、分离麸皮多糖、生产丙酮和丁醇、提取谷氨酸、制取木糖醇、制取维生素 E 等。大麦膳食纤维作为新型食品添加剂被广泛用于各式面包、馒头、糕点、饼干、糖果和酸奶制作中，而大麦水溶性膳食纤维则被应用于功能性乳饮料中并深受消费者的喜爱。日本山梨县工业中心以大麦麸为原料制成大麦糠通便健康食品，通便效果非常明显，特别适合易患便秘的老年人食用。

二、麦糟加工利用

大麦糟是酒制品发酵工业的主要副产品，资源丰富，长时间放置很容易霉变，因此，大麦糟一般作为饲料或是当作废品排放，造成资源浪费。大麦糟是由麦芽和不发芽的谷物原料在糖化过程中，由于不溶解而形成的，主要由麦芽的皮壳、叶芽、不溶性蛋白质、半纤维素、脂肪、灰分及少量的未分解淀粉和可溶性浸出物等组成（表 8-5）。

表 8-5　大麦糟的基本成分　　单位：%（干基）

成分	含量	成分	含量
蛋白质	17. 63	脂肪	2. 36
TDF	56. 36	淀粉	12. 09
SDF	21. 21	水分	1. 39
IDF	34. 65	灰分	2. 79
还原糖	4. 34		

国外主要致力于将麦糟转化为高蛋白质源和膳食纤维源等方面的研究，扩大大麦糟在食品与饲料工业中的应用。目前，国内外对于大麦糟在食品工业、饲料以及能源三大领域的研究取得一定进展。

1. 在食品生产中的应用

大量研究表明，麦糟经过加工粉碎后，其植酸含量较低，但其蛋白质、膳食纤维高，因此，麦糟可以代替麦麸烘焙食品。此外，麦糟还可直接制作食品，日本某专利采用新鲜麦糟，添加干燥麦糟、小麦粉、麦芽、食盐水等原料，通过调制面团、醒发、焙烤，生产出香味独特的麦糟食品。

2. 在食品添加剂中的应用

麦糟加胶凝剂和酵母还可制备食品添加剂等功能性产品。德国学者用明胶、脱脂牛乳粉、磷脂酰胆碱、小麦粉的混合物，加入酵母，加热、搅拌，趁热灌装，冷却后即成凝胶状食品。

3. 在调味品中的应用

麦糟含有淀粉、粗纤维、蛋白质、脂肪等微生物生长所需要的养分，可将麦糟用来酿制酱油。如，日本某调味公司将麦糟稀释后，加纤维素酶和蛋白酶进行水解，其中有大部分的麦糟分解为氨基酸，并且经过过滤分离，放入酒精和糖，变成与料酒味道相同的调味品。

第八节 改善大麦谷物健康成分的途径

谷物富含多种有益健康的功能化合物，包括β-葡聚糖、维生素和抗性淀粉。大麦β-葡聚糖可以降低血清胆固醇和血糖水平，改善肠道功能。维生素具有降低血清胆固醇的作用，而抗性淀粉可以降低血糖并促进肠道功能。因这些功能与青稞（裸大麦）相似，因此在这里不作重复陈述。本节重点介绍改善大麦健康成分的有效途径。

1. 育种方法

随着对大麦籽粒健康或营养成分的遗传控制机制的深入研究，育种者有可能开发出具有高营养或健康品质的大麦品种。近年来，分子标记和遗传技术被广泛应用于大麦籽粒营养品质的改良。关联作图和大麦理化特性（包括总酚、直链淀粉含量和β-葡聚糖含量、生育酚生物合成）的有利等位基因发现为利用分子标记改进大麦育种策略奠定了基础。利用全基因组关联分析可用于绘制调控总淀粉、直链淀粉、支链淀粉和β-葡聚糖含量的基因库和遗传区域，并进行分子标记，用于培育直链淀粉和β-葡聚糖含量合适的大麦品种。随着大麦基因组测序的完成和基因编辑技术的快速发展，将有效地进行特定营养成分和功能成分的精确育种，以开发功能性食品生产所需的大麦品种。

2. 栽培方法

为了满足市场对大麦的需求，采用合适的栽培措施来调节大麦的品质尤为重要。首先，根据大麦的最终用途，选择合适的品种是一个先决条件。加工保健食品时，品种应富含功能性营养素，包括蛋白质、β-葡聚糖和生育酚。由于环境条件对营养和健康成分有很大影响，也应合理选择种植区域和土壤。在低土壤含水量和高气温下生长的大麦籽粒，尤其是在灌浆期，蛋白质和β-葡聚糖含量较高。一般来讲，大麦籽粒中蛋白质和β-葡聚糖的含量随着氮肥水平的增加而增加。此外，钾肥对大麦籽粒中蛋白质和β-葡聚糖的含量也有很大影响。一般来讲，高钾含量往往会增加大麦谷物中的蛋白质和β-葡聚糖含量。大麦籽粒中的蛋白质含量受播期影响，晚播可能会增加冬大麦籽粒中的蛋白质含量。

3. 加工方法

根据大麦籽粒中各种营养成分的位置，可以通过常规的谷物加工方法来富集和分离这些营养成分。作为食品成分，通常需要有壳大麦去除最外层的纤维层。通过去皮和细磨，丰富产品中的多种营养成分。例如，由于谷物外部富含酚类化合物，因此大麦粉磨制产生的麸皮中可以发现大量酚类化合物。大麦麸皮还含有其他大量营养素，例如，非淀粉多糖、淀粉和蛋白质。分级和筛选是从粗磨粉产生营养物质（主要是蛋白质和β-葡聚糖）的有效方法，粗磨粉是一种用于生产全麦面粉和全谷物食品的干磨形式。由于β-葡聚糖因其在控制和预防人类心血管疾病方面的效果显著，许多研究人员使用传统的干磨工艺（例如空气分级）来富集β-葡聚糖。在精磨和碾皮的过程中，将外层种皮和胚乳分离，产品在这两个部分的籽粒中富集，可以进一步进行分级和筛选。分级将粗磨粉分为大、中、小粒度的粉末，每种粉末的营养成分不同。通过进一步对三种粉末进行分级和筛选，可以生产出富含某些营养成分的产品。较大的颗粒往往含有更多的膳食纤维，而较小的颗粒通常含有较高水平的淀粉和蛋白质。

另外，可以通过改良β-葡聚糖和生育酚的提取技术来提高成分的提取和富集。提取大麦β-葡聚糖的方法包括热水法、碱提取、酸提取和酶提取，每种方法都有优缺点，但均是实验室方法，要实现大麦β-葡聚糖提取加工的产业化，仍有许多问题需要解决。采用超临界流体萃取可以实现生育酚与脂类的同步提取。

思考题

1. 大麦有哪些健康功效？常见的大麦食品有哪些？
2. 大麦与青稞的区别有哪些？
3. 大麦的加工利用途径有哪些？
4. 大麦、青稞、燕麦中可溶性膳食纤维有哪些区别？

第九章

荞麦

学习目标

1. 了解荞麦生产、消费、流通、储藏、加工及利用的基本情况；
2. 掌握荞麦营养成分、品质特性与加工方式、健康作用的密切关系；
3. 熟悉荞麦的作物性状、品质规格与标准。

第一节 荞麦栽培史与分类

一、荞麦栽培史

荞麦（*Fagopyrum esculentum* Moench），别名净肠草、乌麦、三角麦，是蓼科（Polygonaceae）荞麦属（*Fagopyrum*），双子叶假谷类作物，起源于中国和亚洲北部，自古以来荞麦都是主要的粮食产物之一。中国被认为是最早栽培荞麦的国家，荞麦属大多数野生近缘物种也分布在中国。从国内外有关荞麦的著作理论分析，很多学者认为荞麦的起源地在中国，并且甜荞起源于北方，苦荞起源于西南地区。而从最新的荞麦种子出土情况分析，荞麦的起源地或是在我国的东北地区。荞麦在世界上的分布范围很广，但主要集中在北半球。

除中国外，日本、俄罗斯、乌克兰、伊朗、波兰、加拿大和美国等也有种植，荞麦生产在这些国家占有相当重要的地位。荞麦在中国西南部驯化后，传播途径主要有两条：一条是从中国西南部到中国北部，再到朝鲜半岛，最后到日本；另一个在中国穿过西藏，到不丹、尼泊尔和印度，然后通过克什米尔传到波兰。荞麦在东亚各国及其周边地区有着悠久的栽培历史。在公元800年，荞麦是日本最重要的食物。公元1200—1300年，荞麦通过西伯利亚和俄罗斯南部传到了欧洲。乌克兰、德国和斯洛文尼亚可能是欧洲最早种植荞麦的国家，然后比利时、法国、意大利和英国在17世纪开始种植荞麦。17世纪以后，荷兰人把荞麦带到了美洲。现在，荞麦在许多种植谷类作物的国家很常见。

二、荞麦分类

1. 按照品种分类

经过多年的培育繁殖与品种引进，市面上有多种类型的荞麦作为主要品种广泛应用于我国各个主要产区，这些品种的来源、特征特性、品质、产量表现、适宜种植的地区、栽培技术要点等方面均有不同。全世界目前发现的荞麦共有15个种和2个变种，在我国就有10个种和2个变种，可以分为栽培品种和野生品种。其中，栽培品种分为甜荞麦和苦荞麦。甜荞麦（*F. esculentum* Moench），俗称甜荞，也是广义上的荞麦，为一年生栽培植物。在我国主要分布于长江以北的各省区，常年栽培品种有150多个，栽培面积达150万~200万 hm^2。同时也广泛栽培于亚洲、欧洲和北美洲的山区。苦荞麦［*F. tataricum*（L）Gaertn］，又称鞑靼荞，一年生栽培植物。在我国主要分布于长江以南的各省区，有300多个栽培品种，常年栽培面积为100

万~150万hm^2。在亚洲、欧洲及美洲的一些国家的山区也有栽培。

野生品种分为一年生和多年生。最具代表性的是金荞麦［*F. cymosum*（Trev）Meisn］，俗称多年生野荞，为多年生草本，主要分布于我国大巴山以南的广大地区及长江流域各省区，在印度、尼泊尔、越南、泰国等国也有种植。其他品种，一年生草本品种如小野荞麦［*F. leptopodum*（Dieos）Hedberg］、线叶野荞麦［*F. lineare*（Sam）Harald］分布于云南、四川；疏穗野生荞麦［*F. caudatum*（Sam）A. J. Li］是小野荞麦的变种，分布于四川、云南和甘肃。多年生半灌木品种如硬枝野荞麦［*F. urophyllum*（Bur. etFr.）H. Gross］和长柄野荞麦［*F. statice*（Levl.）H. Gross］分布于云南、四川、贵州及甘肃。岩野荞麦［*F. gilesii*（Hemsl.）Hedberg］分布于云南省。

2. 按照果实分类

中国产荞麦属可以根据果实的形状及微形态特征分为以下3种类型。

（1）果实呈三棱锥状，表面不光滑，无光泽，具皱纹网状纹饰。呈现这一类果实形态的荞麦品种包括荞麦（*F. tataricum*）和金荞麦（*F. dibotrys*）。

（2）果实呈卵圆三棱锥状，表面光滑，有光泽，具条纹饰。呈现这一类果实形态的荞麦品种包括荞麦（*F. esculentum*）、长柄野荞麦（*F. statice*）、线叶野荞麦（*F. lineare*）等。

（3）果实呈卵圆三棱锥状，表面光滑，有光泽，具有大量的瘤状颗粒和少数模糊的细条纹饰。呈现这一类果实形态的荞麦品种包括硬枝野荞麦（*F. urophyllum*）、细柄野荞麦（*F. gracilipes*）、小野荞麦（*F. leptopodum* var. *leptopodum*）和疏穗小野荞麦（*F. leptopodum* var. *grossii*）等。

3. 按照生态区分类

根据荞麦的成熟时间和栽培生态区分为4类：北方春荞麦，北方夏荞麦，南方秋、冬荞麦，以及西南高原春、秋荞麦。

（1）北方春荞麦　主要是甜荞麦，每年5月下旬至6月进行甜荞麦春播，一年一熟，种植面积占全国面积的80%~90%。分布于黑龙江西北部大兴安岭，吉林白城，辽宁阜新、朝阳、铁岭山区，内蒙古乌兰察布、包头、大青山，河北张家口，山西西北，陕西榆林、延安，宁夏固原、宁南，甘肃定西、武威地区和青海东部地区。

（2）北方夏荞麦　也是甜荞麦，每年6—7月播种，盛行两年三熟，水浇地及黄河以南可一年两熟，高原山地一年一熟，种植面积占全国面积的10%~15%。分布于黄淮海平原大部分地区以及晋南、关中、陇东、辽东半岛等地。

（3）南方秋、冬荞麦　也是甜荞麦，一般8—9月或11月播种，多零星种植，种植面积极少。分布于江苏、浙江、安徽、江西、湖北和湖南的平原、丘陵水田和岭南山地，以及福建、广东、广西大部、台湾、海南等地。

（4）西南高原春、秋荞麦　主要为苦荞麦，春播苦荞一般一年一作，而秋播苦荞麦，多在低海拔的河谷平坝，为两年三熟或一年一熟。分布于青藏高原、甘南、云贵高原、川鄂湘黔边境山地丘陵和秦巴山区南麓，因属低纬度、高海拔地区，穿插以丘陵、盆地和平坝、盆地沟川或坡地，该区活动积温持续期长而温度强度不够，加上云雾多，日照不足，气温日较差不大，适于喜冷凉作物苦荞麦的生长。

第二节 荞麦生产、消费和贸易

一、荞麦生产

荞麦作为一种传统作物在全世界广泛种植。据《中国燕麦荞麦产业“十三五”发展报告》，我国荞麦生产长期处于自然经济状态，自种自食，商品率低，加工技术有待发展。由于荞麦产区集中在自然条件恶劣、经济不太发达的地区，土壤瘠薄，管理粗放，品种混杂退化现象严重，所以产量也不理想。

随着人们健康意识增强，对全谷物饮食的重视，荞麦也获得越来越多的关注。我国荞麦种植面积及产量如表 9-1 所示。我国荞麦常年种植面积达到 50 万～70 万 hm^2。2016—2019 年种植面积和产量逐年递增，但 2020 年有所降低。2020 年荞麦种植面积为 56.5 万 hm^2，产量为 82.9 万 t，其中甜荞麦约 29 万 t，苦荞麦约 54 万 t。我国荞麦生产区域布局相对集中。荞麦产量排名全国前三的省份产量之和占全国产量的 50%左右，排名前十的省份占到全国产量近 75%。我国荞麦的种植面积和产量位居世界第二，仅次于俄罗斯。

表 9-1 2016—2020 年全国荞麦种植面积及产量

省（自治区、直辖市）	2016 年	2017 年		2018 年		2019 年		2020 年	
	产量/万 t	种植面积/万 hm^2	产量/万 t	种植面积/万 hm^2	产量/万 t	种植面积/万 hm^2	产量/万 t	种植面积/万 hm^2	产量/万 t
内蒙古	12.0	9.0	11.0	9.1	11.0	14.0	17.9	6.9	13.2
陕西	10.0	6.7	10.0	4.7	6.7	7.3	8.5	4.0	5.5
四川	10.0	6.7	12.0	8.0	15.6	7.0	12.4	6.9	12.1
甘肃	7.5	8.3	7.0	8.0	10.1	7.3	9.9	7.5	10.8
山西	7.0	2.8	7.0	2.7	3.7	2.7	3.6	2.3	2.3
云南	5.0	12.0	18.0	12.0	18.7	13.3	21.0	12.0	18.2
贵州	4.0	4.7	9.0	4.9	5.9	6.0	7.8	6.1	8.2
宁夏	3.0	0.7	0.7	4.7	3.5	6.5	5.5	4.2	2.3
河北	1.5	0.2	0.1	0.8	0.4	0.7	0.7	0.9	1.5
江苏	4.0	3.3	4.0	3.3	4.5	3.5	4.7	3.2	4.9
重庆	1.7	1.0	2.0	1.0	2.0	1.1	2.1	1.3	2.3
西藏	0.3	0.3	0.3	0.3	0.3	0.3	0.3	0.3	0.3
其他	2.0	2.0	3.0	2.7	4.3	1.0	1.3	0.9	1.3
合计	68.0	57.7	84.1	62.2	86.7	70.7	95.7	56.5	82.9

二、荞麦消费

由于消费者对全谷物营养价值及健康功效的需求日益攀升，荞麦特别是苦荞麦作为药食兼用的传统作物，其相关产品在国内外市场的需求也非常旺盛。传统的荞麦加工产品仍然是消费主流，以荞麦面粉、荞麦米、荞麦面条等产品最为常见。近年来，荞麦饼干和荞麦沙琪玛等产品的消费量也急剧上升。除此之外，苦荞茶也是最具代表性的苦荞麦产品。茶和面条是带动荞麦消费的最主要的产品形式。其中，荞麦面条是目前全谷物或杂粮面条中营养功能研究最深入，市场占有率最高的产品。2019 年，荞麦挂面品牌数量达到了 357 个，苦荞挂面品牌达到了 298 个，荞麦挂面品牌占了杂粮挂面品牌的 3/4。日本作为荞麦文化最为盛行的国家，其产品也是以荞麦面最受欢迎，不仅全国超过 2 万多家荞麦面馆，而且还有专属的“荞麦文化节”。可见，荞麦面条仍然是最广泛且最利于膳食结构改善、发挥荞麦健康作用的产品。

荞麦精深加工的产品包括荞麦芽菜、花茎叶等功能原料，荞麦保健醋、荞麦保健酒等饮品，以及富含荞麦中芦丁等黄酮类、手性肌醇类功能因子的保健品。但这些产品的市场规模仍非常有限，呈现地域性消费特点。

三、荞麦贸易

我国是世界上最大的荞麦制粉生产国，而日本则是世界上最大的荞麦进口国和消费国，是我国荞麦最主要的出口对象国。我国以往以荞麦原粮出口为主，近年来原粮出口减少，荞麦米出口量逐年增加。荞麦贸易额与进口量波动大体相同，但出口量波动有所不同，2020 年我国荞麦进口量为 27528. 8t，同比增长 712. 4%；进口金额为 1545. 9 万美元，同比增长 1217. 9%。2020 年出口量大幅下降，仅为 3388. 35t，如表 9-2 所示。2021 年我国荞麦出口量开始恢复，为 7976. 7t，同比增长 482. 5%；出口金额为 751. 2 万美元，同比下降 17. 5%。中国荞麦价格先涨后跌，但荞麦出口价格始终高于进口价格。日本消费荞麦的 50%~60%来自中国进口。韩国对荞麦的消费习惯与日本接近，中国对韩出口已达 3000~4000t。欧盟早期主要进口我国南方小粒荞麦，年进口量一般在 2 万 t 左右，用于饲料；欧盟也进口北方大粒荞麦，作食用用途。

表 9-2　2016—2020 年中国荞麦进出口量

年份	中国荞麦进口量/万 t	中国荞麦进口额/万美元	中国荞麦出口量/万 t	中国荞麦出口额/万美元
2016	284	13. 8	21795	1525
2017	112	3. 4	28053	1651
2018	27365	694	28195	1516
2019	3650	985	22624	1268
2020	27529	1545. 9	3388	190

第三节 作物性状

一、荞麦生育期

荞麦生长经历种子萌发，经过出苗、现叶、分枝、现蕾、开花、籽粒形成以至成熟几个阶段，荞麦出苗至种子成熟的时期即为荞麦的生育期。荞麦生育期经历一系列特征的变化，主要表现为根、茎、叶、花和籽粒等器官的发育形成。荞麦的全生育期包括两个不同的阶段：生长和发育。生长又包括营养生长（即根、茎和叶的生长）和生殖生长（即花和籽粒的形成长）。荞麦的营养生长主要包括了种子萌发及幼苗生长两个过程，表现为根、茎、叶等营养器官的分化形成。种子萌发能力在很大程度上取决于种子的品种特性和种子质量。种子存放年限对种子的生活力有较大影响，主要是随着储存时间的延长，酶蛋白逐渐发生变性，胚乳内的养分也有所减少，从而导致发芽质量下降，发芽率低，最终影响荞麦产量。影响苦荞种子萌发的主要外因有水分、温度和氧气。具有正常生活力的种子，在适宜的水分、温度和良好的通气条件下，数天后就会萌发，长出幼苗。种子萌发最佳的相对湿度为90%以上，土壤含水量为16%~18%。

二、荞麦的籽粒性状

我国荞麦食用品种甜荞麦和苦荞麦籽粒结构如图9-1所示。甜荞麦称普通荞麦，是我国栽培较多的一种，果实较大，三棱形，表面与边缘光滑；苦荞，又称鞑靼荞麦，我国西南地区栽培较多，果实较小，棱不明显，有的呈波浪形，两棱中间有深凹线，皮壳厚，实略苦。荞麦果实由种子和果皮组成。种子包于果皮之内，由种皮、胚乳和胚组成；荞麦果皮的由外果皮、中果皮（棱间）、横细胞和内果皮组成。

（1）外果皮　果实的最外一层，细胞壁厚，细胞壁排列较整齐其长度与果实长度相垂直。外壁角化成为角质壁。

（2）中果皮　中果皮为纵向延伸的厚壁组织，壁厚，由几层细胞组成。

（3）横细胞　横细胞是2~3层明显的横向延长的棒状细胞，两端稍圆或稍尖，平伸或略有弯曲，壁略有增厚。

（4）内果皮　为1层管细胞，细胞分离，具有细胞间隙或相距较远，在横切面上呈环形。果实在完全成熟后整个果皮的细胞壁都加厚且发生木质化以加强果皮的硬度，成为荞麦的“壳”，为了区别于一般谷物的壳称为“皮壳”。

（5）种皮　种皮可分为内、外两层。外层外面的细胞为角质化细胞表面有较厚的角质层；内层紧贴于糊粉层上，果实成熟后变得很薄形成一层完整或不完整的细胞壁。种皮中具有色素，这使种皮的色泽呈黄绿色、淡黄绿色、红褐色、淡褐色等。

（6）胚　胚由胚芽、胚轴、胚根和子叶组成，胚最发达的部位是子叶，有2片，片状的子叶宽大而折叠。

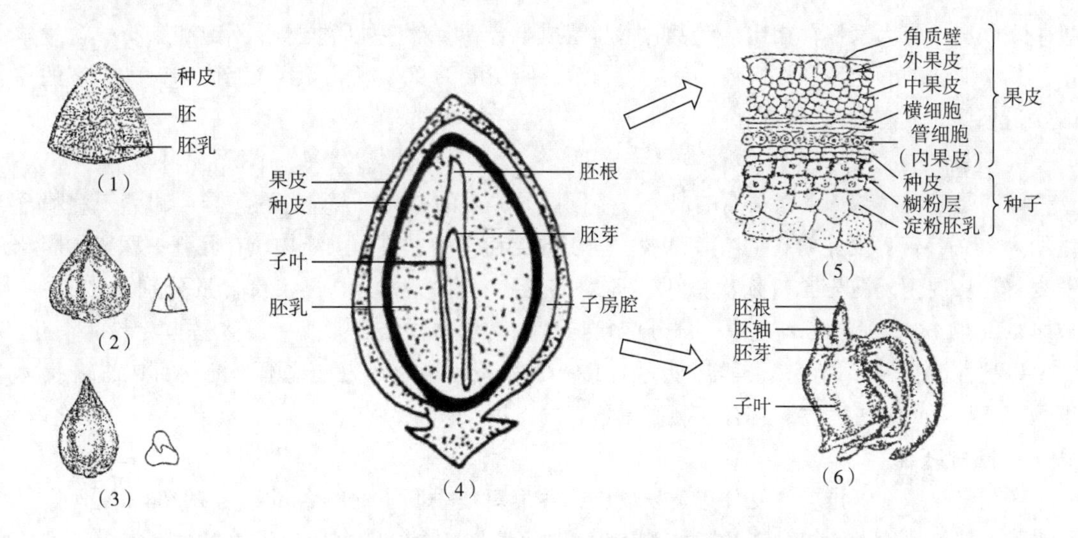

图 9-1 荞麦籽粒结构图

(1) 荞麦横切面简图 (2) 甜荞麦果实外形及横切面图 (3) 苦荞麦果实外形及横切面图 (4) 荞麦纵切面图 (5) 荞麦横切面部分放大图 (6) 荞麦胚放大图

(7) 胚乳 胚乳是制粉的基本部分。荞麦胚乳组织结构疏松，呈白色、灰色或黄绿色，且无光泽。胚乳有明显的糊粉层是品质良好的软质淀粉。甜荞麦和苦荞麦胚乳有特殊的荞麦清香味，苦荞麦胚乳略带苦味。

第四节 荞麦营养成分和品质特性

一、营养成分

(一) 基本营养成分

荞麦的营养成分全面，富含蛋白质、淀粉、脂肪、纤维素等。与其他的大宗粮食作物相比，荞麦具有许多独特的优势。荞麦种子的蛋白质、脂肪含量高于大米和小麦，抗性淀粉含量较高，还含有大量的膳食纤维，这些物质在人体的生理代谢过程中起着重要的作用。

1. 蛋白质

荞麦蛋白质含量的高低是评价荞麦营养品质的重要指标。荞麦籽粒蛋白质含量为 8%~19%。蛋白质在荞麦不同部位的分布不均衡，外层麸粉的蛋白质（25.19%）含量高于全粉（13.48%）及内层芯粉（7.14%）。虽然荞麦不同部分的蛋白质含量有所不同，但氨基酸组成差异不大，氨基酸含量种类齐全。甜荞麦粉和苦荞麦粉中苏氨酸均为第一限制氨基酸，含硫氨基酸为第二限制氨基酸。与其他谷物相比，荞麦蛋白的氨基酸组成比例更加均衡，生物价值高。

2. 脂肪及脂肪酸

荞麦籽粒中脂肪含量为 1%~3%，荞麦籽粒由外层至中心，脂肪含量逐渐减少，脂肪主要集中在麸皮。与大宗粮食相比，荞麦的脂肪组成更合理，含多种脂肪酸，不饱和脂肪酸含量丰富，其中亚油酸、油酸和棕榈酸含量较多，占总脂肪酸的90%以上，荞麦脂肪中对人有害的芥酸含量极低，具有极高的食用价值。

3. 淀粉

淀粉是荞麦籽粒中含量最高的成分，不同品种荞麦的总淀粉含量存在差异，甜荞麦淀粉含量约为70%，苦荞麦淀粉含量约为59%。荞麦荞淀粉作为主要的供能物质在胚乳中积累，因此荞麦籽粒从内到外淀粉含量依次减少：荞麦芯粉、籽粒、麸皮中的淀粉含量分别为79.4%、57.4%和37.6%。另外，荞麦中一部分淀粉与黄酮类化合物结合紧密，不容易被淀粉酶消化，主要以抗性淀粉的形式存在，其含量为7.5%~35%，远高于小麦。这部分淀粉可以提升机体细胞对胰岛素的敏感程度，具有控制血糖稳态的作用。

4. 膳食纤维

荞麦富含膳食纤维，主要分布于麸皮中，荞麦麸皮中膳食纤维含量约为23.54%，含量是小麦的1.7倍，大米的3.5倍。其中荞麦麸皮中可溶性膳食纤维含量约为4.02%。膳食纤维的健康功效已经引起全世界的广泛关注，其摄入的减少会显著增加糖尿病、肥胖、冠心病和各种心脏疾病的患病风险。荞麦是人们饮食结构中膳食纤维的重要来源，而可溶性膳食纤维还可以促进胆汁酸吸附以及降低胆固醇水平，因此具有控制餐后血糖、预防肥胖、结肠癌等功效。

5. 维生素

表9-3列出了甜荞麦籽粒中的维生素组成。荞麦籽粒中的维生素E含量在甜荞和苦荞中表现出较大的差异，甜荞麦维生素E的含量平均比苦荞麦高4~5mg/kg。此外，荞麦籽粒的不同部位和不同的制粉方式所得的产品，维生素含量差异较大，一般而言，外层麸粉的维生素含量高于芯粉。荞麦中还含有丰富的B族维生素、维生素E和维生素C，与大多数谷物相比，荞麦的维生素B_1、维生素B_2、维生素E和维生素B_3含量更高。

表9-3 甜荞麦的维生素组成 单位：mg/g

维生素种类	含量
维生素A（β-胡萝卜素）	2.1
维生素B_1（硫胺素）	4.6
维生素B_2（核黄素）	1.4
烟酸	18.0
泛酸	10.5
维生素B_6（吡哆醇）	7.3
维生素C（抗坏血酸）	50.0
维生素E（生育酚）	54.6

（二）特征功能因子

1. 黄酮

生物类黄酮，也称生物黄酮、植物黄酮。它是一类天然植物成分，广泛存在于植物的叶、花和果实中，是荞麦中独特的活性成分，具有很强的抗氧化和清除自由基的能力。荞麦是黄酮类化合物优质来源，尤其是苦荞麦，其中苦荞麦芦丁含量约是甜荞麦的100倍，抗氧化能力是普通荞麦的3~4倍。苦荞中总黄酮含量约为4.02%，黄酮含量存在品种和产地差异。荞麦中黄酮类化合物的主要由芦丁和槲皮素组成，具有清除自由基和调控血糖稳态等功能，其中芦丁的含量约占黄酮类化合物含量的60.4%。

2. 多酚类

酚类化合物广义上是指芳香族羟基衍生物的总称，天然酚类化合物有广泛的生理作用。荞麦是多酚类化合物的良好来源，且多酚主要集中在麸皮部位，胚乳部位含量较少。荞麦中总酚含量约为465.66mg/100g（没食子酸当量），并且多酚类化合物以游离态或束缚态的形式存在于荞麦籽粒的糊粉层。荞麦中结合酚占总酚的4%~12%、自由酚占88%~96%。甜荞籽粒中，酚酸的主要组成为咖啡酸、*o*-香豆酸、*p*-香豆酸、阿魏酸、鞣酸、*p*-羟基苯甲酸、丁香酸和香兰子酸。苦荞籽粒中主要包括*p*-羟基苯甲酸、阿魏酸、原儿茶酸、*p*-香豆酸、*o*-香豆酸、没食子酸、咖啡酸、香草酸、丁香酸和绿原酸、原儿茶酸、对羟基苯甲酸和阿魏酸。

3. 手性肌醇

手性肌醇（D-CI）是肌醇的一种立体异构体，两者的结构图如9-2所示。手性肌醇能调节胰岛素活性，对中度糖尿病患者有明显的降糖作用。荞麦属植物种子中含有少量D-CI单体及大量D-CI衍生物，D-CI衍生物是D-CI与1~3个半乳糖以α-糖苷键结合成的一组糖苷化合物。D-CI在苦荞麦中主要以游离态和它的半乳糖基衍生物——荞麦糖醇两种形式存在，其中，荞麦糖醇是手性肌醇在荞麦中主要的存在形式，且D-CI主要集中在胚芽。苦荞麦中的手性肌醇含量存在品种差异，但在大宗粮食作物中，荞麦的D-CI含量仅次于大豆，远高于大米和小麦。

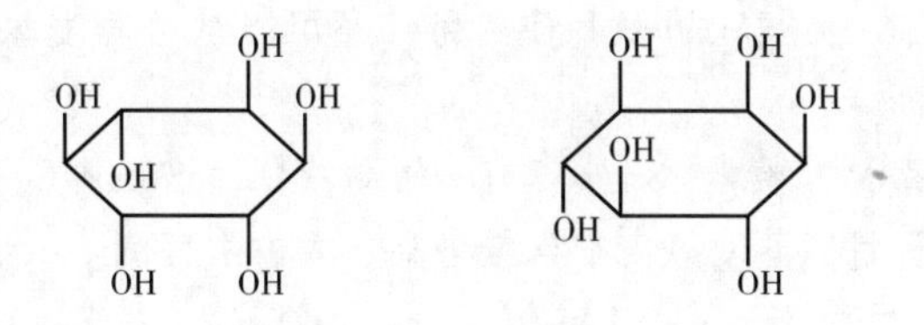

图9-2　手性肌醇（左）和肌醇（右）的结构

4. 糖醇

糖醇是D-CI的半乳糖基衍生物，可以存在于植物的种子中，包括甜荞麦（普通荞麦）、苦荞、大豆、松子、花椰菜和苦瓜。根据半乳糖吡喃糖基和D-CI部分的关系，荞麦糖醇可以分为A和B两个系列（图9-3），其含量远远高于种子或提取物中的游离D-CI，比如普通荞麦种子中提取物中的糖醇含量为D-CI的5.1~6.9倍，是普通荞麦提取物的28.5倍，以及苦荞麦种子的8.9倍。苦荞麦籽粒各部分（壳、麸皮、外层粉、芯粉）所含糖（醇）种类基本相同，主要分布于胚芽和糊粉层中，含量为0.3~1.0g/100g，其中荞麦糖醇B1含量最高，在总糖醇含量的占比超过70%。

5. 生物碱

荞麦生物碱是具有复杂环状结构且呈现碱性的有机化合物，与大多数药用植物中的生物碱相似，也称为荞麦碱，主要包括2-哌啶甲醇、3,4-二羟基苯甲酰胺、*N*-反式香豆酰酪胺、*N*-反式-阿魏酰酪胺、7-羟基-*N*-反式-阿魏酰酪胺、尿嘧啶、尼克胺、2-羟基尼克胺、水杨胺、4-羟基苯甲胺、邻-和对-β-D-葡萄糖氧基苯甲胺和*N*-亚水杨基水杨胺等。荞麦碱受品种及生长环境影响，在籽粒中主要分布于叶片和花中，而在茎、壳和籽粒中含量较少。苦荞麦在叶和花中的荞麦碱含量分别是甜荞的2.6倍和2.8倍。

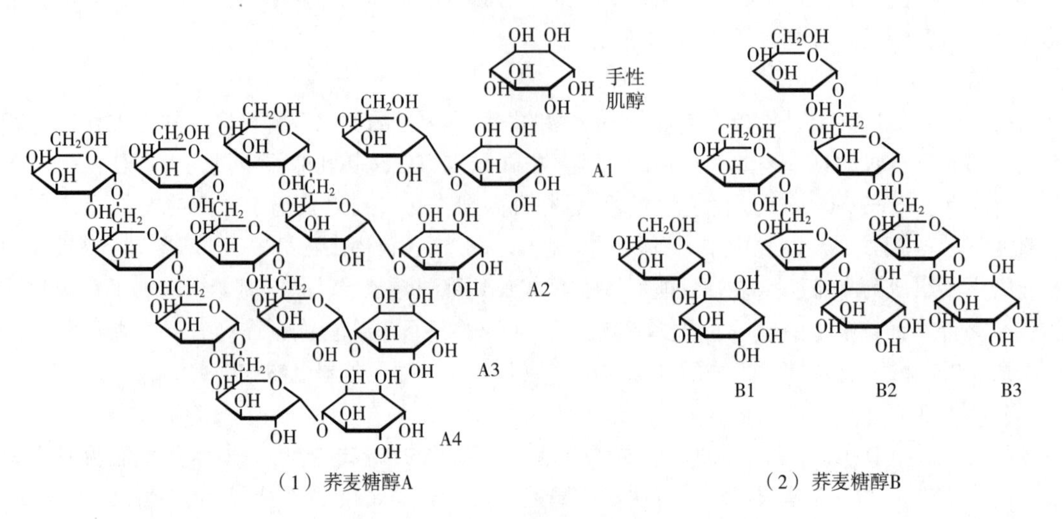

（1）荞麦糖醇A　　（2）荞麦糖醇B

图9-3　荞麦糖醇结构

6. 其他

植物甾醇具有营养价值高、生理活性强等特点，并且可通过降低胆固醇减少心血管病的风险。目前已知的甜荞花粉中提取的植物甾醇由菜油甾醇、豆甾醇和谷甾醇组成，含量分别占总甾醇的10.1%、7.3%和40.8%。而从苦荞麦籽粒中可以分离出β-谷甾、β-谷甾醇棕榈酸酯、豆甾-4-烯-3,6-二酮和胡萝卜苷，另外还可以从苦荞麦麸皮中分离得到过氧化麦角甾醇。

荞麦中还含有大黄素及大黄素-8-*O*-β-D-葡萄糖苷，这是荞麦中主要的蒽醌类化合物，分布在荞麦植株各部位，且以荞麦麸皮中含量最高。大黄素有抗菌、止咳、抗肿瘤、降血压等作用。

二、品质特性

（一）籽粒物理特性

荞麦籽粒物理特性包括籽粒含水率、千粒重、粒度分级比率、籽壳仁比重、壳仁间隙及仁硬度等性状。

1. 籽含水率

烘干前后籽粒质量差与烘干前籽粒质量的比值。荞麦籽粒含水率对脱壳加工的工作效率和仁破碎率会有较大影响。

2. 粒度

我国荞麦果实长度为4.21~7.23mm，甜荞麦长度大于5mm，宽度为3.0~7.1mm。

3. 籽粒度分级比率

当级粒度籽质量与各级粒度籽质量总和的比值。

4. 千粒重

千粒重是荞麦品质指标之一，与成熟度、饱满度、籽粒大小以及含水率等有关，受籽粒遗传性状、栽培技术、土壤气候条件及干燥储藏等诸多因素影响。我国苦荞麦千粒重为15~38.8g，苦荞千粒重为12~24g。

5. 容重

荞麦籽和仁容重是荞麦脱壳加工前后的库存及运输参数之一，同千粒重一样，也与成熟度、遗传性状、栽培技术、土壤气候条件及干燥储藏条件有关。荞麦容重和千粒重呈负相关，甜荞麦和苦荞麦千粒重范围相差大，所以容量差别也大。

6. 壳仁占籽粒质量比率

荞麦壳和仁占籽粒质量比率是品质指标之一，主要与籽粒大小和壳厚度有关，与成熟度、饱满度及含水率等也有关。

7. 壳仁间隙

荞麦脱壳的难易程度及仁破碎率高低，与壳仁间隙有密切关系。各种荞麦壳仁间隙有较大差异，但间隙都比较小。

8. 仁硬度

荞麦脱壳的仁破碎率高低与仁硬度有密切关系，仁硬度又与成熟度及含水率等有关。

（二）加工品质

1. 制粉品质

荞麦制粉是将荞麦籽粒从外到内逐层碾磨，再经风选筛分而得。荞麦籽粒脱壳后得到的碎粒，也称荞麦瘦果，会再经过碾磨筛分得到荞麦麸皮粉和芯粉。荞麦麸皮粉主要包含荞麦麸皮和糊粉层部分，荞麦芯粉主要包括胚乳部位。荞麦麸皮粉和芯粉按照在籽粒中的占比混合可以得到荞麦全粉。荞麦全粉及芯粉是常用面粉原料，而荞麦芯粉由于淀粉含量更高，加工成面制品的特性也优于荞麦全粉。荞麦麸皮粉最大限度保留了荞麦麸皮和糊粉层部分，虽富含蛋白质、膳食纤维和多酚等多种功能成分、营养价值很高，但其粗糙的口感及不利于加工的特性限制了其使用。

荞麦粉是初级加工产品，大多荞麦加工食品的品质都依赖于荞麦粉的粉质特性。影响粉制特性的因素主要是粉体粒径和淀粉性质。一方面，荞麦粉的粒径分布是否均匀和粉体颗粒的细腻程度会影响荞麦食品口感，例如，荞麦面条、荞麦面包和荞麦蛋糕的质地和口感。微粉化处理是常见的调控荞麦粉粒径的方法，通过控制荞麦粉的粒度改善粉体的粗糙程度达到改善后续荞麦制品的质地。另一方面，荞麦粉中淀粉是含量最多的营养素，也是粉质特性的决定性因素。制粉过程中因磨粉方式的不同，淀粉的损伤程度、相对结晶度和淀粉颗粒的聚集方式会发生改变从而淀粉的吸水率和膨胀度也会发生改变。荞麦面条、面包和蛋糕在制作过程中需要加水经历高温进行糊化，淀粉颗粒的吸水和膨胀能力决定了荞麦粉的糊化程度，这决定了荞麦制品的结构是否均匀稳定以及质地口感。吸水率和膨胀能力高意味着荞麦粉吸水后的黏性高，在糊化过程中淀粉颗粒可以快速吸水膨胀形成淀粉凝胶结构，这对于无面筋蛋白的荞麦制品的质地具有有利影响。

2. 荞麦主食制品品质

荞麦主食类食品主要以面条和面包为主，但因荞麦缺乏面筋蛋白且口感粗糙等问题，目前对于全荞麦主食的加工工艺仍需要不断改进。荞麦蛋白主要由清蛋白和球蛋白组成，占总量的

50%~70%，近似于豆类蛋白，具有较高的持水性、乳化性、起泡性和咀嚼性，适用于冰淇淋和蛋糕等食品中。但醇溶蛋白、谷蛋白占比很低，无法形成面筋蛋白特有的稳定网络结构，因此全荞麦面团不易成型、全荞麦面条不具有拉伸和延展特性。

市面上的荞麦面条都是以小麦粉中添加荞麦粉制得的挂面，虽然可以显著增加黄酮含量并降低淀粉消化率，但荞麦粉的添加量的上限只有30%。荞麦粉添加量过多就会导致面条的断条率和煮制损失率显著性提高，食用品质较低。另外，由于无面筋蛋白，荞麦面团无网状结构、持气性差，无法镶嵌淀粉颗粒，不易成型，因此制作荞麦面包时常需要模具。使用酶制剂处理小麦和荞麦混合面粉制成面包来增加面包体积，或者采用高温短时空膨胀技术制得荞麦特殊风味产品。但在具有感官可接受性的前提下，荞麦粉的添加量也仅在30%~40%。

解决全荞麦面条成型性差的常用办法是采用挤压加工技术，利用荞麦淀粉老化过程形成稳定的淀粉凝胶使面条成型。而这个过程极其依赖于荞麦淀粉的品质。荞麦淀粉颗粒均呈不规则的多面体球形，表面有暗痕。粒径范围分布在3~10μm，大多数颗粒粒径为7~8μm。荞麦淀粉结晶类型与其他谷类淀粉相似，为典型的A型X射线衍射图谱。荞麦淀粉糊化后经历老化过程可以形成稳定的凝胶，并以透光率、沉降体积来反映荞麦糊化淀粉与水结合能力的强弱及淀粉凝胶的强度。荞麦淀粉凝胶强度远高于小麦淀粉，具有较低的脱水收缩性，较好的冻融稳定性，因此，低温荞麦制品口感变化较为缓和，不易产生老化导致的品质劣变。

3. 饮品品质

传统苦荞茶主要包括整籽粒型和造粒型两大类。整籽粒型苦荞茶在冲泡后具有较高总黄酮溶出率，而造粒型的苦荞茶由于可以和枸杞等多种组分复配具有更丰富的风味及功能特性。为了更加充分利用苦荞植株的营养价值，采用新型加工技术，研制苦荞植株的各部位为原料的新型苦荞茶，包括全麦茶、胚芽茶、叶（芽）茶、麸皮茶、全株茶和复合苦荞茶等类型。全株茶在造粒过程中，黄酮类物质得到有效溶出，含量较高。但全株茶和麸皮茶在粉碎、后熟及成型等过程中，原料粉会与水充分结合，其中芦丁降解酶溶出量增加，因而导致大量芦丁被转化成槲皮素，使茶汤苦味加重。

以苦荞麦为原料加工的苦荞麦啤酒，口感清爽，泡沫细腻，具有苦荞麦的独特风味和营养价值，既能满足保健啤酒的要求，又丰富了市场上的啤酒种类。苦荞麦酒呈现明亮透明的棕黄色，口感醇厚，味道浓郁。但荞麦啤酒中多酚或某些氨基酸含量过高也会影响其口感，增加其苦味感。因此可以通过优化制麦、研磨、麦汁煮沸和发酵工艺，有效改良荞麦啤酒的口感。

第五节　荞麦品质规格与标准

一、荞麦质量标准

GB/T 10458—2008《荞麦》规定了荞麦的相关术语和定义、分类、质量要求和卫生要求、检验方法、检验规则、标签标识以及对包装、储存和运输的要求，适用于收购、储存、运输、加工和销售的商品荞麦。将荞麦分为苦荞麦和甜荞麦，并细分了大粒和小粒两种甜荞麦。荞麦质量要求如表9-4所示。

表 9-4　荞麦质量要求

<table>
<tr><th rowspan="3">等级</th><th colspan="3">容重/(g/L)</th><th rowspan="3">不完善粒/%</th><th rowspan="3">互混/%</th><th colspan="2">杂质/%</th><th rowspan="3">水分/%</th><th rowspan="3">色泽、气味</th></tr>
<tr><th colspan="2">甜荞麦</th><th rowspan="2">苦荞麦</th><th rowspan="2">总量</th><th rowspan="2">矿物质</th></tr>
<tr><th>大粒甜荞麦</th><th>小粒甜荞麦</th></tr>
<tr><td>1</td><td>≥640</td><td>≥680</td><td>≥690</td><td rowspan="3">≤3.0</td><td rowspan="4">≤2.0</td><td rowspan="4">≤1.5</td><td rowspan="4">≤0.2</td><td rowspan="4">≤14.5</td><td rowspan="4">正常</td></tr>
<tr><td>2</td><td>≥610</td><td>≥650</td><td>≥660</td></tr>
<tr><td>3</td><td>≥580</td><td>≥620</td><td>≥630</td></tr>
<tr><td>等外</td><td><580</td><td><620</td><td><630</td><td>—</td></tr>
</table>

注：“—”为不要求。

二、荞麦粉质量标准

GB/T 35028—2018《荞麦粉》规定了荞麦粉的术语和定义、产品分类、技术要求、检验方法、检验规则、标签标志、包装、运输和储存，适用于以荞麦为原料制成的荞麦粉。通过总黄酮含量限量区分了甜荞麦粉和苦荞麦粉的质量要求，突出了苦荞麦比甜荞麦更高的黄酮含量，如表 9-5 所示。

表 9-5　荞麦粉质量要求

<table>
<tr><th rowspan="2">项目</th><th colspan="2">技术要求</th></tr>
<tr><th>苦荞粉</th><th>甜荞粉</th></tr>
<tr><td>总黄酮含量/(g/100g)</td><td>≥1.0</td><td>≥0.2</td></tr>
<tr><td>粗细度</td><td colspan="2">CB30 号筛全部通过，留存 CB36 号筛不超过 10%</td></tr>
<tr><td>水分/%</td><td colspan="2">≤14.0</td></tr>
<tr><td>磁性金属物/(g/kg)</td><td colspan="2">≤0.003</td></tr>
<tr><td>脂肪酸值（干基，以 KOH 计）/(mg/100g)</td><td colspan="2">≤120</td></tr>
<tr><td>含砂量/%</td><td colspan="2">≤0.02</td></tr>
<tr><td>色泽、气味</td><td colspan="2">具有荞麦粉固有的色泽、气味</td></tr>
</table>

三、其他相关标准

1. 产品标准

我国关于荞麦制品的产品标准主要分为行业标准、地方标准和团体标准。其中，行业标准 NY/T 894—2014《绿色食品　荞麦及荞麦粉》中规定了荞麦粉水分、灰分和农药残留量等理化指标。地方标准则主要规定了相应的地理标志产的术语和定义及地理标志产品的保护范围。例如，DB61/T 568—2013《地理标志产品　定边荞麦》为陕西省地方标准，适用于定边荞麦（甜荞）的商品荞麦；DB61/T 1119—2018《地理标志产品　吴起荞麦香醋》由陕西省质量技术监督局颁布，适用于吴起荞麦香醋；DB5205/T 1—2020《地理标志产品　威宁荞麦》是毕节市地方标准，适用于威宁荞麦的地理标志产品；DB61/T 1039—2016《地理标志产品　靖边荞麦》是陕西省标准，适用于靖边荞麦；T/SAGS 002—2020《陕西好粮油　陕北荞麦》适用于陕西省渭北旱塬及以北地区生产的采用陕北小杂粮商标的商品荞麦。

2. 生产规范标准

荞麦的生产技术规范标准主要针对原粮生产，主要是地方标准，例如DB32/T 3658—2019《荞麦生产技术规程》和DB140400/T 014—2004《绿色农产品　甜荞麦生产操作规程》。DB32/T 3658—2019《荞麦生产技术规程》规定了荞麦（甜荞麦）生产的有关定义、产量目标及产量构成、产地环境要求、肥料合理使用准则通则、农药合理使用准则、生产管理措施、收获与储存及生产档案，适用于江苏省荞麦春播和秋播生产。而DB 140400/T 014—2004《绿色农产品　甜荞麦生产操作规程》规定了绿色甜荞麦生产的基本要求、播种前准备、播种、田间管理、病虫害防治和收获的要求，适用于山西省长治市行政区域内的绿色甜荞麦的生产。

荞麦制品的加工技术规范多集中在荞麦粉加工，例如DB34/T 3258—2018《全谷物粉　荞麦粉生产加工技术规程》它规定了荞麦全粉生产加工的基本要求和生产过程的监控要求，适用于以甜荞麦为原料制成的荞麦粉的生产加工。

3. 检测方法标准

针对荞麦及其制品中总黄酮含量的检测，农业标准NY/T 1295—2007《荞麦及其制品中总黄酮含量的测定》规范了检测方法，总黄酮最低检出限为0.5mg。另外，农业标准NY/T 2493—2013《植物新品种特异性、一致性和稳定性测试指南　荞麦》对荞麦新品种特异性、一致性和稳定性测试的技术和结果判定的原则进行了规范。

第六节　荞麦储藏、加工及利用

一、荞麦储藏

（一）荞麦的储藏特性

荞麦籽粒吸水后的呼吸作用较强，附着的微生物也会增加，容易发热和霉变。遭到雨淋后含水率在14%以上的荞麦籽粒，在气温较高的夏季，即使袋装单批堆放，经常通风，也会产生变质。荞麦比一般禾谷类粮食含有较高的蛋白质和脂肪，对高温的抵抗力较弱，遇高温会使蛋白质变性，品质变劣，生活力、发芽力大大下降，因此将荞麦置于适当的储藏环境尤为重要。

（二）荞麦安全储藏技术

1. 荞麦及其产品的储藏特性

（1）营养成分影响荞麦储藏品质　荞麦原粮随着储藏时间的延长，品质会逐渐下降。在日本，荞麦的新鲜度被视为衡量荞麦面品质的重要指标。新收获的荞麦，经脱壳后呈浅绿色，随着储藏时间的推移，其颜色会失去原有的淡绿色，逐渐向红褐色变化，从而产生褐变，且这种色泽的变化通常伴随着酸败味的产生。脂质降解和氧化是荞麦粉储藏过程中品质劣化的主要原因。荞麦中的脂肪含量为1%~3%，其不饱和脂肪酸可达总脂肪酸的80%以上，且含有脂肪水解酶和脂肪氧化酶等多种活性酶，脂类经过氧化和酶解等系列反应，产生的游离脂肪酸，尤其不饱和脂肪酸被氧化生成的饱和、不饱和醛等次级代谢产物导致异味，造成荞麦尤其是甜荞麦的原料及其制品品质下降。目前，已有通过过热蒸汽、近红外、微波等灭酶处理技术，可以达到控制脂肪酶和脂肪氧化酶等的活性，从而防止脂肪水解和氧化。其中，传热效率高、处理时间短的灭酶技术既能使酶失去活性，又不会造成籽粒色泽和风味等的变化，是较为理想的储藏前处理技术。

（2）储藏环境因素影响荞麦储藏品质　温度和水分是影响荞麦变质的主要因素，温度升高会引起荞麦籽粒呼吸作用加强、微生物代谢速率加快，导致含水量、出糙率、整精米率、发芽率快速下降，脂肪酸值快速上升，陈化的速度也会相应变快，不符合储粮保质减损的要求。因此，一是采用控温技术将环境温度控制在低温或者准低温；二是在储藏前将荞麦籽粒干燥至水分含量<14%，利于荞麦储藏。在水分活度 A_w<0.61 相对干燥的低温环境中储藏荞麦，更有利于原有色泽的保持。另外，这一储藏条件也有效减缓荞麦理化特性变化导致的品质劣变，包括荞麦中淀粉的直链淀粉/链淀粉支比、膨胀势和糊化黏度增加、溶解度降低，蛋白质中巯基向二硫键转换，蛋白质大分子聚合物含量增加等储藏品质劣变现象。

2. 荞麦安全储藏技术

国标 GB/T 10458—2008《荞麦》中指出荞麦应该存储于清洁、干燥、防雨、防潮、防虫、防鼠、无异味的仓库内，不应与有毒有害物质或水分较高的物质混存，可见荞麦的仓储与常见粮食储存方式较为相似。

（1）充分干燥　荞麦籽粒的含水率在 12%~13%较为适宜。储藏库房还应具有良好的防潮性能，如果库房潮湿，荞麦易受潮、发热、霉变、生芽。

（2）低温储藏　荞麦适宜于低温储藏，库房应具备良好的隔热性能，库房表面可刷成白色或浅色，门窗要严密，防止外界热量进入库房。荞麦在储存过程中，需要通风，以促进籽粒中的气体交换，降温散湿，防止发热、生霉。有时又需要密闭，以减少荞麦与外界空气接触，避免外界温度、湿度影响和害虫侵害，以提高荞麦的储藏稳定性。在使用熏蒸药剂时，密闭还可以增进杀虫效果。所以，要求库房在需要通风时，具有良好的通风性能，在需要密闭时，又具有良好的密闭性能。

二、荞麦加工

（一）荞麦制米工艺流程

1. 甜荞麦制米流程

甜荞麦制米工艺流程如图 9-4 所示。

（1）清理　我国荞麦产地都在边远地区和山区，收购荞麦的批量多、地区广，故含杂较多，尤其是苦荞麦。良好的清理效果是荞麦加工的前提，通过筛理、风选、去石，去除大、中、小杂和砂石等杂质。

（2）分级　荞麦的粒度范围大，必须先按大小分级，再分别脱壳和分离出种子，才能提高脱壳率，减少碎粒，提高种子的得率和工艺质量，提高由种子加工得到的荞麦粉质量，此外荞麦壳中不会含有胚乳粉尘。

（3）剥壳　将同一粒径的荞麦送入相应间隙的磨盘之间，通过磨盘的碾搓进行剥壳。

（4）米壳分离　采用风、筛结合的方法对脱壳后的混合料进行米、壳分离和成品整理。吸风分离器将碎米和荞麦壳分离出去，通过筛分将分离后的未剥壳荞麦重新送回料斗进行再次剥壳，直至剥壳结束。

（5）成品米色选　为保证成品米达到出口标准，经整理后的成品米送入色选机进行色选，去除杂色米粒及部分不完善米。

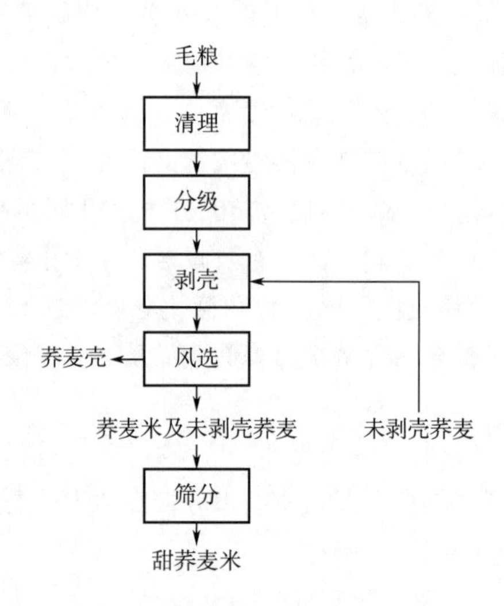

图 9-4　甜荞麦制米工艺流程

2. 苦荞麦制米工艺

苦荞麦保健和经济价值大于甜荞麦，但现有的荞麦脱壳设备只适用于甜荞麦，由于苦荞麦固有的韧性壳、脆性仁，苦荞麦脱壳难度很大，整仁率很低。苦荞麦采用干法脱壳，脱壳率不到 10%，浸泡后脱壳率不到 60%，而浸泡、蒸煮后脱壳率可达 90%以上。

苦荞麦制米工艺流程如图 9-5 所示。

（1）清理　采用清粮设备对原料进行筛选、去杂、去石后，杂质总量≤1.0%；采用磁选设施去除原料中的磁性金属物。

（2）浸泡　使用洗麦机将苦荞麦清洗至表面洁净无杂质，常温浸泡 3~5h。

（3）蒸制（熟化）　采用蒸制设备，常压 20~25min 或高压 15~20min。

（4）干燥、脱壳　熟化后的苦荞麦干燥至含水量为 22%~26%，根据粒径大小调节脱壳机的对辊（砂盘）间隙进行脱壳。

（5）分选　采用振动分级筛将整粒米与碎米分离。

（6）色选　采用色选设备剔除异色粒，选净率≥99.5%。

（7）烘干　采用烘干设备，将苦荞麦米烘干至含水量≤13.0%。

（8）冷却　将苦荞麦米冷却至常温。

（9）筛分　采用筛孔为 2.0mm 的筛分设备去除碎屑物。

（10）色选　剔除杂色粒。

（二）荞麦制粉工艺流程

根据荞麦制粉工艺，可以将荞麦粉分为生粉和熟粉。荞麦生粉是谷物去壳机将荞麦的籽粒

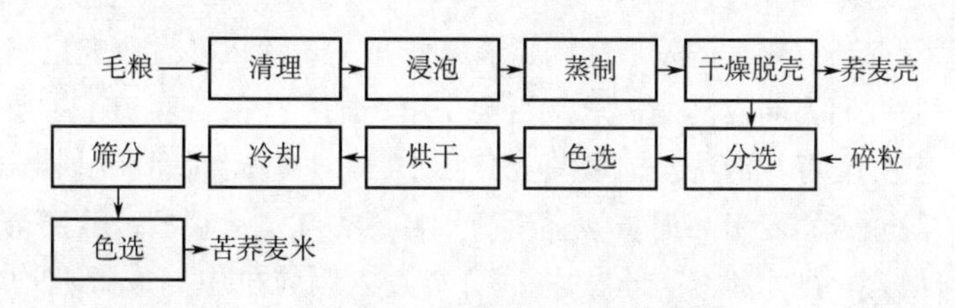

图 9-5　苦荞麦制米工艺流程

皮层磨破，经过筛分清理以后再用砂盘碾磨成荞麦粗粉，称为“冷”碾磨。由于没有受到连续的高温处理，所得的产品与钢辊磨制的粉有所不同，在热敏营养素保持方面优于钢辊磨制的粉，所以荞麦生粉含有更多有益健康的活性营成分。而荞麦熟粉是在磨粉之前进行浸泡、蒸制、脱壳等处理，熟化的荞麦中部分营养成分可能会逐渐向籽粒内部转移。除特殊加工要求以外，生粉仍然是目前主要的荞麦制粉工艺（图 9-6）。

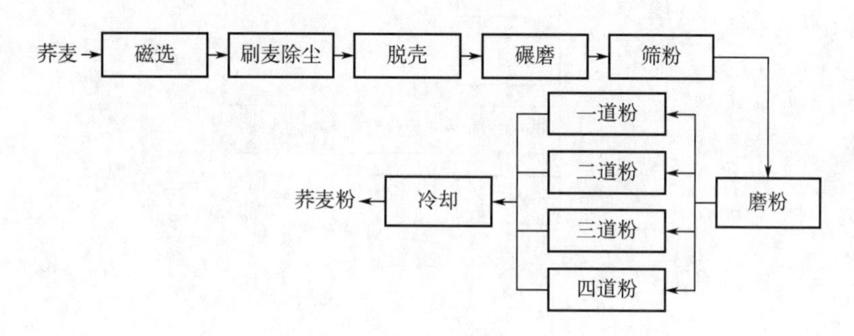

图 9-6　荞麦制粉工艺流程

1. 清理

分别采用高效振动筛、循环风选器、去石机等机械方式对原料进行筛选、去杂、去石清理，清理后砂石量≤0.03%，杂质总量≤0.5%。

2. 磁选

采用磁选设施去除原料中的磁性金属物，磁选后磁性金属物含量≤3mg/kg。

3. 刷麦除尘

使用刷麦机、除尘器去除原料表面及腹沟内附着的灰尘。

4. 脱壳

采用筛板孔径相差 0.2~0.3mm 的分级设备将甜荞麦分 4~7 个级别，不同粒径的甜荞麦分别进入对应间隙的脱壳机进行脱壳。苦荞麦不脱壳，直接进行磨粉。

5. 制粉

使用制粉机制粉，粗细度全部通过 CB30 号筛，留存 CB36 号筛不超过 10%。

6. 冷却

制粉后冷却，物料温度≤30℃。

三、荞麦制品的加工及副产物利用

1. 苦荞麦茶

荞麦茶在加工工艺方面不断改良探索，产品逐渐丰富，荞麦茶市场不断扩大。但其加工方式较为传统，产品形态还有较大的发展空间，有待于进一步深入开发研究以满足现代消费者对食品质量和饮食享受方面不断提高的需求。目前，市场上生产的苦荞麦茶主要是苦荞麦籽粒茶和苦荞麦造粒茶。苦荞麦籽粒清洗浸泡使其充分吸水；经过一定时间高温蒸煮后，将籽粒烘干并进行脱壳筛选；脱壳苦荞麦米高温烘炒直至产生自然香味。造粒型苦荞麦茶是将苦荞麦籽粒粉以适当比例进行混合，加水搅拌均匀，将混合料送入制粒机中制成颗粒均匀的苦荞麦茶颗粒。苦荞麦茶的工艺流程如图 9-7 所示。

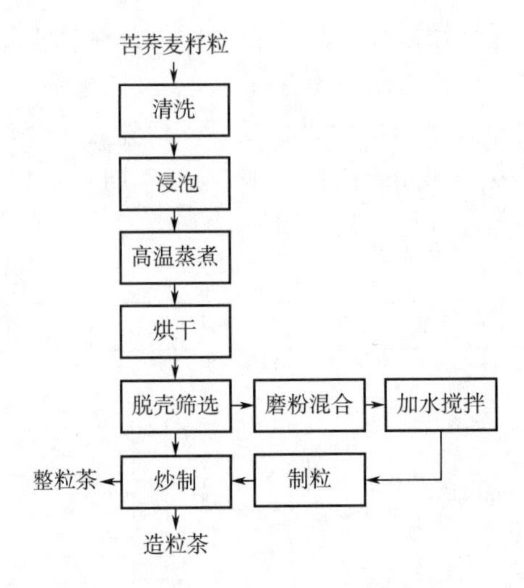

图 9-7　苦荞麦茶工艺流程

2. 荞麦面

（1）荞麦挂面　荞麦粉不含面筋蛋白，无法直接形成面团，因此通过传统压延工艺生产的荞麦挂面是以小麦粉为主料，再配以荞麦等其他辅料，经过和面、压片、切条、悬挂干燥等工序加工而成的产品（图 9-8）。通过传统压延工艺制备出的荞麦挂面尽管口感比较接近小麦挂面，但因荞麦粉富含膳食纤维、多酚和生物类黄酮等活性物质，荞麦挂面的营养功效要高于小麦挂面。

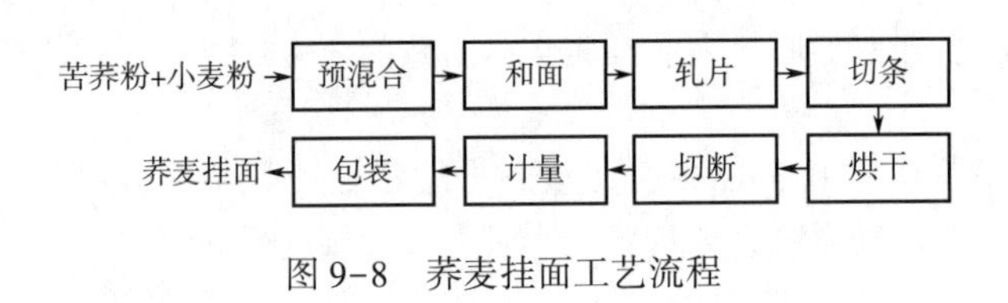

图 9-8　荞麦挂面工艺流程

（2）荞麦挤压面条　荞麦粉经挤压熟化后，可以一次熟化成型制作成荞麦挤压面条，这种面条不同于传统荞麦面需要借助小麦粉中面筋蛋白成型。荞麦挤压面条的制备原理是使荞麦粉中淀粉充分糊化再冷却老化形成稳定的淀粉凝胶，实现了荞麦粉添加量为 100%，蒸煮后其口感类似于米粉具有嚼劲。荞麦挤压面条的工艺流程如图 9-9 所示。

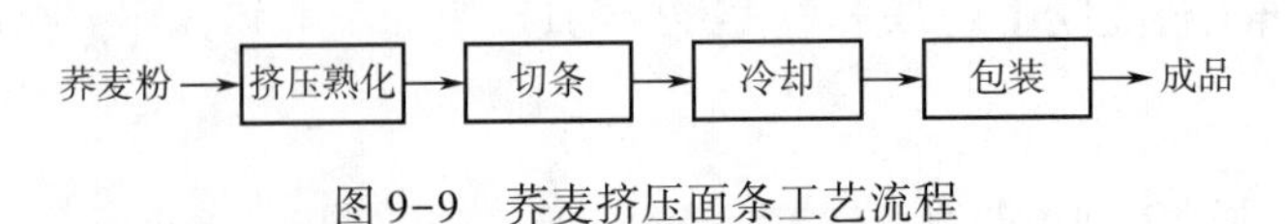

图 9-9　荞麦挤压面条工艺流程

3. 膨化类

以荞麦粉为主料，添加或不添加其他原料，经双螺杆挤压膨化，再成型调味生产的脆片类休闲食品，或者固体饮料类方便食品，是越来越受欢迎的荞麦新产品。营养均衡，即食性好，易消化吸收，含有丰富的黄酮类化合物。目前市面上荞麦挤压膨化产品主要是脆片、冲调粉等。

4. 副产物利用

除上述主流产品以外，荞麦还可以作为功能食品或保健食品的原料。例如，以荞麦麸皮为原料，经破壁、处理剂浸提、高压水解等工艺技术，所得提取物中D-手性肌醇（D-CI）量可达30%~50%，可应用于功能食品配料等。此外，荞麦皮壳、秸秆等副产物还具有良好的饲用价值。其不仅营养价值丰富，含有脂肪、蛋白质、铁、磷、钙等矿物质和多种维生素，而且由于荞麦比其他饲料作物生育期短，能在短时期内提供大量优质青贮饲料。另外，荞麦还是中国三大蜜源作物之一，甜荞花朵大、开花多、花期长，蜜腺发达、具有香味，泌蜜量大。大面积种植荞麦可促进养蜂业和多种经营的发展，而且可以提高荞麦的受精结实率。荞麦田放蜂，产量可提高20%~30%。

第七节　荞麦营养与健康作用

甜荞麦和苦荞麦的果实、茎、叶、花的营养价值都很高，其蛋白质、脂肪、功能活性物质含量普遍高于大米、小麦和玉米。甜荞麦的生物活性成分具有降血糖、降血脂、抗氧化和镇痛消炎等功效。苦荞麦中的黄酮、酚类、有机酸类具有同样有利于健康的作用，且含量高于甜荞麦。

（一）糖脂代谢调控

荞麦黄酮被公认为具有良好的控制血糖、降低血脂、增加胰岛素与受体结合力和敏感性等作用，主要归因于其功能组分，包括芦丁和槲皮素等黄酮类、D-CI、糖醇等。

1. 糖代谢调控

苦荞麦作为药食同源的传统食材，兼具主食和调控血糖的双重营养功能。研究者对296例糖尿病患者进行苦荞麦粉为期1个月干预，采用前后对比分析发现，显效率为51.35%，有效率为45%，总有效率为91.35%，验证了苦荞麦有效控制血糖及血脂的效果。除此之外，还有一项临床研究通过随机对照试验采用全苦荞麦食品（100%苦荞麦制成的苦荞麦米、苦荞麦面、苦荞麦冲调粉）对165例2型糖尿病患者进行为期4周的营养干预研究，结果发现苦荞麦饮食组的糖尿病人苦荞麦日均摄入量大于110g时，其空腹胰岛素水平（2.46Ln mU/L→2.39Ln mU/L）、总胆固醇浓度（5.08mmol/L→4.79mmol/L），以及低密度脂蛋白胆固醇浓度（3.00mmol/L→2.80mmol/L）显著降低；苦荞麦饮食组摄入的蛋白质、膳食纤维和黄酮类化合物含量均显著增加，这些结果说明苦荞麦对于糖尿病患者的血糖稳态有着明显调控作用。

苦荞麦中起到调控血糖作用的主要组分是生物类黄酮、D-CI、糖醇以及荞麦蛋白。生物类黄酮、D-CI、糖醇帮助控制血糖及胰岛素水平，减缓胰岛素抵抗出现，改善胰岛β-细胞功能，其作用机制主要涉及胰岛素信号传递途径的调节（PI-3K/Akt途径和MAPK途径）、相关酶活性的调节（糖原合成酶、二肽酶激酶Ⅳ、α-淀粉酶、α-葡萄糖苷酶）和机体氧化应激性的减弱等。荞麦蛋白调控血糖的作用机制，不通过明显增加胰岛素分泌量而与提高胰岛素敏感指数有关。

2. 脂代谢调控

食用荞麦人群和非食用荞麦人群的高血压患病率、血脂水平和血脂偏高率均存在明显的差异，主食荞麦人群的高血压患病率、血脂水平和血脂偏高率低于非主食荞麦人群，说明食用荞麦可以对血脂和血压产生影响。甜荞麦和苦荞麦均具有潜在降血脂功能。动物实验表明，苦荞麦能显著降低细胞内总胆固醇、甘油三酯含量，增加高密度脂蛋白胆固醇并且减少低密度脂蛋白胆固醇，甜荞麦则具有降血脂趋势，苦荞麦还能不同程度改善高脂血小鼠的肝组织结构，苦荞麦整体比甜荞麦效果更佳。

荞麦可以降低甘油三酯（TG），且荞麦中含有大量的膳食纤维，促进粪便运行，减少 TG 在肠道的吸收而降低它在血中的含量。而可溶性膳食纤维可与胆汁酸结合，增加粪便中胆汁酸的排出，有降低血清胆固醇的作用，这些作用都能有效地改善脂代谢异常，对降脂有重要作用。苦荞麦黄酮提取物能够降低高脂饮食诱导的糖尿病大鼠血浆及肝脏中总胆固醇、总甘油三酯水平，提高抗氧化活性，抑制脂肪过氧化物形成。苦荞麦黄酮提取物也显著降低了高脂饮食诱导的糖尿病小鼠中的脂质代谢紊乱以及小鼠的空腹血糖，并且提高了小鼠的胰岛素敏感性，降低血浆中总胆固醇、甘油三酯、低密度脂蛋白胆固醇，同时提高抗氧化活性。这些结果均说明了苦荞麦可作为在日常膳食替代精制米面，发挥维持糖尿病人血糖稳态以及降脂的作用。

（二）心脑血管改善

荞麦花叶总黄酮具有降糖、降脂、改善糖耐量及舒张血管等活性，荞麦黄酮为荞麦的主要提取物之一，属多酚类，为五羟基黄酮。从目前治疗心脑血管病的对比研究观察，荞麦黄酮治疗心脑血管病的主要有效成分为芸香苷、桑色素、槲皮素、莰菲醇。荞麦花叶总黄酮可以可降低糖尿病大鼠空腹血糖（FBG）、总胆固醇（T-CHO）、TG、游离脂肪酸（FFA），改善糖尿病大鼠的心肌组织的形态和超微结构。荞麦花叶总黄酮还能有效抑制大鼠动-静脉旁路血栓形成，同时有效地降低大鼠血浆中血栓素（TXB2）水平，抑制血小板聚集；并能显著改善大鼠全血黏度，降低红细胞比容，从而改善血滞状态，使血液流速恢复正常，对防治血栓形成及心脑血管疾病的治疗作用都是十分重要的。苦荞麦黄酮对缺血再灌注大鼠心肌有保护作用，能有效降低心肌缺血再灌注大鼠血清中乳酸脱氢酶（LDH）、肌酸激酶（CK）和丙二醛（MDA）的含量，显著增加超氧化物歧化酶（SOD）、谷胱甘肽过氧化物酶（GSH-PX）和一氧化氮的含量，减轻心肌梗死程度。

（三）抗氧化

现代医学研究证明，黄酮类化合物具有抗氧化及清除自由基等生理功能，是天然自由基清除剂。荞麦中含有芦丁、槲皮素、荭草苷等多种黄酮类化合物，这些化合物是荞麦发挥抗氧化作用的主要物质。

甜荞麦种子由于其高酚含量，尤其是类黄酮含量而具有很高的抗氧化活性，酚类含量高的原因与种皮有关。种皮富含表儿茶素（257.60mg/kg），原花青素 B2（118.6mg/kg）和表儿茶素没食子酸酯（61.27mg/kg）。甜荞麦花叶黄酮可以从甜荞麦花和叶中提取出来，总黄酮含量为 98%，由于其抗氧化作用对心肌梗死大鼠有一定的保护作用。苦荞麦含有多种抗氧化活性物质，具有很强的清除自由基的能力和抗氧化功能，成分包括类黄酮类、多酚类、多糖等。

（四）抗炎

炎症是对组织损伤、微生物病原体和化学刺激反应的正常生物学过程。由于慢性炎症潜在的促癌风险，消除或预防慢性炎症已被提议作为预防癌症的一种主要方法。核因子 κB（NF-κB）在调节与炎症相关的基因和介质，包括肿瘤坏死因子-α（TNF-α）、白介素-1β（IL-1β）、IL-8、IL-6，如诱导一氧化氮合酶和环氧化酶-2 的表达中起着举足轻重的作用。

甜荞麦中的芦丁和槲皮素等具有抑制炎症反应和镇痛的能力，甜荞麦黄酮可以降低血清炎症因子 TNF-α、IL-6、C-反应蛋白（CRP）水平，具有减轻炎症反应、降糖降脂、改善胰岛素抵抗的作用。内皮功能障碍是这些疾病的初始病变，并且与线粒体功能障碍、内质网应激和炎症有关。有研究表明，苦荞麦提取物可以保护线粒体的功能，抑制内质网应激并减少与内皮细胞内质网应激/JNK 途径相关的 IL-6 和管细胞黏附分子-1（VCAM-1）产生。

（五）抗肿瘤

荞麦不仅营养价值高，而且可作为保健食品原料，是最受欢迎的绿色食品。研究表明，荞麦中的主要活性成分如胰蛋白酶抑制剂和黄酮类物质可以抑制细胞增殖、诱导肿瘤细胞凋亡。胰蛋白酶抑制剂能够通过干扰肿瘤细胞的增殖及生长等过程，最终诱导细胞凋亡；黄酮类物质主要通过下调癌基因表达、抑制信号转导通路、诱导细胞凋亡、阻滞细胞周期、抑制细胞迁移等对肿瘤细胞发挥作用。荞麦蛋白产品可以降低结肠腺癌的发生率，并且荞麦蛋白的摄入显著降低了结肠上皮细胞的增殖以及 c-myc 和 c-fos 蛋白的表达。

（六）其他

1. 保护肝脏作用

荞麦花叶黄酮能通过增加 IRS-2、PI3K，减少 NF-κB 表达，从而发挥降低血糖、血脂，减轻体内炎症反应，改善胰岛素抵抗，减少肝内脂肪的堆积，进而实现改善糖代谢紊乱、保护肝脏的目的。荞麦花叶芦丁对损伤肝细胞具有保护作用，其机制可能与其能清除自由基，防止脂质过氧化，改善脂质代谢有关。此外，荞麦中芦丁还对卡介苗（BCG）和脂多糖（LPS）联合诱导的免疫性肝损伤小鼠肝脏的超微结构有改善作用，尤其是高剂量的作用明显。

2. 保护肾脏作用

研究发现，荞麦发酵物（FBE）可通过降低小鼠随机血糖，下调肾组织 VEGF 的表达水平，上调 MMP-9 的表达水平，减缓小鼠的病理进程，起到一定的肾保护作用。其机制可能是通过调控炎症反应 PPARγ-NF-κB 这一重要靶点，改善炎症反应及肾脏功能；与此同时，荞麦花叶发酵提取物能增加小鼠肾脏组织内 PPARγ 蛋白表达，降低血糖水平，增加肾脏组织对胰岛素的敏感性，对肾脏起到一定的保护作用。荞麦花叶黄酮也能减轻糖尿病所引起的肾组织的损伤，其机制与其具有降糖、降脂、降低非酶糖基化及氧化应激水平相关。

思考题

1. 荞麦的食用品种有哪些？品种之间有什么区别？
2. 荞麦有哪些健康功效？最具特色的功能因子是什么？
3. 常见的荞麦加工食品有哪些？怎么食用更健康？
4. 荞麦米根据品种不同，独具特色的加工方式是什么？
5. 荞麦及其副产物的加工利用途径有哪些？
6. 苦荞麦茶的加工方式有哪些？不同产品的质量标准有什么指标差异？

第十章

谷子

学习目标

1. 了解谷子生产、消费、流通、储藏、加工及利用基本情况；
2. 掌握谷子营养成分、品质特性与加工方式、健康作用的密切关系；
3. 熟悉谷子的作物性状、品质规格与标准。

第一节　谷子栽培史与分类

一、谷子栽培史

谷子［*Setaria italica*（L.）Beauv.］是禾本科（Gramineae）黍亚科（Agrostidoideae）黍族（Panicatae）狗尾草属（*Setaria*）的一个二倍体栽培种，是最早被人类驯化的栽培作物之一，是世界上栽培最古老的粟类作物，在我国古称稷、粟，又称粱。根据炭化籽粒单粒断代分析，欧洲最早的谷子栽培历史在公元前1500年前后，即欧洲谷子栽培历史在3500年左右。据我国学者吕厚远等利用植硅体方法对河北武安磁山文化遗址出土炭化物的研究表明，我国北方谷子的驯化栽培距今8700年。学者杨晓燕等认为谷子起源于中国的黄河流域，在中国的栽培历史可以追溯到距今11500年前。

中国的谷子起源于黄河流域，这个观点在业内已经基本达成共识。随着人类的迁徙和原始农耕的发展，向外逐渐扩散遍及整个北方地区，最早传到日本和朝鲜半岛，而欧洲谷子则可能是从中国经俄罗斯和奥地利传入的，后传入阿拉伯、小亚细亚半岛、澳大利亚。我国对谷子传播的研究更加详细，石兴邦总结认为谷子的传播是以黄河中游地区为中心，从西北传到新疆，向东北传到吉林、辽宁、黑龙江地区；向南传到长江中下游、淮河流域和东南沿海及台湾等岛屿，再向域外传播；向东传到域外朝鲜半岛和日本等地。

二、谷子分类

1. 按照谷子播种季节分

按照播种季节的不同，可将谷子分为春谷、夏谷两类。春谷一般4月中下旬至5月中旬种植，9月中下旬可收获。夏谷6月中下旬进行种植，播种期为冬小麦收获后，9月下旬至10月中上旬可收获。

“第十个五年计划”以来，国家攻关（科技支撑计划）项目习惯将我国谷子产区分为华北、东北、西北三大生态区。根据自然条件、地理纬度、种植方式和品种类型，结合播种季节和产区，有学者把中国谷子产区划分为东北平原区春谷区、华北平原夏谷区、内蒙古高原春谷区、黄河中上游黄土高原春夏谷区4个谷子栽培区。还有学者根据我国各地谷子的种植条件、品种类型等因素划分了4个产区，即东北春谷区、华北夏谷区、西北春谷早熟区、西北春谷晚熟区。

2. 按照谷子粒质分

根据国家标准 GB/T 8232—2008《粟》规定，谷子按照粒质不同可分为粳型和糯型；谷子脱壳后称为小米，小米的品种很多，根据国家标准 GB/T 11766—2008《小米》规定，小米按照粒质不同可分为粳性小米和糯性小米。

3. 按照谷子籽粒种皮颜色分

全球范围内有 6000 余种谷子，其外观颜色差异很大，可从白色过渡为淡黄色或红色甚至灰色。按颜色分，谷子的颖壳有红、橙、黄、白、黑、紫等颜色，俗称“粟有五彩”，其中红色、灰色者多为糯性小米；白色、黄色、褐色、青色者多为粳性小米。一般来说，谷壳色浅者皮薄，出米率高，米质好；而谷壳色深者皮厚，出米率低，米质差。著名品种有山西沁县黄小米、山东章丘龙山小米、山东金乡金米、河北桃花米等。

第二节　谷子生产、消费、贸易

一、谷子生产现状

世界谷子主要分布在亚洲，其次是非洲，在欧洲、美洲和大洋洲也有种植。由于世界种植生产与贸易统计的是“millet”的数据，但“millet”在英语中是包括谷子、糜子、珍珠粟、台夫、龙爪稷等多种小粒作物的总称，因此，我国熟知的“谷子”世界各国生产种植数据尚不清楚。从总体概况来看，全世界谷子种植面积约 1000 万 hm^2，主产区在亚洲，主要包括中国、印度等国家。中国的谷子面积和产量分别占世界总量的 80%和 85%左右。2020 年，中国谷子种植面积约 150 万 hm^2，总产量约 1000 万 t。印度的面积和产量均占世界的 10%左右；亚洲其他国家如日本、韩国、尼泊尔、东南亚国家也零星种植。谷子在欧洲的法国、英国等国家作为鸟饲作物生产，种植面积很小，且年度变化很大。谷子在美国和加拿大是主要作物小麦田夏季的填闲饲草，主要是干草。

谷子曾经是中国的主要口粮作物，在 20 世纪 50~60 年代，谷子种植面积约 1000 万 hm^2，仅次于水稻和小麦，是中国的第三大粮食作物。随着劳动力成本的逐渐升高以及种植业结构调整政策的实施，谷子的种植面积从 20 世纪 70 年代开始逐年减少。2009—2018 年全国谷子播种面积再次回升（图 10-1）。国家统计局数据显示，2022 年度全国谷子播种面积 83.976 万 hm^2，总产量 261.81 万 t。谷子种植主要分布在华北、东北和西北的干旱半干旱区域，是旱作绿色农业的主栽作物，种植面积最大的省（区）是内蒙古、山西和河北，三地合起来的种植面积占全国的 60%左右。

二、谷子消费

谷子是中国传统的粮饲兼用作物，具有抗旱耐瘠薄、营养丰富、保健功能突出等特点，是民众膳食结构改善和种植业结构调整的主体作物。我国谷子的消费区域主要在东北、华北和西北等原产地，在谷子种植主产区多以原粮形式销往各地，主要销售区域为北方的大中城市。

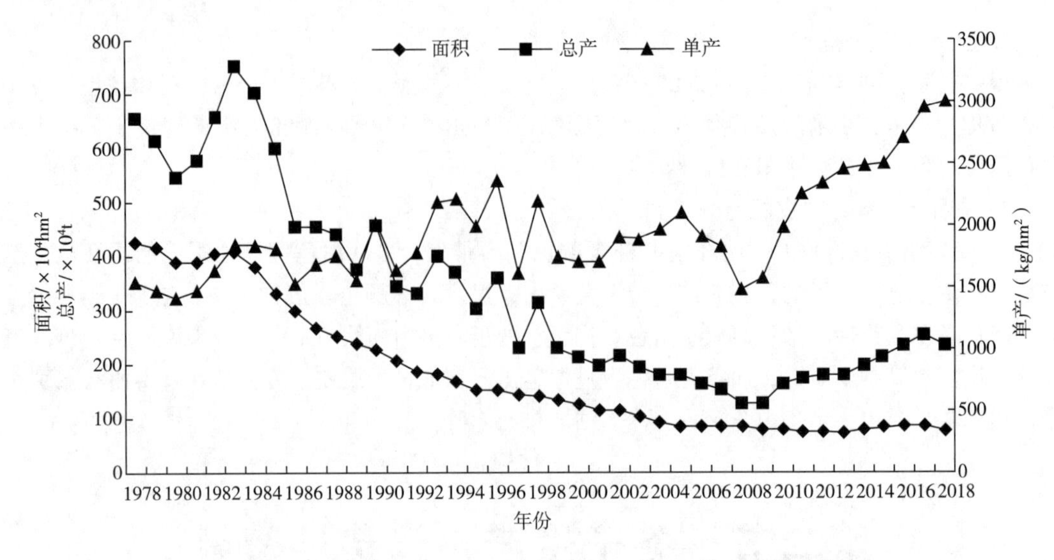

图 10-1 1978—2018 年中国谷子面积、总产、单产趋势变化

1. 原粮消费

我国谷子消费超过 80%以米粥、干饭原粮消费为主，原粮初加工产品——小米在谷子加工中占主导地位。据国家谷子高粱产业技术体系对河北省 11 个地市的城镇居民和农村居民调查，91%的消费者主要食用小米和小米面等初级加工品；95%的食用方式主要是煮小米粥；消费主体以老年人为主，占 48%；41%的消费渠道是从超市或便利店购买，平均购买频次较少。可以看出目前谷子的消费多以初级产品消费为主，消费方式比较传统、消费主体单一、消费频率低。

2. 深加工消费

谷子为原料的深加工企业主要涉及三大类。①大型谷子深加工企业：主要集中在河北和山西谷子主产区，产能设计达到了万吨级以上，主要有张家口的小米黄酒产品（产能 5 万 t），山西的小米营养粉产品（产能 5 万 t），山西的小米啤酒（产能 10 万 t）；②地方特色小米深加工企业：河南的小米油茶粉、云南的小米鲊、山东的小米煎饼以及台湾地区的小米酒，集中在谷子非优势产区、区域性强；③专业化企业：主要为生产小米饮料、小米醋、小米沙包、小米面条、小米休闲食品、小米糠油等产品的企业，这类企业多集中在经济发达城市，不局限于谷子产区，这些企业生产技术成熟、科研团队稳定、销售渠道完善，是谷子深加工发展的重要助力。近 15 年来，中国谷子产业规模不断扩大。全国小米产业规模由 2009 年 50 亿元发展到 2018 年 300 亿元左右，全国地理标志保护产品从零基础发展到 49 个品种。

3. 谷子贸易

我国谷子出口主要分为食用和饲用，食用谷子主要销售到日本、朝鲜和东南亚国家，要保证谷子的商品性和适口性；饲用谷子主要销往欧洲和美洲，一般多以整穗出口较多，要求穗要长，色泽要鲜艳，籽粒的千粒重要大等。根据 FAO 统计显示，中国只在极个别年份（1962 年、1964 年、1989 年、1990 年、1991 年、1992 年、1993 年、1994 年、2007 年、2008 年、2010 年）进口过粟类作物（millet），但并不是熟知的谷子（foxtail millet）。从中国进口谷子的国家主要有 35 个，其中以日本最多，其次是印度尼西亚、泰国、韩国、意大利、荷兰、德国、英国等国家。从谷子的出口历史情况看，20 世纪 70 年代我国谷子出口规模较大，其中 1975 年达到5.6万t，到20世纪80年代初达到历史最低，加入WTO后谷子出口竞争力增强，出口量小幅增加。2003年出口数量达到4.2万t，2007年出口额为818.32万美元。

谷子进口很少，出口数量及销售额基本稳定。谷子的流通主要分布在农户、中介组织、加工企业、消费者之间。农户、谷子生产基地种植生产的谷子经过中介组织输送到谷子加工企业，经过加工企业的加工后再分散到各个批发商或零售商，再经零售商销售给消费者。由于谷子种植区域较稻谷、小麦、玉米大宗作物少且分散，为降低谷子流通成本、提升加工企业生产积极性，可以构造北方谷子流通高速通道，优质、高效、便捷地实现谷子从北方谷子主产区到南方和西部销售地区的流通，最大限度地减少谷子运输损耗，减少流通环节，降低谷子流通成本。

第三节　作物性状

一、谷子发育期

谷子因品种和种植地纬度不同，生育期长短会有所差异，分为早、中、晚熟品种。根据谷子从播种到成熟其外部形态特征的显著变化，可把谷子的发育期分为播种期、出苗期、拔节期、抽穗期、开花期及成熟期等几个生长发育时期。

1. 播种期

春谷播种期一般从4月中下旬至5月中旬，夏谷6月中下旬进行种植，播种期为冬小麦收获后。

2. 出苗期

谷子出苗以播种层含水量15%~17%为宜，温度25℃左右，芽鞘中第一片叶子露出地面即为出苗。谷子出苗后1~5d能长出1片新叶，当3~4片叶时，土壤湿润，谷苗就能生长次生根，分蘖性品种开始分蘖。

3. 拔节期

从谷子次生根生长至开始拔节称为拔节期。谷苗长到10片叶左右时开始拔节，在这个生育期中分蘖品种同时生出分蘖，所以此期也称分蘖拔节期。这期间是谷子根系生长的第一个高峰时期，茎叶比例以叶为大。

4. 抽穗期

谷子开始露出顶叶的叶鞘，即为抽穗。谷子抽穗期，次生根已经长成，而支持根还在增加；叶片全部长出，早熟品种有18~20片叶，中晚熟品种有20~24片叶。

5. 开花期

不同品种谷子的开花性状受温度、湿度影响，北方谷子主产区一般谷穗抽出后5~6d，穗伸出3/4到全穗抽出的第二天开始开花，开花后3~5d为盛花期，占全穗开花总数的60%以上。一个谷穗花开完需要8~11d（内蒙古伊盟），最长的有31~33d（甘肃会宁）。一般来说，温暖地区开花时间短，冷凉地区开花时间长。

6. 成熟期

谷子开花经过受精、子房开始发育，进入籽粒的灌浆形成期。谷子籽粒的发育最初是胚和种皮的迅速形成，开花后 15~16d 种子大小达到最大饱满度，长、宽、厚不再增加。从灌浆到成熟期，春谷 30 多天，夏谷 20~25d，成熟籽粒和不孕花的颖、稃、刺毛从离层脱落，谷子发育期结束。

二、谷子籽粒性状

谷子的形态特征为单子叶植物，株高 50~150cm；茎细直，茎秆常见的有绿色和紫色，中空有节；叶狭披针形，平行脉；花穗顶生，总状花序，下垂性；每穗结实数百至上千粒，籽粒极小，径约 0.1cm，谷穗一般成熟时为金黄色，籽粒呈卵圆形；叶表皮细胞同狗尾草类型；颖壳有红橙黄白黑紫等各种颜色，俗称“粟有五彩”；染色体 $2n=18$。谷子具有非常好的耐旱性，有发达的根系，能从土壤深层吸收水分。谷子叶面积小，蒸腾系数比其他作物都小，一般为 142~271，对水分的利用效率最高，在同样干旱条件下，比小麦、玉米等受害较轻。

谷子籽粒即种子，是子房受精后逐渐膨大成熟，颖包含内颖、外颖和护颖，种子成熟后被包裹在内外颖中，称“假颖果”，去掉内外稃后为颖果——小米。颖果由皮层、胚乳、胚三部分组成。皮层包括果皮、种皮和外胚乳；胚乳包括糊粉层和淀粉细胞，是种子储藏养分的部分，按照胚乳的性质可将谷子分为粳谷子和糯谷子；胚由胚芽、胚轴和胚根、子叶构成。颖果大多为圆形或椭圆形，背面隆起、有沟，胚位于背面沟内，长度相当于颖果的 1/2~2/3；腹面扁平，基部有褐色凸点，即为脐（图 10-2）。

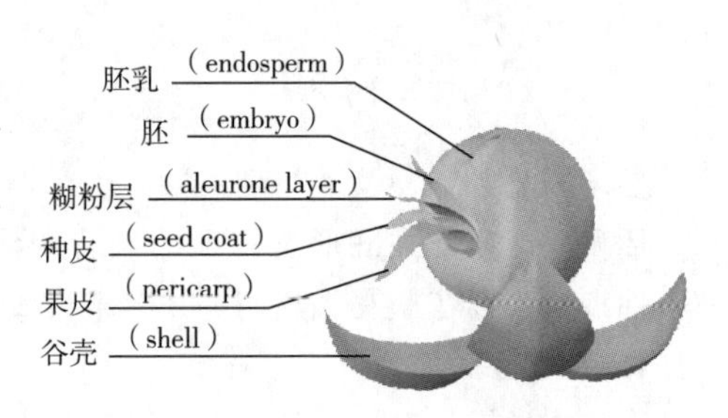

图 10-2　谷子的种子形态

第四节　谷子营养成分与品质特性

一、谷子的营养成分

1. 蛋白质和多肽

蛋白质是谷子中第二大营养素，受品种、种植环境和农艺措施等诸多因素影响，其含量为 9%~15%，较普通禾谷类粮食高，相对于豆类低。谷子蛋白质是一种低过敏性复合蛋白，质量分数约为 10%，消化率约为 85%，生物价为 57，高于小麦和大米，适合孕产妇和婴幼儿食用。根据 Osborne 蛋白分类法，谷子中的蛋白质依据其溶解度不同可分为清蛋白、球蛋白、醇溶蛋白和谷蛋白。其中，清蛋白、球蛋白主要位于谷子的糊粉层、胚、种皮中，具有调控谷物发育功能，因而属于生理活性蛋白质，又称为代谢蛋白或结构蛋白。而醇溶蛋白和谷蛋白主要位于胚乳中，属于贮藏蛋白，相对含量占总蛋白的 60%以上，对种子萌发与粮食储藏、人和牲畜的营养供给、粮食加工的功能特性有重要影响。

根据 FAO/WHO 于 1983 年提出的氨基酸评分法对谷子蛋白营养品质进行评价，谷子中必需氨基酸占氨基酸总量的41.63%，含有人体必需氨基酸，色氨酸含量丰富，在所有粮食作物中含量最高（表10-1）。从必需氨基酸组成及含量来看，小米中除了缺少赖氨酸外，其他都比较合理，营养价值较高，是一种优质的植物蛋白来源。

表10-1　主要粮食中必需氨基酸含量与FAO/WHO推荐量　单位：mg/100g

项目	甲硫氨酸	色氨酸	赖氨酸	苏氨酸	苯丙氨酸	异亮氨酸	亮氨酸	缬氨酸
FAO/WHO 推荐量	359	100	550	400	600	400	740	500
小米	300	202	229	467	552	1489	376	548
大米	125	122	255	280	314	610	257	394
小麦	151	122	262	328	487	753	384	454
玉米	153	65	308	370	416	275	1274	415

以碱性蛋白酶制备的小米多肽具有较好的抗氧化性，能够缓解疲劳，增强机体免疫力；用胰蛋白酶水解小米蛋白得到的多肽能够清除自由基；以小米为原料，采用挤压和发酵方法制备具有血管紧张素转换酶（ACE）抑制作用的食源性活性多肽，具有较强的ACE抑制活性、DPPH自由基清除能力和铁离子还原能力。

2. 脂肪和脂肪酸

脂肪具有重要的生理功能，是生物体中储存和提供能量的载体。小米由于品种不同其脂肪含量差异较大，平均含量可以达到4%左右。谷子脂肪含量虽不如大豆、花生等油类作物高，但其脂肪酸结构更为合理，其中营养价值较高的不饱和脂肪酸含量高达85%，主要是亚油酸。而且谷子不饱和脂肪酸的组成比例优于玉米油、红花籽油等高级营养油，具有较高的营养保健价值。此外，小米油不皂化物含量远高于玉米油、大米油和红花油，这也是小米营养价值较高的原因之一。同时，研究发现脂肪酸种类和含量因小米种类和地域的不同而有所差异，北方省份小米中的亚油酸和总不饱和脂肪酸含量高于南方省份，棕榈酸和总饱和脂肪酸含量则相反，可能与生态环境、气候、土质及地理等因素有关。

近年来，国内外研究发现谷子加工副产物谷糠含有多种营养保健功能成分，粗脂肪含量高，且富含不饱和脂肪酸，已经越来越引起人们的关注。谷糠（果皮层、糊粉层和胚）是谷子加工过程中的副产物，按加工工序分为细糠和抛光粉，混合后即为小米全糠或小米胚，占谷子质量的8%~10%。小米糠是一种重要的膳食纤维资源，同时富含人体所需的8种必需氨基酸，与非必需氨基酸比例接近理想蛋白质。小米糠的含油量达10%以上，优质的不饱和脂肪酸占比大于70%，其中亚油酸与α-亚麻酸的比例为6.5∶1，符合WHO推荐的（5~10）∶1的标准。从谷糠中提炼出的一种油性物质，即小米糠油，因含有丰富的天然营养成分，成为众多植物油中的佼佼者，能够辅助降血脂，因此具有很高的营养价值和经济效益，其加工还能有效利用农业废弃资源，具有很强的开发潜力。

3. 碳水化合物

小米淀粉含量均值为71%，含量为63%~78%。淀粉包括直链淀粉和支链淀粉两种，直链淀粉与支链淀粉含量之比对小米的品质和口感（又可称为蒸煮性质）有直接影响。该比值低，支链淀粉含量较高，亲水基团多，蒸煮时增加了小米饭的甜味和黏度，蒸煮出来的小米饭黏性大、柔软有弹性、光泽度好。对77种山西谷子样品进行的研究发现，直链淀粉占谷物质量19.54%~32.55%，抗性淀粉质量分数为1.32%~3.61%，不易消化淀粉和持续消化淀粉占总淀粉含量的 40.68% 和 56.86%，这些慢消化特性是降低血糖水平的重要原因。对 4 个生态区 216 个品种谷子抗性淀粉含量进行分析结果显示：中国谷子地方品种抗性淀粉平均值为 2.43%，含量变幅为 0~6.74%，变异系数为 50.26%，呈偏正态分布；不同生态区谷子抗性淀粉含量从高到低依次为内蒙古高原、华北平原、东北平原、黄土高原。不同品种、产地、栽培技术和环境对谷子中淀粉比例均有影响。

与玉米淀粉相比小米淀粉的综合糊化性能（凝胶稳定性、持水力、膨胀力、糊化温度、热焓）更好，但透明度低、冻融稳定性和热稳定性较差。除淀粉外，小米其他碳水化合物种类还包括还原糖（0.46%~0.69%）、纤维素（0.7%~1.8%）、戊糖（5.5%~7.2%）等，小米的水溶性多糖主要是阿拉伯糖和木糖，还有少量的甘露糖和半乳糖以及葡萄糖。小米中含有的优质膳食纤维约为大米的 2.5 倍，特别是谷子麸皮富含优质膳食纤维。

研究了小米淀粉不同提取方法，结果表明，2g/L NaOH 提取的小米淀粉糊化温度较低，凝胶硬度较大，易于回生，溶解度和膨润力较大，对小米淀粉颗粒有一定程度的破坏；10g/L 酶法提取的小米淀粉脂类和蛋白质的残留量较大，结构紧密，糊化温度和糊化黏度较高，溶解性和膨润力较差；10g/L 十二烷基硫酸钠法提取小米淀粉的得率相对于碱法和酶法高，蛋白质残留量低，糊化黏度较高。综合考虑，表面活性剂法提取的小米淀粉能较好的反映小米淀粉颗粒的性质。

4. 矿物质

小米中矿物元素的含量与土壤、品种等因素相关，各种矿物元素的含量差别较大。如河南和内蒙古小米的矿物元素中钙含量为 225~239mg/kg，铁 14.2~19.7mg/kg，锌 2.15~2.43mg/kg，铜 17.7~21.9mg/kg，镁 646~697mg/kg；辽宁地区小米的矿物元素中钙含量为 40.2~140mg/kg，铁 79.9~134mg/kg，锌 16.2~30.6mg/kg，铜 2.20~4.40mg/kg，镁 1151~1755mg/kg；内蒙古地区小米的矿物元素中铁含量为 10.0~23.8mg/kg，锌 18.1~30.1mg/kg，铜 2.90~4.60mg/kg。利用微波消解-电感耦合等离子体发射光谱（ICP-AES）法测定小米、高粱米中各金属元素，并与大米做比对，结果显示小米中钾、钠、镁、钙、锌、铝、铜元素为大米中相应元素的 2~7 倍，铁元素尤其丰富。

谷子更是一种重要的富硒作物，且以易于人体吸收的有机硒形式存在。对 200 份全国主产区的小米品种及品系中硒的含量发现，小米中的硒平均含量为 100μg/kg。不同地区的小米硒含量差异较大，西北内陆和黄土高原的品种硒含量最高，其次是东北平原、华北平原，最低是内蒙古高原。

5. 维生素

维生素是一类具有生物活性的低分子微量有机物，参与生物生长代谢所涉及的众多生理过程，而大多数维生素不能在体内合成，必须从食物中获得。小米中维生素含量多且种类丰富，维生素 B_1 的含量高于一般作物，且含有一般粮食中缺少的胡萝卜素，维生素 E 含量高于玉米和小麦，除此之外小米中还富含维生素 A、维生素 D、维生素 C、叶酸、维生素 B_{12} 等。

检测吉林省 240 个小米品种的维生素 B_1 和维生素 B_2 含量，发现小米中维生素 B_1 含量为 4.77~6.81μg/g，平均含量为 5.57μg/g；维生素 B_2 含量为 0.81~1.68μg/g；平均含量为 1.00μg/g。不同地区及不同米色的维生素 E 含量也不同，东北平原和西北内陆小米的 α-维生素 E 的含量较高，且黑色、褐色籽粒维生素 E 及各组分的含量均高于其他粒色。

6. 色素

小米黄色素是一种天然的类胡萝卜素，主要是类胡萝卜素、玉米黄素、隐黄素和叶黄素，其中叶黄素的含量达总体黄色素含量的一半以上，达到69%左右，玉米黄素含量约占19%，隐黄素含量约占4.9%，类胡萝卜素含量为1~2μg/g。小米中的黄色素多存在于种皮细胞，即小米的表层细胞中，是一类天然的食用黄色素，其在胚乳细胞和糊粉层细胞中含量很少。

小米黄色素的含量主要受品种和种植地点及两者交互作用的影响。不同地区种植的小米黄色素含量不同，其中，黄土高原春播区小米黄色素含量最高，其次是华北夏播区和东北春播区，内蒙古高原春播区黄色素含量较低。不同米色中的总类胡萝卜素含量差别也较大，黄小米总胡萝卜素显著高于绿小米、黑小米。小米黄色素具有一定的耐热、耐还原和耐氧化特性，但光和酸性条件下不稳定，不溶于水，易溶于有机溶剂。小米色素通过无毒性试验，可以作为一种食品添加剂加入到糕点、冰淇淋、糖果等食品的加工中。

7. 小米多酚

小米中的酚类物质是其抗氧化的重要功能成分，一般以结合态和游离态的形式存在，其主成分为酚酸和单宁。谷子脱壳后，小米中的游离酚、结合酚和总酚含量显著降低，小米中的总酚含量占谷子中总酚含量的5%~37%。酚类在谷子籽粒中分布不均，主要存在于糠皮层，糠皮层中的酚含量占谷子中酚含量比例为60%~70%。小米多酚提取物总抗氧化能力要高于杂粮中的薏苡和豆类，对DPPH自由基、ABTS自由基、超氧阴离子自由基均有较好的清除能力。研究证实，小米中的酚类提取物可以显著抑制人肝癌细胞和乳腺癌细胞的增殖，从小米麸皮中分离得到的内壳性结合多酚还可以诱导人结肠癌细胞的凋亡。小米多酚对金黄色葡萄球菌、肠膜明串珠菌、蜡状芽孢杆菌和粪肠球菌的生长均有一定的抑制作用，且小米种皮多酚提取物对蜡样芽孢杆菌和黄曲霉生长的抑制和抗氧化活性效果优于小米全粉多酚提取物。

8. 其他

小米还含有多种人体必需成分，如肌醇、黄酮及甾醇等。小米中还含有磷元素，它主要以植酸的形式存在，植酸中磷元素含量占到总含量的70%~89%。另外，小米中还含有γ-氨基丁酸和β-葡聚糖等活性成分，其中γ-氨基丁酸含量可达7.15mg/100g、β-葡聚糖含量可达5.78g/100g。

二、谷子的品质特性

谷子的籽粒品质是表示谷粒成熟度和饱满度的重要指标，对于评估小米出米率有很大作用。

（一）籽粒品质

1. 粒形

谷子的籽粒基本属于球形，其长、宽、厚基本相等。在原粮清理工作中常常利用谷子籽粒和杂质形状上的差别来除杂，同时清选阶段也要调整筛选机械适合的筛孔和筛面角度。

2. 粒度

球形籽粒的粒度用直径表示，谷子粒度为1.0~2.5mm，小米脱壳时需要根据不同品种谷子籽粒大小调整加工设备筛孔尺寸，尽量多保留营养成分。

3. 相对密度

相对密度是籽粒质量与其体积之比，影响比重的主要因素是籽粒的化学成分和组织结构，一般成熟、粒大且饱满的籽粒其相对密度较大，谷子相对密度为 1. 13 左右。

4. 容重

容重能在一定程度上反映籽粒的粒型、粒度和饱满度，粒大、饱满、坚实、密度大的籽粒容重也较大，谷子的容重一般为 640~700g/L。

5. 千粒重

一般籽粒饱满、结构紧密、粒大而整齐的谷粒，胚乳所占比例大，颖壳、皮层及胚占的比例小，千粒重较大，谷子的千粒重一般为 1. 08~2. 82g。

（二）加工品质

目前，我国谷子消费以小米粥为主、少量米饭，谷子加工品质研究主要集中在小米淀粉的蒸煮品质方面，未来会涉及谷子蛋白质面团成形性及加工全程物质加工特性变化领域。小米淀粉含量一般为 60%~70%，分为直链淀粉和支链淀粉，直链淀粉和支链淀粉的比例是影响小米蒸煮食味品质的主要因素。直链淀粉和支链淀粉的含量与谷子品种和种植地区有关，直链淀粉含量分别与小米饭的柔软性、香味、色泽、光泽密切相关。高直链淀粉含量（>25%）的小米蒸煮后小米饭干燥、蓬松、色暗，冷后变硬夹生，但出饭率高；低直链淀粉含量（<18%）的小米蒸煮后小米饭较黏湿，富有光泽，冷却后仍柔软，不过过热后光泽很快散裂分解，出饭率低；中等直链淀粉含量（18%~25%）的品种蒸煮的小米饭既能保持高含量类型的蓬松性，冷却后又能保持低含量类型的柔软质地。

淀粉的加工特性主要涉及糊化特性、流变特性和热特性，可以用于评估谷子的糊化难易度、膨胀性、老化回生能力等，从而在制作产品时选取恰当的品种，比如，易回生的谷子显然不适合用于制作方便食品和即食食品。

1. 糊化特性

糊化特性常采用糊化温度、峰值黏度、低谷黏度、最终黏度、崩解值、消减值和胶凝值等指标表示。糊化温度是小米淀粉在热水中膨胀而不可逆转时的温度，由此可以反映出胚乳和淀粉的硬度，糊化温度越低，小米越容易煮烂且食味性越好，反之较差。峰值黏度反映了淀粉颗粒的膨胀能力；崩解值反映了淀粉糊的热黏度稳定性，崩解值越低，表明淀粉糊的热稳定性越好；胶凝值反映了淀粉的短期老化能力。糊化温度与蒸煮米粥时用水量及蒸煮时间有关，高糊化温度表明用水量多，蒸煮时间长，出饭率高，低糊化温度相反，用水量少，蒸煮时间短，出饭率低。

2. 流变特性

食品流变性质对食品的运输、传送、加工工艺以及人在咀嚼食品时的满足感等都起着非常重要的作用。小米淀粉糊的黏度在搅拌开始时迅速降低，表现出很强的剪切稀化特性，随搅拌时间延长，黏度逐步趋于恒定，温度越低，转子转速越低，最终黏度越高。流变性除了受淀粉的种类、颗粒大小影响外，还受温度、糖、盐等外界因素的影响。

3. 热特性

谷子淀粉的糊化起始温度（To）为 52. 78~70. 95℃，顶点温度（Tp）为 71. 12~79. 26℃，终点温度（Tc）为 80. 42~88. 48℃，糊化热焓（ΔH）值为 9. 83~21. 62（J/g）。淀粉糊化的起始温度可能与淀粉颗粒的形状、结晶度、直链淀粉的含量、支链淀粉的长度等有关，焓的不同可能是因为淀粉颗粒中结晶区的长度不同。热焓越大，则表示淀粉颗粒结构越紧密，分子间相互作用力越强，蒸煮时间会延长。

相比稻谷、小麦、玉米等大宗粮食作物，谷子加工产品还比较单一，尚缺少从加工品质方面培育专用加工品种。河北省农林科学院谷子研究所培育的冀谷 42、冀谷 48 高油酸谷子品种，从原料上解决了小米加工产品脂肪含量高、保质期短的问题，为开发加工专用谷子品种提供了新思路。

第五节　谷子品质规格与标准

一、谷子质量标准

我国谷子品质标准为 GB/T 8232—2008《粟》（表 10-2），主要包括容重、不完善粒、杂质、矿物质、水分以及色泽、气味等。此外，农业行业标准 NY/T 893—2021《绿色食品　粟、黍、稷及其制品》中也提出了谷子蛋白质、脂肪含量等营养指标。

表 10-2　粟质量要求

等级	容重/(g/L)	不完善粒/%	杂质/%		水分/%	色泽、气味	蛋白质(干基)/%	脂肪(干基)/%
			总量	其中：矿物质				
1	≥670	≤1.5	≤2.0	≤0.5	≤13.5	正常	≥9.0	3.5~6.0
2	≥650							
3	≥630							
等外	<630	—						

二、小米质量标准

我国现行有效的小米品质标准主要包含国家推荐性标准 GB/T 11766—2008《小米》和农业行业标准 NY/T 893—2021《绿色食品　粟、黍、稷及其制品》（表 10-3）。小米质量指标，主要包括不完善粒、杂质、矿物质、碎米、水分等。两项标准相比，除了这些共性指标以外，农业行业标准还增加了碎米的最高限量，粟米≤4%、黍米和稷米≤6%。

表 10-3　小米质量要求

等级	加工精度/%	不完善粒/%	杂质/%			碎米/%	水分/%	色泽、气味	互混率/%	蛋白质(干基)/%	脂肪(干基)/%
			总量	粟粒	矿物质						
1	≥95	≤1.0	≤0.5	≤0.3	≤0.02	≤4.0	≤13.0	正常	≤0.5	≥9.0	2.0~4.0
2	≥90	≤2.0	≤0.7	≤0.5							
3	≥85	≤3.0	≤1.0	≤0.7							

地理标志产品沁州黄小米适用的国家推荐性标准 GB/T 19503—2008《地理标志产品　沁州黄小米》如表 10-4、表 10-5 所示。与上述小米标准相比，沁州黄小米不完善粒、杂质总

量、杂质粟粒指标值更低，且增加了蒸煮和营养品质指标。

表 10-4 沁州黄小米加工质量指标

要求	加工精度/%	不完善粒/%	杂质/%			碎米/%	水分/%
			总量	其中：粟粒	其中：矿物质		
优级	≥95	≤0.8	≤0.3	≤0.2	≤0.02	≤4.0	≤13.0
一级	≥90	≤1.0	≤0.5	≤0.3	≤0.02	≤4.0	≤13.0

表 10-5 沁州黄小米蒸煮和营养品质指标

项目	直链淀粉/%	胶稠度/mm	糊化温度（碱消值）/级	蛋白质/%	脂肪/%	维生素 B_1/（mg/100g）
优级	14.0~20.0	≥100	2.0~4.0	≥9.0	≥3.0	≥0.60
一级	14.0~20.0	≥100	2.0~4.0	≥8.0	≥2.5	≥0.50

三、其他标准

河北省农林科学院谷子研究所发布了三项标准：①于 2022 年 3 月 10 日实施了团体标准 T/HBCIA 002—2022《优质谷子食用品质鉴评方法》，此标准适用于优质谷子食味品质鉴评活动。由从事谷子科研、生产、加工及产业等相关领域工作具有丰富食味评价经验的 20~30 位专家组成鉴评委员会，分为小米稀饭和小米干饭两种鉴评样品，对春谷和夏谷两个组别进行鉴评。按照评分由高到低分别排出春谷组和夏谷组样品的顺序，根据优质米对照的排名，评选出一级优质米和二级优质米。②于 2023 年 6 月 5 日实施了团体标准 T/HBCIA 014—2023《优质品牌小米评选规范》，优质品牌小米是对企业合法取得的小米品牌按照一定的评选方法，综合评选出的服务、质量、产品、信誉等优质的品牌小米。标准规范了品牌小米的评选说明与原则、网络评审、基本条件评审、专家品质评审和结果统计的技术要求。③于 2023 年 6 月 5 日实施了团体标准 T/HBCIA 015—2023《小米品牌价值评价方法》，根据小米品牌内涵与基本特征，将小米品牌分为小米区域公用品牌和企业自有小米品牌。从小米品牌的认知强度、关系强度和成长强度三个方面评价小米品牌强度。

标准及品牌建设使得谷子的区域公用品牌影响力逐步提升，如 T/SXAGS 0001—2019《山西小米》团体标准，“延安小米”获得国家地标产品，“敖汉小米”获得地标产品认证，种植面积达 6.0 万 hm^2，“敖汉小米”品牌评估价值达 113.53 亿元，品牌影响力指数达 72.39。

第六节 谷子储藏、加工及利用

一、谷子的储藏

1. 谷子的储藏特性

（1）耐储藏　由于谷子的外壳比较坚硬，成熟的谷子对病虫害的侵染能起到很好的保护作用，果实籽粒小又易干燥，所以谷子耐储藏，被称为“战略储备作物”。

（2）耐热性较强 谷子具有一定的耐热性。脱粒后及时筛选、晾晒，含水量降至13%时入库储藏。在避光、低温、干燥、无污染条件下保存，严禁与有毒、有害、有异味的物品混存。

（3）原始含水量较少 谷子多生长于干旱地区，原始水分含量低，且有完整坚硬的外壳，对虫、霉的侵害有较强的抵抗能力，并能减轻外界温度、湿度和不良气体（如药物熏烟等）的影响，具有良好的储藏特性。

（4）通气性较差 谷子籽粒小，一般千粒重为2~4g，其形状多为圆形或近圆形，籽粒间空隙度小、杂质较多，通风换气阻力大，不易散发湿热。如收获季节遭受雨水天气，谷子入库时水分含量高或出现返潮现象，谷子易发霉结块。

2. 谷子、小米储藏技术

《王祯农书》所言“五谷中，唯粟耐陈，可历远年”。谷子的籽粒有坚实的外壳，防潮、防蛀且极耐储藏，在低温干燥、通风良好的环境下，储藏20年以上也不会霉变，河北邯郸涉县王金庄储藏30年的粟随处可见。古代人们主要使用地窖储粮，后累经发展和演变逐渐形成了仓、廪、庾等储藏方法。现代我国粮食储藏的主要仓型有高大平房仓、浅圆仓和立筒仓三种，另外还有少量地下仓、楼房仓，在气候适宜的地区还会有露天垛存在。

谷子储藏有两种形式：一是储备性储藏，二是食用性储藏。储备性储藏主要是储藏谷子，而食用性储藏一般是储藏小米。脱壳后小米失去保护层，外界空气湿度的变化极易改变小米内部水分含量；高温下，小米过高的蛋白质和脂肪容易产生酸败现象，脱壳后的小米储藏稳定性较差，食用品质易受影响，因此谷子更适宜长期储藏。除执行GB/T 8232—2008《粟》标准储藏，还应针对谷子储藏特点采取相应的综合储藏技术。

（1）适时收获 根据不同谷子品种特性和种植地区的条件，一般以蜡熟末期或完熟初期收获最好，茎秆略带韧性、籽粒坚实、颖及稃变黄，含量水较低。

（2）后熟处理 经过后熟的谷种，呼吸较弱，内部物质的代谢强度和含水量都较低，更耐储藏。收获谷子植株后，谷种在植株上晾晒干燥，可使植株体内残留养分继续向谷种输送，有利增加千粒重和发芽率，促进谷种后熟。

（3）储藏技术 谷子在收获后按照国家标准质量要求进行精选，合格后储藏于清洁、干燥、防雨、防潮、防虫、防鼠、无异味的恒温库内，并定期进行温湿度监测。在防虫方面，近年来生物防治技术以其不污染粮食和环境、改善生态系统、降低防治费用等优点成为研究热点。有学者提出一种谷子粟灰螟生物防治技术，筛选出防治粟灰螟的优势蜂种——松毛虫赤眼蜂，制定了赤眼蜂防治谷杂螟虫的技术规程，平均防效达到64.48%，投入产出比为1∶31。

二、谷子的加工利用

（一）谷子初加工

谷子脱壳为小米，加工过程包含原料清理、砻谷及砻下物分离、碾米及产品整理。

1. 原料清理

谷子清理包括初清、除杂、去石、磁选等工序，清理方法主要有风选法、筛选法、比重去石法和磁选法等，谷子清理工艺流程如图10-3所示。

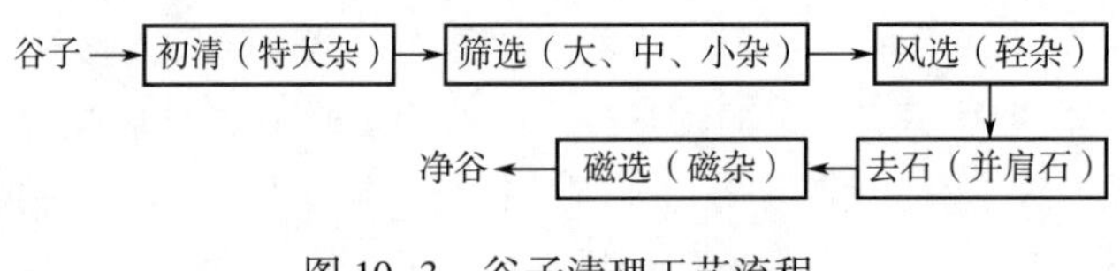

图 10-3　谷子清理工艺流程

2. 砻谷及砻下物分离

砻谷是去掉谷子的颖壳得到糙小米，要使分离出的谷壳中尽量不含有完整的谷子籽粒。分为砻谷、谷壳分离、谷糙分离，工艺流程如图 10-4 所示。

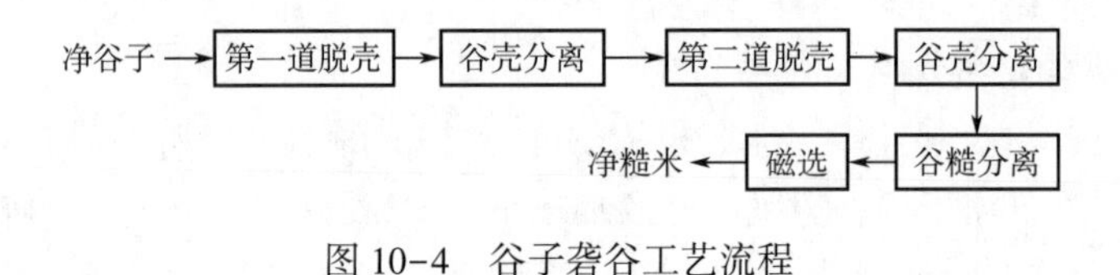

图 10-4　谷子砻谷工艺流程

3. 碾米及产品整理

碾米工序要去掉糙小米表面的大部分皮层，制成符合标准的成品小米。分为碾米、白米分级、抛光、除碎、色选等工序。谷子碾米工艺流程如图 10-5 所示。

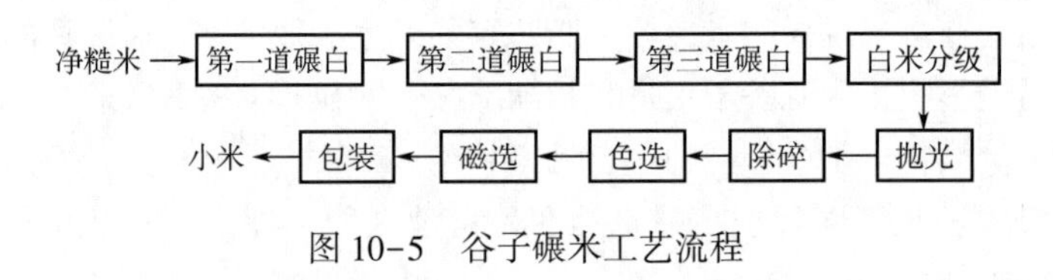

图 10-5　谷子碾米工艺流程

（二）谷子加工产品

目前，我国谷子消费以米粥为主，80%以上谷子用作米粥，原粮初加工产品——小米在谷子加工中占主导地位。随着人们饮食结构和消费习惯的转变，人们对谷子深加工产品需求日益增加，谷子深加工产品得到了长足的发展，除了传统的小米方便粥、营养粉、小米酒、小米醋、小米锅巴等，近年来开发研究较多的产品有小米饮料、小米沙包、低血糖生成指数（GI）食品、小米糠膳食纤维、小米即食食品、小米茶等。

1. 小米方便粥

以小米为原料煮粥仍是家庭常用的食用方式，以黑小米和黄小米为主要原料，配以红枣、山药、莲子、黑芝麻开发出口感盈润、营养丰富的冲调型方便米粥；以小米、玉米和大米等为主料，以枸杞子、花生、芝麻为辅料开发了孕妇型小米复配粥。还有一种酸粥是内蒙古西部地区的一种传统发酵食品，发酵菌种主要是乳酸菌，将糯米、糜米、小米和玉米渣混合发酵，发酵后酸粥中各种氨基酸含量及氨基酸总量明显增多，总糖量为 11. 55%，蛋白质含量为 1. 28%，氨基酸总量为 12. 70mg/g，脂肪含量为 0. 57%。Ilango 等将小米和大米共同发酵，制成当地营养丰富的特色食品。

2. 小米营养粉

小米粉可以进行营养强化是在综合了小米、大豆分离蛋白、玉米油等多种营养的基础上调制而成，小米含量在 80%以上，优选沁州黄小米为原料，配方中未添加其他谷物及乳粉，是纯植物蛋白配方。

3. 小米酒

以小米为主要原料，经浸润、蒸制、拌曲、发酵、压榨过滤等工序酿制而成的酒为小米酒，带有醇厚的米香。小米酒中的碳水化合物主要是发酵产生的单糖和低聚糖，维生素、矿物质等营养物质主要来自于长时间发酵过程中的大量酒曲自溶。河北生产的小米清酒，酒体金黄、清亮透明、醇和柔净、清香爽口、风味口感协调，整体生产技术工艺区别于日本、韩国清酒，达到了国内领先水平，填补了国际酒类空白。

4. 小米醋

2000多年前，人们就开始酿造小米醋，小米醋经过长期的经历其工艺已经相对成熟，目前小米醋的酿造工艺及其多样性更是被人们不断推陈出新。河北生产的五谷晒醋，经糖化、酒化、醋化、酯化、浸淋、后熟、坛晒7大工艺、20多道工序，历经日晒夜露，成品“色纯如琥珀，摇瓶沫不息”，口感醇厚柔和。

5. 小米锅巴

锅巴是一种备受广大群众欢迎的休闲食品，用小米为原料制作的锅巴，既可利用小米中的营养物质，又可以达到长期食用的目的。其加工过程主要是，小米粉碎后，再加入淀粉经螺旋膨化机膨化后，将其中的淀粉部分α化，再油炸制成。该产品体积膨松，口感酥，含油量低，省设备，能耗低，加工方便。

6. 小米饮料

Thapa等报道了在印度当地的一种发酵小米饮料，该饮料通过酵母菌和乳酸菌发酵制成，成品富含粗纤维。小米与其他原料（如豆类、果蔬等）进行复配，开发了红茶口味固态发酵乳、绿豆小米酸奶、苦荞米小米酸奶、小米红枣酸奶、燕麦小米酸奶、小米米稀、新型小米南瓜香蕉混合发酵饮料等。河北生产的小米养生饮，清亮透明、有纯正米香味和发酵清香，含有人体必需8种氨基酸，无酒精和脂肪。

7. 小米沙包

河北省农林科学院谷子研究所专利产品，相关技术已获国家发明专利6项。该产品为冷冻熟食制品，以小米为原料，通过对小米进行熟化处理和进一步的生物酶解，制备出色泽金黄、甜香软糯、口感爽滑的粟米沙馅，研制了粟米沙包产品。小米添加量提升到80%以上，冷冻储存保存期为12个月，口感香甜软糯，营养健康，老少皆宜。

8. 低GI食品

河北省农林科学院生物技术与食品科学研究所联合河北经贸大学、河北医科大学，采用小米辅以黑豆、绿豆、燕麦、杏仁、小麦等开发出低GI复配杂粮馒头、面条、面包，产品GI<55，属于低GI食品，对于胰岛素抵抗糖/脂代谢紊乱大鼠模型，糖耐量呈阳性，降血脂为阴性，对血清胰岛素、胰岛素抵抗指数无影响，有助于控血糖。

9. 小米糠膳食纤维

河北省农林科学院谷子研究所发明了一种小米糠膳食纤维的制作方法，采用化学和物理相结合方法制作小米糠膳食纤维，采用超微粉碎方法改变了小米糠膳食纤维的分子结构和适口性，使之更容易为人们食用。该法所制得的膳食纤维制品既可用作多种食品的膳食纤维营养强化剂，又可制成胶囊或片剂直接食用补充人体所需的膳食纤维。

10. 小米即食产品

Devisetti等以小米为主要原料，以多种亲水胶体为铺，制成小米饼干，并比较了不同胶体对成品性质的影响。小米饼干的研制，丰富了饼干的种类，拓宽了小米的销售渠道。陈守超等开发了小杂粮酸奶松饼，杨利玲制作了小米燕麦粗杂粮面包，任建军研制了小米方便米饭，多样的小米速食产品极大地方便了人们的生活，满足了大众对于食品营养、方便、美味的需求。

11. 小米茶

以小米为原料制作发酵茶。将小米清洗、浸泡、沥干、蒸制、酶解后，与茶叶混合并接种复合益生菌，通过探究益生菌接种量、发酵时间、发酵温度、白砂糖含量及小米与茶叶质量比等主要因素对茶饮品感官品质的影响，采用单因素实验及正交实验方法，以发酵茶综合感官评分为评价标准，确定小米发酵茶的最佳制备工艺条件：以小米质量为基准，益生菌发酵接种量6%、白砂糖添加量3%、发酵时间8h、发酵温度40℃、小米与茶叶的质量比1∶3。在此条件下加工的小米发酵茶发酵味明显、汤色适宜、味道纯正，兼具小米与茶叶的醇香，也有发酵后的酸甜味。

12. 其他

小米粉替代大部分低筋面粉开发小米曲奇预拌粉，颜色金黄，富有小米香味。产品降低了脂肪、糖含量，滋味清新，能量值较低。Rathi 等以脱色小米为原料进行了通心粉的研究，发现脱色小米制成的通心粉其蛋白和淀粉的消化率均比原小米高。

第七节　谷子健康作用

谷子属药食同源作物，俗语“小米饭萝卜菜，啥病都不害”，小米粥有“代参汤”之美称。《本草纲目》中记载：“粟米气味咸，微寒无毒，养肾气，去脾胃中热，益气，陈者苦寒，治胃热消渴，利小便”；《食疗本草》写到小米可促使妇女产后乳汁的分泌，具有滋阴养血之功，可助产妇恢复体力。现代营养学研究表明，谷子所含成分有助于抗氧化、控血糖、降血脂、降血压、抗肿瘤、免疫调节、保护肝脏等。

1. 抗氧化

谷子中含有多种抗氧化活性成分，包含多酚、多糖、多肽、黄酮、生物碱等，均有较好的自由基清除能力。小米多酚提取物总抗氧化能力要高于薏苡和豆类，对 DPPH 自由基、ABTS 自由基、超氧阴离子自由基均有较好的清除能力。小米可溶性膳食纤维的自由基清除能力和铁还原能力均高于不溶性膳食纤维；小米β-葡聚糖也具有较强的 DPPH 自由基清除能力和铁还原抗氧化能力；谷糠油能显著提高高血脂型大鼠机体的抗氧化活性；发芽后小米的 DPPH 自由基清除能力、H_2O_2 清除能力、铁还原抗氧化能力及金属螯合能力均显著提升；添加30%小米的曲奇饼干具有较强的抗氧化活性。Himani 等研究发现小米碱溶蛋白肽在 1mg/mL 质量浓度时，DPPH 自由基和 ABTS 自由基清除率分别为 67.66%，78.81%，亚铁离子螯合能力为 51.20%，不同制备方法所得到小米肽的抗氧化活性差别较大。

2. 控血糖

谷子有助于控血糖一方面是由于其具有控血糖功效的活性成分，比如膳食纤维、脂肪酸、蛋白质、多肽、多糖、多酚物质等，此外还与其淀粉的低消化率有关。谷子中的不溶性纤维可以有效吸附葡萄糖，延缓葡萄糖扩散，进而促进葡萄糖在胃肠道的吸附。另外它们还能抑制α-淀粉酶活性，阻碍碳水化合物的消化，延缓葡萄糖的释放，从而改善胰岛素敏感性，降低糖尿病的风险。小米中的不饱和脂肪酸可以同淀粉形成复合物，减少淀粉水解。有关日本产小米蛋白对糖尿病小鼠血糖改善状况的研究结果证明了小米蛋白的控血糖功效，其中的小米醇溶蛋白虽不能调节糖尿病小鼠的胆固醇代谢，但可以降低小鼠的血浆葡萄糖水平和胰岛素水平。辅助控制血糖还与其加工方式密切相关，尽量保留谷子的全营养成分，是健康膳食、均衡营养的有效方式。生小米的70%乙醇提取物可显著降低2型糖尿病大鼠的空腹血糖，减轻大鼠的糖耐量受损，显著提高大鼠血清中高密度脂蛋白胆固醇含量，而熟小米醇的70%乙醇提取物无显著的降糖效果。

谷子多酚能抑制α-淀粉酶、α-葡萄糖苷酶和胰淀粉酶的活力，从而降低谷物淀粉的消化率。小米全粉、脱脂小米粉以及脱蛋白小米粉的体外淀粉消化性和体内GI的研究结果表明，脱脂小米粉和脱蛋白小米粉的体外淀粉消化性和GI均明显高于小米全粉，显示小米中的非淀粉组分（脂质和蛋白质）是谷子具有降血糖特性的重要因素；小米粉的体外淀粉消化性明显低于小麦粉，其对指胰岛中能分泌胰岛素的胰岛β细胞的刺激作用也相对较弱。使用小麦、小米、膨化大米分别与豆类混合后制成不同的配方食品，选择身体健康的成人男女各5人（年龄在25~52岁），服用一段时间后发现，小麦基食品和小米基食品的消化性均明显低于大米基食品的消化性。

3. 降血脂

谷子中的降血脂活性物质主要包括不饱和脂肪酸、膳食纤维、黄酮、多酚类物质等。小米水提物、醇提物、小米谷糠油及膳食纤维等成分均具有降血脂的作用。小米具有辅助降血脂功效，添加10%和50%的小米均可有效减少高脂饮食大鼠肝脏中的脂肪积累，降低血清及肝脏中的甘油三酯和总胆固醇水平；降低血清低密度脂蛋白胆固醇（LDL-C）的水平，增加高密度脂蛋白胆固醇（HDL-C）的水平。当喂食小鼠饲料中小米添加量为40%时，可使阿托伐他汀对高血脂小鼠的治疗时间从28d缩短至7d。发芽粟米对降低高脂血症小鼠中总胆固醇、甘油三酯、低密度脂蛋白胆固醇水平和升高高密度脂蛋白胆固醇水平有显著效果，这可能与发芽粟米中维生素B_6、黄酮类和多酚类物质有关。

4. 降血压

糙小米及谷糠多肽均具有一定的降血压效果。对45位轻度高血压患者进行12周临床干预研究发现，平均每天摄入约50g糙小米代替部分常规主食，可降低测试者的收缩压和舒张压；体重指数、体脂率、脂肪量也有减少，说明糙小米可应用于改善高血压和相关心血管疾病。轻度高血压受试者经过12周的全小米膳食干预，肠道菌群丰度得到显著提高、多样性指数没有显著变化。以蛋白酶水解米糠蛋白，利用膜分离得到4种不同分子质量的多肽，发现小米米糠多肽在大鼠体内具有良好的降血压活性，且小分子多肽降压效果更好。挤压小米中提取的蛋白水解物能缓解大鼠的高血压，抑制血清中血管紧张素转化酶（ACE）活性并且降低血管紧张素Ⅱ（Ang Ⅱ）水平；谷糠蛋白水解物是通过抑制ACE和肾素的活性，降低血浆血管紧张素Ⅱ的含量，起到降血压的作用。

5. 抗肿瘤

小米提取物如多酚、类胡萝卜素及活性蛋白组分等均具有抗肿瘤活性。研究从谷糠中分离得到具有一种抗肿瘤功能的谷糠多酚BPIS，其主要的抗肿瘤活性成分为阿魏酸和对香豆酸，BPIS及其抗肿瘤活性成分具有逆转结肠癌对奥沙利铂化疗抵抗的效应，有助于降低机体因化疗药物的耐药性造成的化疗抵抗。谷糠多酚在体内外均具有显著抗肿瘤活性，对正常细胞和模型鼠的生长没有影响。从小米中提取的类胡萝卜素具有抗恶性细胞增殖的作用，可有效抑制人乳腺癌MAD细胞和人肝癌HepG2细胞的增殖。从谷糠中分离得到一种新型抗结肠癌蛋白

FMBP，FMBP 可通过诱导细胞周期 G1 期阻滞来抑制体外结肠癌细胞和裸鼠异种移植肿瘤的生长，具有抗增殖活性并诱导人结肠癌细胞的凋亡，可作为结肠癌的辅助治疗剂。

6. 保护肝脏

谷子可有效改善胰岛素抵抗状态下大鼠的血清炎性因子水平，可以降低高脂饮食大鼠血清的脂多糖（LPS）；小米蛋白对由 D-半乳糖胺导致的肝损伤具有一定的修复作用；谷子蛋白、谷糠蛋白及多肽对肝损伤小鼠的肝脏均具有较好的保护作用。谷糠膳食纤维对便秘模型小鼠具有一定的增加肠蠕动和促进排便的作用。

小米蛋白可以有效修复 D-半乳糖胺所导致肝损伤。以小鼠作为实验对象，连续喂养 14d 后，小米蛋白能有效抑制由 D-半乳糖胺所引起的血清中丙氨酸转氨酶、天冬氨酸转氨酶和乳酸脱氢酶活性。与同浓度酒精相比，小米酒低剂量组小鼠血清中还原型谷胱甘肽（GSH）含量和超氧化物歧化酶（SOD）活力显著升高（$P<0.05$），丙二醛（MDA）含量显著降低。说明与同酒精浓度的酒基相比，小米酒对机体的抗氧化损伤水平小于同浓度的酒精，小米酒可减少氧化应激对肝脏的损伤。

7. 提高免疫力

全谷物小米、谷糠醇提物及谷糠多肽在细胞水平和动物实验水平均表现出一定的免疫调节作用。研究发现，小米经发芽后提取出的一种酚酸，结合阿拉伯木聚糖可以提高小鼠巨噬细胞中 NO 和活性氧释放，刺激其产生 TNF-α、IL-1β 和 IL-6 等细胞因子，由此推测该化合物具有一定提高免疫的能力。小米粉发酵后的多肽产物对大肠杆菌、沙门氏菌和金黄色葡萄球菌具有显著的抑制作用。全谷物小米可能通过改善肠道菌群，降低 LPS 的渗透，改善糖脂代谢及炎性因子的关键基因和蛋白的表达，从而降低由高脂高胆固醇膳食诱导的机体炎性水平。

8. 其他作用

（1）保护胃黏膜　对 78 例早期脑出血病人定时定量进食小米汁，发现可以增强机体抵抗力和免疫力、促进胃肠功能恢复，对病人康复具有积极促进作用。主要原因可能在于：①小米汁呈碱性，可以中和胃中过多的胃酸，改善胃肠环境；②米汁黏度高，可以附着在胃内壁上并形成具有保护溃疡面作用的保护膜，阻止病情进一步恶化；③对已有上消化道出血病人，鼻饲凉米汁可以降低胃黏膜温度、提高胃壁张力、压迫血管，达到止血目的。含小米的饲料可以降低小鼠因压力导致的胃溃疡损伤，表明小米有保护胃黏膜的作用。

（2）美容　小米中含有类雌激素物质，这类物质有保护皮肤、减轻皱纹、色斑和色素沉着的功能。

（3）助眠　《本草纲目》提到喝小米汤可增强小肠功能，有养心安神之效。现代营养学证明食物中色氨酸含量与睡眠产生及困倦程度息息相关，这是因为色氨酸能促使大脑神经细胞分泌出催人入睡的血清素——五羟色胺，促进人体内褪黑激素的分泌转化，可以改善人体的情绪和提高睡眠质量。在 FAO/WHO 评价中，小米中色氨酸含量（202mg/100g）明显高于大米（122mg/100g）、小麦（122mg/100g）和玉米（65mg/100g）。

思考题

1. 浅谈谷子在我国的食用习惯及历史文化。
2. 小米有哪些健康功效？常见的小米食品有哪些？
3. 小米的加工利用途径有哪些？

第十一章 高粱

学习目标

1. 了解高粱生产、消费、流通、储藏、加工及利用基本情况；
2. 掌握高粱营养成分、品质特性与加工方式、健康作用的密切关系；
3. 熟悉高粱的作物性状、品质规格与标准。

第一节　高粱栽培史与分类

一、高粱栽培史

高粱［*Sorghuum bicolor*（Linn）Moench］是由野生高粱在自然选择和人工选择下进化而来的最古老的禾谷类作物之一，高粱起源于何时何地一直是学界争论不休的议题，最早有印度起源说，再有非洲起源说、中国起源说以及多元起源说等。非洲是发现高粱变种最多的地区。1935年收集到的17种野生种高粱和31个栽培种高粱中，就有16个野生种和28个栽培种来自于非洲，而在158个变种里，非洲就占了154种，因此，多数学者认为，高粱起源于非洲东北部的苏丹、埃塞俄比亚及其周边地区，并随着人类的迁移在整个非洲大陆传播，随后经由印度等地传入中国、远东等地。在传播和进化过程中，由于受到人工选择、地域气候、栽培条件等的影响，原始高粱的形态学性状和生理特性在不同区域间产生变异，形成了现今高粱栽培种之间的差异。而且，野生种高粱和栽培种高粱都在进化过程中传播扩散，这导致野生种与栽培种间基因交流的发生率增加。根据已掌握资料，原始高粱栽培种曾多次与野生种进行过杂交，因此，现代高粱栽培种是很多个种混交的结果。

经过长期的栽培驯化，我国高粱已形成独特的中国高粱群，在植物学形态与农艺性状上均明显区别于非洲高粱。中国高粱具有白色叶脉且颖壳包被小、籽粒易脱落且米质好、分蘖少且气生根发达、糖分少或不含糖分等特点。此外，将中国高粱与非洲高粱杂交后，发现 F_1 代容易产生较强的杂种优势，这说明两种高粱在遗传距离的差异较大。自1949年以来，统计人员对高粱品种进行全国性普查、征集和整理，并选择地方品种进行杂交育种，致力于实现从单一产量育种递进到高产前提下的品质育种，再到高产、优质与多抗育种的育种目标。

二、高粱分类

1. 按照高粱的性状及用途划分

高粱按照性状和用途可以分为食用高粱、酿造高粱、帚用高粱、糖用高粱、饲用高粱等。食用高粱以获取籽粒为目的，其茎秆高矮不等，分蘖力较弱，穗密而短，茎内髓部较少，籽粒品质佳，成熟时籽粒外露且易落粒。待其脱粒后，将籽粒加工成高粱米，再炊饭或磨制成粉后制成面条等各种食品食用，这种食用习惯在我国、朝鲜、俄罗斯、印度及非洲等地均可以被看到，按籽粒淀粉的性质不同，食用高粱分为粳型和糯型。除食用外，高粱可用来酿酒，我国的茅台、泸州老窖、竹叶青等名酒都是以高粱籽粒为主要原料。帚用高粱的穗可以制笤帚或炊帚，其穗大而散，通常无穗轴或有极短的穗轴，侧枝发达而长，穗下垂，籽粒小，有护颖包被，不易脱落。糖用高粱的秆可以制糖浆或者生食，其茎很高且分蘖力强，茎秆节间长，籽粒小，茎内富含汁液，含糖量一般可达 8%~19%。饲用高粱分为 3 种：第一种是高粱与高粱杂交，该植株高大，茎秆较粗，叶片宽大，且产量很高，非常适合青贮、生产干草和放牧。第二种是高粱与苏丹草杂交，该植株茎秆粗，叶片宽大，耐旱、耐涝和耐盐碱，还遗传了苏丹草分蘖多、再生能力强的优点，因此具有生物产量高、适口性较好且抗逆性强的特点。第三种是苏丹草与苏丹草的杂交，此种高粱的产量更优异、抗性更强。

2. 按照籽粒颜色和品质划分

按照籽粒颜色可将高粱分为红粒高粱、黄粒高粱、白粒高粱三种。红粒是指籽粒颜色为红色的高粱，其籽粒单宁含量多，食用品质较差，但单宁的防腐能力让籽粒耐储藏、耐盐碱，因此多在旱坡地和盐碱地上种植。黄粒指籽粒颜色为黄色的高粱，其籽粒单宁含量较低但胡萝卜素含量较多，营养价值良好，是中国高粱的常见品种。白粒指籽粒为白色的高粱，籽粒的单宁含量较低且食用品质好。

3. 按照生育期划分

按照生育期长短可将高粱分早熟种、中熟品种和晚熟种三种。早熟种是指从播种到成熟这整个生育期在 120d 以下的高粱品种，在 100d 以下的为特早熟种，如康拜 60。中熟品种是指高粱的生育期在 120~140d 的品种，其中，生育期在 125~135d 称为中早熟品种，如三尺三、盘陀早、九头乌；生育期在 135~140d 的称为中晚熟品种，如忻粱 7 号、晋粱 1 号。晚熟种的生育期在 140d 以上，如 4003、鹿邑歪头。

4. 按照形态差异和地理分布划分（限于中国高粱）

在中国高粱族内，研究者根据形态差异和地理分布，将国内的高粱种分为软壳型、双软壳型、硬壳型和新疆型四种类型目，具体特点和分布见表 11-1。

表 11-1 中国高粱族内类型特点与分布

类型	特点	分布
软壳型高粱	上、下颖质地不同，下颖有脉，籽粒龟背状，不分蘖或分蘖力弱	多在秦岭淮河以北分布
双软壳型高粱	上、下颖质地均为纸质，下颖有脉，小穗披针状，籽粒长圆、包被紧	在秦岭淮河以南以北均有少量分布
硬壳型高粱	上、下颖质地均为革质，下颖近尖端有脉，籽粒对称，裸露 1/3~1/2，分蘖力中等或强	多在秦岭淮河以南分布
新疆型高粱	护颖革质并具毛，籽粒多为宽卵圆型且对称，裸露大半，穗茎多弯曲、紧穗	只分布于新疆地区

第二节 高粱生产、消费和贸易

高粱是全球第五大粮食作物，也是我国重要的杂粮作物，高粱产业对当地的脱贫攻坚、乡村振兴具有重要的现实意义，已经成为东北、华北、西南三大主产区的主要经济来源。

一、高粱生产

1. 我国高粱的种植面积

近些年来，随着国内高粱需求的日益增加、种植技术的逐步成熟和机械化的不断普及，我国高粱重点种植地区的种植面积正逐渐扩大，形成了高粱产业的规模化生产。由图 11-1 可以看出，2012—2021 年，高粱种植面积和产量整体呈现出逐步增加的趋势，到 2021 年，种植面积已经达到 40.8 万 hm^2，产量可以达到 840 万 t，分别是 2012 年的 2.05 倍和 1.72 倍。

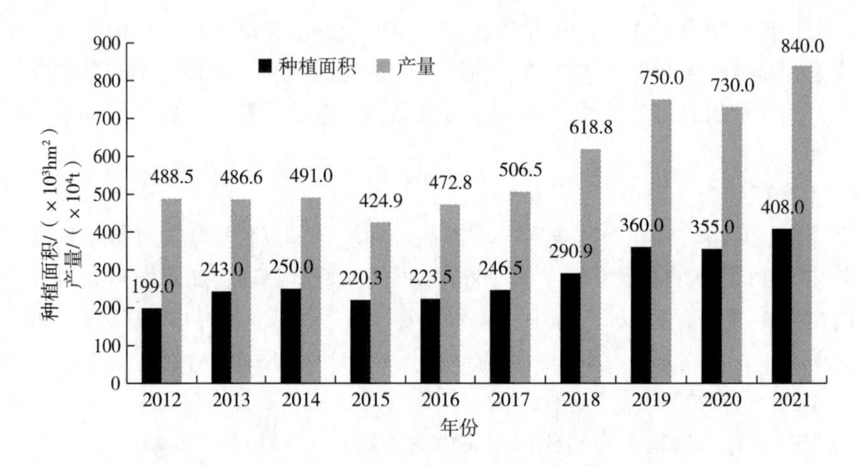

图 11-1　2012—2021 年我国高粱的种植面积及产量

2. 我国高粱的种植省份

高粱在我国的主产区有东北、华北、西南，其中，东北产区包括辽宁、吉林和黑龙江，华北产区包括山西、内蒙古和河南，主要生产粳高粱；西南主产区包括四川、贵州和重庆，主要生产糯高粱。从 2020 年各省（自治区、直辖市）播种面积分布情况来看，内蒙古、山西和贵州是我国播种面积前三，分别达到了 15 万 hm^2、8.76 万 hm^2 和 8.37 万 hm^2（图 11-2）。

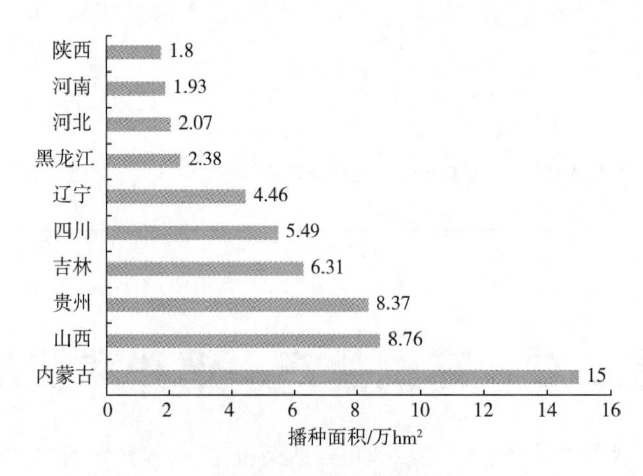

图 11-2　2020 年我国高粱播种面积前十

二、高粱消费

（一）高粱消费领域

从高粱下游消费结构情况来看，其主要消费领域为饲料、食用及酿造，占比分别为75.5%、12.6%和10.8%（图11-3）。其中，进口的高粱80%被用作畜禽动物的饲料，国产高粱的80%被用作酿造，粮食及种子占了10%，饲料占5%，工艺品等其他用途占5%。

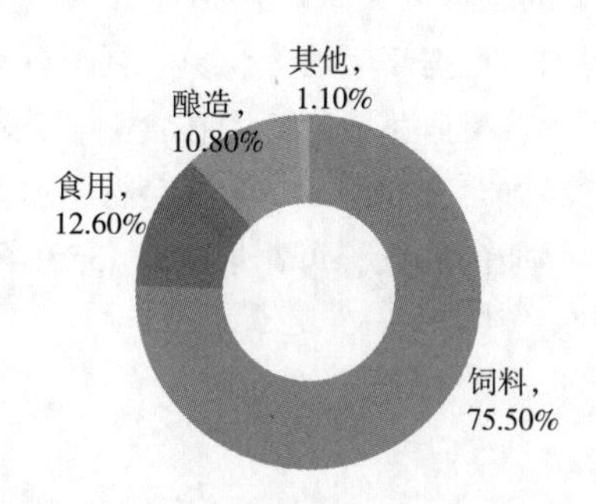

图11-3　中国高粱消费结构占比情况

（二）高粱消费模式

1. 食用

（1）高粱米、面制品　我国高粱曾以食用为主，相应的高粱食品种类很多（40余种），做法和食法也很丰富。我国东北地区主要将高粱籽粒加工成高粱米食用，黄淮流域主要将籽粒磨成面粉，然后制成不同风味的面食。根据原料和做法的不同，食用高粱制品分为高粱米制品和面制品，米制食品有米饭、米粥等，在民间，人们将高粱米加葱盐、羊肉汤共煮粥进食以解毒消暑，用高粱米粥缓解积食、消化不良等；面制食品有饸烙、饺子、面条、炒面、发糕、黏糕等，其中面条就有10余种。反观国外，则是将高粱籽粒加工成粗粉或其他碾磨制品，或通过膨化、爆胀、挤压、切丝和压片等处理制作成烘焙食品、早餐方便食品、快餐食品等，在萨尔瓦多、危地马拉等中美洲地区还用高粱粉或用与玉米混合的高粱粉加工成未发酵的粉饼。

（2）高粱米花　高粱米花由专门的爆粒高粱爆制而成，且美国、加拿大等国已经形成了爆粒高粱的消费市场。爆粒高粱籽粒（爆制的原料）的角质胚乳非常致密，具有种皮薄和籽粒小的特点，其在一定温度下，籽粒中的胚乳淀粉膨胀，胀破种皮爆粒成花，即成高粱米花，此过程中爆粒高粱的膨胀性能取决于籽粒的胚乳特性、籽粒完整性、籽粒含水量和籽粒成熟程度。爆制出来的高粱米花色白且纯正，花形美观，香味浓郁，膨松酥脆，可直接食用，也可捣碎拌于糖、牛奶或酸奶、椒盐中食用。

（3）酿造　早在唐朝中期，我国就开始酿造高粱蒸馏酒（又称白酒或烧酒），现如今，南北方的酿酒厂遍布全国各地，高粱白酒已成为当地经济发展的支柱产业之一。高粱酿酒是利用曲霉或酵母菌等微生物固体发酵产酶，酶进一步将籽粒中的淀粉转化成糖，而后将糖转化为酒精的过程，利用此过程生产的高粱白酒各具特色和风味，兼具甜、酸、苦、辣、香这五味和浓（浓郁、浓厚），醇（醇滑、绵柔），甜（回甜、留甘），净（纯净、无杂味），长（回味悠长、香味持久）

的特点，尽显我国酒文化的深厚底蕴。从香型上来看大致分为酱香、清香、浓香三种，其中，以茅台酒为代表的酱香型酒具有酱香突出、优雅细腻、酒体纯厚和回味悠长的特点；以汾酒为代表的清香型酒具有清香纯正、醇甜柔和、自然谐调和余味爽净的特点；以泸州老窖特曲为代表的浓香型酒具有窖香浓郁、绵软甘冽、香味协调和尾净余长的特点。目前，高粱酿酒业发展势头强劲，除贵州、四川等的茅台酒、五粮液、泸州老窖特曲等白酒的销售市场持续走强外，东北、内蒙古、山东等新兴白酒产地的销售也渐热渐旺。此外，高粱酿酒业的发展还带动了玻璃制瓶业、制盒包装业、物流运输业等相关产业的发展，创立了农民增收、企业增效、国家增税、出口创汇的佳绩。

2. 其他消费方式

首先，80%的进口高粱和5%的国产高粱被用作畜禽等的饲料。其次，以高粱作为食品功能基料，提取淀粉、色素等。例如，根据高粱的红、黄、褐、紫等不同粒色和颖壳颜色可提取出红、黄、褐、紫等多种色素，代替工业色素广泛用在食品、饮料加工等产品方面。最后，高粱经发酵还可制糖或制取乙醇，高粱含有60%~70%的淀粉，这些淀粉可先水解成葡萄糖、然后再经过发酵生成乙醇。1t中等品质的高粱，可制取320~350L乙醇，数量上与玉米、小麦大致相同，而成本却低于玉米和小麦等。

三、高粱贸易

从我国高粱近年来的进口情况来看（图11-4），主要呈现先下降后上升的趋势，自2016年以来，我国对于高粱的需求量下降，再加上国内产量的回升，导致高粱的进口量逐步回落。尤其是受2019年“非洲猪瘟”影响，我国生猪养殖行业受到了重创，紧随其后的饲料行业也遭受打击，使得高粱进口量一度出现断崖式下跌。2020年之后，国内的生猪养殖业不断恢复产能，饲料需求也随之大量增长，而且此时，我国白酒行业也在迅速发展，因此，高粱的进口量明显回升。2021年全年的高粱进口量达942万t，国内高粱市场整体呈现供大于求，导致价格下跌。图11-5为2021年高粱进口国占比情况，1月和11月从美国进口高粱的量分别为63.25万t和5.89万t，占比由1月份的91.75%下降到11.09%，下降了80.66%，说明我国从美国进口的高粱减少，但从7月开始，由阿根廷、缅甸进口而来的高粱量增多。

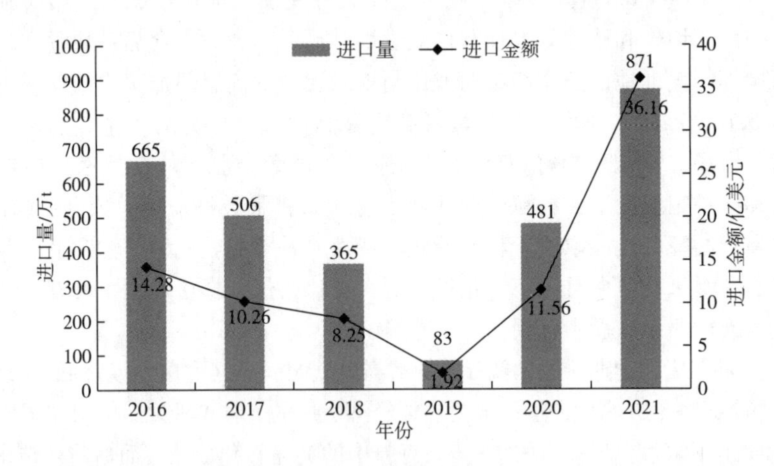

图11-4　2016—2021年11月中国高粱进口量及进口金额情况

2021年统计时间为1—11月

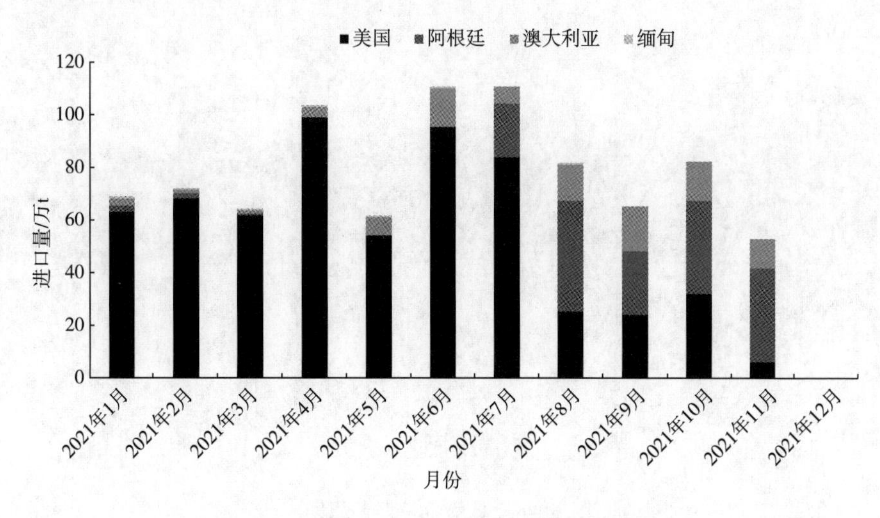

图 11-5　2021 年 1—11 月高粱进口国占比情况

第三节　作物性状

一、高粱种子的休眠期

在高粱的生育期之前，高粱种子有休眠/后熟现象。通常认为，休眠性与种子的含水量、养分蓄积、果皮发育状况、种皮色素细胞和单宁含量有关，在成熟过程中，种子含水量高于 28%、养分积量未达最高值时，种子不能发芽，而成熟度差、迅速干燥的种子比成熟度好、缓慢干燥的种子休眠期长。高粱果皮褐色、种皮细胞又含色素的品种的休眠性强，成熟种子受果皮和细胞色素的保护而休眠。此外，休眠性也受单宁含量影响，含量越高休眠性越强。

二、高粱生育期

高粱的个体发育从种子萌发开始，到形成具有萌发能力的新种子为一个生长发育周期（图 11-6），这期间需要经历不同的生长发育阶段，高粱的外部形态和内部器官也随阶段的过渡而发生相应变化。为了更好地了解高粱生长发育所发生的变化，学者们将高粱的生育期划分为出苗期、三叶期、五叶期、拔节期、旗叶可见期、孕穗期、半花期、乳熟期、蜡熟期和生理成熟期（表 11-2）。

图 11-6 高粱生长发育周期

表 11-2 高粱生育期及各阶段特征

生长阶段	发育过程	特征
出苗期	出苗是种子萌动后，胚芽在芽鞘包围下突破种皮向上生长，中胚轴伸长将芽和芽鞘一起送出地面的过程，出苗期一般需 10~15d，受地温、气温、土壤湿度和基因型的影响	在土壤表面可见胚芽鞘
三叶期	三叶完全展开，在叶片和叶鞘交界处有一个可见的叶柄，生长点在地表以下。三叶期发生在出苗后 10~20d，受土壤温度和湿度的影响	三叶的叶柄可见
五叶期	五叶完全展开，叶柄明显可见，生长点在地表以下，植株生长快速并积累养分，根系迅速扩张。五叶期发生在出苗后 25d 左右，此时尽量减少杂草的竞争	五叶的叶柄可见
生长点分化/拔节期	出苗后 30~40d 即可确定植株的潜在叶数，此时植株的生长和营养吸收速率达到最大值，生长点移至地表以上，植株高度迅速生长，且雄蕊花序形成	大约 8 片叶子，有可见叶柄
旗叶可见期	此阶段茎生长快速、叶面积增加，旗叶（最后一片叶子）在轮生体中清晰可见，此时植株对于钾的吸收>40%，氮的吸收>30%，磷的吸收>20%，总生长量约为 20%	轮生体中可见最后片叶子
孕穗期	此阶段发生在出苗后的 50~60d，达到了最大叶生长面积，且雄蕊大小和种子数量在此时确定，花梗（上部茎）开始伸长，最终的花梗尺寸受基因型影响	雄蕊延伸到旗叶鞘
半花期/抽穗期	此阶段雄蕊充分外露，开花程度和雄蕊生长量均达到了 50%，最终磷、氮、钾养分累积的含量分别为 60%、70%和 80%以上	半数植物处于开花状态
乳熟期	乳熟期是指植株开花后，立即开始形成籽粒并迅速膨大饱满（达到干重的 50%），此阶段由于再活化过程（从茎到谷物）的发生，茎的质量减少，打破了叶片和籽粒间的平衡，籽粒灌浆的时间也随之改变，严重的压力会导致谷粒质量下降，较轻且多糠	挤压时谷物很软，很少或没有液体存在

续表

生长阶段	发育过程	特征
蜡熟期	谷物达到最终干重的75%，植株几乎完成了对养分的吸收，在此阶段，严重的压力还是会导致粒重减轻，但影响程度低于其在乳熟期所受的压力	挤压时谷物很硬
生理成熟期	成熟期的谷物已经达到了最大干重，可通过寻找内核底部的黑点来识别，此阶段的谷物水分含量为25%~35%，收获后需要通过干燥剂或人工干燥的方式对谷物进行干燥	内核底部有黑色层

三、高粱籽粒性状

高粱的果实为颖果（籽粒或种子），成熟的高粱籽粒有圆形、椭圆形、卵形、长圆形等多种形状；颜色分为白色、黄色、红色、褐色、黑色等不同颜色，颜色主要是由果皮颜色和厚度、种皮有无、种皮颜色和厚度、胚乳颜色等共同决定；籽粒大小品种间差异较大，千粒重≤25g为小粒，25.1~29.9g为中粒，≥30g以上为大粒，有些极大粒的千粒重≥50g。高粱籽粒的解剖学组成如图11-7所示。

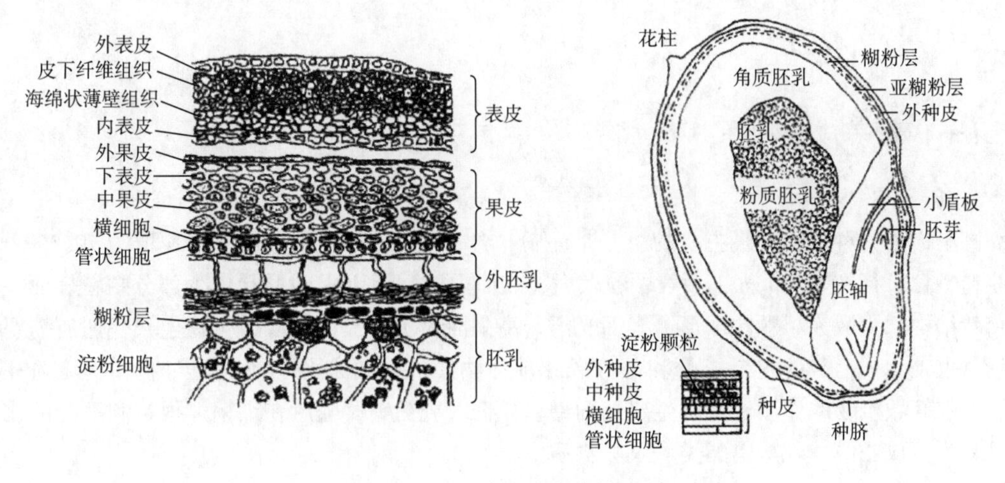

图11-7 高粱籽粒的解剖学组成

1. 果皮

果皮是由子房壁发育而来，多数品种的果皮含有淀粉，但在成熟期时消失。果皮包括外果皮、中果皮和下果皮，中果皮薄的籽粒碾磨加工时出米率和出粉率较高。

2. 种皮

种皮是由内珠被发育而来，有种皮的高粱籽粒通常有厚的、辐射状外壁和膨胀内壁，并与果皮紧紧相连，果皮和种皮约占籽粒质量的8%。种皮沉积的色素以花青素为主，其次是类胡萝卜素和叶绿素。种皮里还含有单宁（多酚化合物）会影响食欲和妨碍消化，其含量一般为籽粒质量的0.03%~0.46%，主要与高粱籽粒的品种、色泽、新陈程度有关，色泽越深、越陈，单宁含量越高。

3. 胚乳

胚乳约占籽粒质量的80%，分为糊粉层和淀粉层。糊粉层含有丰富的糊粉粒、矿物质、水溶性维生素、酶和脂肪。淀粉层可分为胚乳外层、角质胚乳和粉质胚乳。胚乳外层界限模糊，有2~6层细胞。角质胚乳和粉质胚乳的相对比例可用于胚乳分类，有角质型、粉质型和中间型，角质型胚乳多，加工时易与果皮脱离，从而使胚乳完整、出米（粉）率高，且耐储藏。胚乳类型很多，例如，几乎都是支链淀粉的糯高粱的胚乳（正常高粱支链淀粉和直链淀粉的比例为3∶1）；类胡萝卜素含量高、胚乳呈黄色、胚外表淡黄或青白色、微隆起，由盾片、胚芽、胚轴和胚根组成的黄胚乳；还有印度等国特有的一种爆裂类型的胚乳，它的角质外层是坚韧而富有弹性的胶状物质，遇热迅速膨胀而开裂。

4. 胚

高粱的胚位于籽粒腹部的下端，稍隆起，呈青白半透明状，一般为淡黄色，胚约占籽粒质量的12%。

第四节　高粱营养成分与品质特性

一、营养成分

（一）营养成分种类

1. 淀粉

高粱作为一种谷物，最主要的组分是淀粉，含量为65.3%~81.0%，平均值为79.5%。高粱淀粉颗粒粒径在5~20μm，一般颗粒较大，表面内凹，为不规则形状；少部分颗粒表面有类蜂窝状结构；少数为小颗粒球形，表面光滑。高粱淀粉不仅提供发酵微生物生长代谢所需要的能量，也是生成乙醇的主要成分和部分风味前体物质的重要来源。在发酵过程中，淀粉在根霉、毛霉等微生物的作用下水解生成葡萄糖、果糖、乳糖等，随后在细菌、根霉和酵母的作用下进一步生成乙醇、乳酸、酯类等风味物质。

2. 蛋白质

高粱蛋白根据其溶解性与分子质量特性可分为5个部分：第一部分是由清蛋白与球蛋白组成，第二部分与第三部分是由高粱醇溶蛋白组成，第四与第五部分是由谷蛋白组成。在胚乳中主要的蛋白质是醇溶谷蛋白（贮藏蛋白），胚中主要是清蛋白与球蛋白。醇溶谷蛋白与谷蛋白主要位于淀粉质胚乳的蛋白体与蛋白基质中，因此醇溶谷蛋白是高粱中含量最高的蛋白质部分。近年的研究表明，醇溶谷蛋白占胚乳中蛋白总量的约80%，占整个高粱谷物蛋白含量的70%。另外高粱中不含面筋，可以用来生产无面筋面包等以满足麸质不耐受人群的需求。

3. 脂质

高粱中的脂质相比其他营养组分含量较少，主要集中在胚和种皮。全谷物脂通常可以分为三类：极性脂（磷脂和糖脂）、非极性脂（甘油三酯）与不可皂化脂（植物甾醇类、类胡萝卜素类与生育酚类）。高粱中非极性或中性脂含量最丰富，占93.2%，其次是极性脂（5.9%），最后是不可皂化脂（0.9%）。高粱的脂肪酸组成中，亚油酸占49%，油酸占31%，棕榈酸占14.3%，亚麻酸占2.7%，硬脂酸占2.1%。高粱胚的不饱和脂肪酸含量最高，游离脂肪酸含量最低。反之，胚乳部分的不饱和脂肪酸含量最低，而游离脂肪酸含量最高。

4. 生物活性物质

与大多数谷物一样，高粱中的生物活性化合物主要集中于麸皮部分（果皮糊粉组织），去除麸皮会严重降低高粱的健康价值。高粱的果皮颜色种类繁多，包括奶油白色、红色、柠檬黄色以及黑色等，因此，高粱中的多酚也具有多样性。高粱中多酚在结构上可分为酚酸或类黄酮衍生物。阿魏酸是高粱中含量最丰富的酚酸，高粱中其他酚酸还包括紫丁香酸，原儿茶酸、咖啡酸、对香豆酸和芥子酸。另外，花青素是仅存在于有色高粱中的主要类黄酮化合物，包括芹菜素、芹菜素5-葡萄糖苷、黄素苷、黄素苷5-葡萄糖苷和3-脱氧花青素等。

高粱种皮内含有单宁，其含量因品种不同而异。单宁能降低种皮的透水性，不仅具有防腐作用，而且能在一定程度上抑制仓储微生物和病虫危害。

（二）籽粒部位及其营养成分

1. 皮层及其营养成分

高粱籽粒由种皮、胚乳和胚三部分组成，其中种皮也称麸皮，厚度为8~16mm，占高粱籽粒质量的7.3%~9.3%。高粱种皮可再分成四部分：上皮、下皮、内种皮以及第四层位于内种皮和胚乳之间的部分皮层（有的品种没有）。根据品种的不同，上皮层的色泽主要分为白、黄、红、褐和黑色。内种皮由窄而长的细胞组成，是制粉工艺中种皮从种子其他部分分离的部位。高粱皮层中含有非淀粉类多糖、类胡萝卜素以及多种酚类化合物包括酚酸、黄酮类化合物和原花青素等。高粱中的酚酸是以肉桂酸或苯甲酸的衍生物形式存在，主要分布在果皮、种皮、糊粉层以及胚乳当中。高粱中黄酮类化合物包括黄酮、花青素和黄烷酮三大类具有抗氧化、抗突变、抗衰老、抗肿瘤、抗菌等功效。

2. 胚乳及其营养成分

高粱中胚乳部分占籽粒质量的80%~84%，其中籽粒中淀粉主要集中于胚乳部分（也有一些品种的果皮中存在淀粉），并且高粱中约80%的蛋白质存在于胚乳部分。高粱籽粒的胚乳部分主要由糊粉层、外胚乳、角质胚乳和粉质胚乳构成，其中糊粉层位于种皮正下方，含有厚壁的方形细胞，富含蛋白质和酶、油脂、B族维生素复合物和矿物质。外胚乳由几层细胞组成，含有蛋白质和少量淀粉。在这紧密的蛋白层之下是角质与粉质的胚乳细胞，主要含有淀粉。

3. 胚及其营养成分

高粱胚的脂肪含量较高，大于20%，占高粱籽粒质量的7.8%~12.1%，主要由脂质和蛋白质组成，富含维生素（主要是B族维生素复合物和脂溶性维生素）和矿物质（表11-3）。胚由两部分组成：胚轴与角质鳞片。胚轴是一个新植物之源，角质鳞片是胚的储藏组织，含有大量的油脂、蛋白质、酶与微量元素。

表 11-3　全高粱谷粒及其解剖学组成部分的化学组分　　单位:%

组分	全籽粒	胚乳	胚	种皮
全谷粒（去壳）	100	81.7~86.5	8.0~10.9	4.3~8.7
蛋白质	8.1~16.8	8.7~13.0	17.8~19.2	5.2~7.6
占总蛋白质	100	80	14.9	4.0
脂类	1.4~6.2	0.4~0.8	26.9~30.6	3.7~6.0
占总脂肪	100	13.2	76.2	10.6
纤维	0.4~7.3	0.72	5.0	22.88
占总纤维	100	30.2	16.4	53.4
灰分	1.2~7.1	0.3~0.4	10.4	2.0
占总灰分	100	20.6	68.6	10.8
淀粉	65.3~81.0	81.3~83.0	13.4	34.6
占总淀粉	100	94.4	1.8	3.8

高粱籽粒的颜色主要是由种皮细胞中是否含有花青素决定的，常见的有白果皮、黄果皮、红果皮、棕果皮、黑果皮。高粱含有的蛋白质、脂肪、纤维素、碳水化合物、灰分、总酚等营养物质的含量在不同颜色的高粱籽粒中有所差异，如表 11-4 所示。高粱籽粒中含有的碳水化合物，蛋白质的含量与大米不相上下，脂肪和维生素的含量均比大米高。所以，高粱可加工成高粱米和高粱粉，供人们食用。全谷高粱完整保留了谷类食物中的膳食纤维、矿物质、不饱和脂肪酸等营养素和植物活性物质，其营养价值远高于精加工只保留了碳水化合物和部分蛋白质营养素的精高粱籽粒，可提供更丰富的营养物质，对促进人体健康非常有益。

表 11-4　不同颜色高粱籽粒主要营养物质含量的基本统计表

单位：g/100g DW

籽粒种类	营养物质含量								
	水分	蛋白质	脂肪	纤维素	碳水	灰分	总酚	总黄酮	原花青素
白果皮高粱	12.70~13.78	10.01~10.55	2.75~3.05	8.84~8.93	62.34~62.52	1.73~1.83	0.109~0.178	(45.9~58.85)×10^-3	(1.39~21.79)×10^-3
黄果皮高粱	11.91~13.56	9.61~10.21	2.81~3.22	8.72~9.22	61.83~64.72	1.67~1.88	0.173~0.688	(48~63.8)×10^-3	(1.29~19.93)×10^-3
红果皮高粱	13.97~14	8.72~9.55	2.96~3.02	8.52~8.83	62.96~64.03	1.71~1.76	0.433~0.892	(30.6~77.12)×10^-3	0.12~1.31
棕果皮高粱	12.79~13.28	9.51~10.36	3.18~3.32	11.58~12.86	59.44~59.61	1.59~2.74	0.325~3.215	(19.7~61)×10^-3	0.12~7.2
黑果皮高粱	11.31~12.96	8.1~11.1	1.65~3.38	11.03~12.51	52.2~87.14	0.94~1.72	0.413~3.164	(21.14~88)×10^-3	0.07~4.28

二、加工精度和营养流失

目前，高粱主要被用作酿造原料或饲料，传统高粱食品普遍都处于初级加工阶段，大都是由高粱直接加工或是将高粱简单粉碎后加工制成的。

1. 高粱米

高粱米加工精度是指乳白粒质量占试样质量的比例（%）。将高粱果皮基本去净，脱掉种皮达到粒面2/3以上的颗粒为乳白粒。根据加工精度高粱米一般分为三个等级：一等（加工精度>75.0%）；二等（加工精度>65.0%）；三等（加工精度>55.0%）。其中二等为中等品，低于三等指标的为等外高粱米。

高粱碾去皮层后的颗粒状成品粮，工艺过程为清理与分粒、碾米、擦米、成品混合。清理与分粒的原理、方法和设备与稻谷加工基本相同。

（1）清理与分粒　分粒是把颗粒大小不同的高粱分开。大粒籽粒坚实，皮层较薄，容易碾去，而小粒则相反。如果不分粒，往往出现大粒过碾、小粒去皮少的问题，造成籽粒的精度不匀，进而导致碎米增加和出品率降低。目前，高粱米在清理与分粒过程中有两种加工方法：在清理过程中分大小粒和经碾米机粗碾后再分大小粒。粗碾有脱壳作用，因此能提高分粒效果。分粒设备一般采用溜筛和振动筛，分出的小粒控制在总流量的5%~10%。

（2）碾米　碾米方法随原粮情况不同而有所不同，但一般都分为粗碾和精碾两个阶段，中间辅以除糠设备。小粒可单独碾制或暂时存放后再用同一碾米机和大粒交错碾制。

（3）擦米　擦米的工艺和设备同稻谷加工。

2. 高粱粉

由于简单粉碎只是采用机械处理的方式将高粱从颗粒状变为粉末状，且粉碎粒度较低，因此制得的高粱产品口感粗糙、品质较差，导致高粱产品的接受度较低。大部分的高粱产品都需要将高粱粉碎后再进行加工处理，因此，高粱粉的制备是高粱精深加工的重要环节。高粱全籽粒磨粉基本组分对比如表11-5所示。

表11-5　高粱全籽粒磨粉基本组分对比

营养成分	高粱籽粒	高粱粉（全籽粒）
水分/(g/100g)	12.4	10.26
能量/(kcal/100g)	329	359
蛋白质/(g/100g)	10.62	8.43
总脂质/(g/100g)	3.46	3.34
灰分/(g/100g)	1.43	1.32
碳水化合物/(g/100g)	72.09	76.64
总膳食纤维/(g/100g)	6.7	6.6
总糖/(g/100g)	2.53	1.94
淀粉/(g/100g)	60	68

注：1cal=4.186J。

三、品质特性

高粱籽粒通常长4mm，宽2mm，厚2.5mm。单粒重25~35mg，密度为1.28~1.36g/cm^3。高粱籽粒品质特征主要包括籽粒大小、形状、颜色以及胚乳质地等，而这些也会影响高粱碾磨特性和最终食用品质。

（一）籽粒物理品质

1. 籽粒形状

高粱籽粒的形状特征主要包括籽粒大小、形状、颜色以及胚乳角质层等。高粱籽粒通常呈球形，大小和颜色受品种影响，籽粒饱满，易脱粒是食用高粱应该具备直观的良好品质特征。

2. 籽粒颜色

根据高粱的外种皮色泽可分为三类：红高粱，即种皮色泽为红色的颗粒；白高粱，即种皮色泽为白色的颗粒；其他高粱，即上述两类以外的高粱。根据色泽可分为良质高粱：具有该品种应有的光泽；次质高粱：色泽发暗；劣质高粱：色泽灰暗或呈棕褐色、黑色，胚部呈灰色、绿色或黑色。

3. 容重

容重是指籽粒（通过4.5mm圆孔筛留存在2.0mm圆孔筛上）在单位容积内的质量，以g/L表示，是高粱籽粒品质判定的依据。

（二）加工品质

1. 一次加工

高粱粉是以高粱作为原料进行产品深加工生产的初步处理，在许多高粱产品的生产中，均需要对高粱进行预处理，按照产品需求，将高粱籽粒制成粗粉或精粉。

高粱籽粒胚乳质地的优劣直接影响籽粒和高粱粉的品质。其中，籽粒中的胚乳含量占80%左右，外胚乳角质层厚，出粉率高。较好的高粱籽粒具有高硬度比例的球形核胚乳、较厚的白色果皮和无色素的种皮，胚乳类型正常、单宁含量低和无棕褐色植物坏死病变颜色。较高的硬度和密度的籽粒，具有较高的碾磨特性。具有硬胚乳的品种也具有更好的抗籽粒霉菌水平。

2. 二次加工

高粱籽粒二次加工产品主要为高粱酒。白酒酿造过程中因工艺不同，对原料要求也不同。高粱酒常见的酿造方式为纯粮固态发酵，是多酶系多菌系自然发酵，边糖化、边酒化的缓慢复杂过程，其以高粱为单一原料，大曲、稻壳等为辅料，加以独特的生产工艺精心酿制而成。

（1）理化指标　酸度、出酒率、蒸煮特性、酒醅水分和酒醅温度是判断酒醅发酵好与坏的重要指标。白酒中酯类物质的前体是酒醅中的有机酸，将酒醅酸度控制在一定的范围，对酒醅发酵正常进行十分必要。适当的酸度既能抑制一些有害杂菌的生长繁殖，还促进酯类等香味物质的形成；酸度过高，降低发酵反应速率，直接导致白酒产量下降；酸度过低白酒的协调性差，白酒品质也变差。出酒率高低是判断出窖酒醅质量的主要指标，白酒发酵主要生产乙醇，也是鉴定发酵是否正常的重要依据。高粱酒在酿造过程中需要蒸粮使淀粉糊化，便于微生物充分分解利用，因此，蒸煮特性也是判断酒醅发酵好坏的指标。高粱在蒸煮过程中可以通过高粱籽粒种皮的色泽变化、籽粒黏度大小以及散发出香味，反映出高粱品质以及白酒产量及风味。酒醅水分是控制白酒固态发酵的重要指标之一。在酒醅发酵过程中，发酵所需要的水分来源大多为生产过程中的水和微生物代谢产生的水分，一般酒醅中水分含量在61%左右，水分含量过高或过低都会直接影响酒醅发酵效果。酒醅温度变化主要是由发酵过程中微生物的生长和代谢活动来决定。一般通过测定发酵温度高低，判断微生物的代谢活动快慢，从而了解酒醅的发酵状况。另外，酒醅中的水分还可以调节窖池发酵温度，在蒸馏过程中也会影响乙醇和香味物质的提取。

（2）影响高粱酒加工品质的因素　酒用高粱籽粒通常要经历破碎、润粮、蒸粮等环节，高粱的粉碎是酿酒工艺上的一个重要环节，对入窖糟醅的感官、理化及发酵效果有直接影响。过度粉碎的高粱因破坏了纤维素和半纤维素而使得糟醅的保水性能变差，糊化后的淀粉流动性大，在发酵的过程中不利于微生物的繁殖，进而导致出酒率低、酒质差。少部分的碎粒有利于出酒和提取风味物质，但整粒一方面可以增加糟醅的疏松度，提高含氧量，利于微生物生长代谢；另一方面有利于保持高粱的耐蒸煮性，减少糟醅相互粘连，从而减少稻壳用量，使酒质更加纯净。合适的粉碎度应是以通过20目筛孔的细粉占75%左右为宜。在实际生产中，根据高粱原料硬度、种粒皮厚度及胚芽质地，按工艺应调整适合的粉碎度，避免过度粉碎影响后续生产。

另外，高粱中的淀粉、蛋白质、脂肪、单宁等的含量与白酒香型、风格、产酒率密切相关。在发酵过程中，淀粉是酒精以及众多风味成分的来源；根据直链淀粉与支链淀粉比例将高粱分为粳高粱和糯高粱两种，高粱籽粒中支链淀粉含量占总淀粉含量80%以上的高粱称为糯性高粱，反之则为粳性高粱。糯性高粱大部分用作酿酒原料。粳性高粱用作粮食、饲料或酿酒原料。蛋白质、脂肪、单宁等会分解成小分子化合物，是风味成分或其前体物质。一般酱香型白酒用高粱的蛋白质质量分数要求在7%~9%，适量的蛋白质有助于形成酒体风味，但含量过高会使发酵过程中的杂菌生长旺盛，并使酸度升高，均不利于有益微生物的生长代谢。脂质易水解生成多种低分子有机酸和脂肪酸，如肉豆蔻酸、棕榈酸、硬脂酸及油酸、亚油酸、亚麻酸等。脂肪酸经微生物代谢生成的相应酯类或通过非酶反应分解形成的挥发性物质，均具有一定的气味和味觉阈值。其中，亚油酸乙酯、亚麻酸乙酯等酯类经蒸馏富集到酒中，人饮用到体内经代谢，可吸收其中的人体必需脂肪酸，可能对降血压、预防动脉硬化和预防血栓的形成具有积极作用。单宁是高粱表皮中含有的抗营养因子，少量的单宁能抑制杂菌生长，赋予高粱酒体特殊香味，对高粱的营养价值以及适口性都有一定的影响。

第五节　高粱品质规格与标准

一、高粱质量标准

（一）普通高粱质量标准

中国现行有效的高粱分类分级标准主要包括国家推荐性标准2项：GB/T 8231—2007《高

粱》以及 GB/T 26633—2011《工业用高粱》（表 11-6 和表 11-7）。中国高粱质量指标，主要以容重、不完善粒、单宁含量、杂质等指标分类定等。其中，高粱中单宁含量的测定以及高粱种子生产标准包括国家推荐性标准 2 项：GB/T 15686—2008《高粱　单宁含量的测定》，以及 GB/T 17319—2011《高粱种子生产技术操作规程》。

表 11-6　高粱质量指标

等级	容重/(g/L)	不完善粒/%	单宁/%	水分/%	杂质/%	带壳粒/%	色泽气味
1	≥740	≤3.0	≤0.5	≤14.0	≤1.0	≤5	正常
2	≥720						
3	≥700						

表 11-7　工业用高粱质量指标

等级	淀粉含量/%	不完善粒/%		杂质/%	水分/%	色泽气味
		总量	生霉粒			
1	≥70.5	≤3.0	≤0.5	≤1.0	≤14.0	正常
2	≥67.5					
3	≥64.5					
等外	<64.5					

(二) 绿色食品高粱

根据中国农业农村部标准 NY/T 895—2023《绿色食品　高粱及高粱米》，将绿色食品高粱依据不完善粒、杂质、带壳粒以及加工精度等指标划分等级。除高粱及高粱米理化指标要求外（表 11-8），还规定了高粱和高粱米中农药残留标准以及重金属和黄曲霉毒素含量指标，对农药残留、重金属进行了严格限量，以保证高粱籽粒及制品的质量安全。

表 11-8　绿色食品高粱及高粱米质量理化指标要求

项目	指标		检验方法
	高粱	高粱米	
不完善粒/%	≤3.0	≤2.0	GB/T 5494—2019《粮油检验　粮食油料的杂质、不完善粒检验》
杂质总量/%	≤1.0	≤0.30	GB/T 5494—2019《粮油检验　粮食油料的杂质、不完善粒检验》
容重/(g/L)	≥740	—	GB/T 5498—2013《粮油检验　容重测定》
碎米/%	—	≤3.0	GB/T 5503—2009《粮油检验　碎米检验法》
水分/%	≤14.0	≤14.5	GB 5009.3—2016《食品安全国家标准　食品中水分的测定》
单宁*/%	≤0.5	≤0.3	GB/T 15686—2008《高粱　单宁含量的测定》

注：*适用于食用高粱和高粱米，不适用于酿造用高粱和高粱米。

二、高粱米质量标准

目前，高粱米尚无国家标准，产品执行的是中国在1985年颁布的粮食行业标准LS/T 3215—1985《高粱米》（表11-9）。该标准适用于省、自治区、直辖市之间调拨的商品高粱米。高粱米共分为3个等级，其中高粱米以2等为中等标准，低于3等的为等外高粱米。高粱米的质量标准主要以加工精度指标进行分级，不完善粒、杂质、碎米、水分、色泽、气味、口味为限制指标。高粱米的加工精度以乳白粒为指标，在加工过程中高粱籽粒果皮基本去净，脱掉种皮达粒面2/3以上的颗粒为乳白粒，米粒的断面不做乳白检验。其中，高粱米中脱掉果皮不足1/3的颗粒为不完善粒，各等限度为1等0，2等0.5%，3等1.0%，超过部分为杂质。

表11-9 高粱米等级指标

等级	加工精度（乳白粒最低指标）/%	不完整粒/%	杂质/%			碎米/%	水分/%	色泽、气味、口味
			总量	其中：矿物质	高粱壳			
1	75.0	2.0						
2	65.0	3.0	0.30	0.02	0.03	3.0	14.5	正常
3	55.0	4.0						

三、高粱酒质量标准

1. 清香型高粱酒

清香型白酒以粮谷为原料，采用大曲、小曲、麸曲及酒母等为糖化发酵剂，经缸、池等容器固态发酵，固态蒸馏、陈酿、勾兑而成，不直接或间接添加食用酒精及非自身发酵产生的呈色呈香呈味物质的白酒。目前，中国现行的清香酒质量的国家标准为GB/T 10781.2—2022《白酒质量要求　第2部分：清香型白酒》根据感官及理化指标分为特级、优级、一级三个等级，其中特级酒不仅具有空杯留香持久、口感丰满细腻的感官品质，而且总酸、总酯、乙酸乙酯含量均更高。具体质量标准如表11-10所示。

表11-10 清香型高粱酒感官及理化要求

项目	特级	优级	一级
色泽和外观	无色或微黄，清亮透明，无悬浮物，无沉淀，无杂质①		
香气	清香纯正，具有陈香、粮香、曲香、果香、花香、坚果香、芳草香、蜜香、醇香、焙烤香、糟香等多种香气形成的幽雅、舒适、和谐的自然复合香，空杯留香持久	清香纯正，具有粮香、曲香、果香、花香、坚果香、芳草香、蜜香、醇香、糟香等多种香气形成的清雅、和谐的自然复合香，空杯留香长	清香正，具有粮香、曲香、果香、花香、芳草香、醇香、糟香等多种香气形成的复合香，空杯有余香

续表

项目		特级	优级	一级
口味口感		醇厚绵甜，丰满细腻，协调爽净，回味绵延悠长	醇厚绵甜，协调爽净，回味悠长	醇和柔甜，协调爽净，回味长
风格		具有本品的独特风格	具有本品的典型风格	具有本品的明显风格
酒精度/%vol		21.0~69.0		
固形/(g/L)		≤0.50		
总酸/(g/L)	产品自生产日期≤一年	≥0.50	≥0.40	≥0.30
总酯/(g/L)		≥1.10	≥0.80	≥0.50
乙酸乙酯/(g/L)		≥0.65	≥0.40	≥0.20
总酸+乙酸乙酯+乳酸乙酯②/(g/L)	产品自生产日期>一年	≥1.60	≥0.60	≥0.40

注：①当酒的温度低于10℃时，允许出现白色絮状沉淀物质或失光，10℃以上时应逐渐恢复正常；

②按45.0%vol酒精度折算。

2. 酱香型白酒

酱香型白酒主要是以高粱或小麦与水为原料，经传统固液态法发酵、蒸馏、储存、勾兑而成。现行酱香酒标准GB/T 26760—2011《酱香型白酒》中，根据酒精度可分为高度酒（酒精度45%~58%vol）和低度酒（酒精度32%~44%vol）。以大曲为糖化发酵剂生产的酱香型白酒可分为优级、一级、二级；不以大曲或不完全以大曲为糖化发酵剂生产的酱香型白酒可分为一级、二级。具体分级和理化标准如表11-11所示。

表11-11　酱香型白酒理化指标

分类	项目		优级	一级	二级
高度酒	酒精度（20℃）/%vol		45~58		
	总酸（以乙酸计）/(g/L)	≥	1.40	1.40	1.20
	总酯（以乙酸乙酯计）/(g/L)	≥	2.20	2.00	1.80
	已酸乙酯/(g/L)	≤	0.30	0.40	0.40
	固形物/(g/L)	≤	0.70		
低度酒	酒精度（20℃）/%vol		32~44		
	总酸（以乙酸计）/(g/L)	≥	0.80	0.80	0.80
	总酯（以乙酸乙酯计）/(g/L)	≥	1.50	1.20	1.00
	已酸乙酯/(g/L)	≤	0.30	0.40	0.40
	固形物/(g/L)	≤	0.70		

注：酒精度实测值与标签示值允许差为±1.0%vol。

第六节 高粱储藏、加工及利用

一、高粱籽粒储藏

（一）高粱的储藏特点

高粱的储藏特点受本身的形态特征、内部构造及所含化学成分影响。在高粱收获时期，由于气温影响，往往受到早霜危害，因而不仅含水量大（一般为16%~20%），而且未熟籽粒多，易遭受冻害。因此，储藏时常常引起种子发热霉变。由于高粱种子胚部较大，含亲水性物质较多，种皮较薄，着壳率较高，带杂质较多，所以容易吸湿回潮。

高粱发热与霉变时，种子堆表面先湿润，颜色鲜艳，以后堆内逐渐结块发湿，散落性降低。一般经过4~5d可出现白色菌丝，稍有异味；如再经2~3d，种温会迅速上升，胚部出现绿色菌落，结块明显，并产生霉气味，随着种温升高，种子变为深褐色或黑色，整个籽粒被菌丝包围，胚乳内部颜色加深，产生严重的酒味与霉味。整个变化约15d，严重的种温可达50~60℃。

（二）储藏措施

1. 适时收获

高粱宜在蜡熟期收获，即高粱穗的中部籽粒开始变硬，下部籽粒较软，并有少量乳浆时收获。这个时期收获的种子不但发芽率高，而且能避免早霜危害。如未到蜡熟期，但霜期已近，应在霜前收获，只要增加晾晒时间，仍能提高种子发芽率。

2. 干燥除杂

高粱收割后，应捆成小捆，穗头向上，架在田间“晒穗头”，并应及时抨穗，拉到晒场，将穗头架起朝南排列在晒场上进一步晾晒，籽粒变硬后再脱粒，以减少破损粒。高粱种子储藏前未能充分晒干或储藏过程中吸湿返潮，都会引起发热和霉变，并且变化速度较快。

3. 低温密闭

高粱在储藏时应利用冬季充分降温散湿，保持低温干燥状况，隔绝外界温度、湿度对种子的影响，同时也防止病虫和霉菌危害。还可在种子上覆盖干燥的草木灰，然后用塑料布密封，放在干燥低温的地方。

二、高粱加工及利用

（一）高粱米

在中国北方，高粱主要被加工成高粱米。全谷物高粱经过清理但未经进一步加工，保留了完整颖果结构的高粱籽粒；或者完整籽粒虽然经过了碾磨、粉碎、挤压等加工工序，但皮层、胚乳、胚芽的相对比例仍与完整颖果保持一致的高粱制品。值得注意的是，高粱的皮层内含单宁（又称鞣酸），含量一般为种仁总量的 0.03%~0.46%，单宁味涩，不仅会降低高粱的食用品质，而且机体在食用后能使肠液分泌减少，影响营养物质的吸收。单宁主要藏在种皮内，皮色越深，单宁含量就越高，因此，高粱必须去皮后方可食用。另外，高粱籽粒外层有两片硬质护颖，护颖里的膜质薄片称为稃，可分为有稃种和无稃种两类。护颖和稃合称颖壳，它包裹住种仁的一部分或大部分，也有被颖壳全部包裹的。作为食用高粱的种仁，通常是部分包裹的。高粱的颖壳与种仁的结合较松，在运输过程中，因摩擦、碰撞也会自动脱落。因此，在高粱加工过程中，一般不另设脱壳工序。基于上述原因，高粱一般不以全谷物的形式加工成高粱米。高粱制米的工艺流程如图 11-8 所示。

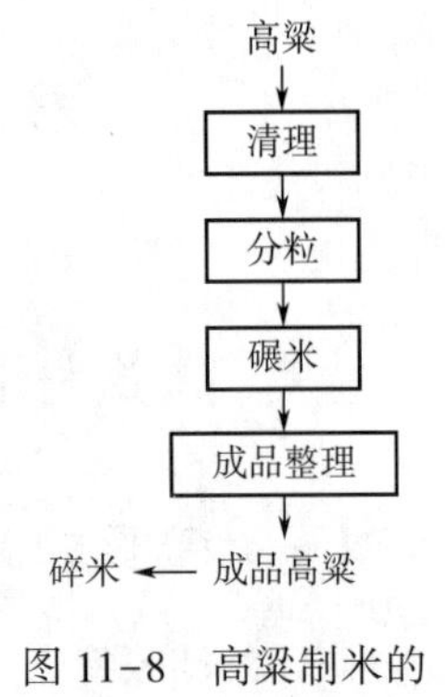

图 11-8 高粱制米的工艺流程

（1）清理 采用筛选、风选、去石和磁选等方法清除各种杂质。

（2）分粒 大粒高粱结构坚实，皮层较薄，容易去皮。小粒高粱胚乳比较松脆，与皮层结合较紧密，大都属于未成熟的粉质高粱，去皮困难，容易产生碎米。高粱分粒有两种工艺：一种是在清理过程中进行分粒；另一种是先经过 1~2 道碾米机碾制后再进行分粒。后一种分粒工艺称为粗碾后分粒，其优点是有利于提高分粒效率。高粱分粒设备有溜筛、振动筛和平面回转筛等。

（3）碾米 常用高粱碾米机有三节砂辊碾米机、立式砂臼碾米机和横式双辊碾米机等。高粱的碾米过程一般分为粗碾和精碾，并在每道碾米机之后，设有选糠和除壳设备，以利于提高碾米效率。粗碾为碾米过程中的前一阶段，如果用六道碾米机碾米时，前三道为粗碾，主要是将高粱全部颖壳和部分皮层碾去。在粗碾过程中，因带皮层的种仁表面光滑，籽粒坚实，能承受较强的碾米作用力，所以粗碾应碾去高粱皮层的 60%。精碾是碾米过程的后一阶段，目的是在尽量避免产生碎米的原则下，碾去剩下的部分皮层，达到成品高粱米的规定精度。当加工低水分高粱，特别是经过烘干晾晒的高粱时，其皮层与胚乳结合紧密，胚乳结构松脆，容易产生碎米，可以采用高粱表皮着水碾米，称为湿法碾米。高粱着水大都采用喷雾着水，使着水均匀，着水量应根据高粱的原始水分含量和高粱工艺性质确定，一般为 2%左右，对于原始水分含量低的角质高粱，加水量可多些。着水后的高粱应送到搅拌器内进行搅拌、混合，使喷到水的高粱与未喷到水的高粱拌匀，达到均匀着水的目的。搅拌设备有螺旋输送机，在室温较低的条件下，还采用夹套保温螺旋输送机，以利于水分向高粱皮层渗透，并防止高粱表面结露。高粱经搅拌后，可引入润谷仓使水分均匀地渗透入皮层，以利于提高碾米效果，润谷时间应由着水量和高粱工艺性质决定，一般为 40~60s。经润谷后的高粱应尽快送往碾米机进行碾米，避免水分进一步向胚乳内部渗透，降低籽粒强度，容易产生碎米。同时还应防止碾米机产生糊机现象，造成碾米机堵塞、停机。

（4）成品整理 高粱在碾制过程中，虽然经过多道选糠、除壳的工序，但由于高粱皮糠较黏，仍然会有部分米糠黏附在米粒表面，并连同颖壳混在米粒间，不但影响成品的质量，而且对产品的储存也有不利的影响，所以必须进行成品整理。通常是先用擦米机擦去米粒表面黏附的米糠，除去部分混在米粒中的糠粞；然后用吸风分离器吸出米糠和残留的颖壳；再用溜筛或成品分级筛分离糠粞和碎米。在成品打包前，还需经过磁选设备，除去磁性金属杂质。高粱除了制米外，还可制粉，将清理过的高粱经过磨粉机和粉料筛理设备，进行研磨、筛选，可制成不同等级的高粱粉。

(5) 副产品的利用 高粱加工中得到的皮壳，可用来提取单宁，然后用作饲料。碎米可作为制糖、酿酒、制醋和生产配合饲料的原料。

(二) 高粱粉

高粱粉的制备是高粱加工的重要环节。在高粱深加工产品生产中，普遍需要对高粱进行预处理，按照产品需求采用不同的处理方式将高粱籽粒制成不同类型的高粱粉，同高粱米一样，高粱粉的制作也不是以全谷物的形式。按高粱研磨前调质处理方法的不同，高粱制粉方法可分为干法制粉和湿法制粉两种。

1. 高粱干法制粉

高粱干法制粉工艺可分为干法制粉工艺和干法提胚制渣工艺。

(1) 干法制粉工艺 干法制粉的目的是尽可能地将胚乳、胚、皮层三者分离，并获得尽可能多的胚乳，而胚乳又可根据市场的需要加工成高粱渣、高粱粉或其他形式的产品。干法制粉工艺主要包括：清理、着水润粮和制粉三部分。

①清理：清理与高粱碾米工艺中的清理相同，主要目的是为了除去原料中的各种杂质。

②着水润粮：着水润粮目的是增加皮层的韧性，削弱皮层与胚乳的结合力，降低胚乳的强度，使胚乳结构松散，便于研磨制成各种粒度的产品。在实际生产中，应根据原粮水分含量的高低，通过控制加水量和润粮时间，调整高粱的加工水分，较适宜的加工水分含量一般为17%~18%。

③制粉：高粱的制粉有剥皮制粉和带皮制粉两种。剥皮制粉工艺是先脱皮后制粉，其特点是胚乳较纯净，制粉工艺较简单，制粉所用设备较少等。而带皮制粉则是未经脱皮的物料直接进入研磨系统研磨制粉，因此，研磨筛理所用设备较多，制粉工艺相对较复杂。

(2) 干法提胚制渣工艺 高粱经清理后，进行着水润粮，然后进入各道研磨、筛理系统进行提胚制粉，最终制得的产品有大渣 G1 (10W/16W)、中渣 G2 (16W/30W)、细渣 G3 (30W/—) 和高粱胚 G4，还有高粱皮 B。

干法制粉分为高粱全籽粒制粉和高粱米制粉两种。高粱米制粉是将高粱籽粒先加工成高粱米，之后再将高粱米加工成高粱面粉。高粱面粉的质量好，但出粉率低，一般在85%以下。用高粱全籽粒制粉的方法基本上与小麦制粉的方法相同，这样加工的高粱面出粉率较高，可达到90%左右，但食味较差，且不易消化，这主要是由于高粱果皮中含有的单宁没被去净造成的，单宁妨碍人体对蛋白质的消化吸收。据分析，不去皮的红高粱面其消化率为18.6%，去皮的高粱米面消化率为53.1%。但是，上述两种干法加工的高粱面均不如湿法加工的高粱面质量好。经水浸泡不去皮的高粱面其消化率为23.2%，而去皮的高粱面为58.3%。

2. 高粱湿法制粉

湿法制粉工艺与干法制粉相比，清理、制粉两部分基本相同，而调质处理方法不同。湿法制粉工艺中高粱的调质处理是采用水热处理方法，即热煮、润仓热焖工艺，一方面可以增加皮层的韧性，削弱皮层与胚乳的结合力，使胚乳结构松散，利于制粉；另一方面可以减少高粱中单宁和红色素的含量，利于食用和人体消化。用湿法制出的高粱面粉，质地既白又细，单宁含量很少，且易保管，很受用户欢迎。

高粱籽粒经清理后，进入脱壳机和吸风分离器将高粱壳分离。然后进入清理筛进行再次清理，清理后的净粒进入洗粮机进行淘煮和甩干，洗粮机用水温度为92℃，经水煮50s后，进入热螺旋输送机加热蒸炒30min。由螺旋输送机送入5个铁皮圆筒仓进行润粒，润粮时间6~8h。

再进入溜筛除去其余杂质。最后通过风运入磨。入磨水分含量为21%~23%，温度40℃左右。经过这样的加热加水处理后，高粱籽粒的皮层和胚乳变得容易分离，皮层不易破碎，有利于加工。籽粒洗得干净，还可以溶解部分单宁、色素，也可使淀粉糊化，食用时绵软可口。

制粉工艺采用两皮两心的粉路（即制粉工艺流程）。磨辊排列为钝对钝，速比2：1，齿角40°/70°。筛绢前粗后细，采用56~72GG。这样的制粉工艺能使所得产品中红皮和单宁的含量少，高粱面白且细。

湿法加工的高粱粉水分含量在21%~22%，一般采用气力烘干设备进行烘干。湿面粉经闭风器喂料进入热风管，温度80~90℃，输送20m后进入2个串联沙克龙沉降，再经闭风器送入冷风管，输送15m后在2个并联沙克龙沉降，使面粉水分含量降到14%以下，温度降至18.5℃，然后包装。

图11-9是高粱湿法制粉工艺流程图，制粉系统采用两皮两心的粉路，出粉率在70%以上。

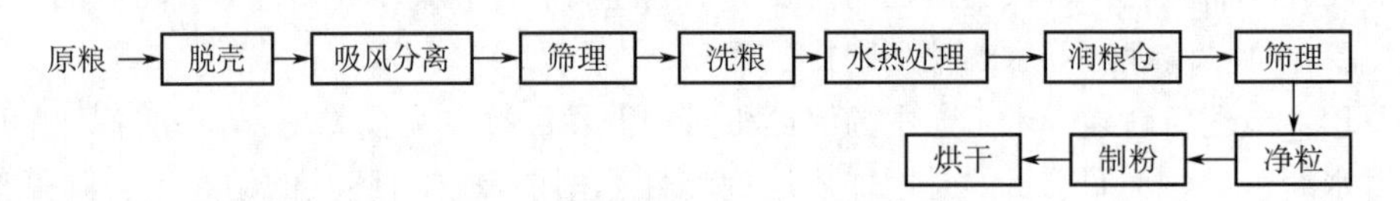

图11-9 高粱湿法制粉工艺流程

（三）高粱酒

高粱具有较高的淀粉含量，且高粱籽粒外有一层由蛋白质及脂肪等组成的胶粒层包裹，形成了受热易分解的独有特性，适量的单宁及花青素，经发酵能赋予白酒特殊的芳香。目前，高粱酒酿造多选用南方糯型高粱，北方粳型高粱则多以食用和饲用为主。酒用高粱籽粒通常要经历破碎、润粮、蒸粮等环节（图11-10）。

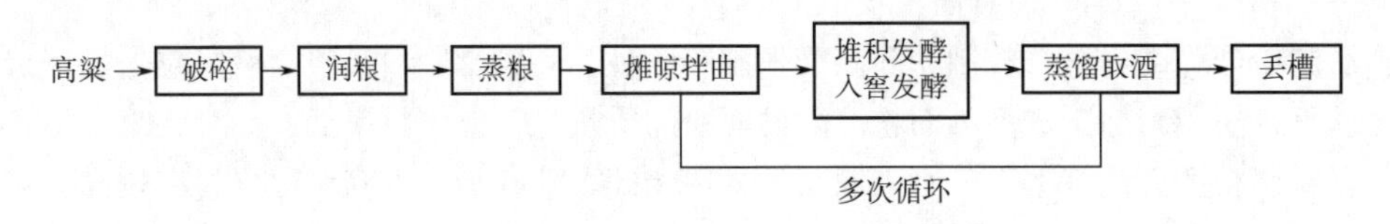

图11-10 酱香型白酒生产工艺流程

1. 破碎

根据高粱原料硬度、种粒皮厚度及胚芽质地，按工艺应调整适合的破碎度，避免过度破碎影响后续生产，籽粒截面结构呈致密状（玻璃质状），有利于酱香型白酒传统工艺的多轮次翻烤蒸煮。

2. 润粮

润粮是蒸煮前用热水浸润高粱，是提高高粱含水量的重要阶段。润粮合适可以提供高粱原料发酵所需要的水分，提高糊化效果，并去除高粱中的不良物质；润粮不充足，淀粉不易蒸熟糊化，出现生心；而润粮过度会造成粮食糊化过度，导致糟醅黏度大，不利于后续的糖化发酵。一般随着润粮水量、水温及时间的增加，糊化率相应增高，实际中应结合生产环境适当调整，润粮后高粱含水量要求达到38%~40%。

3. 蒸粮

蒸粮是将润好的高粱上甑蒸煮大约 2h，使高粱淀粉颗粒进一步吸水、膨胀、破裂以及糊化，糊化后形成的短链淀粉和糊精，直接影响后续的糖化。适宜的蒸煮度有助于提高酱香型白酒的出酒率和品质，且采用高温蒸煮能对部分原辅料进行灭菌，排除掉部分易挥发的不良成分（如高粱果胶质在发酵过程中所产生的甲醇等），对风味物质进行选择与纯化。但蒸煮过度会因糟醅过于黏稠而难以发酵利用。

4. 摊晾拌曲

蒸熟的原料，用扬渣或晾渣的方法，使料迅速冷却，使之达到微生物适宜生长的温度，扬渣或晾渣同时还可起到挥发杂味、吸收氧气等作用。

5. 发酵

入窖时醅料品温应在 18~20℃（夏季不超过 26℃），入窖的醅料既不能压得过紧，也不能过松。装好后，在醅料上盖上一层糠，用窖泥密封，再加上一层糠。发酵过程主要是掌握品温，并随时分析醅料水分、酸度、酒量、淀粉残留量的变化。

6. 蒸酒

发酵成熟的醅料称为香醅，它含有复杂的成分。通过蒸酒把醅中的乙醇、水、高级醇、酸类等有效成分蒸发为蒸汽，再经冷却即可得到白酒。

第七节　高粱健康作用

高粱含有大量的纤维素以及维生素，不仅能提供营养物质，还有助于降低血糖水平。有研究表明，在饮食诱导的肥胖大鼠中，高粱粉组分降低了肝脏脂肪，全高粱粉降低了空腹血糖，改善了葡萄糖耐量、胰岛素抵抗和减少了胰岛素分泌。因此，全高粱粉可以作为一种全谷物主食，通过提高胰岛素敏感性来改善葡萄糖/胰岛素稳态，有助于糖尿病前期人群保持胰岛功能。

另外，高粱中含有的单宁还可以通过与肠道微生物的相互作用减少食物热量，抑制淀粉酶和葡萄糖膜转运体，有利于控制糖尿病，并潜在地改善饱腹感。此外，高粱中单宁还可以直接结合淀粉，特别是直链淀粉，使消化速率降低，抗性淀粉增多，以利于糖尿病的预防。

思考题

1. 浅谈高粱在我国的食用习惯及历史文化。
2. 高粱有哪些健康功效？常见的高粱食品有哪些？
3. 高粱的加工利用途径有哪些？

第十二章

藜麦

学习目标

1. 了解藜麦生产、消费、流通、储藏、加工及利用基本情况；
2. 掌握藜麦营养成分、品质特性与加工方式、健康作用的密切关系；
3. 熟悉藜麦的作物性状、品质规格与标准。

第一节　藜麦栽培史与分类

一、藜麦栽培史

藜麦（*Chenopodium quinoa* Willd.）是苋科藜属一年生双子叶草本植物，原产于南美洲安第斯山区，距今已有7000年的栽培历史。藜麦是一种假谷物，由于蕴含较高的营养价值而被誉为“粮食之母”。从公元前3000年开始，藜麦就是安第斯山脉原著居民的重要粮食作物，在印加帝国粮食作物中处于仅次于玉米的显著地位。自16世纪西班牙人统治南美洲地区以后，马铃薯和大麦等作物逐渐占据其主导地位，种植面积和规模被极大限制。到20世纪中后期，藜麦由于能够有效减少世界多个地区的营养不良而引起了国际组织、各国政府和研究人员的高度关注，并被成功引种到欧洲、北美洲、亚洲和非洲等地区。鉴于藜麦籽粒的营养物质含量丰富，被社会各界推荐为健康食品。为促进人类营养健康和食品安全，2013年FAO宣布该年为“国际藜麦年”，并承认藜麦是唯一一种单体植物即可满足人体基本营养需求的粮食，藜麦由此成为“最适宜人类的全营养食品”而向世界推广。

在5200~7000年前，藜麦被印加人视为优良的饲草来饲喂牲畜而得以栽培种植。3000~4000年前，藜麦开始在秘鲁和玻利维亚的的喀喀湖盆地广泛栽培。此后的较长时间阶段内，藜麦的发展长期仍处于停滞的状态，规模化种植仅限于安第斯山脉地区。1935年，肯尼亚从英国皇家植物园获取奶油色藜麦种子并开展品种种植测试，这是在安第斯山脉以外地区最早开展的藜麦种植。20世纪80年代，美国科罗拉多州立大学领导了利用智利种质进行的试种研究，同期加拿大开始出现商业化种植，随后藜麦被引入英国（1983年）、丹麦（1984年）、印度（1985年）、荷兰（1986年）、中国（1988年）、巴西和古巴（1989年）。随着科研人员对藜麦应用潜力研究的深入，种植国家数量已从1980年的8个迅速增加到2015年的95个。在社会各界的广泛推动下，藜麦迅速在北美、欧洲、亚洲和大洋洲普及，现今已被传遍世界各地。

虽然20世纪60年代，中国农业科学院作物育种栽培研究所已经有引进藜麦种质资源的相关记录，但由于诸多因素限制，并未开展相关种植与研究。直到1988年，西藏农牧学院从玻利维亚引进3份藜麦材料，首次开展了生物学特性、栽培育种技术及病虫害鉴定等一系列研究工作。21世纪初，藜麦的高营养价值以及优异的抗旱、抗寒和耐盐碱特性在世界范围内被广泛报道以后，迅速引起了中国学者和种植企业的关注。自2008年以来，在中国许多地区已经形成了规模化藜麦种植技术体系，初步形成了种质资源研究、品种选育、规模化繁育与推广、营养功能物质提取与产品加工的产业链，藜麦产业在中国呈现出欣欣向荣的发展态势。尤其是

2015年中国农业科学院作物科学研究所牵头成立中国作物学会藜麦专业委员会以来，藜麦在国内迅速传播与推广。西藏、甘肃、山西、青海、河北、河南、山东等地的科研院所采用多种途径陆续开展引种试种，筛选出部分区域适应性较好的种质资源。在大面积种植的同时，这几个省份的育种及栽培技术水平也得到了提升，通过对引进的百余份种质资源进行驯化栽培，很多地区都获得了一系列性状稳定的育种材料，部分高产、优质的材料在甘肃、青海、内蒙古等地通过了地方认定，并研究集成了适合不同种植区域的栽培方法，多个地方品种得以大面积推广种植。

二、藜麦分类

无论在野生条件下还是栽培田里，安第斯山区藜麦的遗传多样性是最丰富的。根据资料记载，全球共保存了16422份种质资源，其中有88.3%的种质资源保存在安第斯山区各个国家的种质库中，玻利维亚和秘鲁收集保存的种质资源数量最多。从起源中心向次级中心周边扩散过程中，由于高度的遗传多样性，藜麦对极端生态环境（土壤、降雨、温度和海拔）具有高度的适应性，并产生了不同的类群或生态型的差异。这些资源在它们生长环境中很可能受到了环境选择和人工选择的压力，从而表现出不同环境适应性的差异。例如，智利中部和南部的藜麦最适合温带环境，有助于开发北纬温带地区的新品种，为适应平原温带的品种选育提供了重要的种质资源。因此，依据遗传变异、适应性和可遗传的几种形态特征分析，安第斯山区起源的藜麦主要有5种生态型（图12-1）。这些生态型在对不同纬度适应性、抗旱、抗盐碱和光周期响应等方面存在显著差异。

1. 山谷型（valley type）

山谷型又称安第斯山谷生态型，这一类型藜麦主要形成演化于山谷区域，海拔高度在2000~3800m。株高通常为2~3m，分枝较多，花序松散，生育期超过210d，皂苷含量低，具有一定抗（耐）霜霉菌（病）（*Peronospora variabilis*）特性。

2. 高原型（altiplano type）

高原型又称高地生态型，这一类型藜麦起源于的的喀喀湖流域，适宜在3800~4000m海拔高度生长，这些区域具有许多不利的气候因素（如干旱、霜冻和冰雹等）。这类型藜麦生育期为120~210d，株高1.0~1.8m甚至更低，通常无分枝，主要在茎顶端着生一圆锥花序，花序紧凑，植株富含皂苷，对霜霉菌（病）的反应表现出很大差异，可能有耐受性或者抗病性，但也可能高度易感。

3. 萨拉尔型（salar type）

萨拉尔型又称盐滩生态型，这一类型藜麦主要分布在玻利维亚阿尔蒂普拉诺高原的南部盐碱地区，适宜4000m左右海拔高度，降水少（200~300mm），土壤pH在8.0以上的土地类型生长。该生态型藜麦籽粒较大（直径>2.2mm）、果皮厚、皂苷含量高，被称为“皇家藜麦”。在萨拉尔型藜麦资源中，有些种子不含皂苷，种皮为白色（例如“Real”系列品种），是高质量藜麦的代表类型。

4. 海平面型（sea level type）

这一类型藜麦起源于智利南部，多数呈现无分枝，花期较长，种子小而呈黄色，晶莹剔透且皂苷含量高，具有抗霜霉菌（病）等真菌病害的特性。

5. 亚热带型（subtropical type）

亚热带型又称高温湿润气候带生态型，这一类型藜麦发现于玻利维亚的亚热带永加斯地区，植株颜色非常绿，成熟期变为橙色，种子很小，呈橙黄色。

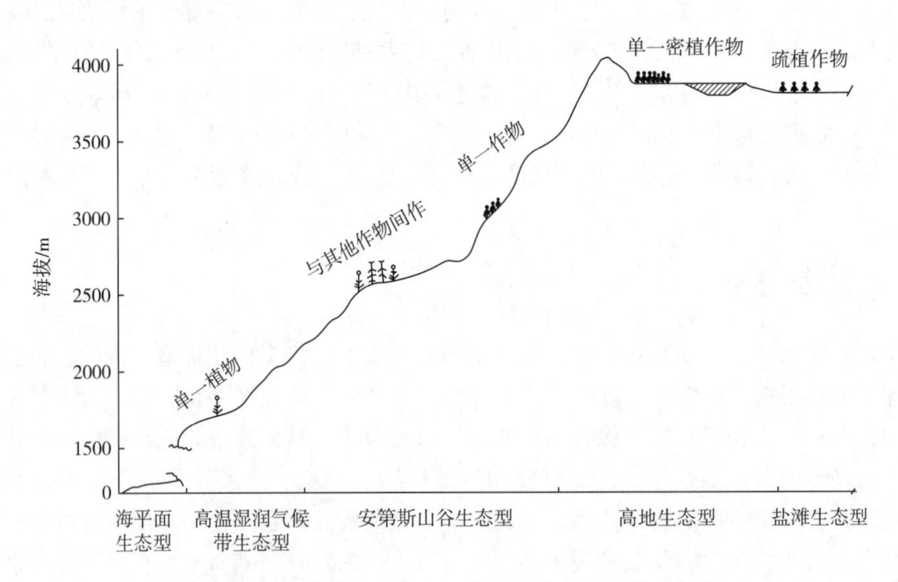

图 12-1 安第斯山区藜麦 5 种主要生态型的分布轮廓

第二节 藜麦生产、消费和贸易

一、藜麦生产

经过在世界范围内的广泛栽培，欧洲、北美、非洲和亚洲的许多国家都将藜麦视为一种能够为粮食安全做出贡献的战略作物，使消费市场对藜麦的需求不断攀升。当前藜麦的主要种植区域从哥伦比亚南端向南，经厄瓜多尔、秘鲁和玻利维亚，扩展到智利高原和阿根廷北部。随着全球藜麦栽培面积逐年扩大，美洲、欧洲和亚非地区已经进行本土化产业开发。进入 21 世纪后，在 FAO 等机构的推动下，智利、厄瓜多尔、阿根廷和哥伦比亚等南美国家的种植藜麦面积迅速扩增。2019 年，玻利维亚、秘鲁和厄瓜多尔 3 个藜麦主产国种植面积 276.88 万 hm^2，总产量 16.14t。其中，秘鲁种植面积 6.53 万 hm^2，总产量 8.98 万 t 居世界第一；玻利维亚种植面积 11.72 万 hm^2 居世界第一，总产量 6.6 万 t；厄瓜多尔种植面积 0.256 万 hm^2，总产量 0.45 万 t。藜麦的生产已经呈现出以南美为主产区，向世界多点快速散播的发展态势。

藜麦在中国种植时间较短，但是却发展十分迅速。截至 2022 年，全国总种植面积为 2.1 万 hm^2，总产量 3.0 万 t，主要分布在内蒙古、甘肃、河北、山西、青海、云南、新疆、四川和江苏等省（自治区），全国总种植面积和总产量仅次于秘鲁和玻利维亚，世界排名第三位。然而，受栽培技术和种植机械化程度等因素的制约，当前藜麦仅限于高海拔、冷凉、低产、边际土地种植，在多种杂粮（大麦、燕麦等）种植区的零散分布状态，并未形成与主粮（玉米、小麦和水稻）的有力竞争。当前我国藜麦栽培主要围绕以下生态区域展开：①高海拔的冷凉山区（例如，青藏高原、云贵高原等地区）；②地处内陆、降水较少的干旱沙地（例如，河西走廊、伊犁河谷等地)；③高纬度边际土地区（例如，东北沙化或盐碱化土壤区、华北坝上地区等）。由于藜麦栽培地点多分布于高海拔地区，一般认为无霜期大于100d的区域适宜开展大规模藜麦栽培种植。

二、藜麦消费

藜麦的广泛宣传与规模化推广种植，为消费市场带动了活力。由于藜麦籽粒营养价值较高，幼苗可作蔬菜食用，秸秆可作优质饲料，同时兼具有较强的观赏价值，当前国内的藜麦消费呈现出以食用藜麦米为主，兼具饲用、菜用以及观赏等用途的多元化消费发展方向。

随着藜麦主食化和多样化的发展，新形式的藜麦产品不断涌现，极大地促进了消费市场。目前国内企业生产加工的藜麦产品主要以藜麦米为主，部分企业还生产了藜麦面粉、面条、藜麦片、藜麦糊、藜麦饼、饼干、蔬菜、黄酒、白酒、醋、酸奶、沙拉等产品；另外有些企业还以藜麦为主要原料开发了藜麦食品，如藜麦蛋炒饭、藜麦海参粥、炝炒藜麦蔬菜、藜麦馅饺子等。但由于藜麦在中国的食用历史不长，且缺少相关国家级或行业性质的质量标准，在办理食品生产许可时难以得到相关管理部门的批准。2015年，国家粮食局发布了我国第一个藜麦质量标准——LS/T 3245—2015《藜麦米》。该标准可为藜麦米的生产提供质量控制依据，自此以后藜麦米才得以进入超市销售，推动了藜麦米加工市场的有序发展。

三、藜麦贸易

由于藜麦属于外来物种，我国一直没有开放藜麦的进口许可。2014年，自我国开始允许进口藜麦米以来，国际进口藜麦米的市场份额已经由初始的数十吨增长至2020年的1860t。受国际市场影响，我国藜麦生产加工也有了较快发展。藜麦的种植、加工企业主要集中于内蒙古、山西、青海、河北地区，形成了藜麦原粮及加工产品的主要集散地。截至2022年，全国藜麦相关企业总数达150余家。

目前，国内市场以南美地区进口的藜麦米最高，国内以青海地区的大粒白藜外观品质最佳。而黑藜、红藜的价格总体好于白藜和灰藜。原粮生产主要以公司加农户订单为主，公司订单收购原粮后进行简单的清选机械筛选、祛皂苷、加工成藜麦米等过程进行销售。电商、销售批发是主要的销售渠道，超市和便利店销售正在逐步拓展。总体而言，我国藜麦米的市场价格与国际市场价格逐渐接轨，市场的消费需求潜力较大，产业发展仍有较大的提升空间。

第三节　作物性状

一、生育期

受基因型、种植区生态环境等的影响，藜麦不同品种的生育期变异范围很大，一般在100~200d，极端晚熟的品种资源生育期甚至超过220d，这也为通过遗传改良以适应气候变化和应对干旱、霜冻等逆境条件奠定了基础。目前国内主栽的藜麦品种资源的生育期为110~160d。藜麦的生育时期一般分为播种期、出苗期、现蕾期、开花期、灌浆期和成熟期6个阶段。

二、植株性状

1. 幼苗

(1) 子叶和叶面颜色　藜麦出苗后第一对子叶的颜色一般为黄绿色、绿色、紫色和红色。在四叶到五叶期，幼苗叶片正面的颜色一般为黄绿色、绿色、深绿色、紫绿色、粉色和红色。

(2) 幼苗叶形　在四叶到五叶期，幼苗叶片的形状一般为4种：棱形、心形、掌形和披针形。

2. 成株期性状

开花期植株中部的叶片形状一般为掌形、心形、棱形和披针形，其中叶片顶端的性状为棱形、柳叶形和三角形，而叶片基部的形状为渐狭形、楔形和戟形，叶片边缘的形态为锯齿状、波状和平滑状。叶片的正面颜色为绿色、紫绿色、红色和紫色，而叶柄的颜色为黄绿色、绿色、紫绿色、红色、黄色、黄褐色、紫红色和混色等。

藜麦的茎在近地表处呈圆柱形，分枝呈现尖形。花期主茎中部茎秆的颜色多变，一般为橘黄色、浅黄色、黄色、青色、淡红色、玫红色、粉红色、红色、紫色以及混色等。根据基因型不同及生长环境和土壤条件差异，茎秆长度一般为0.4~3m，茎粗（主茎基部节间的直径）一般为0.4~6.5cm。根据主茎腋芽萌生的一级有穗分枝的多少，植株的分枝性有4种：单枝、有主穗基部小分枝、有主穗基部大分枝和无主穗分枝。结合着植株群体分枝与主茎的紧密程度，藜麦株型一般分为紧凑型、半紧凑型和松散型3种。

藜麦的穗具有典型花序结构，包括中心花轴、二级花序和三级花序。主花序的长度一般为10~95cm，部分品种资源的花序长度甚至超过1m。藜麦的另一个重要特征是既有两性花又有雌性花，进入开花期花簇的类型可以分为雌花为主、雄性败育花为主和两性花为主3个类型。进入盛花期，主花序的颜色一般为奶油色、黄色、绿色、橙色和紫红色等，进入成熟期，藜麦主花序一般呈现单枝形、圆筒形和纺锤形3种类型，根据花序的紧密程度可分为松弛型和紧密型。

三、籽粒性状

1. 籽粒形状、颜色和大小

藜麦籽粒成熟后，侧面形状主要有4种（图12-2），透镜状、圆柱状、椭球形和圆锥形。且呈现多种籽粒颜色，如白色、奶油色、黄色、橙色、粉红色、红色、紫色、褐色、深褐色、茶绿色和黑色等。而在生产上，人们通常根据籽粒颜色将藜麦分为灰藜、白藜、红藜和黑藜4种类型。籽粒的直径一般为1.36~2.66mm，百粒重为0.12~0.60g，显示了较大的变异性。原产于玻利维亚的“皇家藜麦”籽粒较大（直径一般为2.20~2.66mm）、品质较好，颇受国际市场的欢迎。

2. 籽粒结构

由图12-3可以看出，藜麦籽实主要由果皮、种皮、胚和胚乳组成。果皮和种皮覆盖整个籽粒，由2个子叶和1个下胚轴-胚根轴组成的弯生型胚包裹在种子的外周。外胚乳作为种子的基体存在于籽粒的中间部分。胚乳仅存在于种子的珠孔区，由1~2个细胞层组织围绕着胚轴胚根组成。

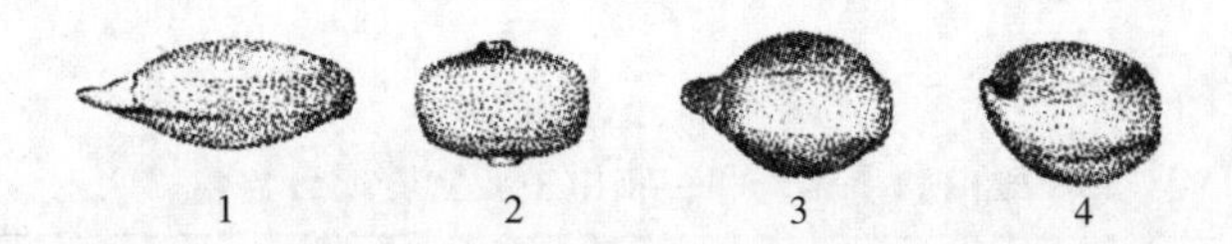

图 12-2　藜麦籽粒的形状（侧面）

1—透镜状　2—圆柱状　3—椭球形　4—圆锥形

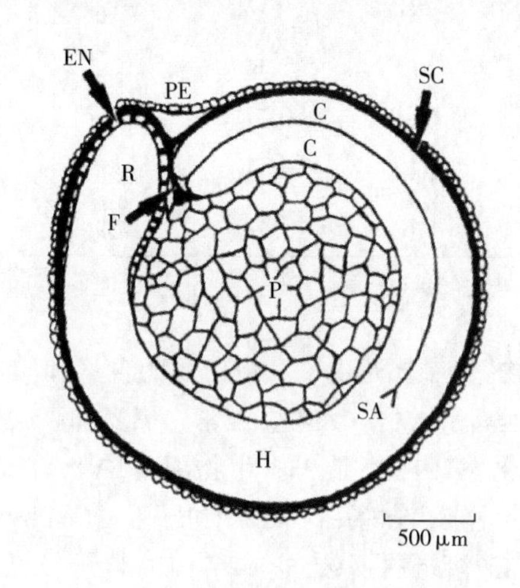

图 12-3　藜麦籽粒正中纵切面

PE—果皮　SC—种皮　H—下胚轴-胚根轴　C—子叶　EN—胚乳　F—珠柄　P—外胚乳　R—胚根　SA—苗端

第四节　藜麦营养成分

尽管作为粮食作物藜麦的收获和消费方式与谷物类似，但它不属于禾谷类作物。藜麦最具特点的营养价值体现在蛋白质上。藜麦蛋白质含量更高，氨基酸比例也更加均衡，其蛋白质生物学价值和牛奶类似；脂肪、膳食纤维、维生素（维生素 B_1、维生素 B_2、维生素 B_6、维生素 C、维生素 E）、矿物质（特别是钙、磷、铁、锌等）等营养元素的含量也远高于大多数谷类作物；藜麦不含麸质，适于对麸质过敏的人群食用；藜麦中含有的黄酮、多酚、不饱和脂肪酸等营养功能因子具有抗氧化、降血脂、增强免疫等生理功效，从而能够降低一些慢性疾病的发生风险。藜麦已被美国国家研究委员会和美国国家航空航天局评估为一种极富营养特性的食物，将其列为人类未来移民外太空空间的理想“太空粮食”。FAO 认为藜麦是适宜人类的全营养食品，联合国大会第 66 届会议决议将 2013 年定为“国际藜麦年”，以发挥藜麦应对全球饥饿和营养不良问题中潜在的巨大作用，并推动其在全世界的推广。

一、主要营养物质

谷物在人们日常饮食结构中起着非常重要的作用，能够满足个体日常能量和蛋白质需求的

50%。小麦、玉米、水稻、大麦、燕麦、黑麦和高粱是人类和动物饮食中最关键的食物，藜麦和这些谷物的主要营养成分的含量比较见表12-1。其在蛋白质、脂肪和灰分等方面的含量显然优于其他谷类作物。

表12-1 藜麦和谷物中主要营养成分含量

营养组分	藜麦	水稻	大麦	小麦	玉米	黑麦	高粱
脂肪/(g/100g)	6.07	0.55	1.3	2.47	4.74	1.63	3.46
蛋白质/(g/100g)	14.12	6.81	9.91	13.68	9.42	10.34	10.62
灰分/(g/100g)	2.7	0.19	0.62	1.13	0.67	0.98	0.84
膳食纤维/(g/100g)	7.0	2.8	15.6	10.7	7.3	15.1	6.7
碳水化合物/(g/100g)	64.16	81.68	77.72	71.33	74.26	75.86	72.09
能量/(kcal/100g)	368	370	352	339	365	338	329

1. 蛋白质

藜麦被称为“全营养食物”，主要是由于其蛋白质的含量和质量高，必需氨基酸全面且比例均衡。籽粒中蛋白质含量远高于水稻、大麦、玉米、黑麦和高粱，与小麦类似。藜麦的净蛋白利用率（NPU）是68，消化率（TD）是95，生物值（BV）是71，显示了藜麦蛋白质的高质量特性。籽粒中的贮藏蛋白主要由白蛋白（2S）和球蛋白（11S）组成，含量分别为35%和37%。而谷蛋白（12.7%）和醇溶蛋白（0.5%~7%）的含量较低，因此被认为是无麸质的，可用于生产加工无麸质的食品。

藜麦蛋白质的营养价值与牛奶中的酪蛋白类似。在成人每日摄食蛋白质的推荐量中，藜麦可提供180%组氨酸，212%甲硫氨酸+半胱氨酸，228%色氨酸，274%异亮氨酸，338%赖氨酸，320%苯丙氨酸+色氨酸，323%缬氨酸，331%苏氨酸。藜麦组氨酸含量高于小麦和大豆，半胱氨酸+甲硫氨酸含量能满足儿童和成人的每日需求量。藜麦蛋白质可提供FAO与WHO推荐的10岁儿童所需芳香氨基酸（苯丙氨酸和色氨酸）、组氨酸、异亮氨酸、苏氨酸、苯丙氨酸、色氨酸和缬氨酸的摄入量。赖氨酸和亮氨酸对于2~5岁孩子是限制性氨基酸，藜麦必需氨基酸的含量可满足FAO推荐的10~12岁儿童所需氨基酸摄入量。

2. 碳水化合物

（1）淀粉　淀粉是藜麦中最主要的碳水化合物，占其干重的52%~69%，由直链淀粉和支链淀粉组成，其中直链淀粉比例较低，含量为3.5%~22.5%。藜麦淀粉颗粒为多边形，有棱角且不规则，与水稻淀粉颗粒类似，但直径（0.08~2.0μm）显著小于小麦、水稻等谷物的淀粉颗粒，属于小颗粒。研究表明，淀粉颗粒大小显著影响面条的加工特性和质量，淀粉颗粒越小其所制成的面条质量越好，这可能跟小颗粒淀粉具有较高的颗粒表面积有关。透射电子显微镜（TEM）分析显示，藜麦淀粉颗粒具有一个高密度的均匀外层和一个低密度的核。

和大多数谷物淀粉一样，藜麦淀粉的X射线衍射形态为A类型，淀粉结晶度为21.46%~43.0%，低于籽粒苋、菠菜和普通玉米淀粉，高于普通大麦、小豆和苍白茎藜（*Chenopodium pallidicaule*）淀粉，与糯大麦淀粉相当。这种差异主要是由淀粉的组成和化学结构不同引起的，而且直链淀粉能够破坏支链淀粉微晶结构，因此淀粉的结晶度与直链淀粉含量相关。

藜麦淀粉的糊化温度高于水稻淀粉，低于籽粒苋、玉米、菠菜、小豆、苍白茎藜、高粱、粟米和小麦淀粉，与大麦淀粉相近。而藜麦淀粉的热焓变低于籽粒苋、玉米和小豆淀粉，与菠菜、苍白茎藜和高粱淀粉类似，高于大麦和小麦淀粉。相关性分析显示，藜麦淀粉的糊化温度和热焓变与支链淀粉的精细结构非常相关，例如，支链淀粉的短链越多（特别是 A_{fp}-链越多)、长链越少，淀粉的糊化温度就越低。

藜麦淀粉老化度低于苍白茎藜、高粱、粟米、玉米和小麦淀粉，高于籽粒苋淀粉，藜麦淀粉的老化度较低的原因可能是由于其支链淀粉的外链长度较低，延迟了双螺旋结构的形成。研究发现，藜麦淀粉的老化温度与短支链淀粉链（聚合度在6~12）数量呈负相关，而与长支链淀粉链（聚合度在13~24）的数量呈正相关。藜麦淀粉具有较强的抗老化特性，为此可作为冰冻食品、香肠、奶油汤、派的馅料和类似于沙拉类乳制产品的原料。

（2）糖　藜麦籽粒中大约含有3%的糖，按照含量高低依次为麦芽糖、D-半乳糖和D-核糖，此外还含有果糖和葡萄糖。藜麦粉中D-木糖含量最高（120mg/g），随之依次是麦芽糖、D-核糖、D-半乳糖、果糖和葡萄糖，由于藜麦中麦芽糖的含量高且葡萄糖和果糖含量较低，可用于婴儿断奶期的配方食品以及麦芽饮料行业。

（3）膳食纤维　藜麦中总膳食纤维含量为7%~9.7%，主要存在于胚中，可溶性膳食纤维含量为1.3%~6.1%。经过挤压加工工艺处理后总膳食纤维和不溶性膳食纤维含量降低，而可溶性膳食纤维含量增加。谷物、蔬菜和水果是纤维素的主要来源，美国农业部推荐的每日纤维素摄入量为25g，作为高纤维食物，藜麦纤维素含量为每日推荐量的35.2%~41.2%。

3. 脂类物质

藜麦籽粒中含油量为2.0%~9.5%，尤其是亚油酸和α-亚麻酸等必需脂肪酸含量较高，同时含有丰富的抗氧化因子，如α-生育酚和γ-生育酚。藜麦籽粒的平均含油量（7%）高于玉米（4.7%）和其他谷类化合物，低于大豆（19.0%）。在脂肪酸组成上，富含不饱和脂肪酸，不饱和度为3.9~4.7。亚油酸（$C_{18:2}$）、油酸（$C_{18:1}$）和α-亚麻酸等脂肪酸与玉米和大豆组成相似，这些不饱和脂肪酸含量约占藜麦籽粒中总脂肪酸的88%，属于优质油料原料。

4. 维生素

藜麦籽粒中的微量营养素同样含量丰富，如维生素和矿物质。每100g藜麦籽粒中含有的维生素 B_6 和叶酸能够满足成人的每日所需，而维生素 B_2 则可满足儿童每日需要量的80%及成人每日所需要量的40%。尽管维生素 B_1 的含量低于燕麦和大麦，但是维生素 B_2、维生素 B_6 和叶酸的含量高于小麦、燕麦、大麦、黑麦、水稻和玉米等大多数谷物。同时也是维生素E的优异来源，其含量高于小麦。藜麦脂肪中含有797.2mg/kg的γ-生育酚和721.4mg/kg的α-生育酚。γ-生育酚的含量略高于玉米油，为此能够保证藜麦油有较长的储藏时间（即保质期），在加工和存储中品质能够保持长时间稳定。

5. 矿质元素

藜麦籽粒中灰分含量为3.4%，高于水稻（0.5%）、小麦（1.8%）和其他大多数谷物。因此籽粒中富含矿质元素，钙和铁含量明显高于其他常见谷物，镁含量（0.26%）远高于小麦（0.16%）和玉米（0.14%），藜麦籽粒中丰富的矿质元素可有效平衡日常饮食中人体所需微量元素。磷、钾、镁等主要集中在藜麦的胚中，而钙和钾在果皮中含量较高，并与细胞壁中的果胶物质以络合形式存在。

6. 功能因子

藜麦籽粒不仅富含优质蛋白、碳水化合物、脂肪、维生素和矿质元素等营养物质，还含有丰富的皂苷、多酚、黄酮、活性多肽和多糖、20-羟基蜕皮激素等功能因子。这些功能因子具有抗氧化、降血脂、增强免疫等生理功效，从而能够降低一些慢性疾病的发生风险。

（1）皂苷　皂苷是一大类结构复杂且具有生物活性的天然有机化合物，存在于藜麦种皮中，通常被认为是藜麦的主要抗营养物质。皂苷有些苦涩，影响食用口感，可与矿物质形成不溶性复合物，从而影响矿物质吸收。根据皂苷含量，藜麦可分为两类：一类是甜藜，皂苷含量小于鲜重的0.11%；一类是苦藜，皂苷含量大于鲜重的0.11%。不同甜藜品种籽粒皂苷的含量为0.2~0.4mg/g（干重），而苦藜的皂苷含量为4.7~11.3mg/g（干重）。藜麦皂苷由三萜皂苷β-香草素衍生而来，主要集中于果皮和种皮。

（2）多酚和黄酮类物质　多酚是植物中一类具有生物活性的次生代谢产物，主要分为酚酸、儿茶素和黄酮3种，广泛存在于各种植物性食物中。安第斯山区藜麦籽粒中总多酚含量为31.4~59.7mg/100g，明显高于小麦、大麦和粟，其中可溶性酚酸含量占21%~61%，酚酸类化合物主要有咖啡酸、阿魏酸、p-香豆酸、p-羟基苯甲酸和香草酸等；藜麦籽粒中总黄酮含量为36.2~72.6mg/100g，包括槲皮素、异鼠李素、山柰酚等，主要以苷类形式存在。

（3）活性多肽　藜麦蛋白经碱性蛋白酶水解后的小分子多肽，其自由基清除活性和血管紧张素转化酶（ACE）抑制活性增强，有希望开发成抗氧化或具有辅助降血压的功能食品。与其他植物饮料相比，富含藜麦蛋白的饮料蛋白含量高且GI低。经木瓜蛋白酶和微生物木瓜蛋白酶类似酶酶解处理后得到的多肽，其二肽基肽酶Ⅳ抑制率和抗氧化活性均显著高于藜麦蛋白提取物，可开发成具有辅助降血糖活性的功能食品。通过藜麦蛋白通过体外模拟消化得到的多肽具有抗氧化和抗癌活性，其中，分子质量小于5000u的多肽具有自由基清除活性，而分子质量大于5000u的多肽具有更强的抗癌活性。

（4）活性多糖　国内外研究人员已经从藜麦籽粒中分离纯化并鉴定出了二聚阿魏酸低聚糖、含有鼠李糖和半乳糖醛酸的细胞壁多糖、碱性多糖和中性多糖等多种活性多糖，其中，二聚阿魏酸低聚糖主要是二聚阿魏酸介入了阿拉伯聚糖链分子内和/或分子间的交联，可能对藜麦细胞壁的结构形成具有重要影响。

（5）其他功能因子　角鲨烯（三十六碳六烯）和植物甾醇以及生育酚是存在于食物中不能皂化的脂类物质。角鲨烯作为人体内生物合成胆固醇的中间体，对人体健康具有重要作用，它能够在所有高等生物体内合成。藜麦中角鲨烯的含量为33.9~58.4mg/100g。植物甾醇是一类存在于植物细胞膜的天然物质，广泛存在于植物油、种子和籽粒中，具有抗炎、抗氧化和抑制癌症发生等多种生理功能活性。藜麦中植物甾醇的含量为118mg/100g，其中主要包括β-谷甾醇、菜油甾醇、豆甾醇等，含量分别为：β-谷甾醇63.7mg/100g，菜油甾醇15.6mg/100g和豆甾醇3.2mg/100g。

蜕皮激素（ecdysteroids）又称为植物性蜕皮甾类，属于植物甾醇/酮，日常膳食来源中只有少数藜属植物（如菠菜、藜麦）含有蜕皮激素，主要包括20-羟基蜕皮激素、罗汉松甾酮和kancollo甾酮3种。藜麦籽粒中20-羟基蜕皮激素含量为491μg/g，而麸皮中含量最高，为662~760μg/g，占总含量的50%~60%。

二、品质特性

藜麦籽粒及加工品质特性尚无标准，仅有少数研究报道了藜麦食用品质。因为藜麦本身味道不浓郁，且容易熟化，与各种粮食均可同熟，烹饪方便，所以一些关注藜麦蒸煮品质的研究发现，不同藜麦品种的蒸煮品质并无明显差异，但风味稍有不同。白藜麦米在蒸熟前后均释放出有草香味的正己醇，黄藜麦米在蒸熟后会独特地释放出有甜味和焦糖味的癸醛、5-甲基糠醛和2-糠醛，蒸熟的黑藜麦可释放出更多有果味的己酸甲酯和苯乙醛。

第五节 藜麦品质规格与标准

由于藜麦在我国是新引进作物，产业发展尚处于起步阶段。相关品质和质量标准较少。目前，我国现行的与品质和质量控制相关的标准主要包括国家粮食行业标准1项：LS/T 3245—2015《藜麦米》；国家农业行业标准2项：NY/T 4067—2021《藜麦等级规格》，NY/T 4068—2021《藜麦粉等级规格》。

一、藜麦品质规格和质量标准

国家农业行业标准 NY/T 4067—2021《藜麦等级规格》规定了藜麦（原粮）的等级规格。藜麦应符合以下基本要求：一是符合食用安全要求；二是无异常的气味和滋味；三是无存活的昆虫和螨虫；四是具有藜麦典型的颜色，如白色（珍珠色、苍白色、灰色）、黑色和红色等。在符合上述基本要求的前提下，根据水分含量、杂质含量、不完善粒含量、千粒重和蛋白质含量等质量指标，将藜麦分为特级、一级和二级3个等级（表12-2）。

表12-2 藜麦等级要求

项目		要求		
		特级	一级	二级
水分/(g/100g)	≤	13		
杂质/%	≤	1		
不完善粒/%	≤	3		
千粒重/g	≥	3.2	3.0	2.8
蛋白质（以干基计）/(g/100g)	≤	13		10

二、藜麦米品质规格和质量标准

国家粮食行业标准 LS/T 3245—2015《藜麦米》将藜麦米定义为由藜麦经加工脱壳制成的米，根据种皮颜色，藜麦米分为以下5类。

①白藜麦米：种皮为白色的籽粒不低于95%的藜麦米；

②黄藜麦米：种皮为黄色的籽粒不低于95%的藜麦米；

③红藜麦米：种皮为红色的籽粒不低于95%的藜麦米；

④黑藜麦米：种皮为黑色的籽粒不低于95%的藜麦米；

⑤混合藜麦米：不符合上述要求的藜麦米。

各类藜麦米的质量指标主要包括不完善粒含量、杂质含量、碎米率、水分含量以及色泽、气味等方面（表12-3）。

表12-3 藜麦米质量标准

不完善粒/%	杂质			碎米/%	水分/%	色泽、气味
	总量/%	其中				
		藜麦粒/%	矿物质/%			
≤3.0	≤1.0	≤0.35	≤0.02	≤3.0	≤13.0	正常

三、藜麦粉品质规格和质量标准

国家农业行业标准NY/T 4068—2021《藜麦粉等级规格》规定了藜麦粉的术语和定义、等级规格要求、检验方法和规则等内容。藜麦粉是指以藜麦为原料，经清理、除杂、脱壳、研磨、筛理等工序制成的粉状产品。藜麦粉中真菌毒素和污染物限量应符合食品安全国家标准及相关规定（表12-4）。

表12-4 藜麦粉中真菌毒素和污染物限量

项目	指标	要求*
黄曲霉毒素 B_1/(μg/kg)	≤5.0	应符合GB 2761—2017《食品安全国家标准　食品中真菌毒素限量》的规定
赭曲霉毒素A/(μg/kg)	≤5.0	
铅（以Pb计）/(mg/kg)	≤0.2	应符合GB 2762—2022《食品安全国家标准　食品中污染物限量》的规定
镉（以Cd计）/(mg/kg)	≤0.1	
总汞（以Hg计）/(mg/kg)	≤0.02	
总砷（以As计）/(mg/kg)	≤0.5	
铬（以Cr计）/(mg/kg)	≤1.0	

* 如食品安全国家标准及相关国家规定中上述项目和指标有调整，且严于本标准规定，按最新国家标准及规定执行。

根据灰分含量、蛋白质含量、皂苷含量、含砂量、磁性金属物、水分含量、脂肪酸值、外观和气味等质量指标，将藜麦粉分为特级、一级和二级3个等级（表12-5）。由于藜麦果皮和种皮中含量大量的苦味物质皂苷类化合物，在加工过程中，麸皮去除越干净，藜麦粉的等级越高。尽管很难像小麦、水稻等谷物保留麸皮以全谷物的形式制粉，但是在藜麦制粉过程中通过工艺参数调整可以实现胚、胚乳以及部分麸皮的保留，藜麦粉及其加工制品仍然具有较高的营养价值。

表12-5 藜麦粉等级划分

项目	等级		
	特级	一级	二级
灰分/%		≤3.0	
蛋白质/%	≥15.0	≥12.0	≥10.0

续表

项目	等级		
	特级	一级	二级
皂苷/%	≤0.2	≤1.0	≤2.0
含砂量/%	≤0.02		
磁性金属物/(g/kg)	≤0.003		
水分/%	≤13		
脂肪酸值（干基，以KOH计，mg/100g）	≤150.0		
外观	色泽正常、无结块		
气味	具有藜麦粉固有的气味		

第六节　藜麦储藏、加工及利用

无论在藜麦原产地的南美洲国家，还是在北美、欧洲以及亚洲的新兴消费市场，藜麦的主要消费形式依旧是以藜麦米作为商品流通，即收获后的藜麦原粮经过去皮、祛除皂苷以后获得的初加工而形成的商品。但是，随着对藜麦营养和功能价值的研究深入，各种藜麦精深加工产品和工艺研发也备受关注。

一、储藏

对于藜麦粉的稳定性和储存过程中营养物质变化的研究不足。亟须深入开展藜麦蛋白质储存特性的研究，因为它决定着藜麦食品生产中的营养价值产出。一般认为，藜麦粉在储存过程中多建议置于低温条件下。在20℃，30℃和40℃储存条件下，随着时间的推移藜麦粉蛋白质发生了吸水降解，对藜麦食品的品质产生重要的负面影响。另一研究发现，游离脂肪酸和己醛都随着存储时间和温度的变化而变化，共轭二烯氢过氧化物并未随着上述条件而改变，进而表明脂类物质容易受储存环境和时间的影响而改变。为了避免溶解度和持水性的降低，应将藜麦粉置于20~30℃的自然条件下，并用双层牛皮纸袋包装，可保证2个月内品质不发生改变。

二、初加工

1. 干燥脱水

由于藜麦收获期多选择于完熟前期，收获后的藜麦籽实水分含量较高，不适宜直接存储，否则会导致微生物的繁殖和营养品质的损失。对于小面积种植的藜麦，在收获后利用自然晾晒条件下就可以风干到能够长期保存的含水量。当大面积规模化种植时，籽粒脱水多采用热空气烘干的方式进行处理（控制温度50~130℃），但是当前由于缺乏必要研究，具体的烘干标准还未形成，导致脱水过程中的籽粒营养物质的损耗程度仍不清楚。

研究表明，当烘干温度逐渐升高以后（40→80℃），藜麦籽粒的蛋白质、脂肪、纤维和灰分逐渐减少（10%→27%），而主要糖类物质蔗糖的含量在80℃条件下降低了56%，而元素钾也产生了显著降低。相反，当温度逐渐升高（40→70℃），总酚类化合物的含量会随着温度升高而显著升高，而类胡萝卜素、叶黄素等内含物都在中等烘干温度范围内（60~70℃）呈现最高值，利用中等烘干温度可有效提升此类物质的提取性，被认为是烘干藜麦种子过程中能够有效保存营养物质的最优温度。

2. 制米

藜麦果皮中含有丰富的皂苷是其味苦的主要原因，藜麦米加工过程中需要通过水洗或者机械研磨的方法将其去除。水洗法是传统的除皂苷工艺方法，该方法的皂苷去除效果较好，缺点是需要消耗大量的水资源，容易造成水污染，而水洗时间和去皮效果易受机械设备的限制，且水洗后须甩干和烘干，容易破坏籽粒胚的完整性。机械研磨能较好地祛除皂苷，但对籽粒的破损程度更大（与水洗法相比），尤其研磨下胚极易破碎而从籽粒上脱落。有学者评估了20%和30%的研磨率下籽粒中皂苷和多酚含量的变化，虽然20%的研磨率可以很好地保存籽粒的完整度，皂苷含量（129. 8mg/100g干重）也减少了超过50%，但仍高于苦味阈值（110mg/100g干重）；而30%的研磨率对籽粒产生极大的损伤，虽然皂苷含量由244. 3mg/100g降至50. 88mg/100g，已低于苦味阈值，但是游离酚类化合物（占总多酚含量的94%）和结合酚类化合物分别减少了21. 5%和35. 2%。这也说明如果机械研磨不当，去除皂苷的同时会造成籽粒损伤，并影响藜麦米的质量。目前，国内成熟的规模化藜麦制米工艺流程见图12-4，尽管制米过程中去除了果皮和种皮，但是通过调整和改良脱皮碾米工艺，可以实现胚、胚乳部分最大程度的保留以及部分麸皮的保留（特别是黑藜和红藜制米后种皮可以实现全部保留），加之藜麦米富含蛋白质、脂肪、矿质元素、维生素等营养物质，因此常食用的藜麦米是近似全谷物。

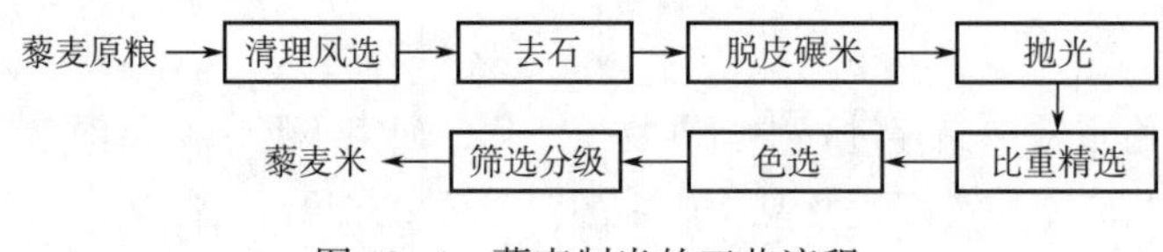

图12-4　藜麦制米的工艺流程

3. 制粉

除了直接蒸煮食用藜麦米以外，通常采用籽粒研磨的方式获得藜麦粉来进一步加工成产品。在面粉研磨过程中，麸皮的研磨程度一直是藜麦粉研磨方面的研究焦点。原因在于，尽管藜麦种皮上含有味苦的皂苷，但种皮同时也是含有营养物质最丰富的部位，加工过程中尽可能多的保留麸皮营养物质，以体现藜麦作为全谷物的健康价值。研究人员利用实验室辊磨机来对藜麦进行去种皮磨粉，该方法使40%以上的富含蛋白质和脂肪的种皮部分都被磨掉，而保留下来磨成面粉的部分多为富含淀粉的胚乳，使营养物质大大流失。另有研究利用辊磨机和平筛机组合来研磨藜麦粉，可以充分地分离藜麦富含淀粉层、中间层和富含蛋白质的粗面粉层。

随着藜麦加工技术的发展，大型藜麦加工企业为藜麦粉的创制提供了更优化的磨制途径。利用大型加工设备加工藜麦粉，当利用150g/kg水分对籽粒进行前处理以后，获得的藜麦粉直径可达到平均粒径为187. 7μm，但是蛋白质含量还是从全麦的12. 5%下降到面粉中的3. 55%。根据小麦等作物的研磨参数来看，谷物研磨的前处理是影响研磨质量的重要步骤之一，尤其对于胚围绕籽粒外围的藜麦来说，经过前处理的胚和胚乳更容易研磨分离，对避免营养物质破坏和后续功能性物质提取有极大的改善作用。

三、精深加工

由于藜麦具有丰富的营养保健功能以及无麸质等优点，在谷物相关加工食品中的具有独特性。藜麦不但以主食食品的方式摆上寻常百姓的餐桌，也被大型加工企业、快速消费品商家制成商品投入市场。藜麦米饭、面包、馒头、面条（意大利式细面条和干面条）、小吃、曲奇、可食性膜和藜麦果汁、沙拉等，极大地丰富了人们的餐桌，改善了大众的饮食结构。

1. 不同提取纯化工艺对藜麦营养物质和功能因子的影响

藜麦粉中提取蛋白质的方法较多，传统湿法分馏的蛋白质提纯工艺被加工企业普遍采用。然而，该方法消耗大量的水和能量，而且经常导致蛋白质的变性。相比之下，干燥分馏蛋白质的方法是把充分研磨的藜麦粉利用风力的方式使富含蛋白质的粒子分级出来，该方法可以较好地保存蛋白质特性，更温和、更可持续，通常被用在谷物和豆类的蛋白质浓缩工艺上，但缺点是获得的蛋白质纯度较低。荷兰学者对当前的通用方法进行了改进，将干燥分馏和湿法分馏相整合，即把藜麦进行充分研磨和空气分级产生富含蛋白质的分馏层级，将该馏分进行研磨并和 0. 5mol/L NaCl 进行分馏，选取顶部水相悬浮液体进行蛋白质分馏过滤，经过后续加工而形成的蛋白质纯度为 59. 4%（干重），蛋白质提取率达到 62. 0%，而比湿法分馏节省 98%的水。干燥和湿法混合分流蛋白质的方法是一种很有前景的工业新方法，以更经济，更友好的方式从藜麦中创造价值，同时最大限度地减少对藜麦天然蛋白质功能的影响。

在提取和加工过程中，藜麦蛋白质的理化性质和功能特性易受很多工艺环节的影响，除了上述提及的萃取溶剂以外，还包括提取过程中 pH 和加工温度等。研究发现，极端碱性提取条件对藜麦蛋白的结构有不利的影响。另一方面，多数食品是以热处理方式进行热加工或者热杀菌，这对蛋白质的营养价值和功能性物质的影响极大，严格控制加工温度是决定食品中藜麦营养成分能够得以最大保留的关键。例如，湿热处理对藜麦蛋白质的水合性质（溶解度和黏度）、表面性质（起泡和泡沫稳定性、乳化和乳化稳定性）和结构特性（凝胶性）具有显著的影响。经过碱提酸沉法提取藜麦蛋白质，在 20~35℃ 的水浴处理下观察到其最大溶解度，在 80~95℃ 的水浴处理下，其溶解度最小；而起泡能力在 50~65℃ 时最佳，在 80~95℃ 时最差。

藜麦中多酚和黄酮类化合物含量丰富，其组成在不同地域的藜麦之间，同一个地区不同品种之间，以及同一个品种不同器官之间差异都比较显著。将上述功能因子提取出来，采取的方法手段也相对多样化。例如，将多酚类物质从藜麦叶片中提取的最佳工艺为：以 83%乙醇为提取溶剂，料液比 1∶20（g/mL），80℃ 水浴条件下浸提 1. 12h。而以藜麦籽粒为原料进行多酚提取时，最佳提取条件为乙醇体积分数 56%，料液比 1∶40、浸提温度 84℃，且提取溶剂是影响多酚提取得率的关键因素。采用超声法提取藜麦黄酮的最佳提取工艺为：料液比 1∶50，乙醇体积分数 80%，提取温度 50℃，提取时间 30min，超声功率 240W。

2. 不同加工工艺对藜麦食品的营养和功能品质的影响

发芽处理破坏淀粉颗粒有序结构，显著降低藜麦淀粉的淀粉含量和相对结晶度，增加直链淀粉溶出率，降低淀粉的回生率和峰值黏度。不同藜麦材料的直链淀粉链长分布和支链淀粉精细结构对发芽处理的响应有差异。此外，经过蒸煮、挤压等传统热加工的藜麦食物，在美拉德反应等影响下，营养组分会发生结构性变化，进而影响到营养品质和功能。研究发现，与高压蒸煮和微波蒸煮藜麦籽粒相比，常压蒸煮方式可保留较多的维生素（维生素 B_1 和维生素 B_2），有较低的淀粉水解指数，可产生更多的风味物质，说明常压蒸煮对保留藜麦的营养物质有益；但在酚类物质的保留上，常压蒸煮不及高压蒸煮。此外，高压蒸煮能有效地保留多酚含量，其抗氧化性也是最强。除此以外，水洗和烘烤也是藜麦食品加工过程中的常用手段，经过水洗浸泡能够去除皂苷，但是藜麦的多酚含量会相应地减少。而烘烤手段对去除皂苷影响不大，但是对总多酚的含量及其活性的破坏非常严重。

在制作藜麦食品时，藜麦粉经常与其他面粉（例如玉米粉、小麦粉等）进行混合烹制来改善食物品质和营养。研究表明，当 20%～50% 的藜麦粉与玉米粉混合生产小吃时，140～160℃和 200～500r/min 转速条件下的膨化挤压，可以使脂肪酸和生育酚的含量显著降低，而总多酚和叶酸含量影响不大。而当 0～30% 的藜麦粉与小麦面粉进行混合制作馒头时，馒头的比容和径高比均有所提高，藜麦粉对馒头的弹性、咀嚼度、色香和口感都起到了显著改善作用。当藜麦粉与小麦粉混合进行面包生产时，当藜麦粉添加量为 15% 时，面包硬度最小而弹性最大，是制作面包的最优比例。

3. 储存

目前，对于藜麦粉的稳定性和存储过程中营养物质变化的研究不足。亟须深入开展藜麦蛋白质存储特性的研究，因为它决定着藜麦食品生产中的营养价值产出。一般认为，藜麦粉在存储过程中多建议置于低温条件下。在 20℃，30℃和 40℃存储条件下，随着时间的推移藜麦粉蛋白质发生了吸水降解，对藜麦食品的品质产生重要的负面影响。另一研究发现，游离脂肪酸和己醛都随着存储时间和温度的变化而变化，共轭二烯氢过氧化物并未随着上述条件而改变，进而表明脂类物质容易受存储环境和时间的影响而改变。为了避免溶解度和持水性的降低，应将藜麦粉置于 20～30℃的自然条件下，并用双层牛皮纸袋包装，可保证 2 个月内品质不发生改变。

第七节　藜麦健康作用

研究表明，由于藜麦中存在着丰富的膳食纤维、矿质元素、维生素、不饱和脂肪酸以及黄酮、多酚等营养功能因子，具有丰富的营养价值、功能活性和无麸质等特性，可作为高风险人群的特色食品，如儿童、老年人、运动员以及乳糖不耐、女性骨质疏松症、贫血、糖尿病、血脂异常、肥胖、麸质过敏症等特殊人群。

1. 抗氧化活性

研究发现，藜麦籽粒可以通过降低大鼠血浆和其他组织中的脂质过氧化作用并增加抗氧化活性来作为大鼠的抗氧化保护剂。含有的三萜烯皂苷和多酚硫醇化合物藜麦种皮醇提取物能够抑制 Cu^{2+}/抗坏血酸对大鼠肝脏微粒体的脂质过氧化作用，其中的还原性物质能够通过降低二硫化合物二聚体的催化活性抑制谷胱甘肽转移酶（GST）活性。在斑马鱼鱼仔模型实验中，胃液酶解的藜麦蛋白提取物具有脂质过氧化抑制活性，经十二指肠后脂质过氧化活性增加。

2. 辅助降血脂

藜麦中非淀粉类多糖具有较强的降血脂活性，当日服剂量达到 5～10g/kg 并连续服用 1 个月后，大鼠血清甘油三酯、总胆固醇和低密度脂蛋白含量较对照组显著降低。雄性 Wistar 大鼠饲喂含有藜麦饲料后体内血清总胆固醇、低密度脂蛋白、血糖显著降低。研究显示，22 名年龄在18~45岁学生的学生日常食用以藜麦为主加工的谷物棒30d后，其总胆固醇、甘油三酯、低密度脂蛋白的含量显著降低，同时血糖、血压和体重也出现降低。另有研究以35名绝经后超重妇女为试验对象，每天食用25g藜麦片或玉米片共计4周，结果发现食用藜麦片人员的血清甘油三酯显著降低，总胆固醇和低密度脂蛋白的含量也呈现降低趋势，谷胱甘肽含量则呈现增加趋势。

3. 辅助控血糖和减肥

2型糖尿病患者食用含有藜麦的低GI饮食6个月后体内糖化血红蛋白（Hb A1c）含量降低0.5%，而高密度脂蛋白（胆固醇）显著增加。国外学者通过对110名中年人群（22名糖尿病患者，88名非糖尿病人群）进行调查问卷分析发现，与非糖尿病人群相比，糖尿病人群通过消费更多的谷物（藜麦、籽粒苋等）来减少小麦面粉的食用，体重指数正常的人群日常食用谷物多于肥胖和超重人群。

从藜麦中分离纯化的一种中性多糖组分具有减肥活性，可以显著抑制3T3-L1前脂肪细胞中甘油三酯的过度积累，抑制脂肪形成相关蛋白PPARγ、C/EBPα、C/EBPβ的表达，达到抑制3T3-L1细胞分化的效果。研究发现，饲喂藜麦20-羟基蜕皮激素提取物能够减少肥胖小鼠体内的脂肪组织且体重不增加。饲喂富含亮氨酸、异亮氨酸和缬氨酸等必需氨基酸的藜麦籽粒酶解提取物后，雄性Wistar大鼠的饮食摄入量、体重、脂肪沉淀和血中甘油三酯含量等均降低。

4. 免疫调节和抗炎活性

藜麦多糖提取物具有免疫调节活性，不仅能够刺激巨噬细胞产生一氧化氮且呈现剂量依赖性，还能够促进巨噬细胞TNF-α和细胞IL-6的表达。此外研究发现，藜麦活性多肽露那辛（lunasin）能抑制脂多糖激活的巨噬细胞NO、TNF-α和IL-6的表达，且呈现剂量依赖性。因此，藜麦多糖、多肽等提取物可能对巨噬细胞具有抗炎免疫双向调节作用。藜麦蛋白与木糖美拉德反应产物能显著抑制巨噬细胞NO的释放，并且呈现剂量依赖性。

藜麦皂苷可与小鼠胃部或鼻部所携带的霍乱毒素或卵清蛋白发生协同作用，增强血清、肠道和肺部的特异性免疫球蛋白的免疫应答，调节黏膜对抗原的渗透性。此外，藜麦皂苷能够提供小鼠体液和细胞的免疫反应。因此，藜麦皂苷可作为治疗炎症、增强免疫的功能性食品成分。

5. 抗癌活性

研究发现，富含阿魏酸、芥酸和没食子酸的藜麦叶多酚提取物能够抑制大鼠前列腺癌AT-2和MAT-LyLu细胞的增殖，降低间隙连接蛋白-43（Cx43）表达量。从藜麦中分离纯化的一种分子质量为8852u的藜麦多糖对人肝癌细胞SMMC 7721及人乳腺癌细胞MCF-7具有显著抑制作用，具有较强的免疫调节和抗癌活性。

6. 儿童营养改善

胰岛素样生长因子（insulin like growth factor，IGF）是一组具有促生长作用的多肽类物质，IGF族有IGF-Ⅰ和IGF-Ⅱ两种。IGF-Ⅰ的产生于肝脏中并受生长激素、胰岛素和机体营养状况的调节，并与饮食结构息息相关，其促生长作用强，是儿童期的重要生长因子。研究人员通过对厄瓜多尔低收入家庭的40个50~65月龄大的男孩进行添加藜麦辅食临床试验，每天添加100g藜麦辅食分2次喂养共15d，结果发现与对照组相比，其血浆中IGF-Ⅰ含量显著增加，由此说明，藜麦婴儿辅食能够提供充足的蛋白质和其他必需营养因子。

7. 防治麸质过敏症（乳糜泻）

为了研究食用藜麦对成人麸质过敏症的影响，19 名乳糜泻症状的患者每日摄入 50g 藜麦（作为无麸质饮食结构的一部分）共计 6 周时间，结果发现这些患者通过食用含有藜麦的饮食表现出较好的耐受性且没有使病症恶化。试验结果显示出对组织学参数有较好的改善趋势：其绒毛高度与隐窝深度比由略低于正常值水平逐渐改善到正常值水平，表面肠上皮细胞高度由 28. 76μm 改善到 29. 77μm，每 100 个肠上皮细胞中上皮内淋巴细胞数从 30. 3 降至 29. 7。

藜麦这一未被充分利用的作物，能够有效保持农业生态系统多样性、促进农业可持续发展、减少世界多地区的营养不良，引起了国际组织、各国政府、相关产业和研究人员的高度重视。作为早期从南美引进的特色杂粮作物，藜麦近几年在我国发展迅速，特别是 2015 年以来，种植面积由 0. 333 万 hm^2 迅速增长至 2020 年的 2 万 hm^2，跃居世界第三位，已在我国 20 余个省（区）推广应用。众多企业也纷纷加盟，而且热情不减，有望发展成为一种独具特色的新兴产业。藜麦具有较强的抗旱、耐盐碱、抗病虫害等特性，对其进行充分开发利用，不仅有利于促进农业种植结构调整，推动农业供给侧结构性改革，而且对促进乡村振兴具有重要意义。

同时，藜麦因具有较高营养价值和功能活性而风靡全球，其蛋白质含量丰富且必需氨基酸比例合理，不饱和脂肪酸含量高，富含维生素和矿质元素，还含有丰富的皂苷、多酚、黄酮、活性多肽和多糖、20-羟基蜕皮激素等功能因子。这些营养物质和功能因子对人体健康有极大的促进作用，因此，藜麦也被称为“全营养食品”。随着我国居民生活水平的不断提高，居民对营养健康的需求不断提高，而藜麦产业的发展，特别是营养健康食品的研发，将推动我国居民膳食结构的合理调整和健康水平的提升。

思考题

1. 藜麦有哪些健康功效？最具特色的功能因子是什么？
2. 常见的藜麦食品有哪些？感官品质的特点是什么？
3. 藜麦作为全谷物加工利用面临哪些问题？

第十三章

其他杂粮

学习目标

1. 了解薏苡、菰米、籽粒苋的生产、消费、加工及利用的基本情况；
2. 掌握薏苡、菰米、籽粒苋营养特性与健康作用的密切关系；
3. 熟悉薏苡、菰米、籽粒苋的作物性状、品质规格与标准。

第一节 薏苡

一、薏苡栽培史与分类

（一）薏苡栽培史

薏苡是禾本科玉蜀黍族薏苡属一年或多年生 C4 草本植物，褪去其外壳、种皮和胚得到的干燥成熟种仁为薏米，又称薏苡仁、苡仁、六谷子、药玉米等。薏苡仁是一种优质粮药兼用作物，被誉为“世界禾本科植物之王”，在欧洲，它被称为“生命健康之友”。薏苡在我国具有悠久的栽培历史，是我国最早开发利用的禾本科植物之一。浙江河姆渡新石器遗址中曾出土了大量薏苡种子，表明薏苡在我国至少具有 6000 年以上栽培历史。20 世纪末，科学家通过染色体检测发现其染色体以原始二倍体存在，故认为广西南部应是薏苡属植物的起源地之一。宋朝时期薏苡仁开始广泛种植，产地由西南传播到华北平原。如今薏苡广泛栽培于南北各省区，全国各省如广西、贵州、云南、浙江、河北等地产量较大。

薏苡属于禾本科黍亚科下的一个植物分类学属，世界范围内，薏苡属约有 10 个种（变种），主要分布在亚洲，包括印度、中国、日本。中国约有 7 个种，南至三亚、北至黑龙江均有分布。我国薏苡属植物的分类一直说法不一。最初的分类有 1 种 1 变种，即川谷和薏苡变种。庄体德等收集我国各地区薏苡，根据遗传变异特性及核型演化特征，将我国薏苡属植物分为 3 种 4 变种；陆平等在广西发现了最原始的水生薏苡种，提出广西薏苡包含 4 种 8 变种；李英材等将薏苡资源分为 4 种 9 变种；《中国植物志》将我国薏苡属植物定为 5 种 4 变种；2006 年英文版 *Flora of China* 则将中国薏苡划分为 2 种 4 变种。

（二）薏苡分类

1. 根据壳的厚度划分

根据壳的厚度，我国的薏苡通常分为川谷（厚壳野生类）和薏米（薄壳栽培类）两类。有研究分别对薏苡（*C. lacryma-jobi* L.）和川谷（*C. agrestis* Lour.）进行染色体核型分析，发现两者具有统一的核型公式 $2n=20=18m$（2SAT）+2sm，但薏苡第七对染色体为亚中着丝粒染色体，而川谷第八对染色体为亚中着丝粒染色体，其余为中着丝粒染色体，薏苡第二对染色体短臂上带有随体，而川谷第一对染色体短臂上带有随体，通过染色体的平均臂比、染色体长度等的比较发现薏苡的核型更为原始。

2. 根据腊叶标本、遗传变异性和核型演化特性划分

国内12个省区53个地方居群薏苡依据腊叶标本、遗传变异性和核型演化特性分为3种4变种。即栽培薏苡（*C. lacryma-jobi* L.）、小果薏苡（*C. puellarum* Balansa）和长果薏苡（*C. stenocarpa* Blansa）3个种，栽培薏苡有薏苡（*C. lacryma-jobi* var. *lacryma-jobi*）、菩提子（*C. lacryma-jobi* L. var. *monilifer Watt*）、薏米［*C. lacryyna-jobi* var. mayuen（Roman）Stapf.］和台湾薏苡（*C. Lacryma-jobi* L. var. *formosana Ohwi*）4个变种。研究人员对18个分属3种4变种的居群进行核型分析后推断，小果薏苡和长果薏苡是属中较为原始的类群，各种类的演化关系似应是以小果薏苡为起点向不同的方向演化的结果。

3. 根据植物学特征划分

根据植物学特征将收集的134份广西薏苡种质资源分为4种8变种（表13-1），即栽培薏苡、小果薏苡、野生薏苡（*Coix Agrastis* Lour）和水生薏苡（*Coix aquatica* Roxb）。水生薏苡种质与其他薏苡种或变种有明显的生殖隔离现象，其对温光反应极为敏感，有极强的生态保守性。

表13-1　我国薏苡属植物的分类

种	变种	特征
水生薏苡种	—	茎多年生，匍匐浮生，上部叶片剑形，下部叶片条状披针形，雄花败育，无性繁殖
小果薏苡种	—	总苞骨质，近圆球形，直径3~5mm，深灰白色，颖果质粳
长果薏苡种	—	总苞骨质，近圆球形，长7~15mm，宽2~3mm，颖果质粳
—	薏苡变种	总苞骨质，卵圆球形，直径6~8mm，深或淡褐色，畅游斑纹，颖果质粳
—	珍珠薏苡变种	总苞骨质，卵圆球形，直径3~5mm，秆黄色或浅褐色，颖果质粳
—	大果薏苡变种	总苞骨质，卵圆球形，直径8mm以上，黑褐色或灰白色，颖果质粳
—	菩提子变种	总苞厚骨腰，扁球形，直径10~15mm，常一侧微扁，深或浅褐色，或灰白色，或有斑纹，颖果质粳
—	扁果薏苡变种	总苞骨质，扁球形，纵轴明显小于横轴，直径6~8mm，灰白色或者浅褐色，颖果质粳
—	球果薏苡变种	总苞骨质，圆球形，直径6mm以上，褐色或灰白色，有条纹，颖果质粳
—	薏米变种	总苞壳质易碎，椭圆球形，直径5~7mm，顶端有喙，浅或深褐色，灰白色，或有条纹，颖果质粳
—	台湾薏米	总苞壳质易碎，近球形，直径8~9mm，秆黄色或白色，有蓝白条纹，颖果质糯

4. 根据实用和容易鉴别角度划分

从实用和容易鉴别的角度出发将薏苡分为原始类、野生类和栽培类三大类，三大类下面又分成 7 个种群（表 13-2）。

表 13-2　我国薏苡属植物的简易分类

种	变种	特征
原始类	—	水生薏苡，无性繁殖为主，多年生，染色体组型为 $2n+10$，主要生长在池塘和河湾中，分布于云南、广西等地
野生类	—	果壳（总苞）骨质、无脉纹、光滑、颖果质梗，$2n=20$，出仁率 30%左右
—	小果薏苡	球圆形果实，直径 4mm 左右，浅蓝或浅白外壳，主要分布于贵州、广西、海南等地
—	长果薏苡	近圆柱形果实，长 7~15mm，宽 2~3mm，黄褐色外壳，主要分布在云南等地
—	卵果薏苡	扁圆形果实，有的为宽卵形，直径 7mm，粒长 7~10mm，黑色、淡褐或深褐外壳，分布于全国主要薏苡产区
—	扁果薏苡	扁圆形果实，直径 10~15mm，粒长 8mm，灰蓝色或浅褐色外壳，有些有斑纹，分布于全国主要薏苡产区
栽培类	—	总苞（果壳）壳质，有脉纹，米质糯性，外壳易破，出仁率高达 60%~70%，染色体组型 $2n=20$
—	卵果薏米	卵圆形或宽卵形果实，宽 4~7mm，长 7~9mm，顶端有喙，壳色较淡，多为淡黄色、紫褐或浅褐，全国主要薏苡产区均有栽培，主产辽宁、山东、云南、贵州、福建、广西等地
—	球果（台湾）薏米	近球形果实，宽 8~10mm，长 9~10mm，白色或淡黄色，有的具蓝黑条纹，产于广东、贵州和台湾等地

二、薏苡生产、消费、贸易

薏苡仁作为我国传统药食兼用的谷物资源，具有活性成分多和营养价值高等特点，在我国广泛种植。目前，薏苡主产地仍为贵州、云南、广西、福建等地。贵州薏苡种植面积和产量位居世界第一，主要种植品种为小白壳（黔薏苡 1 号、黔薏苡 2 号）和小黑壳；福建薏苡种植主要为莆田薏苡和金沙薏苡；云南主要种植品种为小白壳、小黑壳和小花谷；广西以小白壳为主。2019 年，我国薏苡种植面积达到了 6.67 万 hm^2，年总产量在 55 万 t。

贵州兴仁市作为中国薏米的主产区和原产地，产品畅销全国各地，并出口韩国、日本、美国等国家，年销量占全球同行业市场份额的 70%以上，已成为全世界最大的薏仁米生产基地和产品集散中心，也是东南亚国家薏仁米进入中国的主要集中地点。目前，除传统的薏苡精米产品外，市场上出现的新型薏苡产品包括薏苡初级产品，如黄金薏仁米、糯薏仁米、珍珠米等；薏苡深加工产品，如薏苡仁面条、薏仁粉、薏仁饼干、薏仁酒等；薏苡功能性产品，如薏仁米面膜、薏仁米化妆水、薏仁米洁面皂等产品。此外，因薏苡极高的药用价值，有公司研发出抗癌注射剂，有良好治疗肿瘤的效果。

薏米已经实现销售全球化，国内主要销售地区为华东、华北、华中和台湾地区，国外主要出口欧美、日本和韩国。我国薏苡产品出口量排在世界前十；薏仁产品进口量较大的国家也主要集中在欧美和亚洲地区，且我国的进口额较大。《薏仁米产业蓝皮书：中国薏仁米产业发展报告 NO. 3（2019）》指出，除韩国和巴基斯坦外，其他国家对我国薏仁产业各类商品进口关税率较最惠国税率有很大幅度的减免，预计我国薏苡产业出口企业所能享受的贸易优惠将进一步扩大。

三、作物性状

据《中国植物志》记载，薏苡秆高 1~1.5m。须根较粗，直径可达 3mm。秆直立，约具 10 节。如图 13-1 和图 13-2，薏苡叶片线状披针形，长可达 30cm，宽 1.5~3cm，边缘粗糙，中脉粗厚，于背面凸起；叶鞘光滑，上部者短于节间；叶舌质硬，长约 1mm。总状花序腋生成束；雌小穗位于花序之下部，外面包以骨质念珠状的总苞，总苞约与小穗等长；能育小穗第 1 颖下部膜质，上部厚纸质，先端钝，第 2 颖舟形，被包于第 1 颖中；第 2 外稃短于第 1 外稃，内稃与外稃相似面较小；有 3 个雄蕊，退化，雌蕊具长花柱；不育小穗，退化成筒状的颖，雄小穗常有 2~3 枚生于第 1 节，无柄小穗第 1 颖扁平，两侧内折成脊而具不等宽之翼，第 2 颖舟形，内稃与外稃皆为薄膜质；有 3 个雄蕊；有柄小穗与无柄小穗相似，但较小。颖果外包坚硬的总苞，卵形或卵状球形，花期 7—9 月，果期 9—10 月。种皮红色或淡黄色，种仁宽卵形或长椭圆形，长 4~8mm，宽 3~6mm；表面乳白色，光滑，偶有残存的黄褐色种皮（图 13-1）。籽粒一端钝圆，另一端较宽而微凹，有 1 淡棕色点状种脐；背面圆凸，腹面有 1 条罗宽而深的纵沟；质坚实，断面白色粉质；气微，味微甜。以粒大充实、色白、无皮碎者为佳。

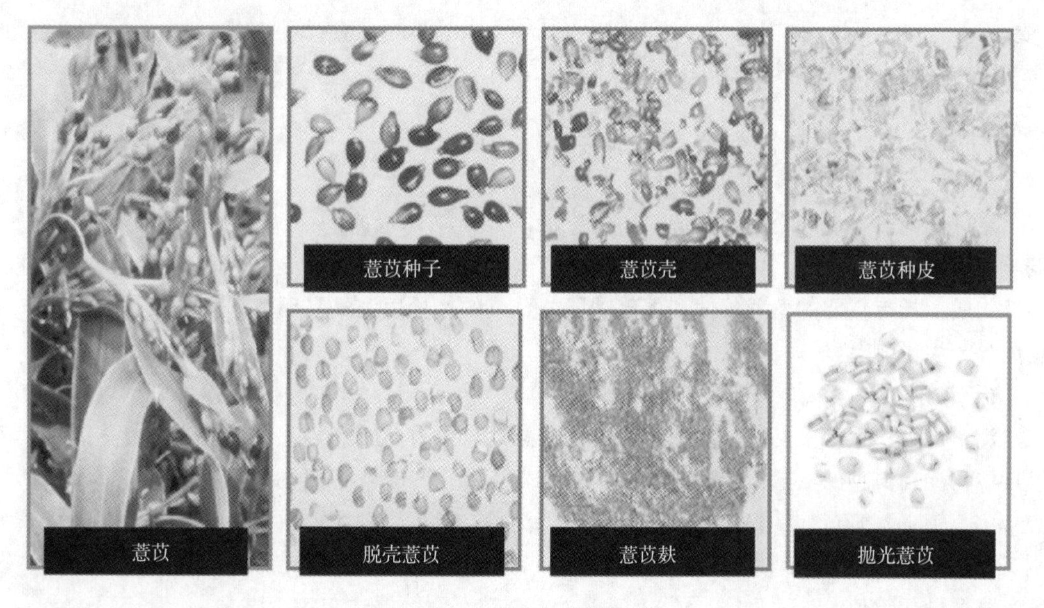

图 13-1　薏苡种子的组成

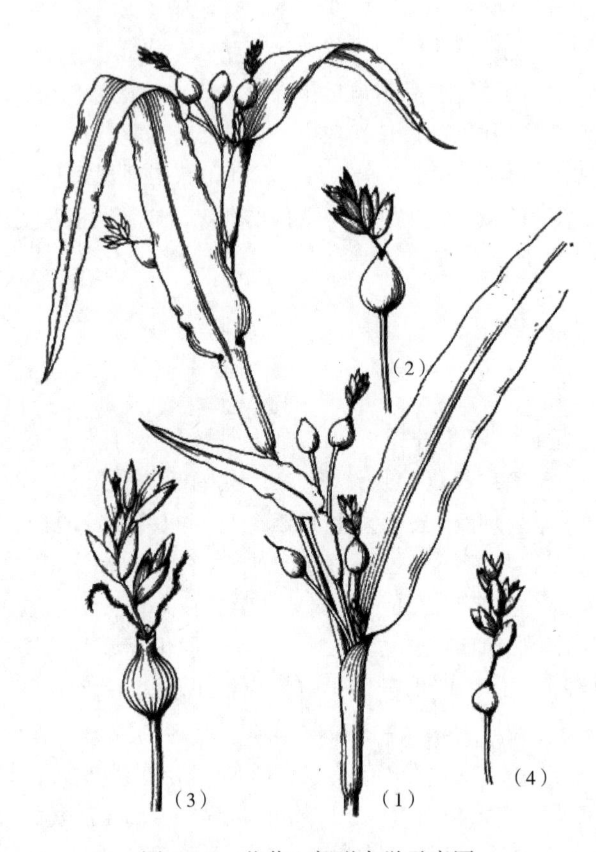

图 13-2 薏苡上部形态学示意图

(1) 薏苡植株上部 (2) 薏苡总苞与雄花序 (3) 薏米总苞与雄花序 (4) 小珠薏苡总苞与雄花序

四、薏苡营养成分与品质特性

(一) 营养成分

薏苡是我国特有的小杂粮资源，用途广泛。其籽粒（薏苡仁、薏米）中含有丰富蛋白质、糖类、维生素、谷甾醇、生物碱、氨基酸、薏苡素、薏苡仁脂、腺苷和薏苡多糖等营养成分和活性物质，具有重要的营养价值和保健功能。薏苡的产地以及气候环境都会对薏苡的营养和功能成分产生影响。

1. 淀粉

淀粉作为薏苡仁中的主要组成部分，约占薏苡仁干重 70%，以支链淀粉为主，薏苡仁淀粉呈现谷物淀粉典型的 A 型衍射特征，颗粒呈球形、多边形等不规则形状，粒径（d4，3）为 27.7~35.7μm。薏苡仁淀粉由于水分含量少、淀粉结晶度高、蛋白质含量高等原因，糊化较为困难，最高糊化温度 71~76℃，糊化焓为 7~11J/g。湿热处理可以破坏薏苡仁淀粉的晶体区域，降低糊化焓值。

2. 蛋白质

薏苡蛋白质含量很高，特别是种仁，蛋白质含量约为 17%，薏苡壳中也含有 2.17%~

2.80%蛋白质。薏苡仁蛋白分为白蛋白、球蛋白、醇溶蛋白和其他蛋白，醇溶蛋白含量最高。薏苡仁中含有18种氨基酸，包含8种人体必需氨基酸，比例接近人体需要，易被人体吸收，其中以谷氨酸、亮氨酸含量较高，酪氨酸、半胱氨酸、甲硫氨酸和色氨酸含量较低。

3. 脂肪

薏苡脂肪含量高，且富含功能性油脂。麸皮的脂肪含量最高，可达36%；其次是薏苡仁，脂肪含量约5%，比大米、大麦和小麦脂肪含量高。薏苡仁油主要由油酸（46.4%）、亚油酸（37.41%）、棕榈酸（12.26%）、硬脂酸（2.53%）等长碳链不饱和脂肪酸为主，具有辅助预防心血管疾病、改善关节炎症状、预防血栓、保持身体健康等功能。

4. 矿物质

薏苡仁是磷、钾、镁、钙等常量元素，以及铁、铜、锌、钙、镁等微量元素的良好来源。全株中，根和叶中的矿物质含量较多，外壳和种皮中含量相对较少，种仁中的磷和锌含量最高，根中的铜、铁、铬含量最多，叶中的钾、镁、钙、钠含量最高。

5. 维生素

薏苡各部位都有丰富的维生素，主要是维生素B和维生素E，包括γ-生育酚和γ-三烯生育酚等。种皮中的维生素含量比种仁中的高。

（二）品质特性

1. 薏苡的生物活性成分

生物活性成分如脂肪酸、多糖、多酚、酰胺、木脂素、茚、吲哚、甾醇、黄酮、三萜类、腺苷、生物碱等。

（1）薏苡仁多糖　主要包括多糖A、多糖B、多糖C三种，以及中性葡聚糖1~7，酸性多糖CA-1和CA-2等多种成分。其单糖组成复杂，包括葡聚糖、甘露糖、阿拉伯糖、鼠李糖和半乳糖，药理活性较高。薏苡仁多糖具有良好的耐热性能，在100℃左右具有较好的稳定性，并具有一定的抗氧化性。

（2）多酚　薏苡的壳、麸皮、种皮和种子含有一系列多酚，包括醛类、酚酸、黄酮类、木脂素类和酚醛。在薏苡麸皮中发现色酮、查尔酮、异黄酮等15种黄酮类化合物，薏苡仁中还含有槲皮素、山柰酚和芦丁等单体黄酮。以麸皮中的总酚物质含量最高，为391mg/100g，其次是种皮和薏苡仁。薏苡多酚有清除自由基、抗癌、增强免疫、降血压、降血糖、抗炎镇痛功能，抗氧化能力与游离型多酚含量有关，结合型多酚更多与肠道健康相关，通常在结肠经过菌群发酵后释放并发挥作用。

（3）甾醇类和三萜类化合物　薏苡麸皮中甾醇含量为4733mg/kg，以β-谷甾醇为主，具有一定的抗癌、抗血胆固醇、止咳、抗炎作用。三萜类化合物对抗癌、抗病毒、降血糖、降血脂、降血压有辅助功效。从薏苡仁中发现软木三萜酮（Friedelin）和异乔木萜醇（Isoarborinol）2个三萜类化合物。

（4）生物碱类化合物　目前仅发现一个生物碱类化合物，它是从薏苡仁的水提取部位分离得到的，为四氢哈尔明碱的衍生物。

（5）薏苡内酰胺　又称为薏苡素（薏苡内酯），内酰胺类化合物最早在其根中提取出来，且根叶中含量远高于种仁，有镇痛、抗炎和抗癌的活性。目前已发现有的有薏苡仁螺内酰胺A、薏苡仁螺内酰胺B、薏苡仁螺内酰胺C和薏苡仁内酰胺。

2. 薏苡的加工特性

作为淀粉质的食物，薏米中的淀粉特性决定着其加工工艺与制品的感官品质。由于淀粉含量低、初始糊化温度高、淀粉粒偏大、蛋白质含量较高等原因，薏米加工过程中难以熟化。其中，蛋白质与淀粉粒的互作是导致薏米熟化难的重要原因。加工工程中，蛋白质网络与淀粉颗粒表面结合，限制了水的迁移，提高了淀粉糊化温度；此外，蛋白质在加热过程中产生变性，蛋白质变性暴露出许多亲水基团和疏水性氨基酸，通过氢键和疏水相互作用附着在淀粉颗粒表面，也会增加糊化温度。糊化温度高的谷物在蒸煮时需要添加更多的水，延长蒸煮时间。实验证明，热浸后的薏米吸水能力有所提高，随着浸泡温度的升高，薏米的峰值黏度即保水能力有所增强，有助于薏米熟化。

五、薏苡品质规格与标准

1. 我国薏苡等级规格

根据国家标准 GB/T 43715—2024《薏仁米》，薏仁米分为精制薏仁米和糙薏仁米，二者对不完善粒、水分、二氧化硫均有限量要求，根据感官品质、杂质含量、碎米率和脂肪酸值均可进一步分为三个质量等级。具体质量分级标准如表 13-3 所示。

表 13-3 薏仁米质量标准

<table>
<tr><th colspan="3">项目</th><th>糙薏仁米</th><th>精制薏仁米</th></tr>
<tr><td colspan="3">外观</td><td>宽卵形或椭圆形，带皮，光滑，背面圆凸，腹面有条纵沟，颗粒均匀</td><td>宽卵形或椭圆形，背面圆凸，腹面微凹处有条纵沟，颗粒均匀</td></tr>
<tr><td colspan="3">色泽</td><td>表面有棕红色或棕黄色种皮，断面胚乳呈乳白色或半透明色</td><td>胚乳呈乳白色或半透明，腹面微凹处有棕色种皮</td></tr>
<tr><td colspan="3">气味</td><td colspan="2">具有薏仁米正常的气味，无异味</td></tr>
<tr><td colspan="2">整薏仁米率/%</td><td>≥</td><td>92.0</td><td>90.0</td></tr>
<tr><td colspan="2">不完整粒含量/%</td><td>≤</td><td colspan="2">5.0</td></tr>
<tr><td rowspan="3">杂质含量</td><td>总量/%</td><td>≤</td><td>1.5</td><td>1.0</td></tr>
<tr><td>其中无机杂质含量/%</td><td>≤</td><td colspan="2">0.02</td></tr>
<tr><td>薏苡粒率/%</td><td>≤</td><td colspan="2">0.2</td></tr>
<tr><td colspan="2">水分含量/%</td><td>≤</td><td colspan="2">13.0</td></tr>
<tr><td colspan="2">脂肪酸值（干基，以 KOH 计）/(mg/100g)</td><td>≤</td><td>160</td><td>180</td></tr>
</table>

2. 薏苡行业质量指标

我国农业行业标准，NY/T 2977—2016《绿色食品　薏仁及薏仁粉》质量要求如表 13-4 所示。

表 13-4　薏仁米行业质量标准

项目	要求			检测方法
	薏仁	带皮薏仁	薏仁粉	
外观	宽卵形或椭圆形，背面圆凸，腹面微凹处有条纵沟，颗粒均匀	宽卵形或椭圆形，带皮，光滑，背面圆凸，腹面微凹处有条纵沟，颗粒均匀	粉状，松散，无结块现象	取适量放入接近的白瓷盘中，在自然光下目测
色泽	胚乳为乳白色或半透明色，腹面微凹处有棕色种皮	表面有棕黄色或棕红色种皮，断面胚乳乳白色或半透明色	具有本产品固有的色泽，并均匀一致	GB/T 5492—2008《粮油检验　粮食、油料的色泽、气味、口味鉴定》
气味	具有本产品固有的气味			GB/T 5492—2008《粮油检验　粮食、油料的色泽、气味、口味鉴定》
不完善粒/%	≤3.0		—	GB/T 5494—2019《粮油检验　粮食、油料的杂质、不完善粒检验》
杂质/%	≤0.5		无肉眼可见外来杂质	GB/T 5494—2019《粮油检验　粮食、油料的杂质、不完善粒检验》
薏谷粒/(粒/kg)	—	≤10	—	GB/T 5494—2019《粮油检验　粮食、油料的杂质、不完善粒检验》
碎仁总量/%	≤5.0 通过 4.0mm 筛孔	—	—	GB/T 5503—2009《粮油检验　碎米检验法》
水分/%	≤13.0		≤12.0	GB 5009.3—2016《食品安全国家标准　食品中水分的测定》
灰分/%	≤2.0			GB 5009.4—2016《食品安全国家标准　食品中灰分的测定》

六、薏苡储藏、加工及利用

（一）薏苡储藏要求

薏苡仁富含蛋白质、淀粉，夏季受潮极易生虫和发霉。故应储藏于通风、干燥处。为防止生虫和生霉要在储前筛除薏苡仁中粉粒、碎屑，对保管有利。在夏天要进行翻晒1次，借此机会筛除粉粒，易过夏。

（二）安全水分

米粒完整，含水量在8%~10%，环境干燥情况下，就不易生虫发霉。夏天要经常检查，搬运倒垛要轻拿轻放，防止重压和撞击摔打，保持包装物完整并避免薏苡仁的破碎。少量薏苡仁可密封于缸内或坛中。对已发霉的可用清水洗净后再晒干，如发现虫害要及时用硫黄熏杀。薏苡仁在储藏过程中水分含量会下降，籽粒多酚氧化酶（PPO）活力显著降低；非还原糖含量逐渐增加，储藏后期脂肪酸值高，发生酸败，抗氧化系统受到破坏。

（三）薏苡加工和利用

1. 薏苡加工方法

薏苡籽粒呈椭圆形，最外层为薏苡壳，壳的内部有一种皮层，去除薏苡壳与种皮层后得到红薏苡仁，红薏苡仁经去麸皮碾白后为白薏苡仁。薏苡种子含水量为12%左右，出仁率50%左右。薏苡仁的炮制分生用、砂炒、麸炒3种方法：生炒即薏苡仁清洗晒干后即可药用；砂炒即薏苡清洗蒸后取仁烘干，再用油砂炒制；麸炒即用麦麸和生薏苡仁拌炒。

薏仁米的主要加工工艺如下。

（1）薏仁糙米　加工工艺如图13-3所示。

薏仁谷 → 烘干 → 砻谷脱壳 → 筛分 → 包装

图13-3　薏仁糙米加工工艺流程

（2）精制薏仁米　加工工艺如图13-4所示。

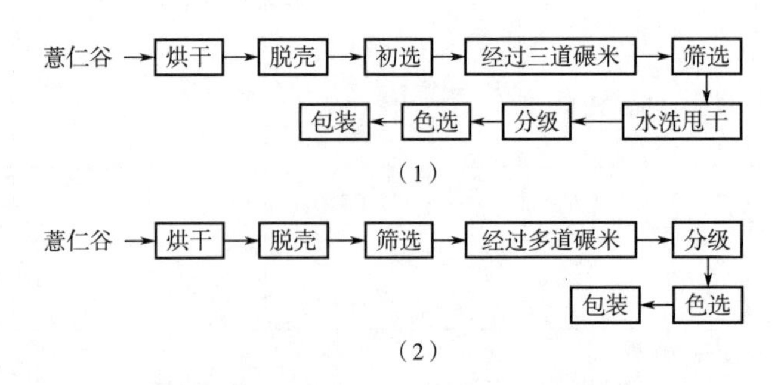

图13-4　精制薏仁米加工工艺流程

（1）水洗工艺　（2）非水洗工艺

水洗工艺生产的薏仁米颜色亮白，卖相好看，较多数企业采用，但水洗使得薏仁米的水分很难控制，对产品的存储和销售品质影响较大。非水洗工艺增加了机器多次抛光，可有效延长产品存储质量，但产品白度不如水洗工艺。因多数企业的标准制定参照大米国家标准，所以薏仁米标准缺乏其特有的品质特征指标。

2. 薏苡的利用

薏苡根、茎、叶部位中的功能性氨基酸含量丰富，占总氨基酸含量的59.34%~69.27%，可作为一种优良的新兴饲料作物，而糠、壳分别为薏苡仁的麸粉层和外壳，是薏苡仁加工过程中的副产物，产量巨大且富含脂肪酸类、酚酸类、黄酮类化合物，但目前仅用作饲料，其他开发利用较少。薏苡种仁即薏米作为一种药食同源物质，被广泛应用于食品、保健、美容和饮料等多行业。我国薏米食品行业以初级产品销售为主，近年来薏仁醋、薏仁面条、苡仁酒、薏仁茶、薏仁烤芙、红豆薏仁粉等产品不断推出。薏米中含有大量营养物质，具有抗癌、消炎、抑菌等生物活性，因此很多企业对其药用价值进行开发，研制出许多产品如薏仁胶囊、薏仁口服液、薏仁米多糖咀嚼片等。此外，薏仁米还具有一定的美容功效，薏仁米护肤化妆品能消除粉刺、雀斑、皮肤粗糙等问题。

薏米药用食用市场的不断扩大促进了加工行业的发展，我国薏米行业市场规模也不断扩大。未来的薏米市场需求将会多元化，供应商应不断向产业链下游延伸，多元化发展（表13-5）。

表13-5　薏米的加工产品

产品名称	产品介绍	产品特点
薏米纳豆	通过单因素实验及正交实验，确定纳豆的最佳制作工艺	薏仁米纳豆的研发不仅丰富纳豆种类，同时延续了薏仁米的营养价值
明目叶/薏仁米营养保健面条	薏仁米粉、芭蕉芋淀粉、明目叶汁和小麦粉为主要原料制备具有保健功能的营养面条	薏仁米产品多元化，满足消费者需求，具有一定的保健作用
花生薏米保健饮料	最佳配方为花生乳25%、薏米汁21%、白砂糖9%、水45%，复合稳定剂用量为0.2%，复合乳化剂用量为0.25%	花生薏米饮料口味丰富、营养多样，蛋白质含量为0.64%
薏米蛋糕	以薏米粉作为功能性添加剂，直接加面粉中制作薏米蛋糕	蛋糕口感香甜，有薏米的特殊风味，黄酮含量为1.06mg/100mL，相比普通蛋糕，硬度上升、弹性下降
薏苡仁酸奶	将薏苡仁浸提液与鲜乳复配后，经过酸乳发酵工艺制备	口感良好，营养丰富
山药、薏仁药膳牛肉丸	配方以100g牛肉计，卡拉胶0.33g、山药泥13.43g、薏仁粉24.4g	鲜嫩可口、具有香味
薏仁米豆沙粑	以优质糯米、兴仁薏仁米、豆沙为原料生产薏仁米豆沙粑	软糯，香甜可口，老少皆宜
薏仁米茶	以薏仁米为主要原料，辅以荷叶、决明子等材料加工而成的薏仁米荷叶茶和薏仁米决明子茶	祛除体内湿气、消除水肿、清理肠道
薏仁烤芙	以薏仁米为主要原料烘焙的休闲食品，产品口味是奶油口味	采用国内外先进的工艺技术，适合国人体质和饮食习惯
薏仁米酱油	以非转基因大豆和薏仁米为主要原料，酿造而成的酱油	具有特殊香气、甘醇味美

续表

产品名称	产品介绍	产品特点
薏仁米醋	固态发酵薏仁米的方式制取	香味浓郁、绵酸香甜、有助于消化
薏仁米酒	用薏仁米和糯米混合，用酵母根霉混合曲酿制成薏苡仁酒酿	味甘甜醇香，含有薏苡仁酯、有机酸酯及各类氨基酸等营养

七、薏苡健康作用

薏苡仁作为日常生活中常见的药食同源物质，无论是用于滋补还是医疗，作用都较为缓和，具有辅助调节免疫、抗炎、调节脂代谢、抗癌等多重功效。

1. 免疫调节作用

从薏苡麸皮的乙醇提取物分离出的木犀草素能减少组胺和细胞因子的释放，抑制 Akt 的产生，从而影响嗜碱性白血病 RBL-2H3 细胞的信号转导，达到抗过敏作用。动物实验证实，给结肠炎小鼠喂食薏苡仁饲料可有效减轻结肠的出血和炎症，调节结肠炎部位 T 淋巴细胞的分化并刺激准确有效的免疫反应以消除受损细胞。

2. 抗癌、抗肿瘤作用

薏苡的提取和分离化合物在体外具有一定的抗癌活性，可以作为癌症化学预防的阻断剂和抑制剂，通过清除活性氧、发挥抗突变性、增强 Nrf2 介导的解毒和抗氧化作用、改变致癌物质代谢；抑制增殖、减少炎症、增强抗肿瘤免疫力来发挥抗癌抗肿瘤作用。

3. 抗炎

薏苡仁对于炎症疾病的治疗以及疼痛的缓解方面具有一定的作用。研究发现，薏苡芽提取物对大鼠肺部炎症具有缓解作用，而薏苡仁甲醇提取物可以抑制小鼠巨噬细胞氧 RAW264.7 细胞过量产生的 NO 和 O_2，表现出抗炎特性。

4. 调节脂代谢

已有研究发现，薏苡仁的乙醇和水提取物都能抑制小鼠肝脏脂肪生成，促进脂肪酸 β-氧化，从而改善高血糖、高血脂和肝脏炎症等症状；薏苡多酚提取物能调节大鼠受高胆固醇饮食引起的肠道菌群紊乱，降低血清总胆固醇、氧化应激标志物丙二醛，提高高密度脂蛋白胆固醇水平和抗氧化能力，对心血管健康有保护作用。

5. 其他健康作用

动物实验发现，薏苡提取物能缓解小鼠的骨质疏松，减少高尿酸血症小鼠的尿酸合成。此外，薏苡油对大肠杆菌、金黄色葡萄球菌和枯草芽孢杆菌的活性有抑制作用。

第二节　菰米

一、菰米栽培史与分类

菰为禾本科稻亚科稻族菰属多年生水生草本植物，又称茭草、菰草、蒿草等。菰若未被黑粉菌寄生则能开花结实，其种子为长而尖的颖果，常为黑色，称作菰米，是我国最早的谷类作物之一。东汉经学家郑玄注“六谷”为“稌、黍、稷、粱、麦、苽”，其中“苽”即为菰米，另有“雕胡”“茭白子”等称谓，在国外称作野米。菰米为禾本科多年生水生宿根草本植物菰的籽实。菰多为野生，生长在浅水沟或低洼沼泽地，喜欢温暖湿润的环境；菰的种植和食用历史可以追溯到3500年前的周代，《楚辞》中曾记载祭祀时“设菰粱只”。到秦汉南北朝，食用菰米饭仍较为普遍，而到了唐宋以后的各朝，粮用菰米逐渐被菜用茭白所替代。由于菰在生长过程中感染了黑穗病菌，这种病菌能分泌出吲哚乙酸，刺激菰的花茎，使其不能正常发育；长此以往，随着菌丝体的大量繁殖，菰便失去的开花结籽的能力。与此同时，菰顶端的茎节细胞会迅速分裂，大量养分都向这一部位转运，从而形成了一个肥大而充实的肉茎，即供蔬食的茭白。同一株菰上，菰米和茭白不能共存，而菰米种植花期过长、籽实易脱落、收获困难且产量低，人们致力于选择易于感染黑穗病菌的菰加以栽培，以收获更多茭白，菰米也逐渐被淘汰。

世界上的菰属植物包括产于亚洲的中国菰以及产于北美洲的水生菰、沼泽菰和得克萨斯菰。其中，中国菰和得克萨斯菰为多年生植物，水生菰和沼泽菰为一年生植物。水生菰主要长于美国东部和南部的圣劳伦斯河沿岸。沼生菰广泛分布于美国和加拿大五大湖地区的浅水湖泊和河流，其籽粒大且产量高，已在北美地区作为传统食物数百年，目前主要在明尼苏达州和加利福尼亚州人工栽植。得克萨斯菰主要生长于美国得克萨斯州的圣马可斯河，目前已被列为濒危物种。中国菰资源极其丰富，除西藏外，全国各地湖泊、沟塘、河溪和湿地均有生长，以长江中下游和淮河流域的一些水面更为常见。

二、菰米生产、消费、贸易

自宋代之后，菰米就在我国被放弃种植，菰米难以采摘，存活率低，且需要防止感染黑穗病菌，因此数量极少，一直到如今都未有发展，就东北部分地区偶有种植。但在国外，北美菰米已经发展成了从种植、收获，到加工、批发、零售的成熟的产业链，还大量出口到意大利、法国等欧洲国家。菰原本是野生植物，不只在我国分布，在国外很多地方都有野生分布。国外产的野生菰米被称为野米。在加拿大，苏必利尔湖一带所产的菰米世界闻名，有“谷物中的鱼子酱”的美称。菰米富含多种人体所需的蛋白质，含量远远超出稻米，它的营养价值是非常高的，对人体十分有益，受到很多人追捧。产量少再加上营养价值高，因此菰米的价格是大米的几十倍，平均价格一般在120元/kg左右，而有些发达地区，菰米的价格能达到400元/kg。全球只有美国和加拿大产野米，美国产量为90%，多是人工种植，加拿大产量为10%，多是野生。

三、作物性状

中国菰米是中国菰的颖果，中国菰株高1.5~2.5m，具有根状茎，分为地上茎和地下茎；地上茎可产生多次分蘖，被叶鞘抱合，部分没入土中；地下茎发达，匍匐生长，春季从地下根茎上抽生新的分蘖苗，形成新株，并从新株的短缩茎上发生新的须根，腋芽萌发，又产生新分蘖，如此一代代地繁衍。如果不被黑穗病菌寄生，菰便会在夏秋季抽穗结籽。花紫红色，顶生圆锥花序，长30~50cm，多级分支，单性花，雌雄同株，同一分支上既有雌花又有雄花，雌花在上，雄花在下；花序上部雌花多于雄花，花序下部雄花多于雌花。受精后，长出长穗，结成黑色的籽实，呈现狭圆柱形，两端尖；剥去外壳，米粒呈白色，熟制可食用。

四、菰米营养成分与品质特性

1. 营养成分

菰米属于全谷物，是一种高蛋白、低脂的健康食品。菰米的GI较低、蛋白质功效比值高、氨基酸组成合理，且富含丰富膳食纤维、维生素和矿物质。

菰米中富含蛋白质和必需氨基酸。北美菰米中蛋白质含量约为13%，氨基酸组成与燕麦蛋白相似，可为人体提供优质蛋白来源。我国菰米中的蛋白质含量高达12.5%，是普通稻米的2倍，与北美菰米基本一致；赖氨酸和甲硫氨酸含量分别为普通稻米的2倍和3倍，甲硫氨酸含量比北美菰米低，第一和第二限制性氨基酸与北美菰米相同，都是苏氨酸和赖氨酸。菰米的蛋白质评分为66.6，蛋白质功效比为2.75，生物利用率较高，是优质的蛋白质资源，可以为糖尿病、肥胖和高脂血症患者提供给良好的食物资源。

淀粉是菰米中的主要成分，含量约为65.47%，其中包括11.73%的抗性淀粉，含量为快消化和慢消化淀粉总和的1.5倍。菰米中的粗膳食纤维含量为5.2%，可溶性膳食纤维0.8%，不溶性的膳食纤维3.3%。菰米中仅含有0.7%~1.1%的脂肪，多为不饱和脂肪酸，比普通谷物（2.7%）的低，但其中的必需氨基酸含量成倍高于其他谷物。亚油酸（37.7%）、亚麻酸（30.0%）、棕榈酸（14.5%）、硬脂酸（1.1%）和油酸（15.9%）是菰米中的主要脂肪酸。北美菰米中的ω-3脂肪酸含量是普通稻米的18倍，有良好降低心血管疾病风险的作用。菰米中富含Mg、Na、Ca、Fe等矿物质。我国菰米中Fe元素含量高于北美菰米，而北美菰米中的Zn和K含量高于我国菰米。菰米中的主要维生素包括维生素B和维生素E，含量是普通稻米的2~4倍。

除营养物质外，菰米还含有丰富的生物活性物质，包括植物甾醇、γ-谷维素，γ-氨基丁酸和酚类化合物等。

2. 品质特性

一般全谷物食品会有一个精加工过程来去除胚芽和种皮，导致大量功能物质丧失，包括维生素、矿物质、膳食纤维等，但菰米仅需脱壳即可，不影响其含量。菰米加工过程中有个固化过程，又称为发酵过程，即将菰米（50%水分）堆放在地上，每天浇水3次，连续10d，Wang等实验发现固化不影响蛋白质功效比和氨基酸组成，即对菰米蛋白质品质没有显著影响。赖氨酸是菰米中的第一限制性氨基酸，缺乏赖氨酸会降低谷物蛋白的营养质量，Watts等对加拿大12种菰米样品进行分析发现，加工的菰米中赖氨酸比未加工的菰米氨基酸评分有所上升，赖氨酸受加工过程影响。菰米中水溶性淀粉和支链淀粉含量很高，且淀粉在菰米中的溶解度和溶胀力比在水稻中更高，因此菰米的出饭率很高。

3. 品质规格与标准

国外冰湖野米生长在世界最大的淡水湖区域，即北美五大湖。冰湖野米等级根据野米长度进行分类，1级冰湖有机野米长度1.3~2.6cm；2级冰湖有机野米长度0.8~1.5cm；3级冰湖有机野米长度0.4~1.0cm；4级冰湖有机野米长度≤0.3cm。

五、菰米储藏、加工及利用

1. 储藏

原粮与成品粮应低温储藏；成品粮真空包装，以提高保鲜度。研究表明，菰米中水分含量较低，为10%，更方便储存和运输。但熟菰米饭在储藏过程中会发生淀粉的老化，这与持水能力下降有关，导致稠度增加，黏性降低。Ruan 等将菰米煮熟并储藏 10d 后发现菰米饭在储藏过程中硬度迅速增加，通过核磁共振实验表明，样品的水迁移率发生变化与硬度增加有相关性。

2. 初加工

菰米初加工工艺流程如图 13-5 所示。

原粮→粗清→初清→去石→磁选→净粮→脱壳→谷壳分离→选糙→精选→食用菰米

图 13-5　菰米初加工工艺流程

菰米粒形较稻米细长，质脆，易折断，这是菰米比糙米难加工的关键所在。其次，菰米是全谷物食物，要求纯净度高。

3. 利用

菰富含蛋白质和纤维素，可用作饲料以及生产有机肥和工艺品。除营养价值以外，作为水稻的近缘种，中国菰还具有水稻所缺乏的很多优良性状，例如，生物量大、耐水深、灌浆成熟快、可抗稻瘟病等优良性状，为克服水稻育种遗传资源狭窄瓶颈提供了重要的优异性状基因供体材料。菰为鱼类提供过冬场所和饵料，能有效抑制藻类的生长，吸收重金属，净化水体。菰的水生根系发达，是固堤的良好作物。

美国和加拿大已经形成菰米工业化生产系统，其生产出来的菰米作为一种营养与风味兼顾的健康食品进入市场，还出口到欧洲；日本也将菰米列为叶绿素类健康产品，因其有助于糖尿病患者血糖控制，增强免疫。我国菰米资源极其丰富，全国各地湖泊、沟塘和湿地均有生长，然而我国菰米资源未得到重视，没有统一种植和采摘，未得到充分利用。开发利用菰米，可以为国家实现粮食安全，粮食有效供给开辟一种新粮源。

六、菰米健康作用

1. 抗氧化作用

菰米含有类黄酮等物质，能够清除体内自由基，维持体内氧化体系水平，抑制脂质过氧化反应，改善慢性代谢疾病。菰米的甲醇和乙醇提取物具有显著的抗氧化活性，经检该活性物质为植酸，是最早在菰米中发现的具有抗氧化活性的成分。用菰米作为膳食中碳水化合物的主要来源喂食高胆固醇小鼠，喂食 8 周后与对照组相比，发现菰米抑制了血清甘油三酯和总胆固醇的升高，增加了高密度脂蛋白胆固醇水平。此外，实验组小鼠总抗氧化能力提高，超氧化物歧化酶活力增加和丙二醛浓度降低，从而改善氧化应激。酶处理的菰米提取液具有较强的抗氧化活性，能减轻酒精诱导的肝毒性，其潜在机制为增强抗氧化防御功能，表现出自由基清除活性，抑制活性氧产生，增强 Nrf2 通路抑制炎症因子的表达。

2. 缓解胰岛素抵抗

研究发现，菰米中的生物活性物质能通过抑制高饱和脂肪和胆固醇饮食诱导的固醇调节元件结合蛋白-1c、脂肪酸合酶和乙酰辅酶A羧化酶的表达，达到降低脂质代谢失调导致大鼠的肝脏脂肪积累，降低血脂水平，缓解炎症。此外，他们还发现菰米中的活性物质一方面能降低肝脏匀浆甘油三酯和游离脂肪酸水平，提高血清脂联素浓度，降低血清 lipocalin-2 和内脂素浓度；另一方面增加脂联素受体2、过氧化物酶体增殖物激活受体-α 和过氧化物酶体增殖物激活受体-γ 相对表达，并减少相关组织中瘦素和 lipocalin-2 的相对表达，从而缓解高脂饮食诱发的胰岛素抵抗。

菰米中含有丰富的膳食纤维，能预防血脂水平升高，降低血清葡萄糖水平，维持肠道菌群稳定。Hou 等给高脂饮食的小鼠喂食菰米，发现其能调节肠道微生物群，降低厚壁菌门和拟杆菌门的比例，并增加乳酸菌的相对丰度，同时使普雷沃氏菌、厌氧菌、拟普雷沃菌和葡萄球菌恢复正常水平，从而对胰岛素抵抗、肝脂肪变性和低度炎症有保护作用。有研究表明，菰米可以明显改善高脂膳食诱导的大鼠血糖以及血脂代谢紊乱情况，使得大鼠的血糖浓度和血脂浓度维持在正常范围内。Zhao 等分别用菰米和白米代替高脂饮食中的碳水化合物诱导糖尿病小鼠，喂食11周，发现喂食菰米组的小鼠降低了高脂饮食引起的高血糖、高脂血症、胰岛素抵抗和慢性炎症。

3. 预防动脉粥样硬化

可溶性膳食纤维可以降低血糖水平，并与胆汁酸结合，通过粪便排泄，从而降低胆固醇水平，降低心脏病、动脉粥样硬化和其他与高胆固醇水平相关的疾病的风险。Surendiran 等报道菰米对预防动脉粥样硬化的作用，可能与血浆胆固醇水平降低和粪便胆固醇排泄有关，与超氧化物歧化酶和过氧化氢酶活力无关。Moghadasian 等同样发现菰米和植物甾醇联合能够预防低密度脂蛋白受体敲除小鼠动脉粥样硬化，实验发现，60%菰米与2%植物甾醇联合食用能显著降低主动脉根部动脉粥样硬化病变大小和严重程度，这与其能降低血浆胆固醇、低密度脂蛋白和极低密度脂蛋白胆固醇浓度有关。之后，Moghadasian 等发现只食用菰米对预防动脉粥样硬化也有效果，对低密度脂蛋白受体敲除小鼠分别喂食菰米和白米20周，菰米能通过抑制单核细胞与主动脉的黏附预防动脉粥样硬化，以及减轻敲除低密度脂蛋白受体小鼠心血管疾病中炎症和纤溶调节物质的含量。随后，他们对菰米在低密度脂蛋白受体敲除小鼠中的动脉粥样硬化预防机制进行研究，对实验小鼠粪便和血浆样本进行分析，在喂食菰米的实验组小鼠粪便中发现大量细菌，且血浆中的抗炎标志物IL-10和促红细胞生成素水平有所升高，可能能够解释其预防特性。

第三节　籽粒苋

一、籽粒苋栽培史与分类

1. 籽粒苋的栽培史

籽粒苋（*Amaranthus hybridus* L.）原产于中美洲、南美洲、非洲及亚洲热带、亚热带地区，至今已有6000多年的历史，是世界上最古老的栽培作物之一。15世纪前，墨西哥、巴拿马、玻利维亚，直到秘鲁等中南美洲安第斯山脉一带许多国家盛产苋属植物。由于籽粒苋的茎、叶、花穗具有五彩缤纷、鲜艳夺目的色彩，受到当地土著民族阿兹台达人和印第安人及其他部落的崇拜、敬仰和取食。籽粒苋的适应性广，繁殖力强，在世界很多地方都能生长，所以，在16~17世纪时，籽粒苋很快传遍全世界。

我国也是籽粒苋的原产地之一，资源丰富，栽培历史悠久。从文字记载看，距今3000~4000年前的甲骨文中就有“苋”字。古人把苋称为蒉。早在春秋以前，我国古代劳动人民就开始认识苋了。我国具体的栽培历史在2000年前就有记载。由于其抗干旱、耐贫瘠，少有病虫害，又是粮、饲、菜、观赏多用型作物，某些山区（云南、贵州、四川、西藏等地）常有小片栽培，并进入住房宅基地空地。自1982年以来，我国从美国、墨西哥、日本、尼泊尔等国引回40多个优良品种，经过国内外学者多年研究与试种，已有红苋、绿穗苋、千穗谷等7个品种通过国家审定。20世纪80~90年代，我国也研发了十几种籽粒苋食品，包括饼干、面条、速食粉以及酱油等，但一直未能形成规模。自21世纪以来，一些青年学者研究了籽粒苋在辅助降“三高”、缓解眼病、防癌、延缓衰老等方面的作用及其机制，为籽粒苋食品开发提供了理论和技术支持。

2. 籽粒苋的分类

全球苋属植物约40种，分布于热带、亚热带和温带地区。籽粒苋是苋科苋属粒用苋的总称，分为千穗谷、绿穗苋、尾穗苋、红苋等若干种类。我国在1000多年前已有白苋和赤苋的分类。清代汪灏等于康熙四十六年（1708年）改编成的《广群芳谱》一书中提出：苋有赤苋、白苋、人苋、紫苋、五色苋五种。清代植物学家吴其浚《植物名实图考》中写道：“苋有六种，赤苋、白苋、人苋、紫苋、五色苋、马苋”，并指出马苋是马齿苋，而不是苋的一种。当前，根据穗型和颜色，我国的籽粒苋品种主要分为13种，分别是刺苋、苋、皱果苋、凹头苋、绿穗苋、繁穗苋、尾穗苋、千穗谷、细枝苋、腋花苋、反枝苋、白苋、北美苋和红苋。

二、籽粒苋生产、消费、贸易

1. 籽粒苋生产

籽粒苋原产于热带的中美洲和南美洲，目前主要分布于北美洲、南美洲、亚洲和非洲。中国的籽粒苋种植面积较广，主要分布于陕西南部、河南、安徽、江苏、浙江、江西、湖南、湖北、四川、贵州等地。籽粒苋是一种优质、抗逆性强、生长速度快、播种用量少、应用潜力大的作物，苋粒中有较高的蛋白质、淀粉和脂肪，其中不饱和脂肪酸、支链淀粉、赖氨酸含量均较高，是食品工业上良好的原料或营养添加剂。籽粒苋产量高，一般每公顷产鲜茎叶7.5~15万kg，籽实2250~4000kg。

2. 籽粒苋消费和贸易

当前籽粒苋还主要停留在农民自产自销或部分牧业公司定向供应阶段，尚无商业产品的大量销售和流通。籽粒苋幼苗可以作为蔬菜食用，茎叶一般用于加工青饲或者加工青贮饲料，或干燥制粉作为饲料原辅料。苋籽制粉后，可与小麦粉混合制作面包、饼干等烘焙食品，也可作为配料，用于意大利面、挂面等蒸煮类食品的制作；苋籽经过发酵后可用于酱油、苋酸乳、啤酒等食品的加工。

三、作物性状

1. 籽粒苋植物学特性

籽粒苋（*Amaranthus hybridus* L.）是苋科、苋属一年生草本植物。茎直立，高2~4m，最粗直径可达 3～5cm，绿或紫红色，多分枝。叶互生，全缘，叶片卵形或菱状卵形，长 20～25cm，宽 8～12cm，呈绿色或紫红色。基部楔形，上面近无毛，下面疏生柔毛；叶柄有柔毛。直根系，主根入土深达 1.5～3.0m，侧根主要分布在 20～30cm 的土层中。

籽粒苋为穗状圆锥花序，顶生或腋生，直立，分枝多，花小，单性，雌雄同株，细长，由穗状花序而成，中间花穗最长；苞片及小苞片钻状披针形，中脉坚硬，绿色，花被片矩圆状披针形，中脉绿色。胞果卵形，环状横裂，种子近球形，7—8 月开花，9—10 月结果，种子富有光泽。

2. 籽粒苋籽粒性状

籽粒苋的籽粒通常被称为苋籽，是一种新型粮食作物。籽粒较小，直径 1.0～1.5mm，千粒重 0.5～1.2g；呈卵形，形如扁豆，种皮颜色有白色、乳白色、黄色、棕黄色、褐色、紫黑色和黑色。如图 13-6 所示，苋粒结构由淀粉质外胚乳、两片子叶、胚和外种皮构成。籽粒苋的胚较大，约占籽粒质量的 25%，其弯曲成圆形，末端近接触并包围充满淀粉颗粒的外胚乳。

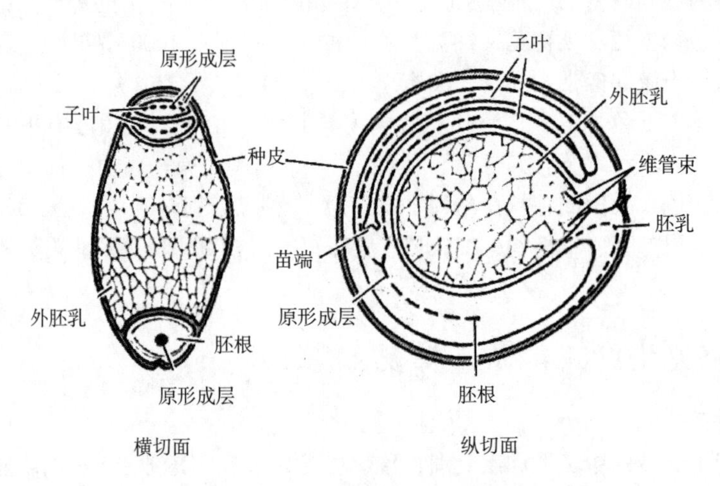

图 13-6　籽粒苋籽粒切面结构

3. 籽粒苋环境适应性

籽粒苋喜温暖湿润气候，生长最适温度为 20～30℃，40.5℃仍能正常生长发育；不耐寒，日平均温度 10℃以下停止生长，幼苗遇 0℃低温即受冻害，成株遇霜冻很快死亡。籽粒苋根系发达，入土深，耐干旱，能忍受 0～10cm 土层含水量 4%～6%的极度干旱，生长期内的需水量仅为小麦的 41.8%～46.8%，玉米的 51.4%～61.7%。籽粒苋的种植以排水良好，疏松肥沃的壤土或砂壤土最为适宜；同时具有一定的耐瘠薄和抗盐碱能力，在含盐量 0.23%的盐碱地和 pH 8.5～9.3 的草甸碱化土地上均能正常生长。籽粒苋同化率高，生长速度快，出苗后 20d 生长速度明显增加，日增高 3～6cm，出苗后 50d，株高日增长可达 9cm 以上。

四、籽粒苋营养成分与品质特性

（一）籽粒苋营养成分

籽粒苋的籽粒中碳水化合物、蛋白质、脂肪、矿物质含量均很高，有很大的食品应用潜力。苋籽中碳水化合物占50%~60%，主要是淀粉，其中支链淀粉含量高达76%。苋籽淀粉颗粒较小，表现为紧密堆积的有角多边形状，直径为1.182~1.431μm，小颗粒淀粉可在74℃温度下糊化。

苋籽中蛋白质含量为12.5%~20.0%，略高于传统的小麦、玉米等谷物，含有约40%的清蛋白、20%的球蛋白、25%~30%的谷蛋白和2%~3%的醇溶蛋白。蛋白质中赖氨酸、色氨酸、酪氨酸、苯丙氨酸、胱氨酸、甲硫氨酸，乃至异亮氨酸的含量均高于或接近于FAO/WHO所推荐的人类最适氨基酸含量水平。

苋籽中脂肪含量为5.4%~9.0%，高于一般禾谷类作物，主要由甘油三酯（80.3%~82.3%）、甘油二酯、甘油一酯、磷脂、植物甾醇等组成。脂肪中的不饱和脂肪酸含量高达70%~80%，其中亚油酸占脂肪酸的40%~50%，油酸占30%，棕榈酸占20%，硬脂酸含量仅占4%。

苋籽中的矿物质（2.6%~4.4%）也高于一般禾谷类作物，苋粉中铁、钙、锌的含量分别为小麦粉的10倍，8倍，4倍。苋籽中还含有维生素C、维生素B_2、维生素E和胡萝卜素等，维生素组成较为平衡。据测定，苋籽中含钙0.70%~0.72%，磷0.72%~0.74%，粗纤维6.6%，粗灰分4.6%~4.9%，与豆类中的含量相当。苋粒中还含有一定量的生物活性物质，主要分为3种：芦丁（4.0~10.1μg/g）、烟花苷（4.8~7.2μg/g）和异槲皮素（0.3~0.5μg/g）。此外，苋籽还含有其他小分子物质，赋予其坚果的味道。

（二）籽粒苋品质特性

1. 营养特性

苋粒中的优质淀粉和蛋白质有助于平衡人类膳食结构。苋籽中的赖氨酸含量（0.5%~0.6%）高于燕麦，与荞麦相当。苋籽中缺少亮氨酸，为籽粒苋产品的限制氨基酸，而一般禾谷类作物的籽粒蛋白质中亮氨酸含量高，赖氨酸是限制性氨基酸。因而，将苋籽粉与小麦等谷物粉混合制作的食品，其氨基酸组成得到互补，营养价值大幅提高。苋籽中脂肪质量高，为老年人提供了理想的保健食品源，优质的脂肪酸组成也使之成为优质脂肪替代物。苋籽中维生素含量均衡，且便于人体吸收利用，其中维生素E以生育酚或者三烯生育酚的形式存在，具有较强的抗氧化性。根据美国食品与营养委员会（FNB）推荐的成人矿物质需求，每100g苋粉可提供人体每日所需镁的71%、钙的30%、磷的25%、铁的14.9%、锌的27%、铜的40%。

2. 加工特性

苋粒是一种假谷物，类似于粮食作物，含有大量的淀粉和蛋白质，因而常被用于超微粉碎添加到其他谷物粉中制备复配型点心、面条、面包等食品。苋粒浸泡磨浆并发酵可以制备高蛋白植物饮料。大量研究表明，苋粒中蛋白质具有较好的乳化性、起泡性、凝胶特性，以及较好的保水能力，油脂具有较高的氧化稳定性，维生素E和多酚类物质具有较好的抗氧化性，这些特性有利于开发优质、营养、长货架期的籽粒苋食品。

五、籽粒苋品质规格与标准

我国现行的籽粒苋相关标准有5项，分别是国家推荐标准GB/T 26615—2011《籽粒苋种子质量分级》，农业行业标准NY/T 2499—2013《植物新品种特异性、一致性和稳定性测试指

南　籽粒苋》，四川省地方标准 DB51/T 1309—2011《籽粒苋种子检验规程》，黑龙江省地方标准 DB23/T 1192—2007《籽粒苋生产技术规程》和吉林省地方标准 DB22/T 3136—2020《籽粒苋裹包青贮技术规程》。暂无与籽粒苋食品加工相关的标准。

GB/T 26615—2011《籽粒苋种子质量分级》中规定，籽粒苋种子根据净度、发芽率、其他植物种子数、水分含量（各级均≤12%）和种子用价分为一级、二级和三级（表 13-6）。

表 13-6　籽粒苋种子质量分级

中文名	学名	级别	种子净度/%	种子发芽率/%	其他植物种子数/(粒/kg)	水分含量/%	种子用价/%
籽粒苋	*Amaranthus hypochondriacus* L.	一	≥98	≥90	≤500	≤12	≥88.2
		二	≥95	≥85	≤2000		≥80.8
		三	≥90	≥80	≤4000		≥72.0

注：种子用价是指籽粒苋种子样品中真正有利用价值的种子所占的比例（%），为种子净度和发芽率的乘积。

六、籽粒苋储藏、加工及利用

（一）籽粒苋的储藏

温度和水分是籽粒苋储藏最关键的因素。李祖明等研究了臭氧、冷藏、真空、充氮、PE 袋包装等综合保鲜技术对籽粒觅储藏生理特性的影响，探索了籽粒苋综合储藏保鲜新途径。结果表明，经臭氧处理（10mg/kg，时间 10min），结合充氮（N_2 置换率 99.2%）和 PE 袋包装(厚度约为 0.14mm)，温度保持（2±1)℃的低温条件下，籽粒苋的储藏期可以延长至 90d。此外，超干处理（含水量 4.12%）可以使籽粒苋种子保持较高的活力，从而提高其耐储藏性。

（二）籽粒苋的加工和利用

1. 食品加工

在国外，用苋籽制作的食品被认为极富营养价值，得到了众多消费者的青睐，尤其是一些对谷物食品过敏的消费人群。目前，籽粒苋食品主要有烘焙食品、蒸煮食品和发酵食品。

（1）烘焙食品　苋籽常被用于制作饼干、面包等淀粉类点心食品。蔡红燕发现小麦粉中添加籽粒苋粉可以制备高品质的面包，将苋籽粉与小麦粉按照 1∶9 质量比复配制作的面包，特别适合儿童和老人食用。籽粒苋对面包中赖氨酸有强化作用，用它制作的面包氨基酸营养平衡性要远好于普通面包。籽粒苋粉与大米粉或者小麦粉复配还可以改善面包的膨胀性、硬度和感官品质。此外，籽粒苋粉在饼干、酥脆饼、蛋卷等烘焙食品制作上也有较好的应用前景。

（2）蒸煮食品　苋籽粉作为配料，被用于意大利面、通心粉和传统挂面的生产。面条预混合粉中籽粒苋全粉的添加量为 10%时，具有最佳的蒸煮品质、质构特性和感官品质。

（3）发酵食品　籽粒苋通过发酵可以制备多种形式的产品或食物调料。籽粒苋酱油富含还原糖，香味浓郁，在东南亚地区被广受欢迎。肖荣飞利用苋籽酿造白酒，得出最佳酿造工艺参数是：糖化温度 58℃，糖化酶用量为 0.30%，糖化时间 2h，出酒率为 51.6%，且符合 GB/T 10781.2—2022《白酒质量要求　第 2 部分：清香型白酒》中的各项要求。通过酶水解和发酵可制备籽粒苋酸乳，有研究发现籽粒苋酸乳的最佳发酵工艺为：嗜酸乳杆菌与植物乳杆菌活化后体积比为1∶1，接种量3%，发酵温度37℃，发酵时间为12h。籽粒苋良好的发酵特性丰富了高营养发酵类食品和调料的种类。

2. 活性物质提取

由于苋籽中含有大量的淀粉、优质蛋白、脂肪、膳食纤维和多酚，可用于活性物质的提取。陈飞平等研究发现，当提取液为0.18g/L NaOH溶液，料液比为1∶35（g/mL），温度35℃，提取时间30min时，苋粒蛋白的提取率为90.21%。刘世凯等使用去离子水，料液比为1∶30，在55℃水浴条件下超声波105min辅助提取苋籽多酚，并进行抗氧化研究，发现在苋籽多酚质量浓度为20~100μg/mL时的自由基清除率是维生素C的4~5倍。此外，苋叶中含有大量的色素，可用于制备天然色素；苋茎中含有较高的膳食纤维，可采用糖酵化的方式除去淀粉来进行分离，其中水不溶性纤维容易作用于肠道，促进肠道健康。

七、籽粒苋健康作用

籽粒苋含有丰富的营养物质和功能活性成分，这些成分具有一定的抗癌、降血压、控制血糖和营养强化等健康作用。籽粒苋活性肽具有良好抗癌和抗血栓作用，其活性肽中含有抗血栓形成和抗癌氨基酸序列。籽粒苋11S球蛋白能够抑制血管紧张素转换酶的活性，具有良好的降血压作用。籽粒苋食品中富含的赖氨酸是大多数谷物的限制性氨基酸，有利于人类膳食营养的强化与平衡。籽粒苋中富含酚类等抗氧化成分，在喂养高胆固醇大鼠实验中，显著抑制了血浆脂质含量的升高，有潜在的降血脂作用。Hernandez-Garcia等的研究发现，以籽粒苋开发的功能性饮料具有潜在的抗氧化和降血糖活性。综上所述，籽粒苋中富含多种营养和功能成分，作为大宗谷物食品原料的补充，有望在未来成为重要的粮食作物，充分发挥其健康作用。

思考题

1. 薏苡、莜米、籽粒苋的营养组成特点及健康功效优势有哪些？
2. 薏苡、莜米、籽粒苋作为全谷物加工利用面临哪些问题？

第十四章

全谷物作为低 GI 食品基料的应用

学习目标

1. 掌握低GI食品的概念；
2. 了解国内外低GI食品的发展历程；
3. 熟悉全谷物中的降GI功能因子。

第一节 低GI食品

一、低GI食品的概念

1. GI的概念

血糖生成指数（glycemic index，GI）是1981年由加拿大科学家Jenkins等首次提出。GI定义为：含50g可利用碳水化合物（available carbohydrate，AC）的试验食物血糖应答曲线下增量面积（incremental area under the curve，IAUC）与含等量AC标准食物（葡萄糖或白面包）的IAUC之比。即将50g葡萄糖或白面包在2h内的IAUC定义为100或71，其他食物的GI则通过两者曲线下面积的比值乘以100计算。用公式表示为：GI=［含有50g AC的IAUC/50g葡萄糖（或白面包）的IAUC］×100（或71）。

2. 食品GI的测定

人体试验是计算GI的最主要方法，也是目前国内外测定食品GI的金标准方法。人体试验测定GI方法受到多个因素的影响，包括受试对象身体健康状况、受试人数、测试前用餐、运动情况、服药情况、食物、被测食物中可利用AC、葡萄糖监测方法及数据处理等。因此，为获得有价值的GI，就需要对其测定方法进行标准化。

澳大利亚经过20多年的国际合作、研究和实践，形成了国家标准AS 4694—2007 *Glycemic Index of Foods* 并通过澳大利亚GI基金会标注标识。国际标准化组织ISO在FAO/WHO推荐方法基础上进行研究，结合澳大利亚标准，发布了ISO 26642：2010 *Food Products-Determination of the Glycemic Index*（*GI*）*and Recommendation for Food Classification*。该标准是目前GI测试的国际通用标准，可用于产品GI测试、GI研究和国际实验室之间的数据比对。2019年底卫生行业标准WS/T 652—2019《食物血糖生成指数测定方法》发布，为我国预包装食品GI测定提供了依据。

3. 低GI食品的分级

在膳食推荐中，GI的教育指导可以弥补单靠测量食物能量和AC摄入量指导饮食的理论不足。按照GI范围，可将食物分为不同等级（表14-1）。

表14-1 食物GI划分标准

分类	GI	代表性谷物	特点
高GI食物	>70	糯米、精白米	进入人体后，消化快、能迅速提高血糖，同时胰岛素水平快速升高，导致血糖下降速度快，血糖变化剧烈

续表

分类	GI	代表性谷物	特点
中GI食物	55~70	小米、玉米	介于两者之间
低GI食物	≤55	荞麦、白藜麦	进入人体后，在胃肠停留时间长，吸收速率低，对血糖影响小，有利于控制血糖

谷物原料的GI数据通常可从以下几个来源查询，例如，国际食物GI数据库、中国GI数据库、中国食物成分表和文献检索数据。通过对谷物原料的GI进行检索和查询可知，全谷物原料，如荞麦、藜麦等，与精白米和精制小麦粉相比，GI明显较低（表14-2）。对于低GI产品的开发来说，全谷物原料有着天然的优势。

表14-2　部分谷物原料的GI范围分布

谷物原料	GI范围
精白米	70~100
精制小麦粉	80~85
糯米	87~99
小米	62~79
玉米	55~62
荞麦	51~54
藜麦	50~54

4. 低GI食品的益处

国内外长达40年的全球研究发现，健康的低GI饮食对所有人群的整个生命阶段都有益。低GI食品具有缓慢消化的特点，餐后血糖和胰岛素水平反应均较平稳，具有潜在的降低疾病风险和改善身体健康的作用。据报道，长期的低GI饮食干预具有潜在的稳定血糖、改善胰岛素抵抗和减肥控重的作用。《中国超重/肥胖医学营养治疗指南（2021）》也指出，低GI食物具有低能量、高膳食纤维的特性，可使胃肠道容受性舒张，增加饱腹感，有利于降低总能量摄入；与高GI或低脂饮食相比，接受低GI饮食者的体重、BMI、总脂肪含量下降更显著。一项人体研究发现，低GI饮食可通过改善毛囊皮脂流出和皮肤表面甘油三酯组成而缓解痤疮，因此，低GI食品可能具有改善皮肤状态的作用。此外，有研究发现低GI食品可促进脂肪氧化，可能具有增强机体运动耐力的效果。

二、国际上低GI食品的发展

1. 国际低GI食品市场现状

一些国家对低GI食物的认知及推广较早，澳大利亚、美国、日本、新加坡等国家的低GI产品较为丰富，包括主食类、乳制品类、饮料类、零食类、调味品等。

以市售的进口全谷物类产品为例，大部分为多谷物复配的低GI食品。澳大利亚GI基金会认证的低GI面粉，以多种谷物（亚麻籽粉、燕麦粉、荞麦粉、珍珠大麦粉等）代替部分小麦粉而制得，GI 为 27，血糖负荷（glycemic load，GL）为 4，同时富含不饱和脂肪酸及较高含量的膳食纤维。澳大利亚另一款低 GI 燕麦产品 GI 为 51，GL 为 15。意大利生产的低 GI 饼干产品（GI 为 43，GL 为 14.8），也主要由三种全谷物（粗磨黑麦、粗磨小麦以及小麦细碎片）组成。

低 GI 食品在一些欧美国家的发展已经较为成熟。主要通过丰富谷物种类、增加全谷物、豆类及坚果类原料的占比，降低食品的 GI。低 GI 食品同时具有高蛋白质含量、高膳食纤维含量的特点。进一步改良作物品种、优化全谷物原料加工工艺、添加功能性成分等方式，也是全谷物低 GI 食品未来深入探究的方向。

2. 国际低 GI 食品标准法规现状

目前，在澳大利亚、新加坡等发达国家，食品 GI 的测定均采用国际 ISO 标准，低 GI 食品的认可及标识等配套管理也由国家层面统一颁布并执行相关的规范或准则。以澳大利亚为例，其现为最早建立 GI 规范标准的国家，也是迄今为止低 GI 食品相关法规最为成熟，标识体系及产品研发最为成熟的国家。澳大利亚 GI 基金会设立了“GI 标识”项目，通过近 20 年的开展和推广，建立了从 GI 测试到认证到推广的成熟体系。对于申请 GI 测试的企业，基金会也有额外的营养成分含量要求，旨在为大众及企业树立对 GI 的正确理解与认知。澳大利亚“低 GI 食品标识”（图 14-1）主要对食品的 GI 以及不同种类食品的营养素进行了严格限定。其中，包括①碳水化合物含量要求：每份食品至少含有 7.5g 碳水化合物，或含有 80%以上碳水化合物；②GI 要求：采用国际标准化组织方法测定 GI，且 GI≤55；③营养素要求：“低 GI 食品标识”食品的能量和营养素（包括碳水化合物、脂肪和饱和脂肪、蛋白质、膳食纤维、钠、钙等）进行了严格限定。此外，在澳大利亚，获得低 GI 标识的产品，可以在澳大利亚新西兰食品标准局（Food Standards Australia New Zealand，FSANZ），依照相关管理条款，对低 GI 食品使用指定的健康声称。

图 14-1　澳大利亚低 GI 食品标识

三、我国低 GI 食品的现状

1. 我国低 GI 食品市场现状

根据相关数据显示，我国与饮食营养密切相关的慢性或代谢性疾病仍逐年上升，并有向低龄化延伸的趋势。以糖尿病为例，根据国际糖尿病联盟（International Diabetes Federation，IDF）发布的《2021 IDF 全球糖尿病地图》显示，10 年间，我国糖尿病患者由 9000 万已增加至 1.4 亿，增幅达 56%。低 GI 食品的多种健康益处及其在慢病防控（控糖、减重等）中显现出来的效果，使其成为我国近年具有独特发展优势的一个新兴产业。自我国于 2019 年发布了推荐性卫生行业标准 WS/T 652—2019《食物血糖生成指数测定方法》以来，低 GI 食品行业迎来了首波热潮，低 GI 食品行业也见证了很多品类的从无到有。例如，2019 年年底我国上市了首个包装上进行低 GI 数值标识的谷物饼干，并陆续涌现出如低 GI 薄脆饼干、低 GI 面包、低 GI 坚果棒、低 GI 速食粥、低 GI 馒头等产品。据不完全统计，每年完成研发类及测试类的低 GI 产品超过 100 种，涉及品类既包括各类谷物及其制品，也包括坚果零食、调制乳粉、固体饮料等食物品类。相比该行业发达国家，我国在面制品、涂抹酱类、果蔬深加工产品类、方便食品类等方向，仍然缺少相关低 GI 产品。

2. 我国低 GI 食品相关标准发展历程

我国对食物的 GI 与国际采用相同的划分标准，即高 GI（GI>70）、中 GI（55<GI≤70）、低 GI（GI≤55）。2019 年我国 GI 测试标准的出台促进了行业的快速发展，然而国内目前尚未颁布低 GI 产品质量相关的国家或行业标准，不利于低 GI 产品的声称和标识管理。目前，我国低 GI 认证机构对产品进行认证主要通过采信来自 GI 测试机构出具的 GI 测试报告的方式。2019 年底至今，国内有 10 多家通过国家认监委批准的第三方独立认证机构，各自独立发布不同的低 GI 认证标识（图 14-2）。但没有统一的标识，这不利于低 GI 产品在我国市场的规范推广。

图 14-2 我国部分低 GI 认证机构发布的低 GI 食品认证标识

第二节 全谷物中的降 GI 功能因子

一、膳食纤维

膳食纤维是由大量单糖通过糖苷键连接形成的聚合体，包含半纤维素、纤维素、果胶等结构性多糖和抗性淀粉，其中半纤维素又包括木聚糖、β-葡聚糖、甘露聚糖、半乳聚糖等，主要存在于植物细胞壁中，是构成细胞壁的主要成分。膳食纤维可通过延缓碳水化合物的消化和吸收，进而降低食物的 GI，谷物膳食纤维主要有非淀粉类多糖、抗性淀粉等。

（一）非淀粉类多糖

1. β-葡聚糖

近些年来，谷物β-葡聚糖作为一种水溶性膳食纤维受到了较多的关注，其可以通过延缓碳水化合物的消化，进而起到降低食物 GI 的作用。谷物中β-葡聚糖含量居首的是大麦和燕麦。有研究表明，以燕麦β-葡聚糖部分替代（3.7%）小麦粉做成的面包可以将面包 GI 降低至 68，继续增加比例到 4.9%，GI 降低到 63。在面包中添加不同水平的大麦β-葡聚糖，进而测试 GI，发现大麦β-葡聚糖可以将面包 GI 从 64 降低到 51~29，并且随着添加量的增加，GI 逐渐降低。

2. 阿拉伯木聚糖

阿拉伯木聚糖（arabinoxylan，AX）属于半纤维素，是许多谷物细胞壁的重要组成部分，存在于谷物的麸皮和胚乳中。谷物中的阿拉伯木聚糖中主要来源于禾本科植物，且以小麦、黑麦中阿拉伯木聚糖的研究居多。在白面包中加入小麦麸皮阿拉伯木聚糖可显著降低餐后血糖水平，这是由于AX具有一定的黏度特性，起到了延缓胃排空速度和淀粉消化的作用。在玉米淀粉中添加玉米麸皮阿拉伯木聚糖可以显著降低淀粉的体外消化率，并且随着阿拉伯木聚糖添加量的增加，淀粉消化率呈逐渐下降的趋势。这主要是由于随着玉米麸皮阿拉伯木聚糖添加量的增加，体系黏度逐渐增强，从而抑制了酶与底物的接触，进而导致淀粉水解率降低。

（二）抗性淀粉

抗性淀粉（resistant starch，RS）是一种难消化的碳水化合物，主要分为5类，分别为RS1、RS2、RS3、RS4、RS5。RS1是被植物细胞壁或蛋白质包裹的淀粉分子，不易被消化；RS2是指具有B型或C型晶形结构的淀粉分子，不易被酶水解；RS3是指回生淀粉，即淀粉分子在经糊化冷却后的结构的重排列，这些分子无法适应淀粉酶的底物结合位点，不易消化；RS4是经过化学改性的抗性淀粉，化学改性使RS4不易在加热过程中膨胀，或改变了分子结构，不易与消化酶结合水解；RS5是指直链淀粉和脂肪酸结合物，如棕榈酸-直链淀粉混合物。

谷物原料中以高抗大米、高抗面粉等产品中抗性淀粉含量较高，由大米和面粉产品已知的GI数据可以发现，抗性淀粉含量较高的大米以及面粉产品的GI要普遍低于普通大米和面粉产品。例如，普通大米的GI通常为70~90，而高抗大米如澳洲SunRise大米、高直链精大米、Moolgiri大米等GI为40~55，为低GI食物。GI大小还与抗性淀粉含量高低有关，不同基因型的大米中抗性淀粉含量不同，其GI也分布在60~70不等。

（三）其他

此外，全谷物原料中含有一定量的木质素类膳食纤维，为不可溶性膳食纤维，与可溶性的膳食纤维相比，其对GI的影响较小。木质素主要是通过物理屏障的作用可以在一定程度上降低淀粉与消化酶的接触，从而降低淀粉消化，进而降低食物GI。

二、谷物蛋白质及活性肽

（一）谷物蛋白质

谷物的麸皮、胚乳和胚芽中均含有蛋白质，且不同谷物的分布也不尽相同。谷物蛋白质在低GI食品中的应用主要是通过直接添加外源性蛋白质或使用蛋白质酶酶解谷物中内源性蛋白质。

向食物基质中添加外源性蛋白质可增加食物中整体蛋白质的水平，而蛋白质可通过抑制淀粉的消化并增加抗性淀粉的比例，从而降低整体食物的GI。谷物中含有的内源性蛋白质一方面主要是通过与淀粉之间的相互作用，从而延缓淀粉消化，降低食物的GI。另一方面是通过在半胱氨酸残基之间形成二硫键，玉米蛋白质中的不同蛋白质亚基在二硫键的作用下形成巨大而复杂的蛋白质分子，形成厚的蛋白质屏障从而抑制淀粉消化速率。通过去除裸燕麦内源蛋白质并测定去除前后的消化特性发现，裸燕麦的预估血糖指数（expected glycemic index，eGI）由原先的67.6上升至73.4。

综上所述，谷物蛋白质降低GI的机制主要包括：一方面，蛋白质形成三维网络结构，紧密包裹淀粉颗粒。因此淀粉酶在水解淀粉时，需要蛋白质酶先对外层蛋白质进行水解，延缓淀粉酶对淀粉的水解作用，使单糖和双糖的释放速率减慢，GI 下降。另一方面，蛋白质如球蛋白质、白蛋白质和谷蛋白质等，可能会黏在淀粉颗粒周围，阻断淀粉和淀粉酶的催化结合，延缓淀粉水解。

（二）谷物活性多肽

食用淀粉类食物后，淀粉会在消化酶的作用下分解为可吸收的葡萄糖，淀粉分解越快，葡萄糖释放到血液中的速度就越快，GI 也就越高。因此，可通过抑制淀粉消化酶（如 α-淀粉酶和 α-葡萄糖苷酶）活性，延缓淀粉水解，从而降低食物的 GI。由于合成类酶抑制剂通常具有毒性和副作用，可引起腹泻和肝毒性等。因此从天然产物中分离高效的 α-淀粉酶和 α-葡萄糖苷酶抑制剂是目前相关研究的热点。肽通常是不活跃的，只有从它的一级结构蛋白质中释放出来，才能展现出生物活性。近年来，越来越多的科研人员开始研究蛋白质水解产生的肽对淀粉消化的影响，肽比完整的蛋白质对淀粉消化率的影响更大，多肽的分子质量和结构也影响着抑制作用。

1. α-淀粉酶抑制肽

α-淀粉酶是参与消化淀粉的主要酶之一，可将淀粉分解为糊精、麦芽糖等，并进一步将其分解为葡萄糖，从而迅速被人体吸收。由于不同种类的蛋白质酶具有不同的酶切位点，因此用不同种类蛋白质酶水解谷物蛋白质得到多肽对 α-淀粉酶的抑制作用并不相同，有研究表明，脯氨酸和芳香族氨基酸对 α-淀粉酶起着至关重要的抑制作用，因此，在探究多肽对 α-淀粉酶的抑制作用时可着重选择富含这几种氨基酸的多肽序列。用碱性蛋白质酶和风味蛋白质酶持续水解燕麦蛋白质得到的多肽具有较好的 α-淀粉酶抑制作用，相对分子质量为 1000~5000 的燕麦多肽在 100μg/mL 时对 α-淀粉酶抑制率为 42.6%±1.1%，这可能是因为碱性蛋白质酶和风味蛋白质酶酶解可以生成富含疏水性氨基酸和芳香族氨基酸的多肽序列，抑制效果更好。这些发现为通过肽配方减缓淀粉消化，开发新型低 GI 功能性食品奠定了理论基础。

2. α-葡萄糖苷酶抑制肽

α-葡萄糖苷酶是一种位于小肠上皮绒毛细胞的膜结合酶，通过分解糊精、麦芽糖等并产生葡萄糖来参与淀粉消化过程。已有研究报道一种由 8 个氨基酸组成的燕麦球蛋白质多肽对 α-葡萄糖苷酶具有抑制作用，IC_{50} 为 78.58μg/mL。肽的分子质量会影响其对酶的抑制作用，超滤可以通过改变超滤膜的孔径大小来控制所得多肽组分的分子质量。研究人员比较了分子质量在 5000u 上下的藜麦多肽对 α-葡萄糖苷酶的抑制活性，发现<5000u 的组分对碳水化合物消化酶有显著的抑制作用，而>5000u 的组分对 α-葡萄糖苷酶没有抑制活性。分子质量越低，多肽对酶的抑制效果越好，这可能是因为氨基酸残基上更活跃的侧链可以暴露在外界，以增加其催化位点或亚位点与酶相互作用的可能性。据报道，精氨酸的存在对于增强 α-葡萄糖苷酶抑制活性是必要的，同样，N 端赖氨酸的存在也会增加肽的 α-葡萄糖苷酶抑制活性。

多肽对淀粉的消化酶的抑制作用高于完整蛋白质，主要是因为：①酶水解可以破坏蛋白质的二、三、四级结构，产生具有疏水性和极性氨基酸残基的肽，这些肽段具有灵活的结构，能通过疏水相互作用、氢键和静电相互作用与淀粉结合；②酶水解产生的肽段更有可能与淀粉酶发生相互作用，从而抑制其催化活性。肽可能与底物竞争结合淀粉酶的活性位点，从而阻断底物进入（竞争性抑制），或者肽能与酶-底物复合物结合，从而改变其构象，增加反应活化能，降低反应速率（非竞争性抑制）。

三、植物化学物质

全谷物几乎含有影响人体健康的所有营养素，除了蛋白质和淀粉外，其他的营养健康因子主要存在于其胚芽和皮层中，因此，在过去的几年里，富含麸皮和胚芽的全谷物产品及流行的加工产品在注重健康的消费者中很受欢迎。从粮食加工工业的各谷物产品中鉴定和分离出了多种对食物 GI 降低具有积极作用的生物活性成分，例如，黄酮化合物、酚类、生物碱等其他植物化学物质。

（一）生物类黄酮

1. 芦丁

芦丁（图 14-3），英文名 quercetin-3-O-rutinoside，是一种类黄酮糖苷，在谷物中主要存在于普通荞麦、苦荞和燕麦中。研究指出，芦丁通过抑制小肠中作用于碳水化合物的 α-糖苷酶和 α-淀粉酶来减少对葡萄糖的吸收，通过肠道葡萄糖吸收的抑制，防止了餐后血糖水平急剧上升。

芦丁是在荞麦中检测到的主要类黄酮化合物。尽管在荞麦的所有形态部分中含量都很高，但在荞麦叶（最大 3417mg/100g）和麸皮（最大 5186mg/100g）中含量最高。与普通荞麦相比，苦荞中的芦丁含量也高出其 5 倍。去壳燕麦部分（0～3.2mg/100g）和燕麦种子（0.22～0.47mg/100g）中芦丁的浓度较低。槲皮素是众所周知的芦丁苷元，是燕麦中主要的类黄酮化合物，其中去壳燕麦样品的浓度最高（高达 8.9mg/100g）。在普通荞麦中，槲皮素的含量范围从外壳中的 0.07mg/100g 到荞麦芽的 33mg/100g，苦荞中含量高达 0.31～2.38mg/g。

2. 花青素

花青素（图 14-4）是黄酮类化合物家族的一员，是颜色强烈的水溶性色素，使谷物呈现橙色、棕色、红色、蓝色和紫色。花青素是多甲氧基和/或多羟基衍生物的黄酮或 2-苯基苯并吡喃盐的糖苷。膳食花青素的摄入可有助于降低空腹血糖（FBS）、餐后 2h 血糖（2h PPG）水平，其主要是通过抑制淀粉酶和葡萄糖苷酶的活性、增加慢消化和抗消化淀粉的占比，从而降低食物消化速率。

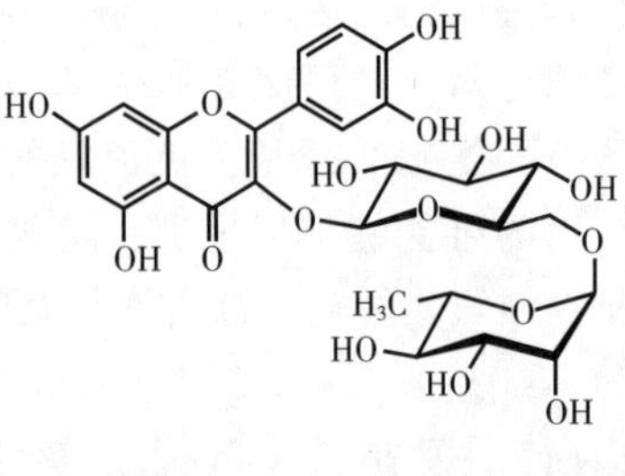

图 14-3 芦丁

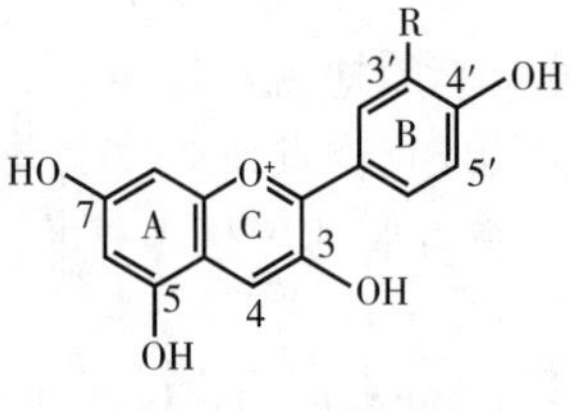

图 14-4 花青素

有研究数据显示，泰国有色糙米粉的 GI 与茉莉米（白米）的 GI（109±10）相比均较低，有色糙米 GI 大都分布在 63.242～66.507，这表明花青素等色素对谷物 GI 有积极的降低作用。此外，在一项玉米中花青素与 GI 关系的研究中发现蓝色玉米和红色玉米中的总花青素含量分别为 49.60mg CGE/kg 和 4.51mg CGE/kg，黄色玉米中未检测到；而蓝色玉米中快消化碳水含量也最低，且慢消化碳水含量最高，经测试也证明蓝玉米为低 GI 食品，而黄色和红色玉米食品为中 GI 食品。这项研究表明花青素可有效降低玉米的 GI。

（二）多酚

全谷物是酚类化合物的良好来源，全谷物中特有的多酚化合物包括烷基间苯二酚（ARs）、燕麦蒽酰胺（Avns）、阿魏酸（FA）等。

1. 烷基间苯二酚

烷基间苯二酚（图 14-5）是酚类脂质，由酚环和长脂肪烃链组成，它们主要存在于全谷物的麸皮层中，并被广泛用作全谷物摄入的生物标志物。众多谷物中，全麦是烷基间苯二酚的主要来源，含量为 489~1429μg/g，在中国小麦中，ARs 的含量为 631~950μg/g；此外，大麦和荞麦中也含有一定量的 ARs。

ARs 可以通过抑制 α-葡萄糖苷酶的活性来发挥控制食物餐后血糖应答的作用。烷基间苯二酚可与 α-葡萄糖苷酶的活性位点结合，改变其活性中心的空间构象，从而改变酶分子和糖分子的亲和力，抑制酶活性，进而抑制多糖降解，延缓肠道对碳水化合物的吸收，达到降 GI 的目的。有研究人员从黑麦麸中提取的 ARs 可以与高直链淀粉（HAMS）形成包含体复合物，导致 HAMS-AR 复合物具有较差的 V 型结晶形式，V-直链淀粉与 ARs 的包含复合物降低了淀粉消化速率。

2. 阿魏酸（FA）

阿魏酸（4-羟基-3-甲氧基肉桂酸）是羟基肉桂酸的衍生物（图 14-6），羟基肉桂酸是一种酚酸。阿魏酸在不同全谷物中的含量分布也不尽相同，以燕麦、小麦籽粒中含量相对较高。阿魏酸可分别通过混合和非竞争机制强烈抑制 α-淀粉酶和 α-葡萄糖苷酶活性并显著降低淀粉水解速率，延缓食物餐后血糖升高，从而降低食物 GI。

（三）荞麦碱

荞麦碱（图 14-7）是一种萘啶类化合物，和葡萄糖有着相似的分子结构。荞麦碱及其类似多羟基生物碱类均可通过有效地抑制 α-葡萄苷酶作用而延缓蔗糖和淀粉的分解，从而降低了其 GI。以富含荞麦碱的荞麦为原料制成的荞麦复配米饭可显著降低米饭的体内外血糖应答强度，具有良好的降低餐后血糖的功效。在全谷物原料中，荞麦碱主要来源于荞麦，苦荞麦谷粒中荞麦碱含量为 0.01~0.04mg/g。有研究显示，荞麦碱对人体关键消化酶 α-葡萄糖苷酶有明显的抑制作用，其 IC_{50} 可达 1.3μmol/L。

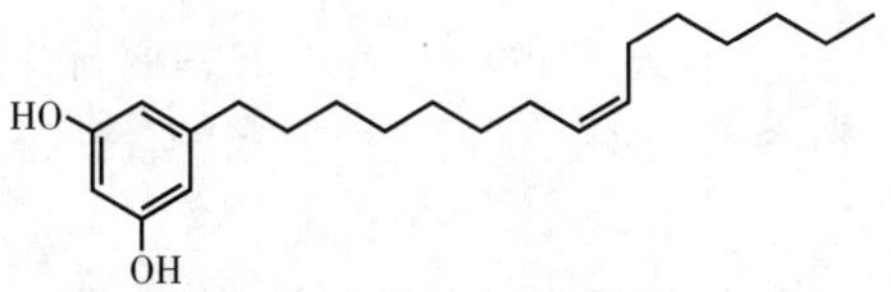

图 14-5 烷基间苯二酚

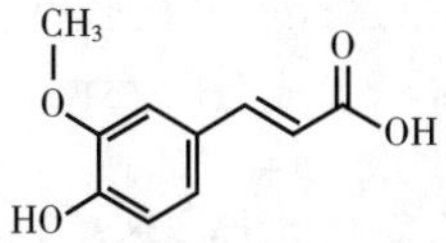

图 14-6 阿魏酸

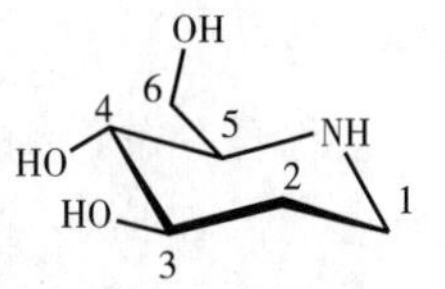

图 14-7 荞麦碱

（四）其他

1. 植酸

植酸（phyticacid）又称肌醇六磷酸（图 14-8），系统命名为 1，2，3，4，5，6-肌醇六磷酸酯（InsP6）。在谷物中，植酸的含量为 0.06%~2.22%，且在大米、小麦中主要以钾-镁盐的形式存在。在水稻、大麦等禾谷类作物籽粒中，90%以上的植酸储存于糊粉层，而剩余的10%左右则主要在盾片层。然而，在玉米中 90%植酸分布在盾片层，只有 10%在糊粉层。有研究指出，植酸可以通过氢键直接或通过蛋白质间接结合淀粉，造成淀粉溶解性和可消化性减弱。

2. 植物甾醇

植物甾醇是由 27~30 个碳环结构和羟基组成的一种重要的甾体类化合物（图 14-9）。主要存在于黑麦、小麦、大麦以及燕麦等谷物的皮层，含量可达 50~100mg/g。有研究表明，米糠油中的植物甾醇通过抑制小鼠餐后葡萄糖的释放，可有效抑制血糖浓度上升。

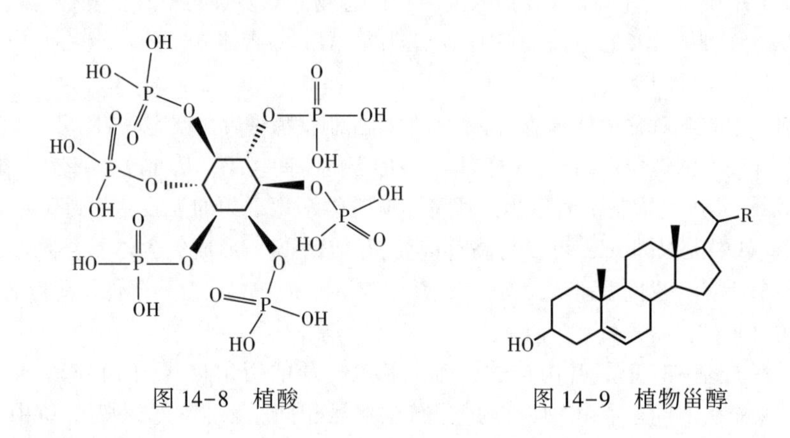

图 14-8　植酸　　　　图 14-9　植物甾醇

第三节　全谷物在低 GI 产品开发中的应用

一、全谷物原料筛选与消化特性研究

（一）全谷物原料成分对 GI 的影响

全谷物中富含多种营养物质，包括碳水化合物、膳食纤维、蛋白质、脂肪、维生素和矿物质等，这些营养成分会影响碳水化合物的消化速度，从而影响原料的 GI。在全谷物原料筛选时，要综合考虑原料的 GI 和营养成分，选择可消化淀粉含量较少、优质蛋白质和膳食纤维含量丰富的低 GI 原料。

淀粉是全谷物原料的重要组成成分，淀粉颗粒的大小、淀粉损伤程度和糊化程度、淀粉的组成和结构等均会影响全谷物原料的 GI。根据淀粉的消化程度和葡萄糖释放速率的差异将淀粉分为快速消化淀粉（RDS）、慢消化淀粉（SDS）和抗性淀粉（RS）。RDS 主要由无定形和分散的淀粉组成，RDS 含量高的食物容易导致体内血糖水平和胰岛素含量快速升高；SDS 包括物理上不可接近的无定形淀粉，能够可持续缓慢地释放葡萄糖，有利于维持餐后血糖的稳定状态；RS 是任何未在胃或小肠消化吸收并传递给大肠的淀粉或淀粉消化产物，其作用类似于可发酵和可溶的膳食纤维，摄入 RS 后可在大肠内发酵产生短链脂肪酸，促进肠道健康。餐后血糖的反应与 RDS 的含量密切相关，RDS 含量越高，血糖波动越大，而 SDS 和 RS 两种成分含量较高的原料有利于血糖平稳，对降低全谷物原料的 GI 具有重要作用。根据淀粉的结构，其主要由直链淀粉和支链淀粉组成，支链淀粉与酶接触的位点更多，更容易被消化酶水解，也就是说，通常直链淀粉含量较高的原料更不易消化，GI 相对较低。在加热条件下，直链淀粉与脂质会形成复合物，阻碍淀粉酶对淀粉的水解。此外，直链淀粉含量较高的原料在蒸煮后更容易回生，形成回生淀粉 RS3，降低原料的消化率和餐后血糖反应。

蛋白质主要通过蛋白质与淀粉之间的相互作用影响全谷物的 GI。蛋白质对淀粉具有包埋作用，淀粉酶对淀粉进行水解前需要先通过蛋白质酶对淀粉外层的蛋白质进行水解。全谷物中的天然蛋白质或经过加工后的蛋白质会形成网状结构，对淀粉分子紧密包裹，形成了淀粉消化的屏障，阻碍了淀粉酶对淀粉的可触及性，从而降低了 GI。

脂肪可通过疏水相互作用与直链淀粉形成淀粉-脂质复合物，吸附在淀粉颗粒表面，阻碍了淀粉酶进入淀粉颗粒内部，同时淀粉-脂质复合物的形成有助于增加淀粉的有序结构，从而降低淀粉的消化性及餐后血糖反应。此外，脂肪可通过延迟胃排空刺激肠道激素抑胃肽的释放，促进胰岛素的分泌来降低餐后血糖反应。

膳食纤维降低原料 GI 的机制主要包括以下两个方面：①可溶性膳食纤维可以提高消化体系的黏稠度，阻碍消化酶与内容物的接触，抑制葡萄糖的吸收利用，并延迟胃排空时间，从而降低原料的 GI，维持餐后血糖的稳定；②膳食纤维会影响机体胰岛素的敏感性，使血糖合成糖原进行储存，使血糖相对稳定。另外，全谷物原料中含有的其他功能成分如多酚、多糖等可以抑制 α-淀粉酶等淀粉酶的活性，减缓全谷物淀粉在小肠内的分解和吸收。

（二）全谷物原料体外水解特性和体内升糖能力研究

通过体外水解特性和体内升糖能力测定，研究不同全谷物原料及其生物活性物质的消化特性，筛选得到体外水解率较低的缓升糖全谷物原料，以及全谷物原料中对消化抑制率较高的降 GI 功能因子，用于低 GI 产品的开发。

全谷物原料的主要碳水化合物是淀粉，其体外消化性质主要通过淀粉的水解特性来研究。淀粉在人体内的消化吸收主要经历了三个阶段：口腔、胃和小肠。淀粉的消化是在口腔中唾液 α-淀粉酶下启动的，并经过了胰液中的胰 α-淀粉酶、小肠绒毛上的葡萄糖淀粉酶和麦芽糖酶等多种淀粉酶进一步消化成葡萄糖被人体吸收，从而引起血糖的波动。淀粉的消化特性主要通过体外消化性（*in vitro*）和体内消化性（*in vivo*）两种方法来测定。与体内消化性测定相比，体外模拟消化的方法速度更快、简单易实施，通常用体外模拟体内的方法来得到预估血糖指数（eGI），因此更适合用于筛选具有慢消化特性的全谷物原料。目前常用的体外模拟消化模型包括静态模型和动态模型，动态模型相对比较复杂但更接近人体内的消化过程，但成本较高，而静态模型最简单也是应用最为广泛的。

静态体外消化模型通过模拟口腔、胃和肠液阶段的消化，研究全谷物原料的体外消化水解特性，结合体外消化动力学模型，筛选出 RDS 组分含量较低，SDS 和 RS 比例较高或体外水解率较低的慢消化淀粉类原料，并结合人体 GI 测试，筛选得到缓升糖全谷物原料，用于低 GI 食品的研发。此外，对于全谷物原料中的功能组分，如苦荞芦丁、荞麦碱、膳食纤维等，也可以通过体外消化实验筛选出抑制率较高的降 GI 功能因子，用于低 GI 产品的开发创制。

在研究全谷物原料体外消化特性的基础上，结合机体内的升糖能力选择低 GI 的全谷物原料。

全谷物原料的GI受不同原料来源、品种及加工工艺等多因素的影响而有所差异（表14-3），在低GI食品开发过程中，可以选择低GI的全谷物原料，如米糠、高粱、荞麦、燕麦等。

表14-3 全谷物原料及其制品的GI

原料/制品名称	GI	原料/制品名称	GI
小麦粉	82	青稞挂面（20%青稞）	63
小麦白面包	88	青稞米	66
小麦挂面	81	大麦片	69
小麦（整粒煮）	41	大麦粉	66
米糠	19	大麦（整粒煮）	45
大米粥	69	小米粥	62
黑米粥	65	炒小米	42
大米饭（粳米，糙米）	78	小米	79
大米饭（粳米，精米）	90	高粱面鱼鱼	43
大米饭（籼米，糙米）	71	剔尖（高粱面与白面质量比1∶1）	41
大米饭（籼米，精米）	82	薏仁粉	88
糯米粥	65	荞麦挂面（50%荞麦）	59
米粉	54	荞麦粉	54
玉米粗粉（煮）	68	荞麦	54
玉米颗粒	52	藜麦	53
玉米糊	68	裸燕麦	62
甜玉米	55	燕麦饭（整粒煮）	42
玉米片	74~79	燕麦麸	55
玉米糁粥	52	燕麦面条	41

二、全谷物食品加工工艺对GI的调控

加工工艺对全谷物食品GI的影响主要是通过影响谷物原料中淀粉的消化和吸收来实现的。一方面通过回生、韧化、挤压、低温低水活度烘焙等工艺手段改变谷物原料中淀粉的消化特性，使其变得缓慢消化；另一方面可通过发芽发酵、挤压重组等加工技术改变产品中碳环境组成，进而降低淀粉的消化和吸收进程；从而整体降低全谷物食品的GI。此外，湿热处理、超声波辐照、微波辐射等物理改性手段也可改变淀粉的消化特性，但目前仍在研究阶段，尚未大规模应用于实际生产。

1. 回生处理技术

回生又称老化，是用来描述淀粉糊化后物理行为的变化，其化学本质是淀粉凝胶或糊状物的冷却促进淀粉分子链的重结晶，使淀粉分子从无序态到有序的过程。回生处理技术是指将淀粉乳液加热至完全糊化后，在一定的温度下冷却回生的一种淀粉加工技术，其同样适用于富含

淀粉的全谷物原料，如用于生产米线的大米粉。回生处理过程中会形成回生淀粉 RS3，常见的回生淀粉的制备方法包括湿热处理法、微波加热处理法、脱支酶解法、挤压膨化法等。此外，研究显示多次回生处理有助于 SDS 的形成，循环温度（4℃/30℃）储存淀粉凝胶比等温（4℃）储存形成的 SDS 含量更高，GI 相对更低。

蒸谷米的加工过程中也包含了淀粉回生。蒸谷米是以稻谷或糙米为原料，经过浸泡、蒸煮、干燥等过程后，再按常规工序碾米得到的一种不同于精白米的大米产品，其食用方式与常规大米相似。蒸谷米在蒸煮后冷却和干燥的过程中直链淀粉和支链淀粉回生，RS 组分增加，淀粉分子结构发生重排、有序性增加，从而阻碍了消化酶的攻击，降低了大米的消化率和 GI。

淀粉回生机制主要涉及淀粉分子链在淀粉-水体系中的迁移、水分的再分布和糊化后淀粉分子的重结晶。淀粉回生程度与淀粉的来源、直链淀粉与支链淀粉含量的比值、淀粉凝胶冷却储存温度、支链淀粉侧链的链长等多种因素相关，如在 4℃冷藏时，淀粉回生的晶体成核速率最大；直链淀粉含量越高，越容易回生。回生处理可以改变全谷物原料的食品特性，包括流变学特性、结晶度和消化性。回生处理时，淀粉类食物或熟淀粉在冷却和储存的过程中，淀粉分子会发生重组，淀粉分子结构更加紧凑，更能抵抗消化酶水解，从而降低全谷物原料的 GI。与支链淀粉相比，直链淀粉分子颗粒小，分子链间缔合程度大，从而形成紧密的微晶束结构，结晶区域大，且回生后的直链淀粉晶体更稳定，即使加热加压也很难使其溶解，而支链淀粉晶体却有溶解的可能。因此，直链淀粉含量高的全谷物原料更容易回生、更耐酶解，有助于降低原料的 GI。

2. 韧化处理技术

韧化处理技术是一种在水热作用下重要的淀粉物理改性技术，可以在保持颗粒结构完整性的前提下，改变淀粉的理化性质和体外消化率，其同样适用于富含淀粉的体系，如青稞粉、苦荞粉、大米粉和小麦粉等富含淀粉的全谷物食品。韧化处理通常指在低于淀粉起始糊化温度（*T*o）的条件下，在过量水分（>65%）或者适量水分（40%~55%）中加热一段时间。韧化处理的温度在玻璃转化温度（*T*g）和 *T*o 之间，通常低于 *T*o 的 5~15℃。玻璃转化温度是指淀粉颗粒的无定形层在溶剂（如水、甘油等）存在的条件下从刚性的玻璃态转变为流动性的橡胶态时的温度。

韧化处理可以在不破坏淀粉颗粒形态的情况下，通过改善淀粉结晶的完整性，促进直链淀粉和支链淀粉链之间的相互作用和重新缔合来改变全谷物淀粉的理化性质、功能性质和消化性质。韧化处理对淀粉作用效果与多种因素相关，如淀粉的来源与结构、直链淀粉/支链淀粉的比例、处理温度、处理时间等。韧化处理会引起淀粉颗粒结构的重组、颗粒稳定性和相对结晶度的增加以及颗粒无定形和结晶区域中淀粉链相互作用增加，促进淀粉分子和支链淀粉双螺旋结构的重组，使淀粉获得更有序、更致密的晶体结构，从而有利于提高抗性淀粉的含量，增强淀粉的耐消化性，降低全谷物食品的 GI。此外，韧化处理次数和韧化时间的增加，即连续韧化处理和反复韧化处理的方式更有效，能进一步降低全谷物淀粉的酶敏感性，使淀粉形成更有序的结构，从而有助于全谷物原料 GI 的降低。

3. 发芽发酵技术

发芽技术可将谷物种子在一定的温度和湿度条件下萌发幼芽，使其改变原有的性能，增加功能成分如多酚类物质、活性多糖等，从而产生降低食物 GI 的功效。发酵也可实现异曲同工的效果。发酵不仅利用微生物的分解作用，释放谷物中营养物质、生物活性物质，还可利用微生物的代谢产物，提高谷物营养特性的同时，产生可有助于降低 GI 的天然活性成分。

例如，糙米作为健康的全谷物食品，不仅富含钙、铁、锌等矿物质、维生素、脂质，还含有精米几乎不具备的多酚、黄酮、谷维素、谷甾醇、谷胱甘肽等活性成分。发芽技术不仅可以提高糙米天然营养成分含量、提升糙米烟酸、维生素 B_6、γ-氨基丁酸等生物活性物质的含量，还可增加糙米中糙米多酚和活性多糖的水平。某些糙米多酚具有 α-淀粉酶和 α-葡萄糖苷酶抑制活性，从而可有效抑制碳水化合物的消化速率，进而降低食物 GI。发芽糙米中的多糖除了可作为膳食纤维通过物理屏障的作用延缓碳水化合物消化和吸收速率外，某些糙米活性多糖还可发挥抑制 α-葡萄糖苷酶活性的作用。根据食物 GI 数据库可知糙米的 GI 为 50~87，而发芽糙米的 GI 为 50~60，发芽糙米的 GI 普遍低于糙米。国内外学者也从血糖指数与血糖负荷、体外实验、动物实验、临床试验各方面证明了发芽糙米作为糖尿病的功能性食品具有深远的研究意义。

在发芽糙米的基础上，结合乳酸菌、酵母菌等菌种发酵处理，可进一步提高糙米中多酚类物质和 γ-氨基丁酸等生物活性物质的水平，进一步降低食物 GI。利用发芽发酵技术结合对薏米进行处理，可提高薏米中多酚类物质、活性多肽的含量。谷物发酵产生的乳酸、乙酸、CO_2 等可提高体系的酸度，而酸可有助于延缓食物的胃排空率，延长进入小肠的时间，进而降低食物中碳水化合物的消化和吸收，从而降低 GI 水平。燕麦、藜麦、青稞等全谷物原料的应用研究也采用发芽、发酵或联合处理的方式，进而开发更富有营养和功能特性的低 GI 食品，如低 GI 全谷物发酵乳、低 GI 发芽糙米面包等。

4. 低温低水活度烘焙

低温低活度水烘焙技术是指在烘焙温度不超过 130℃ 的低水分活度下进行长时间烘焙的一种干热加工方式，其通过在热辐射的作用下，使食品物料缓慢发生淀粉糊化、蛋白质凝固和水分降低，并使物料中的油分析出，口感变得酥脆。与高温烘焙技术和熟化技术相比，低温烘焙可减少对全谷物原料中生物活性物质和维生素等营养物质的破坏，避免高温下有毒物质的产生。低温低水活度烘焙技术常用于营养米粉、速溶谷物粉等谷物粉的制备。

淀粉的凝胶化程度随水分含量的增加而增加，其多尺度结构的破坏程度也随着水分含量的增加而逐渐加剧。在高温高水活度烘焙条件下，全谷物中的淀粉颗粒处于完全糊化状态，淀粉分子间的氢键被破坏，结晶结构消失，淀粉分子处于无序结构，淀粉酶更易触及淀粉颗粒，而低温低水活度烘焙条件下，谷物中的淀粉颗粒处于生淀粉状态，淀粉结构更为有序和致密，从而有利于降低淀粉的消化率及谷物制品的 GI。

5. 挤压重组技术

挤压工艺是通过机械压力及剪切作用对物料进行处理的加工方式。在挤压过程中，物料受到程序设定的加热效应，混合、破碎、搅拌、剪切等机械力效应，以及在出口处的末端压力效应等多种协同效应的作用下，导致物料的组织结构和形态发生变化。通过调节温度、挤压速率、物料湿度等操作参数，可获得预期的产品组织和质构。挤压重组是在挤压工艺的基础上，以五谷杂粮、蔬菜等为原料，配合添加维生素、矿物质，进行营养强化，或添加少量功能性原料，使营养成分进行重组从而使挤压重组的产品实现一定的营养和功能特性。

挤压可破坏淀粉结晶区，导致相对结晶度显著下降；可以使淀粉的颗粒结构消失，呈现不规则、分布较紧密的状态；还可破坏谷物淀粉分子中的双螺旋结构，将结晶结构转变为无定形结构，从而将淀粉的天然结构快速高效地转化为慢消化或抗消化结构。挤压重组技术在挤压工艺的基础上，使全谷物中淀粉更不易被分解消化，并通过多种原料的混合复配，强化蛋白质、脂肪、膳食纤维和植物活性成分，从而降低 GI。蛋白质、脂肪和膳食纤维成分可通过物理屏障的作用阻碍谷物中淀粉颗粒的水解过程，从而降低淀粉水解率，进而降低 GI。一些植物功能成分可通过抑制消化酶活性、减缓葡萄糖吸收以及抑制碳水化合物消化速率等方式实现降低 GI 的作用。从食物 GI 数据库中检索可知一款由苦荞粉、青稞粉、燕麦麸皮为主要原料，复配葛根、桑叶、苦瓜、黄精等原料得到的挤压重组杂粮米 GI 为 46，与普通杂粮米相比 GI 得到了显著降低。值得注意的是，虽然挤压重组可通过改变产品内部的结构使其变得缓慢消化，但挤压时机筒温度也会影响挤压重组制品的理化特性。随着机筒温度的逐渐上升，挤出物中淀粉的糊化度也逐渐提高，而淀粉糊化程度升高反而会促进其消化。因此挤压重组技术在降低全谷物食品 GI 的应用过程中应注意控制温度，在可达到目标质构和消化特性的前提下，选择温度较低的参数。

挤压重组还可通过加入脂肪酸和甘油酯等脂质成分，使淀粉和脂质相互作用形成淀粉-脂质复合物，从而影响淀粉的消化和吸收。淀粉-脂质复合物不仅可通过其紧密有序结构来抑制淀粉的膨胀，进而减少淀粉与消化酶的接触，还可改变淀粉分子的结构，降低了淀粉对消化酶的敏感性；从而抑制淀粉的消化，最终实现降低食物 GI 的效果。

三、全谷物在低 GI 食品中应用的研究现状与发展

（一）全谷物在低 GI 食品中应用的研究现状

根据团体标准 T/CNSS 008—2021《全谷物及全谷物食品判定及标识通则》，以谷物为主要原料的谷物食品，当全谷物原料质量不少于食品总质量（以干基计）的 51%时，则为全谷物食品；当全谷物原料质量，不少于食品总质量（以干基计）的 25%时，则为含全谷物食品。由于全谷物的增加在赋予产品营养和功能特性的同时，往往会影响产品的质量和风味，因此，目前全谷物在低 GI 食品开发中的应用主要围绕含全谷物食品和全谷物食品这两大类来进行，100%全谷物的低 GI 食品研究较少。

全谷物食品与普通谷物食品相比往往具有较低的 GI，同时还富含膳食纤维、各种维生素和矿物元素，及多种天然抗氧化成分等。食用全谷物食品有利于降低肥胖和体重增加、促进糖尿病人的血糖和胰岛素水平控制。目前，以全谷物为原料开发的全谷物低 GI 产品和含全谷物低 GI 产品品类丰富多样，如预拌粉、传统主食、烘焙产品等。

1. 预拌粉

预拌粉把各种谷物的粉状原料合理搭配，更科学地方便人们食用。不仅可以为人们提供谷物丰富的营养价值，缩短了制作时间的同时也降低了食品制作的技术要求。全谷物预拌粉富含谷物的营养物质，还有膳食纤维、抗氧化成分等生物活性物质，具有较低的 GI。全谷物低 GI 预拌粉的开发过程中可以根据不同全谷物粉与其他谷物粉的复配比例优化，得到 GI 低，营养风味均较佳的预拌粉产品。目前，含全谷物低 GI 预拌粉涉及的品类较多：有以燕麦粉和荞麦粉为原料制作的蛋糕预拌粉；以莜麦粉为主要原料制作的面包预拌粉；以全青稞粉、小麦粉为原料的馒头预拌粉等。

2. 全谷物质构米

以苦荞粉、青稞粉等全谷物原料复配其他组分开发全谷物质构米时，增加全谷物原料的比例通常会导致产品风味显著下降，消费者接受度低，但却可使整体产品 GI 降低。因此在低 GI

全谷物质构米的开发过程中，优化全谷物与其他组分的复配比例，使产品实现低 GI 的同时保证米饭良好的口感，是目前研究的关键点和难点。低 GI 全谷物质构米的开发通常也借助挤压重组和发芽发酵技术，挤压工艺不仅可以将全谷物原料与其他原料更好地混合，还可改变产品的质构和营养成分组成，此外，挤压重组技术还可额外强化一些有利于降低食物 GI 的天然活性原料，从而使全谷物质构米产品实现低 GI。发芽发酵不仅可以改善全谷物原料的营养和功能特性，还可赋予其丰富的风味，有利于提高整体产品的口感状态。据报道，一款以苦荞、青稞为主要原料经挤压重组技术得到的全谷物质构米的 GI 经测试为 46，与普通大米相比 GI 降低了约 40%，但该低 GI 全谷物质构米的口感与普通大米相比尚有一定的差距。

3. 全谷物面条、馒头等传统主食

馒头和面条都是中国的传统面制食品，是日常主食之一。将全谷物与馒头、面条等结合起来，能够使馒头、面条具有一定的营养和保健功能。使用普通的精细谷物为原料制作的主食 GI 普遍较高，而利用全谷物如青稞、苦荞、燕麦等来制作的馒头、面条产品在市场上不仅有特色，GI 也较低。青稞、苦荞以及燕麦等全谷物中含有多种活性物质如 β-葡聚糖、荞麦碱和苦荞黄酮等，不仅具有降低食物 GI 的活性，且在高温加工状态下可不被破坏，从而稳定发挥作用。据相关研究报道，目前已有以青稞、荞麦、藜麦等杂粮为主要原料，采用高温挤压成型技术和现代配粉技术研制而成的低 GI 全谷物挤压面条，以小麦粉、青稞粉、苦荞粉等谷物为原料制作的含全谷物低 GI 馒头（GI=50），以及以苦荞粉为主要原料，通过挤压重组技术开发的低 GI 全谷物面条（GI=40）等，为低 GI 全谷物产品后续的开发和工业化生产提供了理论基础和技术参考。

尽管面条、馒头等面制主食相关技术已经逐渐成熟，但在面条、馒头中加入全谷物制成特色杂粮产品依旧存在一些问题，首先需要解决的就是口感问题，因为全谷物食品口感都较为粗糙，作为日常食用的主食，许多消费者更能接受细腻柔软的产品；其次就是面筋形成问题，谷物中含有大量的纤维素等成分，使得面筋网络结构的稳定性变差，口感粗糙不筋道。因此在保证 GI 的条件下优化加工工艺及使用有效的改良剂对改善含全谷物的低 GI 食品至关重要。

4. 烘焙产品

全谷物原料在烘焙产品中的应用主要有面包、饼干等产品。目前国内市场上低 GI 面包很少，大多数还停留在研究阶段。全谷物在面包中的应用虽可降低其 GI，但面包作为高温高水活度烘焙的烘烤类糕点，其 GI 不易降低。因此低 GI 全谷物面包的实现往往还需要结合强化膳食纤维、发酵条件改善、其他工艺处理等，如采用低温低水活度烘焙、冷冻面团制作等方式等改善淀粉的糊化状态，从而实现 GI 的降低。一款面包以燕麦粉作为主要原料，通过额外强化蛋白质和膳食纤维含量，并结合烘焙工艺改善，最终 GI 为 52，是全谷物面包市场中为数不多的低 GI 产品。

饼干由于水分含量较低，与面包相比更容易实现低 GI。国内市场上低 GI 全谷物饼干主要以全麦粉为主要原料，复配其他谷物粉，并强化了蛋白质和膳食纤维组成，GI 可达到 40~50；除了以全麦粉为主要原料外，目前也出现了以其他全谷物原料如青稞粉、苦荞粉、燕麦粉等制作低 GI 青稞饼干、苦荞饼干等产品的报道，大大丰富了低 GI 全谷物饼干产品的多样性。

5. 全谷物发酵乳

将全谷物如燕麦、青稞、大麦等添加到发酵乳制品中，可以提高发酵乳中膳食纤维、抗性淀粉和低聚糖的含量，实现营养均衡搭配的同时也有助于低 GI 产品的开发。近年来，谷物发酵乳已经成为发酵乳制品行业的研究热点，一款由发芽青稞、蛋白质乳、抑酶复合菌、乳酸菌发酵剂发酵制备而成的全谷物低 GI 青稞发酵乳，GI 经测试小于 30。全谷物发酵乳是全谷物与乳制品的组合，由于乳制品天然属于低 GI 食物，因此全谷物发酵乳是目前全谷物低 GI 产品中 GI 相对较低的品类，对于血糖控制来说也是非常有优势和潜力的一个产品品类。全谷物在发酵乳中的应用主要有三个方向：一是从谷物中提取膳食纤维、菊粉、抗性淀粉和低聚糖用于生产功能性发酵乳；二是将全谷物蒸煮后整粒添加到发酵乳中生产谷物发酵乳；三是将谷物磨浆后，经过液化和糖化处理后添加到原料乳中一起发酵，生产添加谷物汁的发酵乳。此外，选择具有抑制消化酶活性的益生菌菌株进行发酵，也可辅助降低全谷物发酵乳的 GI。

（二）全谷物在低 GI 食品开发中的应用难点与瓶颈

1. 原料质量特性不稳定

我国幅员辽阔，谷物资源丰富且分布区域较广。不同地域、同一地域不同品种的全谷物原料在加工特性、营养与功能特性上都存在差异。西藏地区青稞品种众多，不同品种在除了在加工使用方向上不尽相同之外，如短白青稞、藏青 690、昆仑 13 号、藏青 320 等品种适合改良加工面条，长黑青稞、短白青稞、昆仑 14 号、藏青 690 等品种适合加工蛋糕，以青稞为原料开发低 GI 产品时，添加量不变的情况下不同品种的青稞制作的产品的 GI 也有所不同。这大大限制了其在低 GI 产品开发中的应用。青稞粉中含有的 β-葡聚糖是其能够实现低 GI 的重要功能因子，而不同地域、不同品种的青稞原料中 β-葡聚糖含量差异较大，这可能是其 GI 变化的主要原因。此外，不同品种的谷物原料中淀粉的消化特性，如直链淀粉含量、慢消化碳水含量以及消化速率等也可导致原料的 GI 不同。

因此，为了平衡含全谷物食品 GI 与原料质量稳定性的关系，可建立全谷物原料营养和功能特性研究数据库。通过测定其中的营养成分、功能因子等含量，结合原料产地、品种等基本信息，建立完善的可溯源的全谷物原料数据库，这样可确保低 GI 产品开发时筛选到正确的原料，也确保了含全谷物低 GI 食品 GI 的稳定性。

2. 添加量与产品感官品质不平衡

全谷物原料由于 GI 较低，开发低 GI 产品时需要提高全谷物原料的添加量，而随着全谷物原料添加量的上升，产品感官品质如比容、质构、风味等也随之下降，这限制了全谷物原料在低 GI 产品开发中的应用。将高筋小麦粉部分替换成青稞粉、燕麦粉等全谷物原料开发低 GI 面包时，随着替换比例逐渐提高，面包的比容会下降、质构状态会变差，当替换比例达到一定水平时，虽可使面包的 GI 得到大幅度降低，但产品的品质得到非常显著的破坏。这主要与青稞、燕麦等全谷物粉的起筋性和成膜性较差有关。此外，一些富含水溶性膳食纤维的全谷物粉的吸水性很强，也会导致在加工过程中产品的品质变差。

因此，为了平衡含全谷物食品 GI 与感官品质的关系，一方面，需要侧重改善和解决含全谷物食品口味不佳的问题，如通过原料挤压、发芽发酵处理等工艺，改善原料风味特性，进而开发低 GI 且营养美味的食品。另一方面，可在提高全谷物原料添加水平的基础上，同步添加一些产品改良剂，如通过增加蛋白质含量提高面团的成筋性，从而在兼顾低 GI 的同时改善产品感官品质。

3. 体外研究数据与体内研究结果拟合度不高

除了采用人体测定食物 GI 外，通过体外消化模型探究食物或者原料的 eGI 也可用于食物应答或原料消化能力强弱的研究。通过体外消化模型研究食物的水解情况，可快速大量地进行原料筛选，且对 GI 有一定的预测性。然而目前的很多研究结果发现，体外研究数据与体内测试结果存在拟合度不高的问题。这主要由两方面导致的：一是体外模拟食物消化会受很多因素的影响，如原料成分组成、样品预处理方法、消化体系温度、pH 等。此外，不同的剪碎方法如切碎、筛分、剁碎、均质等处理后的样品粒度大小不同，消化过程也有不同。相关研究测试不同食物样品时建立的消化模型也不尽相同，体外测试 eGI 目前尚无标准的统一的方法。二是体外消化模型测试 eGI 是通过计算测定样品与参比样品的水解率来获取数据的，整个消化过程只模拟了样品的消化过程，没有考虑样品消化后葡萄糖在体内吸收的过程。全谷物原料体内体外研究数据拟合度不高的问题限制了体外预估数据在原料大批量筛选和产品配方优化阶段的快速应用。

因此，为了提高全谷物原料体外研究数据与体内研究结果的拟合度，一方面，需要对 eGI 测试方法进行标准化、统一化，或者应在体外消化的各步骤中给定一些标准化的原则；另一方面，可以对体外消化研究进行升级，开发可以综合模拟人体消化和吸收的体外消化设备，如此不仅可以反映原料消化特性对 GI 的影响，还可反映消化产物在人体内吸收的情况。

思考题

1. 如何筛选低 GI 食品的全谷物原料？
2. 如何评价食品的 GI？
3. 生产低 GI 食品的关键加工技术有哪些？
4. 如何进行低 GI 食品认证？
5. 浅谈全谷物在低 GI 产品开发中的应用前景。

第十五章

全谷物原料的政策法规及质量标准

学习目标

1. 掌握膳食指南中关于全谷物膳食推荐及声称的要求；
2. 了解我国全谷物相关政策；
3. 了解各国全谷物标识及发展历程。

第一节　全谷物原料相关政策

一、我国相关政策

2008 年，国务院印发《国家粮食安全中长期规划纲要（2008—2020 年）》，引导粮油食品加工业向规模化和集约化方向发展。按照“安全、优质、营养、方便”的要求，推进传统主食食品工业化生产，提高优、新、特产品的比重。推进粮油食品加工副产品的综合利用，提高资源利用率和增值效益。强化粮油食品加工企业的质量意识和品牌建设，促进粮油食品加工业的健康、稳定发展。

2010 年，中国营养学会在北京举办了“谷类为主、粗细搭配——全麦营养健康研讨会”，建议成年人每天最好食用 50g 以上的粗粮。这不仅体现出对全谷物营养的关注，也为我国全谷物的发展提供了重要的膳食指导与引导作用。2011 年 4 月，由国家发改委公众营养中心与美国全谷物委员会、美国健康谷物基金会联合举办的“全谷物”食品发展国际论坛在北京召开，主题是“大力发展全谷物食品满足公众健康要求”。

2012 年 1 月，国家粮食局印发《粮油加工业“十二五”发展规划》提出：一是逐步引导改变粮食过度加工，推行粮食的适度加工，提高粮食籽粒皮层和胚芽的留存率，逐步扩大全谷物加工的产量。二是大力发展全谷物的主食制品，开发谷物资源，促进农业主产区产业化进程，充分利用谷物营养，扩大食用消费群体，拓宽食用领域。三是加快产品结构调整，推进全谷物产品的研发和产业化。四是加快制定全小麦粉、全糙米粉、全燕麦粉、全荞麦粉等全谷物制品标准。

2012 年 2 月 24 日，工业和信息化部发布《粮食加工业发展规划（2011—2020 年）》中明确提出：“推进全谷物健康食品的开发”“鼓励增加全谷物营养健康食品的摄入，促进粮食科学健康消费”。全谷物食品的发展不仅关系到国民健康素质，也关系到粮食资源的节约与粮食安全。通过增加全谷物食品的消费，改变长期以来重口感、轻营养的精白谷物主食消费理念与方式，还将对我国粮食流通方式产生重要的战略影响。

2013 年 10 月，第二届全谷物食品发展国际论坛在北京召开。会上，国内外相关专家学者围绕全谷物标准标识管理情况、科研推动、打通全流通环节和商超对接等涉及全谷物食品发展的议题进行深入研讨。会议介绍了发达国家的全谷物产品类别和相关标准情况，为我国全谷物标准体系建设提供了颇具价值的经验。

2016 年，国家发展改革委、国家粮食局印发《粮食行业“十三五”发展规划纲要》（简称

《纲要》）指出：加快推进大米、小麦粉、食用植物油适度加工，积极发展全谷物食品，提高出品率，更大限度保留粮食中的营养成分；开展米面油适度加工及“绿色全谷物食品”推广；推动组建“全谷物、留胚米产业技术创新战略联盟”；推动米面产品结构化，提高糙米、全麦粉等营养健康粮食产品消费比重。《纲要》还提出，粮食科技创新工程包括全谷物及营养健康粮食食品研发与重大产品创制：开展糙米、全麦粉、杂粮等全谷物加工新技术与新装备的研发与示范，全谷物食用品质改良、活性物评价与保持技术研发，全谷物主食品及方便食品的创制，粮食食品营养健康作用评价及其机制研究。开展大米、小麦粉、食用植物油适度加工新技术新产品新装备研发。关于粮食科技成果推广工程，《纲要》特别指出粮食加工与转化技术推广：推广稳定化糙米、全麦粉、杂粮等全谷物加工及主食产业化应用技术，高效节粮节能稻米和小麦适度加工新技术，高品质专用米粉加工技术，燕麦精深加工高效增值转化关键技术。

2017 年，国务院办公厅 78 号文件《关于加快推进农业供给侧结构性改革大力发展粮食产业经济的意见》中指出：“推广大米、小麦粉和食用植物油适度加工，大力发展全谷物等新型营养健康食品”。同年，国家食药监总局在官网发布消费提示称，全谷物有营养，但摄入要适量。一是大多数全谷物富含膳食纤维，身体虚弱或肠胃术后患者不宜过多食用；二是有些全谷物中含有抗营养因子，如高粱中的单宁酸，吃多了会影响人体对蛋白质与矿物元素的吸收。由于粗纤维、植酸等成分的存在，糙米饭、全麦面等直接食用起来口感较为粗糙，且大多不易消化，对于需要快速补给能量的人群或肠胃不好的老人和儿童一定要适量食用。建议全谷物与精米白面搭配食用，在制作过程中按照个人需求酌情添加，既可改善营养素的摄入，又能保证良好的食用品质。

2021 年 5 月，中国疾病预防控制中心营养与健康所、国家粮食和物资储备局科学研究院、农业农村部食物与营养发展研究所、中国农业科学院农产品加工研究所、中国农学会食物与营养分会、中华预防医学会健康传播分会、中华预防医学会食品卫生分会等专业机构联合发布了《全谷物与健康的科学共识（2021）》。同年，中国营养学会发布《健康谷物白皮书》，对健康谷物摄入模式及消费现状、全谷物的健康益处、不同国家和组织的全谷物摄入建议、全谷物食品的定义及健康声称和标识管理等进行了系统的分析阐述，并就如何促进或增加全谷物摄入提出了可行性建议。即将印发的《中国食物与营养发展纲要（2021—2035 年）》也指出推行粮食适度加工，加快创新应用营养保留和富集技术，开发营养型、功能食品。推广碾米及制粉装备智能化。

此外，科学技术部对健康谷物的研究项目支持不断增多。自“十一五”开始，首先是“摸家底”，重点对各种特色杂粮的加工品质特性与加工适用性开始深入研究。“十二五”期间，重点解决杂粮的品质改良技术及“上餐桌”的问题，突出解决我国杂粮长期处于原粮销售的局面。“十三五”期间，健康谷物的研究维度不断得到拓展与延伸，重点解决杂粮、糙米、全麦的主食及方便食品的加工适宜性评价、品质评价体系、加工共性关键技术装备及新产品创制等问题。因此，全谷物食品的研究开发持续受到国家层面的支持。

二、国外相关政策

（一）政策发展动态

国际上第一个全谷物的专题会议是在 1993 年由美国农业部及美国膳食协会等机构联合

发起，在华盛顿召开的，之后每年就全谷物的不同主题召开年会。随着研究的深入，全谷物的健康重要性日益得到重视，不同的组织机构越来越多发起各种全谷物有关的国际会议以进一步推进全谷物的研究。1997 年，在巴黎召开了第一个欧洲的全谷物会议。2001 年，在芬兰召开了全谷物与健康国际会议，全面研讨全谷物与健康科学。2002 年，美国在波士顿成立了全谷物委员会（WGC）。2008 年，在美国的美国食品科技学会（IFT）年会上设有全谷物的专题。

2005—2010 年，欧盟启动了一项“健康谷物”综合研究计划项目，该项目是专门研究欧洲粮食生物活性及其营养健康作用的综合性项目，属于欧盟的第六个框架项目计划“食品质量与安全”的综合计划项目。该项目旨在通过增加全谷物及其组分中的保护性化合物的摄入，以改善人们的健康状况，减少代谢综合征相关疾病的危险。项目由 5 个模块组成，共 17 个课题（工作单元）。项目执行时间为 2005—2010 年，执行期为 5 年，项目总经费预算为 1700 万欧元，其中 1100 万欧元由欧盟提供资助，600 万欧元由其他机构或企业提供资助。有来自 17 个国家的 43 个研究机构参加。

2011 年 1 月在波特兰召开的全谷物会上，美国全谷物委员会提出把全谷物食品的消费当成一种新的社会规范（The Whole Grains，The New Norm）。目前美国市场上琳琅满目的全谷物食品就是全谷物食品得到社会认可与快速发展的重要标志。

2015 年，USDA 推出学生全谷物营养早餐（SBP）和全谷物营养午餐（NSLP）。2017 年 5 月出台全谷物校园早餐和午餐计划指导标准，学校提供富含全谷物成分的食品，保证全谷物成分不低于 50%，营养餐的主要形式为全谷物棒、比萨饼脆边及全谷物三明治面包等，同时保留饺子、意面、饼干等以小麦粉为原料的传统主食。近年来，美国全谷物食品的种类日渐丰富，产品形式包括面包、意大利面、米饭、面粉、速食薄饼及零食等全谷物系列食品。全谷物食品的消费形式也逐渐多样化，全谷物早餐和午餐全谷物面包和糙米是国民最常消费的形式，此外，添加在比萨面皮中的全谷物成分、全谷物爆米花等小吃产品也是消费的重要形式。全谷物产品消费多样化还体现在把全谷物成分添加进居民经常消费的各类食品中，如开发全谷物汉堡、为谷蛋白过敏人群研制的无麸质全谷物食品等。

在大量有关全谷物营养与健康研究的基础上，美国、英国与瑞典等国家相继成立了专门的全谷物推动机构，推出了有关全谷物食品的健康声明及有关全谷物食品的标识规定等诸多举措，以促进全谷物食品的消费。国际上的主要全谷物推动机构包括：①全谷物委员会（图 15-1）：2002 年 4 月，相关制粉碾米企业、食品生产商、餐饮企业、学者等在美国圣地亚哥发起成立的一个非营利性消费者倡导组织；②健康谷物协会（Healthgrain Forum）（图 15-1）：2010 年 5 月，在瑞典隆德召开的欧盟第六框架项目健康谷物专题会议后发起成立的属于芬兰法律框架下的一个合法协会；③丹麦全谷物共同体（Danish Whole Grain Partnership）：2009 年，从丹麦癌症协会独立出来，并发起丹麦全谷物运动（the Danish Whole Grain Campaign）。

（二）全谷物标识

对于一个食品产品而言，每份或每 100g 产品中至少含有多少克或多少比例的全谷物的原料，这成为每个国家对全谷物食品标签标识的依据，每个国家的规定各不相同，以下列举的是一些国家现行的规定，而我国团体标准仅在文字描述中提出要有，没有关于标签的统一规定。

图 15-1　全谷物委员会（上）与健康谷物协会（下）的图标

1. 北美洲

为了让消费者便于辨认全谷物食品，自 2005 年，全谷物委员会推出“全谷物邮票”作为全谷物食品的识别标签，截至 2021 年 3 月，全球获准使用全谷物食品标签的产品总数已超过 13000 种，分布在 63 个国家。如图 15-2 所示，该标识有 3 种不同类型：①基本邮票（Basic Stamp），即每份食品中至少含有 8g 全谷物原料，允许含有精制加工谷物；②50%以上邮票（The 50%+Stamp），即每份食品中至少含有 8g 全谷物原料，而且食品中至少 1/2 的谷物原料必须是全谷物；③100%邮票（100% Stamp），即每份食品中至少含有 16g 全谷物原料，而且食品中所有谷物原料必须是全谷物。如果一个产品为 100%邮票，则其所有谷物配料均为全谷物，每份的最少量不能低于 16g。如果一个产品为基础标识，则其至少含有半份即 8g 的全谷物，但是可以含有过量的麸皮、胚芽及精白谷物。每份产品必须标明含有全谷物的质量（g）。

（1）　　（2）　　（3）

图 15-2　全谷物标识

（1）基本邮票　（2）50%以上邮票　（3）100%邮票

美国为全谷物食品主要消费国，2019 年统计显示，美国带有全谷物邮票标签的食品占全球总数的 73%。2018 年美国关于消费者对全谷物喜爱程度的调查结果显示，将近 1/3 的受调查消费者表示几乎只吃全谷物。根据 2019 年美国国家卫生统计中心（NCHS）数据摘要，2005—

2015 年，美国成年居民的全谷物摄入量占总谷物摄入量的比例增加了 26%。2013—2016 年，美国成年居民在餐厅日均消费的全谷物从 0.22 份增加至 0.49 份，在快餐店的全谷物消费从 0.08 份上升至 0.31 份。这些数据表明，全谷物凭借其营养健康的优势正在逐渐进入人们的家庭，改变着人们的饮食习惯与食物结构。

加拿大规定：如果一个产品为 100%标识，则其所有谷物配料均为全谷物，每份的最少量不能低于 16g。如果一个产品为基础标识，则其至少含有半份即 8g 的全谷物。

2. 欧洲

瑞典、丹麦以及挪威规定：以干基计算，每类食品中全谷物原料含量与总谷物原料含量的比例不低于一定的百分比。其中面粉、谷物粉和谷物为 100%，薄脆饼干、麦片粥和意大利通心面为 50%，面包、三明治和卷饼为 25%，比萨饼、波兰饺子和其他风味派为 15%。

德国规定：在包装上采用“全谷物食品”的标签名称，食品中全谷物原料含量必须符合要求，小麦和黑麦面包为 90%，意大利通心面为 100%。

荷兰规定：面包产品若标为全谷物面包，则要求用所用的谷物原料的 100%为全谷物原料，对于其他食品尚无相应规定，但是通常惯例是采用 50%的规则，即在一个产品中所用的谷物至少 1/2 是全谷物。

英国规定：如果一个食品产品包装想标明为“含有全谷物”或“采用全谷物”，则建议每份食品中至少含有 8g 全谷物原料。

3. 亚洲及其他区域

目前亚洲各国没有官方正式的全谷物标识。日本仅有 JAS 标识，只涉及一种全谷物食品，即荞麦面条中荞麦的添加量的要求。

澳大利亚的 GO Grains 组织鼓励生产者只要产品中含有 10%以上的全谷物或者每份产品中含有 4.8g 全谷物就可以使用全谷物的标签。

三、全谷物与膳食推荐及健康声称的关系

目前，中国、美国、澳大利亚、加拿大等多国膳食指南都鼓励居民尽量多摄入全谷物及其制品，限制精制谷物及其制品的摄入。

（一）膳食指南

美国于 2005 年将全谷物食品第一次写进《美国居民膳食指南》。在 2015 年的修订版中强调和鼓励全谷物的摄入，指出足量全谷物食品摄入有助于满足人体对各种营养素的需求，并呼吁国民在饮食中选择营养密度高的全谷物食品替代精致加工的谷物食品，有助于控制总热量的摄入。美国膳食指南推荐每天食用的谷物食品的一半应该是全谷物，每人每天应至少食用约 85g 以上的全谷物食品以降低心脑血管疾病、2 型糖尿病发病概率并帮助控制体重。最新版《美国居民膳食指南（2020—2025）》指出，健康的饮食模式鼓励全谷物的摄入，而限制精制谷物及其制品。建议每天摄入 170g 当量的谷物，其中至少一半谷物应是全谷物食物，大约相当于 48g 全谷物食物。自纳入膳食指南后，全谷物面包和焙烤食品的销售量上升了 23%，全谷物意面的消费量上升了 27%。人们试图去多吃全谷物食品，其购买量和消费量均有所上升。

澳大利亚膳食指南建议，普通成人每天摄入 4~6 份谷物（120~180g），其中最好大部分是

全谷物。加拿大膳食指南建议，每天都应该吃丰富的蔬菜、蛋白质丰富的食物和全谷物类食物。在2014年，由澳大利亚谷物和豆类营养协会启动实施全谷物含量自愿声称新标准，首次明确全谷物食品的标签声明要求，主要包括：低于8g谷物含量不允许进行全谷物成分内容声称；大于或等于8g谷物含量，可声称含有全谷物；大于或等于16g谷物含量，可声称全谷物含量高；大于或等于24g谷物含量，可声称全谷物含量很高。

《中国居民膳食指南（2022）》建议，我国居民每天摄入谷类食物200~300g，其中全谷物和杂豆50~150g，相当于一天谷物的1/4~1/3。

美国心脏病协会（AHA）和美国心脏病学会（ACC）认为，对心血管疾病患者来说，富含蔬菜、水果和全谷物的膳食模式是最好的。欧洲心脏病学会（ESC）建议，心血管疾病患者应每天从全谷物、蔬菜等食物中摄入30~45g膳食纤维。我国《心血管疾病营养共识》建议，心血管疾病患者应每天从全谷物和蔬菜中摄入25~30g膳食纤维。

（二）健康声称

目前，美国、英国、瑞典、澳大利亚、马来西亚、新加坡等国都批准了全谷物与心血管健康相关的健康声称。

美国全谷物食品的成功推广在于重视消费者教育，并建立全谷物健康声称，消费者认可全谷物食品有益健康，从而增加消费意识。1999年，美国全谷物领域的领军企业向美国食品药品管理局（FDA）和美国农业部（USDA）等最主要的全谷物食品监管部门提交了关于全谷物健康声称的申请，并获得批准。这是FDA批准的第一个关于全谷物的健康声称，即，富含全谷物与其他植物性食物及低总脂肪、饱和脂肪与胆固醇的膳食可以减少心脏病与一些癌症的危险。美国FDA规定：如果一个产品在包装上标明“富含全谷物膳食，低总脂肪、低饱和脂肪与胆固醇，可以降低心脏疾病与一些癌症的危险”这样的健康声称，全谷物占产品总质量的比例不能低于51%。

英国联合健康声明发起组织（The Joint Health Claims Initiative，JHCI）于2002年发布了一个关于全谷物食品的权威文件，即，一个拥有健康心脏的人趋向于把食用更多的全谷物食品作为一个健康生活方式的一部分。同时，这些全谷物食品还必须符合由JHCI专家委员会制定的6个条件。JHCI是由英国食品行业、消费者和执法机构的代表发起，为应对健康声称的使用越来越明确的需求。

2003年瑞典批准了一项关于全谷物的健康声称，即，一个健康的生活方式与一个富含全谷物食品的平衡膳食可以减少冠心病的危险。就此规定了全谷物的含量必须至少占食品干基总量的50%以上，同时对脂肪、糖与食盐含量还有很多严格的限制。

全谷物健康声称的重要意义在于简化了有关全谷物营养与健康的大量科学研究结论，让消费者直观地认识食用全谷物食品可减少癌症和心脏病的发生风险。很多食品企业以此为宣传动力，在媒体上投放大量广告，从而让更多的全谷物食品进入了公众的视野。

第二节 全谷物原料及食品质量标准

全谷物标准体系涉及全谷物原料标准、全谷物食品、标志物检测方法及加工技术规程。目前，原料标准按照不同谷物类别分类，主要涉及国家标准及行业标准，已在各个章节中详述，本节进行总结梳理。全谷物食品标准及相关的加工技术规程主要涉及地方标准和团体标准，尚无国家标准或行业标准。由国家粮食和物资储备局制定的行业标准已完成征求意见，在全谷物行业标准化发展中发挥重要作用。此外，针对全谷物中标志物的检测方法标准化也缺乏规范，从标志物筛选、量化到新物质检测方法构建等相关工作也正在进行。

一、全谷物原料相关标准

1. 糙米

近年来，国内外已有一些糙米全谷物食品相继问世，糙米及米糠的加工利用在全谷物食品市场非常有潜力。目前，国外开发的糙米全谷物食品种类繁多，常见主要有调理糙米、速煮糙米、发芽糙米、糙米片、糙米粉、方便糙米食品、糙米婴幼儿食品、糙米休闲食品和糙米粥等。我国糙米全谷物食品虽然也得到关注，但是由于国人对口感的苛求，以及糙米较之其他全谷物并不突出的营养健康优势，使得糙米制品主要以出口为主，国内市场上难觅其身影。此外，由于目前我国全谷物食品的定义、标准等规范缺乏，造成市场上的糙米全谷物食品质量参差不齐。

我国稻米品质标准仍然以精制的大米为主，但逐步增加了对糙米的重视。截至 2021 年 11 月，稻米品质标准涵盖了国家标准 58 项、农业行业标准 24 项以及 2 项商检行业标准。这些标准中基础标准 3 项，产品质量标准 11 项，检测技术标准 70 项。糙米相关的产品标准，包括糙米国家标准 1 项及团体标准若干，发芽糙米的国家、行业标准各 1 项及团体标准若干，黑米行业标准。值得注意的是，GB/T 42173—2022《发芽糙米》中规定了特征功能性成分 γ-氨基丁酸的含量应高于 130mg/kg。除产品标准外，还有糙米相关的加工、储藏技术规范，例如，NY/T 3522—2019《发芽糙米加工技术规范》、DB53/T 562—2014《糙米储藏技术规范》等。可见，糙米作为全谷物原料在稻米产业发展中越来越受到重视。涉及的稻谷相关标准如表 15-1 所示。

表 15-1　部分稻谷相关标准

	标准号	标准名称
1	GB 1354—2018	大米
2	GB/T 18810—2002	糙米
3	GB/T 17891—2017	优质稻谷
4	GB/T 42173—2022	发芽糙米
5	NY/T 3216—2022	发芽糙米
6	T/HNAGS 008—2020	湖南好粮油　发芽糙米
7	T/LSHY 0005—2020	糙米
8	GB/T 5502—2018	粮油检验　大米加工精度检验
9	GB/T 5503—2009	粮油检验　碎米检验法
10	GB/T 15683—2008	大米　直链淀粉含量的测定

续表

	标准号	标准名称
11	GB/T 22294—2008	粮油检验　大米胶稠度的测定
12	GB/T 24535—2009	粮油检验　稻谷粒型检验方法
13	GB/T 5492—2008	粮油检验　粮食、油料的色泽、气味、口味鉴定
14	GB/T 15682—2008	粮油检验　稻谷、大米蒸煮食用品质感官评价方法
15	GB/T 5494—2019	粮油检验　粮食油料的杂质不完善粒检验
16	NY/T 593—2021	食用稻品种品质
17	NY/T 594—2022	食用粳米
18	NY/T 595—2022	食用籼米
19	NY/T 596—2002	香稻米
20	NY/T 832—2022	黑米
21	NY/T 83—2017	米质测定方法
22	NY/T 3837—2021	稻米食味感官评价方法
23	NY/T 2334—2013	稻米整精米率、粒型、垩白粒率、垩白度及透明度的测定　图像法
24	NY/T 2639—2014	稻米直链淀粉的测定　分光光度法
25	NY/T 1753—2009	水稻米粉糊化特性测定　快速黏度分析仪法
26	NY/T 2007—2011	谷类、豆类粗蛋白质含量的测定　杜马斯燃烧法
27	NY/T 11—1985	谷物籽粒粗淀粉测定法
28	NY/T 3522—2019	发芽糙米加工技术规范
29	DB34/T 3210—2018	发芽糙米生产技术规程
30	DB53/T 562—2014	糙米储藏技术规范

国际上，CAC、日本、美国等也制定了糙米相关标准。CAC 涉及稻谷、糙米和大米的质量要求由其下属的谷物与豆类法典委员会（CCCPL）负责制定，标准中并未将稻谷、糙米和大米进行细分，而是统一由标准 CXS 198—1995《稻米标准》进行要求，并于 2019 年进行最新修正。日本是糙米最大消费国，非常重视糙米生产规范。由农林水产省发布的《农产物规格规程》规定，根据稻谷种植、品种、用途将糙米分为 3 类，即水稻粳稻糙米和糯稻糙米；旱稻粳稻糙米和糯稻糙米及酿造用糙米。美国农业部谷物检验、包装和畜牧管理机构，联邦谷物检验服务部发布的《美国加工糙米标准》，在标准中对糙米的分类、分级、质量指标、检验方法等作了明确的规定，主要用于市场交易。

2. 全麦粉（全小麦粉）

全谷物小麦是最具代表性，也应用最为广泛的全谷物原料。全麦粉的膳食纤维含量 11.6%~17%。主要分布于麸皮，是全麦粉健康作用的最重要营养素。全麦粉主要用于全麦面包、全麦饼干等主食加工。全麦粉在小麦行业发展中发挥着越来越重要的作用。相关标准如表 15-2 所示。

表 15-2 部分小麦相关标准

	标准号	标准名称	备注
1	GB 1351—2008	小麦	
2	GB/T 17320—2013	小麦品种品质分类	
3	LS/T 3244—2015	全麦粉	
4	ISO 7970：2011（E）	小麦规格	ISO
5	CODEX STAN 178—1991	硬质粗粒全麦粉	CAC
6	21 CFR137. 200	全麦面粉	美国标准
7	B. 13. 005［S］	全麦粉	加拿大标准

我国已发布并实施了行业标准 LS/T 3244—2015《全麦粉》。国际上，目前仅美国、加拿大、加纳等国有全麦粉标准，但各国对于全麦粉标准指标及参数的规定各不相同。美国 FDA 发布的全麦粉标准（21 CFR137. 200）规定：全麦粉是将除硬质小麦和硬质红小麦以外的洁净小麦碾碎或切碎成片而制成的食品，其中可通过 8 号筛的物料不小于 90%，可通过 20 号筛的物料不小于 50%，除水分以外的天然组分比例与小麦保持不变，全麦面粉的水分含量不能超过 15%。加拿大全麦粉标准（B. 13. 005［S］）规定小麦的出品率不能低于 95%，籽粒组分不包括胚芽，仅包括胚乳与麸皮，不允许营养强化。加纳全麦粉标准全面规定了外来杂质、全麦粉的质量、微生物含量、安全以及包装、标签、最终产品的加工和检测等指标。另外，国际食品法典委员会目前虽尚无专门的全麦粉的标准，但是有一个硬质小麦的标准（CODEX STAN 178-1991）中有关于硬质粗粒全麦粉（whole durum wheat semolina）的内容，其定义中指出是含有麸皮和部分的胚芽产品，产品的水分含量不能高于 14. 5%，以干基计其灰分含量不能高于 2. 1%，以干基计其蛋白质含量不能低于 11. 5%。

此外，比起美国的 9%，国内全麦粉面包的全麦粉含量仅为 2%，不符合国际标准，而其原因主要在于麸皮含量不够，麸皮的不稳定是个难题，而通过包括烘烤和挤压等稳定化处理，而将麸皮回添后，麸皮脂肪酸含量即达到非常高的水平，并通过不同配方的调整使其结构接近普通面包，而添加剂的合理使用和配方的调整是开发消费者欢迎产品的关键部分。技术层面的突破对全谷物行业的发展尤其重要，我国在这方面的工业技术有待发展。

3. 玉米

我国现有玉米相关标准涉及产品质量（包括术语定义）、安全限量、生产规范、检测方法和机械配套五大类，主要集中在国家标准、农业和进出口行业标准上，其中推荐性国家标准比例最高为 35%，其次是推荐性进出口和农业行业标准分别占 28%和 25%；检测方法标准比例最高，占 73%，其次是产品质量、生产规范和机械配套类标准，数量比例接近，安全限量标准最少。产品质量标准主要以国家标准和农业行业标准为主，涉及主类、专用品种、种子等 6 类 22 种玉米产品，其中专用玉米和副产品标准数量最多。从发展全谷物食品的角度来看，玉米的品质检测标准明显少于糙米、全麦粉，随着玉米鲜食和专用加工品种需求增强，玉米粉、玉米穗、玉米糁等特性评价将更为重要。虽然鲜食玉米是全谷物，但初加工原料及制品如何确保全谷物仍然需要明确的质量指标。相关标准如表 15-3 所示。

表 15-3 部分玉米相关标准

	标准号	标准名称	备注
1	GB 1353—2018	玉米	国家标准
2	GB/T 10463—2008	玉米粉	国家标准
3	GB/T 22326—2008	糯玉米	国家标准
4	GB/T 25219-2010	粮油检验 玉米淀粉含量测定 近红外法	国家标准
5	GB/T 22503—2008	高油玉米	国家标准
6	NY/T 418—2023	绿色食品 玉米及其制品	行业标准
7	LS/T 3110—2017	中国好粮油 食用玉米	行业标准

4. 燕麦

相比糙米、全麦粉、玉米这三大主粮，燕麦作为杂粮中全谷物的代表，富含更多营养物质。除了其较高的不饱和脂肪酸和膳食纤维含量以外，β-葡聚糖作为可溶性膳食纤维，已被公认为降低血脂的功能因子。全谷物中只有燕麦和青稞中含有β-葡聚糖。燕麦目前被广泛用于制作燕麦片、麦片粥、燕麦棒、燕麦面粉、燕麦面包、饼干以及燕麦乳。

我国在燕麦方面的国家标准、行业标准、地方标准主要规定了燕麦原料的物理性质，对于燕麦的营养价值还没有系统限定，燕麦加工产品标准多为企业标准和地方标准，急需建立燕麦食品相关保真质量指标体系，燕麦要加强β-葡聚糖等功能成分测定方法建立，保证燕麦的功能特性。燕麦米、燕麦粉、燕麦片都是市场上非常受欢迎的全谷物食品，近年来产业发展势头迅猛，因此各地也出台了全谷物燕麦的相关标准。例如，DB34/T 3259—2018《全谷物粉 燕麦粉生产加工技术规程》是安徽省地方标准，规定了全谷物燕麦粉生产加工的基本要求和生产过程的监控要求，强调了燕麦粉作为全谷物的生产加工要求。

我国市场上燕麦面包和燕麦饼干等的种类已经不少，但是为了改善口感，很多产品燕麦的添加量不超过 10%，这限制了燕麦健康作用的发挥。因此，燕麦等全谷物食品中的最低限量非常必要，以保证燕麦食品的功能功效。除原料以外，燕麦相关产品标准亟须制定，即使是受众最广，年销售额占燕麦行业一半以上的燕麦片，也只有地方标准。相关标准如表 15-4 所示。

表 15-4 部分燕麦相关标准

	标准号	标准名称	备注
1	NY/T 892—2014	绿色食品 燕麦及燕麦粉	行业标准
2	LS/T 3260—2019	燕麦米	行业标准
3	DB15/T 2293—2021	燕麦米	地方标准
4	DB15/T 2294—2021	莜麦（裸燕麦）粉	地方标准
5	DB15/T 2295—2021	即食燕麦片	地方标准
6	DB15/T 2351—2021	燕麦米加工技术规程	地方标准
7	DB15/T 2352—2021	即食燕麦片加工技术规程	地方标准
8	DB15/T 2296—2021	内蒙古燕麦质量追溯规范	地方标准
9	DB22/T 1099—2018	燕麦	地方标准

续表

	标准号	标准名称	备注
10	DB34/T 3259—2018	全谷物粉　燕麦粉生产加工技术规程	地方标准
11	T/CCOA 38—2021	燕麦片	团体标准
12	CXS 201—1995	燕麦标准	CAC 标准

5. 荞麦

荞麦也是健康属性非常突出的全谷物，其代表性功能因子芦丁、槲皮素等黄酮类物质也在全谷物质量评价中起着不可替代的重要作用。这是由于黄酮与膳食纤维一样主要分布于荞麦麸皮层。在国家标准 GB/T 35028—2018《荞麦粉》中规定了苦荞麦、甜荞麦粉的总黄酮含量，且对二者进行区分，苦荞麦粉的总黄酮含量更高。而在 NY/T 894—2014《绿色食品　荞麦及荞麦粉》中对荞麦粉中的黄酮没有涉及。DB34/T 3258—2018《全谷物粉　荞麦粉生产加工技术规程》是一项安徽省地方标准，该文件定了全谷物粉荞麦粉生产加工的基本要求和生产过程的监控要求，适用于以甜荞麦为原料制成的荞麦粉的生产加工。荞麦相关标准见表 15-5。

表 15-5　部分荞麦相关标准

	标准号	标准名称	备注
1	GB/T 10458—2008	荞麦	国家标准
2	GB/T 35028—2018	荞麦粉	国家标准
3	NY/T 894—2014	绿色食品　荞麦及荞麦粉	行业标准
4	T/NMCY 002—2020	荞麦饸饹	团体标准
5	T/NMCY 001—2020	荞麦拨面	团体标准
6	T/NMCY 004—2020	荞麦格豆	团体标准
7	T/NMCY 003—2020	荞麦剪刀面	团体标准
8	T/NMCY 018—2020	荞麦发糕	团体标准
9	DB14/T 2112—2020	荞麦粉加工技术规程	地方标准
10	DB14/T 2113—2020	苦荞麦米加工技术规程	地方标准
11	DB14/T 2114—2020	甜荞麦米加工技术规程	地方标准
12	DB34/T 3258—2018	全谷物粉　荞麦粉生产加工技术规程	地方标准
13	JAS 653	日本农业标准：干面条类	日本标准

在荞麦的消费大国日本，荞麦面作为代表性全谷物食品是三大面食之一（拉面、乌冬面、荞麦面），但日本官方标准中并没有荞麦的相关标准。日本许多大型的粮食制造商有荞麦粉相关的验收标准，而且指标大多相似，以某公司的荞麦粉验收标准为例，该标准主要规定了水分、灰分、粗制蛋白、能量、蛋白质、脂肪、碳水化合物、钠、食盐当量等 9 个指标。从指标设置可以看出，日本的标准对荞麦粉的营养指标更加重视，但主要聚焦于常规营养素，并未对黄酮进行限量。中日两国在荞麦粉标准的主要差别在脂肪酸值、总黄酮和

营养指标这几项，这主要是因为荞麦消费习惯和定位不同。国内近几年对荞麦的关注主要是因为荞麦中芦丁含量远高于其他粮食作物，作为一种保健食品来食用，而荞麦在日本则是一种主流面食。

目前，我国尚无杂粮挂面产品标准，而是依照 LS/T 3212—2014《挂面》行业标准执行。标准中对于挂面的定义为“以小麦粉为原料添加水、食用盐（或不添加）、碳酸钠（或不添加），经过和面、切片、切条、悬挂干燥等工序加工而成的产品”。显然，以荞麦为主要原料的挂面产品并不能适用现行标准。由于目前没有相应的标准来约束荞麦粉面条中荞麦粉的添加量，添加量从 0.5%到 100%均称为荞麦面条。这样不仅不利于挂面产品品质的控制，不利于消费者各取所需、理性消费，也影响我国挂面市场的有序发展。目前，有一半的产品主动将添加量标注在配料表中，旨在明示消费者，很好地推动了荞麦面条的健康发展。

日本于 2014 年颁布了 JAS 653《日本农业标准：干面条类》，适用于所有干面条类食品。该标准首先对干面条类产品、干荞麦面条（即荞麦挂面）、干面条（即挂面）、荞麦粉的混合比例以及产品中附加的调味酱包、调味粉包做出了详细的定义。其中，干荞麦面条定义为含有荞麦面粉的干面条；荞麦粉的混合比例是指干面条除食盐等辅料之外的原料质量与荞麦粉质量之比；干面条是指除了干荞麦面条之外的所有干面条产品的统称。该标准最终将干荞麦面条产品分为 2 个级别：优质级（荞麦粉的混合比例为 50%及以上）和标准级（荞麦粉的混合比例为 40%及以上）。这一根据添加量而分级的标准为荞麦面条产品质量的评定、监督和维护提供了准则和依据，保障了消费者的权益，正面引导荞麦面条行业市场的良性发展，对于我国荞麦挂面标准的制定具有重要的借鉴作用。

6. 青稞、大麦、小米、高粱及藜麦

我国关于青稞、大麦、小米、高粱及藜麦等均有国家或行业标准，但大多局限于原粮基本质量，包括容重、不完善粒、杂质含量、水分含量、色泽气味等，缺乏营养品质的质量要求。青稞和大麦中特有的β-葡聚糖并未在标准中涉及。由于大麦在我国主要用于啤酒加工，因此与青稞不同，大麦国家标准及行业标准对发芽率、蛋白质提出了质量要求。二者作为在全谷物的特征品质的标准化仍需加强。

小米的国家标准有两项。GB/T 11766—2008《小米》以加工精度将小米分成三级。粒面皮层去净后颗粒所占的比例越高，等级越高，一级的加工精度≥95%。这说明小米与精制大米的品质要求相同，都是以食用品质为主，作为全谷物最重要的麸皮在初加工过程中已经被去掉了。另一项国家标准 GB/T 19503—2008《地理标志产品　沁州黄小米》中，强调了小米的蒸煮和营养品质指标，其中蛋白质、脂肪、维生素 B_1 作为分级指标，含量越高等级越高。虽然标准中仍以加工精度≥95%为优级指标，但从营养品质限量来看，加工精度提升导致了小米中膳食纤维含量下降，使其成为蛋白质（优级≥9.0%）和维生素 B_1（优级≥0.60%）的补充来源，也明确了其营养价值。

然而，高粱和藜麦由于麸皮中含有抗营养因子，因此提出了最高限量要求。GB/T 8231—2007《高粱》对高粱中单宁含量≤0.5%。最新发布的行业标准 NY/T 4068—2021《藜麦粉等级规格》，以皂苷含量对藜麦进行定等分级，含量越低等级越高，特级藜麦的皂苷含量≤0.2%、一级的皂苷含量≤1.0%。因此，高粱和藜麦的现行标准是越精制等级越高，与大米类似，限制了其作为全谷物的健康优势。当然，藜麦不同品种如红皮藜麦仍然是以全谷物消费形式为主。相关标准如表 15-6 所示。

表 15-6 部分高粱、青稞、大麦及其他全谷物相关标准

	标准号	标准名称	备注
1	GB/T 8231—2007	高粱	国家标准
2	GB/T 11760—2021	青稞	国家标准
3	GB/T 11766—2008	小米	国家标准
4	GB/T 19503—2008	地理标志产品　沁州黄小米	国家标准
5	NY/T 891—2014	绿色食品　大麦及大麦粉	行业标准
6	NY/T 895—2023	绿色食品　高粱	行业标准
7	NY/T 4067—2021	藜麦等级规格	行业标准
8	NY/T 4068—2021	藜麦粉等级规格	行业标准
9	LS/T 3112—2017	中国好粮油　杂粮	行业标准
10	LS/T 3215—1985	高粱米	行业标准
11	LS/T 3245—2015	藜麦米	行业标准
12	T/CCOA 39—2021	优质藜麦米	团体标准
13	T/SXAGS 0015—2020	山西好粮油　高粱米	团体标准
14	T/SXAGS 0016—2020	山西好粮油　高粱粉	团体标准
15	T/CABCI 04—2018	全谷物冲调谷物制品	团体标准
16	T/CABCI 02—2018	全谷物焙烤食品	团体标准
17	T/CABCI 03—2018	全谷物膨化食品	团体标准

二、全谷物食品及加工技术规程相关标准

2018 年 12 月，由中国焙烤食品糖制品工业协会发布实施了 3 项全谷物食品的团体标准，包括 T/CABCI 04—2018《全谷物冲调谷物制品》、T/CABCI 02—2018《全谷物焙烤食品》、T/CABCI 03—2018《全谷物膨化食品》等，也为我国全谷物标准体系的建设做出了很多有益的探索。T/CABCI 04—2018《全谷物冲调谷物制品》规定了全谷物冲调谷物制品的术语和定义、技术要求、生产加工过程、试验方法、检验规则、标签和标志、包装、运输、储存等要求。其中，全谷物冲调谷物制品中全谷物含量应不小于 27%。T/CABCI 02—2018《全谷物焙烤食品》规定了全谷物焙烤食品的术语和定义、产品分类、技术要求、生产加工过程、试验方法、检验规则、标签和标志、包装、运输、储存等要求。其中，全谷物焙烤食品中全谷物含量应不小于 27%。T/CABCI 03—2018《全谷物膨化食品》规定了全谷物膨化食品的术语和定义、技术要求、生产加工过程、试验方法、检验规则、标签和标志、包装、运输、储存等要求。其中，全谷物膨化食品中全谷物含量应不小于 27%。全谷物相关标准见表 15-7。

表 15-7　全谷物相关标准

	标准号	标准名称
1	DB34/T 3259—2018	全谷物粉　燕麦粉生产加工技术规程
2	DB34/T 3258—2018	全谷物粉　荞麦粉生产加工技术规程
3	T/CABCI 03—2018	全谷物膨化食品
4	T/CABCI 04—2018	全谷物冲调谷物制品
5	T/CABCI 02—2018	全谷物焙烤食品
6	T/CNSS 008—2021	全谷物及全谷物食品判定及标识通则
7	T/SAASS 92—2023	方便型全谷物粉加工技术规程

第三节　全谷物原料及食品相关标准发展方向

一、全谷物标准制定面临的主要挑战

目前，我国虽建立了一些全谷物相关标准，但标准数量很少，缺乏完整的全谷物标准体系，标准的建立还跟不上产品发展的步伐，导致市场上的全谷物食品质量参差不齐，制约我国全谷物的发展。如何充分结合国际全谷物定义与我国实际，从全谷物原料、检测方法及全谷物食品标准等层面上抓紧制定标准，逐步建立我国的全谷物食品标准体系，以规范行业的发展，让广大消费者能够不断真正受益于全谷物的健康促进作用，是我国全谷物推广与发展的一个重要任务与难题，存在的挑战有以下几个方面。

1. 全谷物判别指标问题

关于全谷物甄别检测标准可谓是一个国际难题。美国、欧洲是国际上全谷物发展最早也最快的国家和地区，但是目前也缺乏真正科学的标准检测方法，更多的还是依赖于企业的诚信与道德。比如，目前美国 FDA 以等同或超过小麦的膳食纤维含量为评判依据，事实上这种方法也存在诸多不确定性。因为不同谷物中的膳食纤维含量差别很大，低的如大米，只有 3.5%左右，而高的如大麦等，则达到 15%左右。高膳食纤维的产品有时候可以通过添加麸皮或其他食物膳食纤维来实现。尽管膳食纤维是一种健康食品配料，但是毕竟膳食纤维不能等同于全谷物，因此并不能依据膳食纤维的含量来判别一种食品是否为全谷物食品。

一些机构近年来在研究利用烷基间苯二酚（ARs）作为全麦粉标志性判别化合物的可行性，因为几乎所有的谷物中仅小麦的麸皮层中含有含量较高的 ARs，此外在大麦的麸皮中也含有少量的该物质。从目前的研究结果来看，将其作为全麦粉的生物标记物具有较好的前景，但是由于目前 ARs 的检测尚无标准方法，因此，应用于小麦粉的标准还需要一些时间。对于糙米而言，如果是糙米粒则显然属于全谷物食品，但对于糙米粉或重组糙米产品依然存在着较大难度。对于各种杂粮全粉而言，也是同样的道理。

2. 加工工艺的复杂性问题

标准的制定必须符合生产实际的需要，由于全麦粉等全谷物原料加工工艺的多样性，对于全谷物标准的制定也就变得更加复杂。例如全麦粉加工，国际上全麦粉的生产主要分为 3 种方式：一是以整粒小麦为原料直接通过高效撞击磨进行碾磨制粉，利用撞击过程中的瞬间高温区进行灭酶灭菌；二是先制备精制面粉，再将经稳定化处理的小麦麸皮和胚芽如数回添，与面粉混合；三是通过石磨工艺制备全麦粉，有的研究团队正在研发一些新型的全麦粉加工工艺。这样不同工艺生产的产品诸多指标变化很大，因此如何把标准制定与实际工艺相结合显得非常重要。

3. 多谷物混合全谷物问题

如果一个全谷物产品包含多种全谷物原料，对于标准制定而言显得更为复杂。事实上目前国内市场上多谷物的产品已经变得非常常见。因此多谷物混合全谷物产品的标准制定也将是面临的一个重大挑战。

二、对策及建议

针对目前我国市场上全谷物标准缺乏，没有统一的全谷物定义，全谷物产品鉴别手段缺乏，产品质量良莠不齐等局面，需不断完善全谷物定义与标准体系，包括国家标准、行业标准与团体标准等。对于难以制定有效标准进行约束的方面，采用具有法定效应的全谷物标识或通过建立反不正当竞争联盟来进行行业自律，从而，确保消费者能吃上真正的全谷物食品。关于全谷物标准有 3 个层面的内容：

1. 全谷物原料标准化

全谷物的食品生产需要品质稳定的全谷原料为基础。要加大专用原料的标准化建设，例如全麦粉、全麦粒、全麦片、糙米、糙米粉、糙米片、杂粮全粉、杂粮片等均属于基础的全谷物原料，是制作全谷物食品的基础，这些基础原料需要一个完善的标准体系来支撑，才能保障全谷物食品产业的健康发展，直接决定下游全谷物食品的开发。比如，全麦粉标准的制定就有效解决了目前我国市场上的全麦粉产品质量参差不齐，真假难辨的问题。

2. 全谷物的检测及认证标准化

这是一个争议较大的话题。由于目前没有全谷物含量的实验室测试方法，FDA 要求以等同于或超过小麦的膳食纤维的含量为评判标准。糙米虽然纤维含量没有小麦高，但属于 100% 的全谷物食品。一个食品产品中到底添加了多少全谷物原料，如何用科学的标准检测方法来确认也属于全谷物标准体系构建的内容。需要指出的是，这和前面提到的全谷物标签标识是属于两个完全不同的概念，前者指的是产品中全谷物标签标识所需的最少全谷物添加量标准。制约杂粮挂面标准制定的瓶颈问题是挂面产品的杂粮添加量的定量检测问题。日本 JAS 标准关于荞麦添加量的规定，主要做法是经过日本反不正当竞争委员会的特别许可。因此，下一步，我国需要针对杂粮挂面产品的杂粮添加量定量检测方法标准进行更多探索。目前，已有针对苦荞面条的添加量鉴别的研究，结果表明，苦荞挂面产品中苦荞黄酮（芦丁）的含量与苦荞原料添加量呈极显著的相关关系，为苦荞挂面的标准制定奠定了基础。当然，杂粮品种繁多，并不是所有原料都能找到特征性化合物作为检测指标，也许就是杂粮挂面标准制定的难度所在。

3. 典型的全谷物食品标准化

以全麦面包、全麦面条、重组的速煮全谷物米或粥等为典型的全谷物食品，明确质量标准要求，引领全谷物食品标准化发展。挂面是我国人民的传统主食品，在我国民间的特色菜肴中，也有各式各样的由小麦粉与辅料混合制成的挂面，并以良好的外观口感或某种特殊的营养用途满足不同消费者的需求。现行的挂面标准主要是针对品质改良剂风味与营养增强剂进行规定，属于挂面的辅料添加问题，仅适用于普通挂面标准。随着一系列高杂粮含量挂面产品的问世，现有的挂面标准已不能满足杂粮挂面市场的发展，制定专门的杂粮挂面标准应提上日程。以荞麦挂面为例，根据可查找的专利研究成果，苦荞粉在荞麦挂面当中的添加量可以达到60%以上，但是由于没有标准，市场推广非常艰难，另一方面，现有挂面标准规定的质量要求评价标准并不适用于杂粮挂面产品。随着杂粮添加量在挂面产品中的比例的提升，产品的酸度、断条率、蒸煮损失率等理化指标以及感官评价要求都应作出相应调整。因此，需要对现有挂面质量标准进行统筹考虑，制定杂粮挂面标准。也可以借鉴日本的做法，在普通挂面的基础上，首先制定苦荞挂面的标准。

思考题

1. 全谷物原料及食品质量标准的现状及评价指标是什么？
2. 全谷物食品及加工技术规程的相关标准有哪些？技术重点、要点是什么？
3. 本书涉及的谷物中最适合作为全谷物原料的有哪些？

参考文献

[1] 江正强．现代食品原料学［M］．北京：中国轻工业出版社，2021.

[2] 谭斌．全谷物营养健康与加工［M］．北京：科学出版社，2021.

[3] 卞科，郑雪玲．谷物化学［M］．北京：科学出版社，2017.

[4] 黄泽元，迟玉杰．食品化学［M］．北京：中国轻工业出版社，2017.

[5] 肖志刚，段玉敏．杂粮加工原理及技术［M］．沈阳：辽宁科学出版社，2017.

[6] 陈静，唐振闯，程广燕．我国稻谷口粮消费特征及其趋势预测［J］．中国农业资源与区划，2020，41（4）：108-116.

[7] 王海滨，肖建文，龚斌．稻谷储藏品质指标变化规律的研究［J］．粮油仓储科技通讯，2023，39（02）：56-57.

[8] 徐春春，纪龙，陈中督，等．中国水稻生产、市场与进出口贸易的回顾与展望［J］．中国稻米，2021，27（4）：17-21.

[9] 徐明浩，李洪岩，王静．糙米加工方式对品质特性的影响［J］．食品研究与开发，2022，43（8）：177-184.

[10] 郭臣．小麦储藏实用技术［J］．河南农业，2020，4：51.

[11] 汪丽萍，吴飞鸣，田晓红，等．全麦粉的国内外研究进展［J］．粮食与食品工业，2013，20（4）：4-8.

[12] 胡新中，魏益民，任长忠．燕麦品质与加工［M］．北京：科学出版社，2009.

[13] 任长忠，胡跃高．中国燕麦学［M］．北京：中国农业出版社，2013.

[14] 尚暘，熊天昱，李再贵．过热蒸汽灭酶工艺及其对燕麦粉贮藏品质的影响研究［J］．农产品加工，2015（11）：12-15.

[15] 党斌，杨希娟．青稞传统食品与现代食品加工技术［M］．北京：中国农业出版社，2021.

[16] 王佳欣，黎阳，李再贵，王丽丽．不同粒径对青稞麸皮结构与功能特性及冲调稳定性的影响［J］．食品科学，2022，43（3）：54-61.

[17] 仇菊，吴伟菁，朱宏．苦荞调控血糖功效及其在糖尿病主食开发中的应用［J］．中国食品学报，2021，21（9）：352-365.

[18] 仇菊，朱宏，吴伟菁．苦荞中可溶及不可溶膳食纤维调控糖脂代谢的功效［J］．食品科学，2021，42（15）：129-135.

[19] 胡新中，李小平．燕麦荞麦产品加工现状与思考［J］．农业工程技术，2013，12：24-27.

[20] 任长忠，赵钢．中国荞麦学［M］．北京：中国农业出版社，2015.

[21] 向达兵，彭镰心，赵钢，等．荞麦栽培研究进展［J］．作物杂志，2013，3：1-6.

[22] 刘敬科，刘莹莹，相金英，等．中国不同品种谷子抗性淀粉分布规律的研究［J］．湖北农业科学，2015，54（3）：523-526.

[23] 刘玉兰，黄会娜，范文鹏，等. 小米糠（胚）制油及油脂品质研究 [J]. 中国粮油学报，2019（5）：44-49.

[24] 赵欣，梁克红，朱宏，等. 不同米色小米营养品质与蒸煮特性研究 [J]. 食品工业科技，2020，41（24）：298-303.

[25] Chiang SN. Transecting the fall and rise of brown rice—The historic encounters of the global food system, nutrition science, and malnutrition in the Philippines [J]. *Food, Culture & Society*, 2020, 23 (2): 229-248.

[26] Feng Z, Dong L, Zhang R, *et al*. Structural elucidation, distribution and antioxidant activity of bound phenolics from whole grain brown rice [J]. *Food Chemistry*, 2021, 358: 129872.

[27] Kong F, Zeng Q, Li Y, *et al*. Effect of steam explosion on nutritional components, physicochemical and rheological properties of brown rice powder [J]. *Frontiers in Nutrition*, 2022, 9: 954654.

[28] Wolever T, Tosh SM, Gibbs AL, *et al*. Physicochemical properties of oat β-glucan influence its ability to reduce serum LDL cholesterol in humans: A randomized clinical trial. *American Journal of Clinical Nutrition*, 2010, 92 (4): 723-732.

[29] Yu Y, Zhou L, Li X, *et al*. The progress of nomenclature, structure, metabolism, and bioactivities of oat novel phytochemical: Avenanthramides [J]. *Journal of Agricultural and Food Chemistry*, 2022, 70 (2): 446-457.

[30] Peng Y, Yan H, Guo L, *et al*. Reference genome assemblies reveal the origin and evolution of allohexaploid oat [J]. *Nature Genetics*, 2022, 54: 1248-1258.

[31] Lyu YM, Ma S, Liu J. A systematic review of highland barley: Ingredients, health functionsand applications [J]. *Grain & Oil Science and Technology*, 2022, 5: 35-43.

[32] Xia X, Xing Y, Li G, *et al*. Antioxidant activity of whole grain Qingke (*Tibetan Hordeum vulgare* L.) toward oxidative stress in d-galactose induced mouse model [J]. *Journal of Functional Foods*, 2018, 45: 355-362.

[33] Barrett EM, Probst YC, Beck EJ. Creation of a database for the estimation of cereal fibre content in foods [J]. *Journal of Food Composition & Analysis*, 2018, 66: 1-6.

[34] Geng L, Li MD, Xie SG, *et al*. Identification of genetic loci and candidate genes related to β-glucan content in barley grain by genome-wide association study in international barley core selected collection [J]. *Molecular Breeding*, 2021, 41 (1): 6.

[35] Geng L, Li M D, Zhang G P, *et al*. Barley: A potential cereal for producing healthy and functional foods [J]. *Food Quality and Safety*, 2022, 6: 1-13.

[36] Messia MC, Arcangelis E, Candigliota T, *et al*. Production of β-glucan enriched flour from waxy barley [J]. *Journal of Cereal Science*, 2020, 93: 102989.

[37] Ni SJ, Zhao HF, Zhang GP. Effects of post-heading high temperature on some quality traits of malt barley [J]. *Journal of Integrative Agriculture*, 2020, 19 (11): 2674-2679.

[38] Punia S. Barley starch: Structure, properties and in vitro digestibility - A review [J]. *Biological Macromolecules*, 2020, 155: 868-875.

[39] Qiu J, Liu Y, Yue Y, *et al*. Dietary tartary buckwheat intake attenuates insulin resistance and improves lipid profiles in patients with type 2 diabetes: A randomized controlled trial [J].

Nutrition Research, 2016, 36 (12): 1392-1401.

[40] Wang L, Wang L, Li Z, *et al.* Diverse effects of rutin and quercetin on the pasting, rheological and structural properties of Tartary buckwheat starch [J]. *Food Chemistry*, 2021, 335: 127556.

[41] Wang L, Wang L, Wang A, *et al.* Inhibiting effect of superheated steam processing on milling characteristics deterioration induced by storage of common buckwheat [J]. *LWT-Food Science and Technology*, 2021, 145: 111375.

[42] Wang L, Wang L, Wang T, *et al.* Comparison of quercetin and rutin inhibitory influence on Tartary buckwheat starch digestion *in vitro* and their differences in binding sites with the digestive enzyme [J]. *Food Chemistry*, 2022, 367: 130762.

[43] Wu W, Li Z, Qiu J. Anti-diabetic effects of soluble dietary fiber from tartary buckwheat bran in diabetic mice and their potential mechanisms [J]. *Food & Nutrition Research*, 2021, 65: 4998.

[44] Zou L, Wu D, Ren G, *et al.* Bioactive compounds, health benefits, and industrial applications of Tartary buckwheat (*Fagopyrum tataricum*) [J]. *Critical reviews in food science and nutrition*, 2023, 63 (5): 657-673.

[45] Zou S, Wang L, Wang A, *et al.* Effect of moisture distribution changes induced by different cooking temperature on cooking quality and texture properties of noodles made from whole tartary buckwheat [J]. *Foods*, 2021, 10: 2543.

[46] Gaur VS, Kumar L, Gupta S, *et al.* Identification and characterization of finger millet OPAQUE2 transcription factor gene under different nitrogen inputs for understanding their role during accumulation of prolamin seed storage protein [J]. *Biotech*, 2018, 8 (3): 163.

[47] Hassan ZM, Sebola NA, Mabelebele M. The nutritional use of millet grain for food and feed: A review [J]. *Agriculture & food security*, 2021, 10: 1-14.

[48] Mahajan P, Bera MB, Panesar PS, *et al.* Millet starch: A review [J]. *International Journal of Biological Macromolecules*, 2021, 180: 61-79.

[49] Shah P, Dhir A, Joshi R, *et al.* Opportunities and challenges in food entrepreneurship: In-depth qualitative investigation of millet entrepreneurs [J]. *Journal of Business Research*, 2023, 155: 113372.

[50] Tagade A, Sawarkar AN. Valorization of millet agro-residues for bioenergy production through pyrolysis: Recent inroads, technological bottlenecks, possible remedies, and future directions [J]. *Bioresource Technology*, 2023, 384: 129335.

[51] Yousaf L, Hou D, Liaqat H, *et al.* Millet: A review of its nutritional and functional changes during processing [J]. *Food Research International*, 2021, 142: 110197.

[52] Abreha KB, Enyew M, Carlsson AS, *et al.* Sorghum in dryland: morphological, physiological, and molecular responses of sorghum under drought stress [J]. *Planta*, 2022, 255: 1-23.

[53] Althwab S, Carr TP, Weller CL, *et al.* Advances in grain sorghum and its co-products as a human health promoting dietary system [J]. *Food Research International*, 2015, 77: 349-359.

[54] Lozano R, Gazave E, Dos Santos JPR, *et al.* Comparative evolutionary genetics of deleterious load in sorghum and maize [J]. *Nature Plants*, 2021, 7 (1): 17-24.

[55] Khoddami A, Messina V, Vadabalija Venkata K, *et al.* Sorghum in foods: Functionality and potential in innovative products [J]. *Critical Reviews in Food Science and Nutrition*, 2023, 63 (9): 1170-1186.

[56] Wang N, Ryan L, Sardesai N, *et al.* Leaf transformation for efficient random integration and targeted genome modification in maize and sorghum [J]. *Nature Plants*, 2023, 9 (2): 255-270.

[57] Filho AM, Pirozi MR, Borges JT, *et al.* Quinoa: Nutritional, functional, and antinutritional aspects [J]. *Critical Reviews in Food Science and Nutrition*, 2017, 57 (8): 1618-1630.

[58] Graziano S, Agrimonti C, Marmiroli N, *et al.* Utilisation and limitations of pseudocereals (quinoa, amaranth, and buckwheat) in food production: A review [J]. *Trends in Food Science & Technology*, 2022, 125: 154-165.

[59] Hu YC, Hu JL, Li J, et al. Physicochemical characteristics and biological activities of soluble dietary fibers isolated from the leaves of different quinoa cultivars. *Food Research International*, 2023, 163: 112166.

[60] Paśko P, Zagrodzki P, Bartoń H, *et al.* Effect of quinoa seeds (*Chenopodium quinoa*) in diet on some biochemical parameters and essential elements in blood of high fructose-fed rats [J]. *Plant Foods for Human Nutrition*, 2010, 65: 333-338.

[61] Ren G, Teng C, Fan X, *et al.* Nutrient composition, functional activity and industrial applications of quinoa (*Chenopodium quinoa Willd.*) [J]. *Food Chemistry*, 2022, 410: 135290.

[62] Chu MJ, Du YM, Liu XM, *et al.* Extraction of proanthocyanidins from Chinese wild rice (*Zizania latifolia*) and analyses of structural composition and potential bioactivities of different fractions [J]. *Molecules*, 2019, 24 (9): 1681.

[63] Huang CC, Lin TC, Liu CH, *et al.* Lipid metabolism and its mechanism triggered by supercritical CO_2 extract of adlay (*Coix lacryma-jobi* var. *ma-yuen* (*Rom. Caill.*) *Stapf*) bran in high-fat diet induced hyperlipidemic hamsters [J]. *Frontiers in Pharmacology*, 2021, 12: 785944.

[64] Moghadasian MH, Kaur R, Kostal K, *et al.* Anti-atherosclerotic properties of wild rice in low-density lipoprotein receptor knockout mice: The gut microbiome, cytokines, and metabolomics study [J]. *Nutrients*, 2019, 11 (12): 2894.

[65] Mua B, Pjrpa B, Amab F, *et al.* Comparative evaluation of pseudocereal peptides: A review of their nutritional contribution [J]. *Trends in Food Science & Technology*, 2022, 122 (02): 287-313.

[66] Lappi J, Mykknen H, Kolehmainen M, *et al.* Wholegrain foods and health [J]. *Fibre-Rich and Wholegrain Foods*, 2013, 19 (3): 76-95.

[67] Wang H, Li Z, Wang L, *et al.* Different thermal treatments of highland barley kernel affect its flour physicochemical properties by structural modification of starch and protein [J]. *Food Chemistry*, 2022, 3: 132835.

[68] Zheng Y, Tian J, Yang W, *et al.* Inhibition mechanism of ferulic acid against α-amylase and α-glucosidase [J]. *Food Chemistry*, 2020, 317: 126346.

[69] Ahluwalia N, Herrick KA, Terry AL, *et al.* Contribution of whole grains to total grains intake among adults aged 20 and over: United States, 2013-2016 [J]. *NCHS data brief*, 2019, (341): 1-8.